Abaqus 用户手册大系

Abaqus 分析用户手册

——材料卷

王鹰宇　编著

机 械 工 业 出 版 社

本书是"Abaqus 用户手册大系"中的一册，共分 6 章，详细介绍了材料的不同性能及组合应用：第 1 章概述了 Abaqus 中的材料库、材料的数据定义、组合材料行为等内容。第 2 章介绍材料的弹性力学属性，包括线弹性、多孔弹性、次弹性、超弹性、弹性体中的应力软化、线性黏弹性、非线性黏弹性、率敏感的弹性泡沫。第 3 章阐述了材料的非弹性力学属性，包括金属塑性和其他塑性模型、织物材料、节理材料、混凝土和橡胶型材料中的永久变形。第 4 章对材料的渐进性损伤和失效进行了阐述，包括韧性金属的损伤和失效、纤维增强复合材料的损伤和失效，以及低周疲劳分析中韧性材料的损伤和失效。第 5 章介绍材料的水动力属性，详细说明了其状态方程。第 6 章介绍了其他 7 种材料属性，分别是力学属性、热传导属性、声学属性、质量扩展属性、电磁属性、孔隙流体流动属性及用户材料。

本书内容对于 CAE 用户熟悉材料属性及本构方程，正确定义数值计算模型中的材料，从而得到合理的计算结果是必不可少的。

本书可作为航空航天、机械制造、石油化工、精密仪器、汽车交通、国防军工、土木工程、水利水电、生物医学、电子工程、能源、造船以及日用家电等领域的工程技术人员的参考用书，也可以作为高等院校相关专业高年级本科生、研究生的学习用书。对于使用 Abaqus 的工程技术人员，此书是必备的工具书，对于使用其他工程分析软件的人员，此书也极具参考作用。

图书在版编目（CIP）数据

Abaqus 分析用户手册. 材料卷/王鹰宇编著. —北京：机械工业出版社，2018.3（2022.10 重印）

（Abaqus 用户手册大系）

ISBN 978-7-111-59535-9

Ⅰ.①A…　Ⅱ.①王…　Ⅲ.①有限元分析-应用软件-手册②工程材料-有限元分析-应用软件-手册　Ⅳ.①O241.82-39②TB3-39

中国版本图书馆 CIP 数据核字（2018）第 062147 号

机械工业出版社（北京市百万庄大街 22 号　邮政编码 100037）
策划编辑：孔　劲　责任编辑：孔　劲　王海霞
责任校对：张　征　封面设计：张　静
责任印制：单爱军
北京虎彩文化传播有限公司印刷
2022 年 10 月第 1 版第 4 次印刷
184mm×260mm·29.5 印张·2 插页·719 千字
标准书号：ISBN 978-7-111-59535-9
定价：139.00 元

作 者 简 介

　　王鹰宇，男，江苏南通人。毕业于四川大学机械制造学院机械设计及理论方向，硕士研究生学历。毕业后进入上海飞机设计研究所（中国航空研究院 640 所），从事飞机结构设计与优化计算工作，参加了 ARJ21 新支线喷气客机研制。后在 3M 中国有限责任公司从事固体力学、计算流体动力学、NVH 仿真、设计优化和自动化设备设计工作至今。期间有一年时间（2016.7~2017.7）在中国航发商发（AECC CAE）从事航空发动机短舱结构研制工作。

序 言

Abaqus 软件被认为是功能强大的有限元分析软件，在非线性静力/动力、接触、断裂破坏、各种非线性材料，以及各种复杂的组合高度非线性问题的求解方面都具有良好的解决方案。Abaqus 软件以其强大的非线性分析功能及解决复杂和深入的科学问题的能力，在工程领域获得了广泛认可。除普通工业用户外，也在以高等院校、科研院所等为代表的高端用户中得到了广泛赞誉。研究水平的提高引发了用户对高水平分析工具需求的加强，作为满足这种高端需求的有力工具，Abaqus 软件在各行业的重要性也越来越突出。

Abaqus 除以优良的前后处理和强大的求解器著称外，其全面、清晰的用户手册也被业界所称道。Abaqus 进入中国市场已有二十载，因为语言问题延缓了中国的 Abaqus 爱好者对 Abaqus 强大功能的探索。多年来一直有 Abaqus 的使用者向我询问是否有 Abaqus 用户手册的系统译著，但由于 Abaqus 用户手册的内容非常丰富，即便是一个分册，也是上千页的文档，因此到目前还没有形成系统的译著。

我和王鹰宇先生已有 10 多年的朋友，一直很欣赏他的严谨。有一天他拿着三四千页的《Abaqus 分析用户手册》的初稿找我，我才知道他竟然完全利用业余时间花费了两年多的时间完成了这些工作，我彻底被他的精神所折服。在成书过程中，作者也多次修改其稿，尽量让文字准确，历经 2~3 年时间的不断完善，直到今天该书才面市。

众所周知，材料是有限元分析的重要内容，《Abaqus 分析用户手册——材料卷》详尽介绍了材料的通用属性（材料阻尼、密度、热膨胀）、弹性力学属性、非弹性力学属性、温度属性、声学属性、静流体属性、状态方程、质量扩散属性、电磁属性、孔隙流属性和用户自定义材料属性等。本书可以作为 Abaqus 用户重要的参考书，也可以作为高等院校本科生和研究生的学习用书，即便是对于从事有限元分析工作的非 Abaqus 用户也具有很高的参考价值。

高绍武　博士

达索 SIMULIA 高级技术经理

前 言

本书是《Abaqus 分析用户手册》所包含的五部手册中介绍材料本构的部分，其中，对原版英文手册中使用的连续章节号做如下调整，并在本书及另外四部中文版中进行相互引用：

1. 原英文书"Analysis User's Guide Volume Ⅰ：Introduction, Spatial Modeling, Execution & Output"所包含的 1~5 章，调整为《Abaqus 分析用户手册——介绍、空间建模、执行与输出卷》的 1~5 章。

2. 原英文书"Analysis User's Guide Volume Ⅱ：Analysis"所包含的 6~20 章，调整为《Abaqus 分析用户手册——分析卷》的 1~15 章。

3. 原英文书"Analysis User's Guide Volume Ⅲ：Materials"所包含的 21~26 章，调整为《Abaqus 分析用户手册——材料卷》的 1~6 章。

4. 原英文书"Analysis User's Guide Volume Ⅳ：Elements"所包含的 27~33 章，调整为《Abaqus 分析用户手册——单元卷》的 1~7 章。

5. 原英文书"Analysis User's Guide Volume Ⅴ：Prescribed Conditions, Constraints & Interactions"所包含的 34~41 章，调整为《Abaqus 分析用户手册——指定条件、约束与相互作用卷》的 1~8 章。

本书阐述 Abaqus 中所包含的丰富多彩的材料本构特性及其使用方法和注意事项，涉及固体、流体、织物、复合材料等材料的弹性、非弹性、损伤失效、疲劳损伤、流动、阻尼、热、电磁、膨胀特性的描述及模型方程的数学阐述。这些内容对于建立计算模型时，正确描述计算过程是特别重要的。

本书内容特别适用于从事计算力学、热方案设计、工艺过程仿真的技术人员，对于技术人员深刻理解材料的性能及材料对载荷的响应具有积极的帮助，有助于对实际问题进行合理的假设和模拟。

本书的出版得到了各方面的鼓励和支持。感谢 SIMULIA 中国区总经理白锐先生、用户支持经理高祎临女士和 SIMULIA 中国南方区资深经理及技术销售高绍武博士在本书翻译过程中给予笔者的鼓励和支持，以及在书稿出版工作中给予的支持和帮助。

非常感谢我的良师益友金舟博士在我的工作与学习中给予的帮助与支持。

非常感谢陈菊女士（3M中国有限公司技术专家）及我的孩子给予我的支持和帮助！

非常感谢3M全球的田正非（Fay Salmon）女士，乔流总监给予我的鼓励！

非常感谢3M中国的熊海锟给予我及我家人的巨大帮助！

虽然笔者尽最大努力，力求行文流畅并忠实于原版手册，但由于语言能力和技术能力所限，书中难免存在不当之处。对于书中的问题，希望读者和同仁不吝赐教，共同努力，以使本书更加完善。意见和建议可以发送至邮箱 wayiyu110@ sohu.com。

王鹰宇

目　录

第1章 材料：介绍

1.1 介绍

- "材料库：概览"，1.1.1节
- "材料数据定义"，1.1.2节
- "组合材料行为"，1.1.3节

1.1.1 材料库：概览

本节描述如何在 Abaqus 中定义材料，并简要介绍所提供的每一种材料的行为。在《Abaqus 理论手册》中对材料的更多高级行为进行了详细描述。

定义材料

- 选择材料行为并定义它们（"材料数据定义"，1.1.2 节）。
- 组合互补的材料行为，例如弹性和塑性（"组合材料行为"，1.1.3 节）。

材料计算可以使用局部坐标系（"方向"，《Abaqus 分析用户手册——介绍、空间建模、执行与输出卷》的 2.2.5 节）。任何各向异性属性必须在局部坐标系中给出。

可用的材料行为

Abaqus 中的材料库覆盖了线性和非线性、各向同性和各向异性的材料行为。在单元中使用数值积分，包括壳和梁截面的数值积分，为分析最复杂的复合结构提供了灵活性。

材料行为分为以下几种：

- 一般属性（材料阻尼、密度、热膨胀性）。
- 弹性材料属性。
- 非弹性材料属性。
- 热属性。
- 声学属性。
- 流体静压属性。
- 状态方程。
- 质量扩散属性。
- 电属性。
- 孔隙流体流动属性。

材料库提供的一些力学行为是相互排斥的：这些行为不能在单一材料的定义中同时出现。有些行为要与其他行为同时使用，比如塑性与线弹性。此要求将在每种材料行为描述的结尾，以及在"组合材料行为"（1.1.3 节）中讨论。

与不同单元类型一起使用的材料行为

与实体、壳、梁和管单元一起使用的具体材料并没有一般的限制，允许进行任何合理的组合。确实存在的某些限制将在后续对特殊行为的描述中加以阐述。在描述每一种材料行为的结尾处将介绍与该材料行为相对应的可用单元。

使用完整的材料定义

材料定义可以包含对使用此材料的单元或者分析来说并没有意义的行为。将忽略这些行为。例如，一种材料在定义时包含热传导属性（热导率、比热容）以及应力应变属性（弹性模量、屈服应力等）。当此材料与非耦合应力/位移单元一起使用时，Abaqus 将忽略热传导属性；当它与热传导单元一起使用时，则忽略力学强度属性。这一功能有助于用户建立完整的材料定义并在任何分析中使用它们。

Abaqus/Standard 中用分布函数定义均质实体单元在空间变化的材料行为

在 Abaqus/Standard 中，可以使用分布函数（"分布函数定义"，《Abaqus 分析用户手册——介绍、空间建模、执行与输出卷》的 2.8.1 节）为均质实体单元定义空间变化的质量密度（"通用属性：密度"，1.2 节）、线弹性行为（"线弹性行为"，2.2.1 节）和热膨胀（"热膨胀"，6.1.2 节）。在材料行为变化非常大的模型中使用分布函数，能够极大地简化前处理和后处理，并且在分析中通过允许单一材料定义空间变化的材料行为来提高性能。如果没有分布函数，建立这样的一个模型可能需要许多材料定义和许多相关联的截面属性。

1.1.2 材料数据定义

产品：Abaqus/Standard　　　Abaqus/Explicit　　　Abaqus/CFD　　　Abaqus/CAE

参考

- "材料库：概览"，1.1.1 节
- "组合材料行为"，1.1.3 节
- ＊MATERIAL
- "创建材料"，《Abaqus/CAE 用户手册》的 12.4.1 节

概览

Abaqus 中的材料定义：
- 指定材料行为，并提供所有相关的属性数据。
- 可以包含多重材料行为。
- 被赋予一个名字，可用来指向模型中使用此材料制成的零件。
- 可以具有温度和/或场变量相关性。
- 在 Abaqus/Standard 中可以与所求解的变量相关。
- 如材料不是各向同性的，则能够在局部坐标系中指定（"方向"，《Abaqus 分析用户手

册——介绍、空间建模、执行与输出卷》的 2.2.5 节）。

材料定义

在一个分析中可以定义任何数量的材料。每一种材料的定义，可以根据需要包含任何数量的材料行为，从而指定完整的材料行为。比如，在线性静力分析中可能仅需要弹性材料行为，但是在更加复杂的分析中，可能需要几种材料行为。

在定义每一种材料时都必须给该材料赋予名称。将材料赋予模型区域的截面定义可以使用此名称来引用此材料。

输入文件用法： ∗ MATERIAL, NAME = 名称

在数据块中指定每一种材料定义，此数据块通过 ∗ MATERIAL 选项初始化。材料定义是连续的，直到引入一种非材料行为（比如另外一个 ∗ MATERIAL选项）的选项，在此处默认完成材料定义。材料行为选项的次序不重要。数据块中的所有材料行为选项默认为定义同一种材料。

Abaqus/CAE 用法：Property module：material editor：名称

使用 Material Options 列表下的菜单栏添加一个材料的行为。

大应变注意事项

当给定有限应变计算的材料属性时，"应力"为"真"（柯西）应力（现时构形上的应力），并且"应变"为对数应变。例如，除非另有说明，对于单轴行为

$$\varepsilon = \int \frac{\mathrm{d}l}{l} = \ln\left(\frac{l}{l_0}\right)$$

将材料数据指定为温度和独立场变量的函数

通常将材料数据指定为独立变量（如温度）的函数。通过在不同温度下指定材料属性，使其与温度相关。

在某些情况下，材料属性可以定义为 Abaqus 计算所得变量的函数。例如，为了定义一条加工硬化曲线，应力必须作为等效塑性应变的函数来给出。

材料属性也能与"场变量"相关（该场变量作为时间的函数，由用户定义，能够代表任何独立量，并定义在节点上）。例如，材料模量能够成为复合材料中织物密度的函数，或者合金中相分数的函数。详细内容见"指定场变量相关性"。场变量的初值通过初始条件给定（见"Abaqus/Standard 和 Abaqus/Explicit 初始条件"，《Abaqus 分析用户手册——指定条件、约束与相互作用卷》的 1.2.1 节），且在分析中能作为时间的函数而改变（见"预定义的场"，《Abaqus 分析用户手册——指定条件、约束与相互作用卷》的 1.6.1 节）。此功能是实用的，比如，在辐射或一些其他预先计算得到的环境因素的影响下，材料属性将随时间而改变。

在 Abaqus/Standard 中使用分布函数定义的任何材料属性（如质量密度、线弹性行为和/

或热膨胀性）都不能与温度和/或场相关性一起定义。然而，具有温度和/或场相关性的其他材料行为的定义可以使用分布函数定义的材料行为。见"通用属性：密度"（1.2节），"线弹性行为"（2.2.1节）和"热膨胀"（6.1.2节）。

材料数据的内插

在最简单的属性不变的情况下，只输入常量即可。当材料数据仅是一个变量的函数时，数据必须以独立变量的升序给出。Abaqus 为给定数据之间的值进行线性插值，并假定给定独立变量范围之外的属性为常数（除了织物材料，使用最后指定数据点处的斜率进行指定范围以外的线性外推）。这样，便能够为材料模型给出必要的尽可能多或尽可能少的输入值。如果材料数据以强非线性方式与独立变量相关，则必须设置足够多的数据点，这样线性插值才能够准确地反映材料的非线性行为。

如果材料属性与几个变量相关，当材料属性随第一个变量的变化而变化时，必须保证其他变量为固定值，第二个变量则是升序，然后是第三个变量，依此类推。数据必须总是有序的，以保证独立变量以升序给出。此过程可保证基于独立变量的材料属性值在任何独立变量下是完全的且唯一的。进一步的解释和例题见"输入语法规则"，《Abaqus分析用户手册——介绍、空间建模、执行与输出卷》的1.2.1节。

【例1】 与温度相关的线弹性各向同性材料。

图 1-1 所示为一种简单的线弹性各向同性材料的弹性模量 E 和泊松比 ν 与温度 θ 的函数关系。

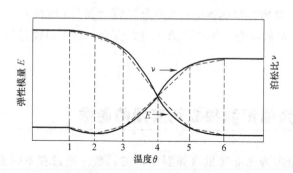

图 1-1　材料定义举例

例 1 中指定了 6 组值来描述材料，见表 1-1。

表 1-1　描述材料的 6 组值

弹性模量	泊松比	温度
E_1	ν_1	θ_1
E_2	ν_2	θ_2
E_3	ν_3	θ_3
E_4	ν_4	θ_4
E_5	ν_5	θ_5
E_6	ν_6	θ_6

对于 $\theta_1 \sim \theta_6$ 所定义范围之外的温度，Abaqus 默认 E 和 ν 为常数。图中虚线为直线，代表将用于此材料模型的直线近似。在此例中，只给定了一个热膨胀系数值 α_1，并且它是独立于温度的。

【例2】　弹塑性材料。

图 1-2 所示为一种屈服应力与等效塑性应变和温度相关的弹塑性材料。

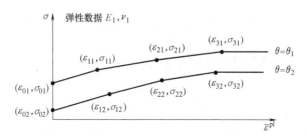

图 1-2　与两个独立变量相关的材料定义示例

在此例中，第二个独立变量温度必须保持为常数，而屈服应力是第一个独立变量等效塑性应变的函数。接着，选择更高的温度并在此温度下给出了屈服应力与等效塑性应变的关系。然后根据需要重复地详细描述属性变量，见表 1-2。

表 1-2　重复地详细描述属性变量

屈服应力	等效塑性应变	温度
σ_{01}	ε_{01}	θ_1
σ_{11}	ε_{11}	θ_1
σ_{21}	ε_{21}	θ_1
σ_{31}	ε_{31}	θ_1
σ_{02}	ε_{01}	θ_2
σ_{12}	ε_{12}	θ_2
σ_{22}	ε_{22}	θ_2
σ_{32}	ε_{32}	θ_2

指定相关的场变量

可以指定用户定义的相关场变量的数量，以满足多重材料行为的需要（见"预定义场"，《Abaqus 分析用户手册——指定条件、约束与相互作用卷》的 1.6.1 节）。如果不为一种材料行为指定一些可以使用的相关的场变量，则默认材料数据与场变量无关。

输入文件用法：＊MATERIAL BEHAVIOR OPTION，DEPENDENCIES＝n

　　　　　　　＊MATERIAL BEHAVIOR OPTION 是指可指定相关场变量的任何材料属性选项。每个数据行能容纳 8 个数据项。如果一行不足以容纳相关变量，则可以增加更多的行。例如，一个线弹性各向同性的材料可以定义为温度和 7 个场变量（fv）的函数：

　　　　　　　＊ELASTIC，TYPE＝ISOTROPIC，DEPENDENCIES＝7

$$E, \ \nu, \ \theta, \ fv_1, \ fv_2, \ fv_3, \ fv_4, \ fv_5$$
$$fv_6, \ fv_7$$

可根据需要重复使用上述数据将材料行为定义成温度和多个场变量的函数。

　　Abaqus/CAE 用法：Property module：material editor：材料行为：Number of field variables：n

　　　　　材料行为指的是可以指定场相关性的任何材料行为。

将材料属性指定成所求解变量的函数

　　在 Abaqus 中，可以通过用户子程序导入所求解的相关变量。Abaqus/Standard 中的用户子程序 USDFLD 和 Abaqus/Explicit 中的用户子程序 VUSDFLD 允许将材料点处的场变量定义成时间、材料方向和任何可以使用的材料点量的函数。对于 USDFLD，这些量见 "Abaqus/Standard 输出变量标识符"《Abaqus 分析用户手册——介绍、空间建模、执行与输出卷》的 4.2.1 节中；对于 VUSDFLD，这些量见 "在 Abaqus/Explicit 分析中可得到的材料点信息" 中的 "可输出变量关键字"《Abaqus 用户子程序参考手册》的 2.1.7 节。这样，将材料属性定义成这些场变量的函数，便可以与求解相关。

　　用户子程序 USDFLD 和 VUSDFLD 在每个包含参考用户子程序的材料点上进行调用。

　　对于一般的分析步，用户子程序 USDFLD 和 VUSDFLD 提供的变量值是与增量初始值对应的。这样，采用此方式的相关求解是显式的：在增量计算过程中得到的结果不会影响给定增量的材料属性。因此，结果的精确度一般取决于时间增量的大小。在 Abaqus/Explicit 中通常不需要考虑这一点，因为稳定的时间增量通常足够小以保证良好的精度。在 Abaqus/Standard 中，用户可以在子程序 USDFLD 内部控制时间增量。对于线性摄动步，基本状态下的解变量是可用的（见 "通用及线性摄动过程"《Abaqus 分析用户手册——分析卷》的 1.1.2 节中关于通用和线性摄动步的讨论）。

　　输入文件用法：＊USER DEFINED FIELD

　　Abaqus/CAE 用法：Abaqus/CAE 中不支持用户子程序 USDFLD 和 VUSDFLD。

Abaqus/Explicit 和 Abaqus/CFD 中用户定义数据的规范化

　　将材料数据插值成独立变量的函数，在分析过程中需要查表确定材料数据值。使用 Abaqus/Explicit 和 Abaqus/CFD 时经常需要查表，并且如果从独立变量的规则间隔中插值将最为经济。例如，图 1-1 所示的数据并不规则，因为温度（独立变量）在相邻数据点间的间隔是变化的。用户不需要指定规则的材料点，Abaqus/Explicit 和 Abaqus/CFD 会自动规范用户定义的数据。例如，图 1-1 中的温度值可以定义为 10℃、20℃、25℃、28℃、30℃ 和 35℃。在这种情况下，当温度超过 25℃ 时，Abaqus/Explicit 和 Abaqus/CFD 就以增量为 1℃ 的方式来规范数据，这样分段线性数据将得到准确的再现。此规范化要求将用户的数据从 6 个温度点扩展到 26 个温度点。这是一个简单的规范过程可以精确再现用户的数据的例子。

　　如果存在多个独立变量，规范数据概念也要求对于每个独立变量在指定其他变量时，最小值和最大值（范围）是不变的。图 1-2 中的材料定义说明材料点不是规范的，因为 $\varepsilon_{11} \neq \varepsilon_{12}$，$\varepsilon_{21} \neq \varepsilon_{22}$，$\varepsilon_{31} \neq \varepsilon_{32}$。Abaqus/Explicity 也将规范包含多个独立变量的数据，但所提供的数据必须满足"输入语法规则"，《Abaqus 分析用户手册——介绍、空间建模、执行与输出卷》的 1.2.1 节中指定的规范。

规范化用户定义的数据中所采用的容差

规范化输入数据从而以分段线性的方式准确再现数据并非总是可取的。假定在 Abaqus/Explicit 中，将屈服应力定义成表 1-3 所列塑性应变的函数，则将数据准确地进行规范是可能的，但是并不经济，因为它要求将数据细分成 1000 个规则间距。如果定义的最小间距与独立变量的范围相比来说比较小，则规范化会困难得多。

表 1-3　定义函数

屈服应力	塑性应变	屈服应力	塑性应变
50000	0.0	85000	0.010
75000	0.001	86000	1.0
80000	0.003		

Abaqus/Explicit 和 Abaqus/CFD 采用容差来规范输入数据。即将每个独立变量范围中的间距数量选择成分段线性规范化的数据与用户定义点之间的误差小于非独立变量的范围乘以容差。在某些情况下，间隔数量变得非常巨大，并且 Abaqus/Explicit 或 Abaqus/CFD 不能采用合理的间隔数量来规范数据。认为是合理的间隔数量取决于用户定义的间隔数量。如果用户定义了 50 或者更少的间隔数量，那么，Abaqus/Explicity 和 Abaqus/CFD 用来规范数据的间隔数量等于用户定义的间隔数量的 100 倍。如果用户定义了多于 50 的间隔数量，则用于规范的最大间隔数量等于用户定义间隔数量的 10 倍再加上 5000。如果间隔数量变得巨大，程序在数据检查阶段将停止并发出错误信息。用户可以重新定义材料数据或者改变容差值，默认的容差是 0.03。

上例中的屈服应力数据是一个典型案例，会产生上述错误信息。此时，可以简单地去除最后的数据点，因为它只会使最终屈服应力值发生一个微小的变化。

输入文件用法：＊MATERIAL，RTOL＝容差

Abaqus/CAE 用法：Property module：material editor：General → Regularization：Rtol：容差

Abaqus/Explicit 中应变率相关数据的规范

因为应变率相关数据通常采用对数间隔来度量，所以 Abaqus/Explicit 默认采用对数间隔，而不是采用均匀间距间隔来规范应变率数据。这样通常可以对应变率相关的曲线产生更好的匹配。用户可以指定线性应变率数据规范化，以使用应变率规范化的均匀间隔。线性应变率规范化的使用只影响应变率作为独立变量的规范化，并且仅在使用以下任一行为来定义材料数据的前提下才是适合的：

● 低密度泡沫（"率敏感的弹性泡沫：低密度泡沫"，2.9 节）。

● 率相关的金属塑性（"经典的金属塑性"，3.2.1 节）。

- 通过屈服应力比定义的率相关的黏塑性（"率相关的屈服"，3.2.3节）。
- 采用直接表格数据来定义的剪切失效（"动态失效模型"，3.2.8节）。
- 率相关的 Drucker-Prager 硬化（"扩展的 Drucker-Prager 模型"，3.3.1节）。
- 率相关的混凝土损伤塑性（"混凝土损伤塑性"，3.6.3节）。
- 率相关的损伤初始化准则（"韧性金属的损伤初始化"，4.2.2节）。

输入文件用法：使用下面的选项来指定对数规范化（默认的）：

      * MATERIAL, STRAIN RATE REGULARIZATION = LOGARITHMIC

      使用下面的选项来指定线性规范化：

      * MATERIAL, STRAIN RATE REGULARIZATION = LINEAR

Abaqus/CAE 用法：Property module：material editor：General→Regularization：Strain rate regularization：Logarithmic or Linear

Abaqus/Explicit 中应变率相关的数据评估

对应变敏感的材料，其本构模型在显式动力学分析中会引起非物理高频振荡。为了克服此问题，Abaqus/Explicit 为应变率相关的数据评估计算等效塑性应变率

$$\dot{\overline{\varepsilon}}^{\mathrm{pl}}\big|_{t+\Delta t} = \omega \frac{\Delta \overline{\varepsilon}^{\mathrm{pl}}}{\Delta t} + (1-\omega) \dot{\overline{\varepsilon}}^{\mathrm{pl}}\big|_{t}$$

式中，$\Delta \overline{\varepsilon}^{\mathrm{pl}}$ 是等效塑性应变在时间 Δt 上的增量变化；$\dot{\overline{\varepsilon}}^{\mathrm{pl}}\big|_{t}$ 和 $\dot{\overline{\varepsilon}}^{\mathrm{pl}}\big|_{t+\Delta t}$ 分别是在增量开始和结束时的应变率。因子 ω（$0 < \omega \leqslant 1$）有利于过滤与应变率相关的高频振荡材料行为。可以直接指定应变率因子 ω 的值，默认值是 0.9。$\omega = 1$ 时不能提供所需的过滤效果，因此应当避免。

输入文件用法：* MATERIAL, SRATE FACTOR = ω

Abaqus/CAE 用法：无法在 Abaqus/CAE 中指定应变率因子的值。

1.1.3　组合材料行为

产品：Abaqus/Standard　　Abaqus/Explicit　　Abaqus/CAE

参考

- "材料库：概览"，1.1.1节
- "材料数据定义"，1.1.2节
- "创建材料"，《Abaqus/CAE 用户手册》的 12.4.1 节

概览

Abaqus 提供了广泛的可能的材料行为。为了进行分析，通过选择合适的材料行为来定义材料。本节描述组合材料行为的一般规则，并在描述每种材料行为的结尾处总结了每种材

料行为的指定信息。

Abaqus 中的一些材料行为是完全不受限制的：它们可以单独使用或者与其他行为一起使用。例如，可以在任何材料定义中使用热导率等热属性。它们可用于分析中与求解热传导问题的单元相关联的材料，以及允许求解热平衡方程的分析过程。

Abaqus 中的某些材料行为需要与其他材料行为同时存在，并且排斥另外一些材料行为。例如，金属塑性应与弹性材料行为或者状态方程的定义同时存在，并且排斥所有其他与率无关的塑性行为。

完成材料定义

Abaqus 要求充分定义材料，从而为与材料相关的单元的所有分析过程（通过这些过程模型将运行）提供合适的材料行为。因此，与位移或者结构单元相关联的材料必须包含下面将要讨论的"完整机械"行为或者"弹性"行为。在 Abaqus/Explicit 中，除了静水流体，定义所有材料时都要求包含密度（"通用属性：密度"，1.2 节）。

一旦分析开始就不可能修改或者添加材料定义，但可以在导入分析中修改材料定义。例如，在 Abaqus/Standard 中进行静态分析时，采用的材料定义不包括密度的指定。在将此分析导入 Abaqus/Explicit 中后，可以将密度添加到材料定义中。

不需要完全定义材料行为的所有方面；假定在模型的部分中不存在被省略的任何行为。例如，如果为金属定义了弹性材料行为但没有定义塑性，则假定材料不具有屈服应力。出于分析的目的，必须保证材料得到了充分的定义。材料的定义可包括与分析无关的行为，这在"材料库：概览"（1.1.1 节）中已经提及。因此，可以包括通用材料行为库，而无需删除那些特定应用不需要的行为。此通用性为材料建模提供了极大的灵活性。

在 Abaqus/Standard 中，使用分布式定义的任何材料行为都可以采用非分布式定义的材料的相同方式，与几乎所有的材料行为进行组合。例如，如果线弹性材料行为采用分布式定义，则它可以与金属塑性行为或者任何其他可以与线弹性行为相结合的材料行为进行组合。此外，在相同的材料定义中，可以包括不止一个分布式（例如线弹性行为和热膨胀性）定义的材料行为。唯一的例外是使用混凝土损伤塑性（"混凝土损伤塑性"，3.6.3 节）定义的材料，不具有使用分布式定义的任何材料行为。

材料行为组合表

下列材料行为组合表解释了哪些行为必须一起使用，哪些行为不能组合使用。标有一个（S）的行为是只能在 Abaqus/Standard 中使用的；标有一个（E）的行为则只能在 Abaqus/Explicit 中使用。

对这些行为进行归类是因为这样最能解释清楚排斥的情况。表中的一些名词解释如下：

• 在 Abaqus 中"完全力学行为"是单独、完全定义材料力学（如应力-应变）行为的行为。因而，这类行为不包括任何其他此类行为，也不包括属于弹性行为和塑性行为定义材料力学行为的任何行为。

• "弹性、织物和状态方程"包括 Abaqus 中所有基本弹性行为。如果不使用"完全力学行为"类别中的行为，并且需要力学行为，则必须从此类别中选择行为。因此，此选择排斥任何其他弹性行为。

- "弹性行为的增强"包含的行为拓展了在 Abaqus 中由弹性行为所提供的建模。
- "与率无关的塑性行为"包含了 Abaqus 中所有的基本塑性行为，除了"完全力学行为"类别中的变形塑性，因为它完全定义了材料的力学行为。
- "率相关的塑性行为"包含的行为拓展了通过与率无关的塑性行为和通过线弹性材料行为提供的建模。

如果必须模拟弹塑性行为，则必须从一种塑性行为类别中选择一种适当的塑性行为，并且从一种弹性行为类别中选择一种弹性行为。

一般行为

一般行为（见表 1-4）是不受限制的。

表 1-4　一般行为

行为	关键字	要求
材料阻尼	* DAMPING	弹性、织物、超弹性、超泡沫、低密度泡沫，或者各向异性超弹性（除了用于梁或者壳一般截面或子结构）在 Abaqus/Explicit 中有要求（除了流体静压单元）
密度	* DENSITY	
求解相关的状态变量	* DEPVAR	
热膨胀	* EXPANSION	

完全力学行为

完全力学行为（见表 1-5）是互斥的，并且不包括弹性、塑性和流体静压行为所列出的所有行为，包括所有的相关增强项。

表 1-5　完全力学行为

行为	关键字	要求
声学介质	* ACOUSTIC MEDIUM	
变形塑性[S]	* DEFORMATION PLASTICITY	密度
力学用户材料	* USER MATERIAL（,TYPE＝MECHANICAL 在 Abaqus/Standard 中）	

弹性、织物和状态方程

这些行为是互斥的，见表 1-6。

表 1-6　弹性、织物和状态方程

行为	关键字	要求
弹性	* ELASTIC	
状态方程[E]	* EOS	
织物[E]	* FABRIC	
超弹性	* HYPERELASTIC	
超泡沫	* HYPERFOAM	
各向异性超弹性	* ANISOTROPIC HYPERELASTIC	
次弹性[S]	* HYPOELASTIC	
多孔弹性[S]	* POROUS ELASTIC	
低密度泡沫[E]	* LOW DENSITY FOAM	

弹性行为的增强（ 见表 1-7 ）

表 1-7 弹性行为的增强

行为	关键字	要求
状态方程的弹性剪切行为[E]	*ELASTIC, TYPE=SHEAR	状态方程
基于应变的失效度量	*FAIL STRAIN	弹性
基于应力的失效度量	*FAIL STRESS	弹性
迟滞[S]	*HYSTERESIS	超弹性（不包括所有的塑性行为和 Mullins 效应）
Mullins 效应	*MULLINS EFFECT	超弹性（不包括迟滞）、超泡沫或者各向异性超弹性
压缩失效理论[S]	*NO COMPRESSION	弹性
拉伸失效理论[S]	*NO TENSION	弹性
黏弹性	*VISCOELASTIC	弹性、超弹性，或者超泡沫（不包括所有塑性行为和所有相关的塑性强化）；各向异性超弹性
一个状态方程的剪切黏度[E]	*VISCOSITY	状态方程

与应变无关的塑性行为

与应变无关的塑性行为（见表 1-8）是互斥的。

表 1-8 与应变无关的塑性行为

行为	关键字	要求
脆性断裂[E]	*BRITTLE CRACKING	各向同性弹性和脆性剪切
改进的 Drucker-Prager/Cap 塑性	*CAP PLASTICITY	Drucker-Prager/Cap 塑性硬化和各向同性弹性或者多孔弹性
铸铁塑性	*CAST IRON PLASTICITY	铸铁压缩硬化、铸铁拉伸硬化和各向同性弹性
Cam-黏土塑性	*CLAY PLASTICITY	弹性或者多孔弹性（在 Abaqus/Standard 中）各向同性弹性（在 Abaqus/Explicit 中）
混凝土[S]	*CONCRETE	各向同性弹性
混凝土损伤塑性	*CONCRETE DAMAGED PLASTICITY	混凝土压缩硬化、混凝土拉伸增强和各向同性弹性
可压碎泡沫塑性	*CRUSHABLE FOAM	可压碎泡沫硬化和各向同性弹性
Drucker-Prager 塑性	*DRUCKER PRAGER	Drucker-Prager 硬化和各向同性弹性或者多孔弹性（在 Abaqus/Standard 中）Drucker-Prager 硬化和各向同性弹性，或者状态方程与状态方程的各向同性线性弹性剪切行为的组合（在 Abaqus/Explicit 中）
状态方程的塑性压紧行为[E]	*EOS COMPACTION	状态方程的线性 $U_s - U_p$
节理材料[S]	*JOINTED MATERIAL	各向同性弹性和局部方向
Mohr-Coulomb 塑性 金属塑性	*MOHR COULOMB *PLASTIC	Mohr-Coulomb 硬化和各向同性弹性 弹性或者超弹性（在 Abaqus/Standard 中）各向同性弹性、正交异性弹性（要求各向异性屈服）、超弹性，或者状态方程与状态方程的各向同性线性弹性剪切行为的组合（在 Abaqus/Explicit 中）

率相关的塑性行为

率相关的塑性行为（见表1-9）是相互排斥的，除了金属蠕变和时间相关的体积增大。

表1-9　率相关的塑性行为

行为	关键字	要求
Cap 蠕变[S]	*CAP CREEP	弹性、改进的 Drucker-Prager/Cap 塑性和 Drucker-Prager/Cap 塑性硬化
金属蠕变[S]	*CREEP	弹性（除了用于定义率相关的垫片行为；排斥所有与率无关的塑性行为，除了金属塑性）
Drucker-Prager 蠕变[S]	*DRUCKER PRAGER CREEP	弹性、Drucker-Prager 塑性和 Drucker-Prager 硬化
金属塑性	*PLASTIC, RATE	弹性或者超弹性（在 Abaqus/Standard 中）各向同性弹性、正交异性弹性（要求各向异性屈服）、超弹性，或者状态方程和状态方程的各向同性线性弹性剪切行为的组合（在 Abaqus/Explicit 中）
非线性黏弹性	*VISCOELASTIC, NONLINEAR	超弹性
率相关的黏塑性	*RATE DEPENDENT	Drucker-Prager 塑性、可压碎泡沫塑性，或者金属塑性
时间相关的体积增大[S]	*SWELLING	弹性（不包括所有与率无关的塑性行为，除了金属塑性）
双层黏塑性[S]	*VISCOUS	弹性和金属塑性

塑性行为的增强（见表1-10）

表1-10　塑性行为的增强

行为	关键字	要求
退火温度	*ANNEAL TEMPERATURE	金属塑性
脆性失效[E]	*BRITTLE FAILURE	脆性开裂和脆性剪切
循环硬化	*CYCLIC HARDENING	具有非线性各向同性/动态硬化的金属塑性
非弹性热分数	*INELASTIC HEAT FRACTION	金属塑性和比热容
Oak Ridge 国家实验室本构模型[S]	*ORNL	金属塑性、循环屈服应力数据和通常的金属蠕变
多孔材料失效准则[E]	*POROUS FAILURE CRITERIA	多孔金属塑性
多孔金属塑性	*POROUS METAL PLASTICITY	金属塑性
各向异性屈服/蠕变	*POTENTIAL	金属塑性、金属蠕变或者双层黏塑性
剪切失效[E]	*SHEAR FAILURE	金属塑性
张力截止	*TENSION CUTOFF	Mohr-Coulomb 塑性

弹性或者塑性行为的增强（见表1-11）

表1-11　弹性或者塑性行为的增强

行为	关键字	要求
拉伸失效[E]	*TENSILE FAILURE	金属塑性或者状态方程
损伤初始化	*DAMAGE INITIATION	对于弹性行为：基于胶单元的牵引分离弹性或者织物加强的复合材料的弹性模型 对于塑性行为：弹性和金属塑性或者 Drucker-Prager 塑性

（续）

行为	关键字	要求
损伤演化	* DAMAGE EVOLUTION	损伤初始化
损伤稳定性	* DAMAGE STABILIZATION	损伤演化

热行为

热行为（见表1-12）是不受限制的，但是排斥用户定义热材料。

表 1-12 热行为

行为	关键字	要求
热导率	* CONDUCTIVITY	
体积热生成率[S]	* HEAT GENERATION	
潜热	* LATENT HEAT	密度
比热容	* SPECIFIC HEAT	密度

完全热行为

完全热行为（见表1-13）是不受限制的，但是排斥表1-12中的热行为。

表 1-13 完全热行为

行为	关键字	要求
用户定义热材料[S]	* USER MATERIAL,TYPE = THERMAL	密度

孔隙流体流动行为

孔隙流体流动行为（见表1-14）是不受限制的。

表 1-14 孔隙流体流动行为

行为	关键字	要求
溶胀凝胶[S]	* GEL	渗透性、多孔体积模量和吸收性/外吸渗行为
水分驱动的溶胀[S]	* MOISTURE SWELLING	渗透性和吸收性/外吸渗行为
渗透性[S]	* PERMEABILITY	
多孔体积模量[S]	* POROUS BULK MODULI	渗透性和弹性或多孔弹性之一
吸收性/外吸渗行为[S]	* SORPTION	渗透性

电行为

电行为（见表1-15）是不受限制的。

表 1-15 电行为

行为	关键字	要求
介电[S]	* DIELECTRIC	
电导率[S]	* ELECTRICAL CONDUCTIVITY	

（续）

行为	关键字	要求
电能转变为热能的分数[S]	＊JOULE HEAT FRACTION	
压电性[S]	＊PIEZOELECTRIC	

质量扩散行为

质量扩散行为（见表1-16）排斥所有其他行为。

表1-16　质量扩散行为

行为	关键字	要求
质量扩散率[S]	＊DIFFUSIVITY	溶解性
溶解性[S]	＊SOLUBILITY	质量扩散

流体静压行为 （ 见表1-17 ）

表1-17　流体静压行为

行为	关键字	要求
流体体积模量[S]	＊FLUID BULK MODULUS	静水流体
静水流体密度	＊FLUID DENSITY	
流体热膨胀系数[S]	＊FLUID EXPANSION	静水流体

1.2 通用属性: 密度

产品：Abaqus/Standard　　Abaqus/Explicit　　Abaqus/CFD　　Abaqus/CAE

参考

- "材料库：概览"，1.1.1 节
- * DENSITY
- "指定材料质量密度"，《Abaqus/CAE 用户手册》（在线 HTML 版本）的 12.8.1 节

概览

材料的质量密度：
- 必须在 Abaqus/Standard 的特征值频率和瞬态动力学分析、瞬态热传导分析、绝热应力分析和声学分析中进行定义。
- 必须在 Abaqus/Standard 中为重力、离心和旋转加速度载荷中定义。
- 必须在 Abaqus/Explicit 中为所有材料定义，除了静水流体。
- 必须在 Abaqus/CFD 中为所有的流体定义。
- 可以指定成温度和预定义变量的函数。
- 可以用非结构质量定义从非结构特征（如汽车钣金上的油漆）到基底单元进行分布。
- 可以对 Abaqus/Standard 中的实体连续单元进行分布式定义。

定义密度

可以将密度定义成温度和场变量的函数。在 Abaqus/Standard 中，除了声学、热传导、温度-位移耦合、热-电耦合和热-电-结构耦合单元外，对于其他所有的单元，密度都是温度初始值和场变量的函数，并且只进行体积变化。它并不随着温度和场变量在分析中的变化而更新。对于 Abaqus/Explicit 来说，仅声学单元例外。对于 Abaqus/CFD 来说，假定不可压缩流体的密度是不变的。

对于 Abaqus/Standard 中的声学、热传导、耦合的温度位移和耦合的热电单元，以及 Abaqus/Explicit 中的声学单元，密度将响应当前的温度和场变量做出持续的更新。

在 Abaqus/Standard 的分析中，可以采用分布式为均匀的实体连续单元定义空间变化的质量密度。分布式定义中必须包含一个密度的默认值。如果使用了分布式定义，则不能定义与温度和/或场变量相关的密度。

输入文件用法：采用以下两选项之一：

    * DENSITY

    * DENSITY，DEPENDENCIES＝n

Abaqus/CAE 用法：Property module：material editor：General→Density

    可以使用 temperature-dependent data（温度相关数据）将密度定义成温度的函数和/或选择 Number of field variables（场变量的个数）将密度定义成场变量的函数。

单位

因为 Abaqus 没有内置尺寸，必须确保给出的密度具有一致的单位。关于一致的单位和密度的使用，在"约定"，《Abaqus 分析用户手册——介绍、空间建模、执行与输出卷》的 1.2.2 节中进行了讨论。如果使用公制或者英制单位，必须特别注意密度的单位是 ML^{-3}，而定义质量的单位是 FT^2L^{-1}。

单元

此节所讨论的密度行为可用来为所有单元指定密度，除了刚性单元。刚性单元的质量密度指定成刚体定义的一部分（见"刚性单元"，《Abaqus 分析用户手册——单元卷》的 4.3.1 节）。

在 Abaqus/Explicit 中，不是刚体部分的所有单元都必须定义一个非零的密度。

在 Abaqus/Standard 中，必须为热传导单元和声学单元定义密度；可以对应力/位移单元、耦合的温度位移单元和包含孔隙压力的单元定义密度。对于将孔隙压力作为一个自由度的单元，在耦合的孔隙流体流动/应力分析中，必须为孔隙介质给出干料的密度。

如果为声学介质指定复数密度，应该在此处输入它的实部，并将虚部转化成体积阻力，见"声学属性"，6.3 节。

将模型中具有可忽略结构刚度的质量贡献，可以通过在通常与非结构特征相邻的单元集上涂抹质量，来添加到模型中。非结构质量可以以总质量值、单位体积的质量、单位面积的质量或者单位长度的质量的形式加以指定（见"非结构质量定义"，《Abaqus 分析用户手册——介绍、空间建模、执行与输出卷》的 2.7.1 节）。非结构质量定义为指定的单元集提供了额外的质量，并且不会改变基底材料的密度。

第2章　弹性力学属性

2.1 弹性行为：概览

Abaqus 的材料库包括以下几种弹性行为模式：

● 线弹性：线弹性（"线弹性行为"，2.2.1 节）是 Abaqus 中可以使用的弹性中最简单的形式。线弹性模型可以用来定义各向同性、正交异性或者各向异性材料行为，并且对于小弹性应变有效。

● 平面应力正交异性失效：提供与线弹性一起使用的失效理论（"平面应力正交异性失效度量"，2.2.3 节）。可以使用它们来得到后处理的输出要求。

● 多孔弹性：Abaqus/Standard 中的多孔弹性模型（"多孔弹性：多孔材料的弹性行为"，2.3 节）用于多孔材料，其中，弹性体积应变随等效压应力的对数而变化。此种形式的非线弹性对于小弹性应变是有效的。

● 次弹性：Abaqus/Standard 中的次弹性模型（"次弹性"，2.4 节）用于通过弹性矩阵乘以弹性应变的变化率，来定义材料的应力变化率，其中弹性矩阵是总弹性应变的函数。一般来说，非线弹性对于小弹性应变来说是有效的。

● 橡胶型超弹性：对于有限应变的橡胶型材料（"橡胶型材料的超弹性行为"，2.5.1 节），超弹性模型提供了一种通用应变能势函数来描述近乎不可压缩弹性体的材料行为。此非线弹性模型对于大弹性应变是有效的。

● 泡沫超弹性：超泡沫模型（"弹性体泡沫中的超弹性行为"，2.5.2 节）提供了一种有限应变时弹性可压缩泡沫的通用能力。此非线弹性模型对于大应变（特别是大的体积变化）是有效的。Abaqus/Explicit 中的低密度泡沫模型（"率敏感的弹性泡沫：低密度泡沫"，2.9 节）是非线性黏弹性模型，适用于指定压碎及碰撞应用中使用的低密度弹性泡沫的应变率敏感行为。泡沫塑性模型（"可压碎泡沫塑性模型"，3.3.5 节）应当用于承受永久变形的泡沫材料。

● 各向异性超弹性：各向异性超弹性模型（"各向异性超弹性行为"，2.5.3 节）提供了模拟表现出高度各向异性和非线弹性行为的材料（例如生物软组织、纤维增强弹性体等）的通用能力。此模型对于大弹性应变是有效的，并且可以捕获随着变形，在首选材料方向（或纤维方向）上的变化。

● 织物材料：Abaqus/Explicit 的织物模型（"织物材料"，3.4 节）针对机织物捕获沿填充物和经纱方向的刚度的定向性质。当纱线方向相对彼此旋转时，它还捕获剪切响应。该模型要考虑包括大剪切旋转在内的有限应变。它通过使用测试数据或者用户子程序 VFABRIC（见 "VFABRIC"《Abaqus 用户子程序参考手册》的 1.2.3 节）来捕获织物的高度非线弹性响应，从而进行材料表征。基于测试数据的织物行为可以包括非线弹性、永久变形、率相关的响应和损伤累积。

● 黏弹性：黏弹性模型用来指定与时间相关的材料行为（"时域黏弹性"，2.7.1 节）。在 Abaqus/Standard 中，也使用此行为来指定频率相关的材料属性（"频域黏弹性"，2.7.2 节）。它必须与线弹性、橡胶型超弹性或泡沫超弹性组合。

● 并联流变框架：平行流变框架（"并联流变框架"，2.8.2 节）适合模拟承受大应变的材料所具有的非线性行为，例如弹性体和聚合物。使用此框架定义的模型由多个平行黏弹性网状物组成，并且也可能由使用 Mullins 效应来模拟永久变形的和材料软化弹塑性网状物组成。弹性响应用超弹性材料模型定义；塑性响应是以不可压缩各向同性硬化塑性理论为基础的；黏性响应则是使用从蠕变势推导得到的流动规则来指定的。

• 迟滞：Abaqus/Standard 中的迟滞模型（"弹性体的迟滞"，2.8.1 节）用于指定弹性体的率相关行为。它与超弹性结合使用。

• Mullins 效应：Mullins 效应模型（"Mullins 效应"，2.6.1 节）用于指定填充橡胶弹性体因为损伤而产生的应力软化现象，称为 Mullins 效应。该模型还可用来在弹性泡沫中包括永久能量耗散和应力软化效应（"弹性体泡沫中的能量耗散"，2.6.2 节）。它与橡胶型超弹性或者泡沫超弹性结合使用。

• 无压缩或者无拉伸弹性：当不应产生压缩或者拉伸主应力时，可以使用 Abaqus/Standard 中的无压缩或无拉伸模型（"无压缩或者无拉伸"，2.2.2 节）这些选项只能用于线弹性问题。

热应变

任何弹性或者织物模型都可以引入热膨胀（"热膨胀"，6.1.2 节）。

弹性应变大小

除了超弹性和织物材料模型，与弹性相关的切线模量相比，总是默认应力比较小的，即弹性应变必须很小（小于 5%）。如果材料定义中包含金属塑性那样的响应，则整个应变可以任意大。

对于大应变是纯弹性的有限应变计算，应当使用织物模型（对于机织织物）、超弹性模型（橡胶型行为）或者泡沫超弹性模型（用于弹性泡沫）。超弹性和织物模型是仅有的在大弹性应变情况下对实际材料行为进行真实预测的唯一模型。Abaqus/Standard 中，在大应变是非弹性的其他场合，线性或者多孔弹性模型是适用的。

在 Abaqus/Standard 中，如果应力水平达到或者超过弹性模量的 50%，则线弹性、多孔弹性和次弹性模型将表现出不好的收敛特性。在具体情况下此限制并不严重，因为这些材料模型对于产生的大应变并不有效。

2.2　线弹性

- "线弹性行为"，2.2.1节
- "无压缩或者无拉伸"，2.2.2节
- "平面应力正交异性失效度量"，2.2.3节

2.2.1 线弹性行为

产品：Abaqus/Standard　　Abaqus/Explicit　　Abaqus/CAE

参考

- "材料库：概览"，1.1.1 节
- "弹性行为：概览"，2.1 节
- * Elastic
- "定义弹性"中的"创建一个线弹性材料模型"，《Abaqus/CAE 用户手册》（在线 HTML 版本）的 12.9.1 节

概览

一个线弹性材料模型：

- 对于小弹性应变（一般小于 5%）是有效的。
- 可以是各向同性的、正交异性的或者完全各向异性的。
- 可以具有温度和/或其他场变量相关的属性。
- 可以用 Abaqus/Standard 中实体连续单元进行分布式定义。

定义线弹性材料行为

总应力与总弹性应变之间的关系为

$$\boldsymbol{\sigma} = \boldsymbol{D}^{\mathrm{el}} \boldsymbol{\varepsilon}^{\mathrm{el}}$$

式中，$\boldsymbol{\sigma}$ 是总应力（"真"应力或者有限应变问题中的柯西应力）；$\boldsymbol{D}^{\mathrm{el}}$ 是四阶弹性张量；$\boldsymbol{\varepsilon}^{\mathrm{el}}$ 是总弹性应变（有限应变问题中的对数应变）。注意：不要在弹性应变很大的时候采用线性弹性材料定义，此时应采用超弹性模型代替。即使是在有限应变问题中，弹性应变也应当比较小（小于 5%）。

定义黏弹性材料的线弹性响应

黏弹性材料（"时域黏弹性"，2.7.1 节）的弹性响应可以通过定义材料的即时响应或长期响应来指定。定义即时响应时，必须在非常短的时间跨度内完成确定弹性常数的试验，所用时间应比材料的特征松弛时间短得多。

输入文件用法：* ELASTIC，MODULI = INSTANTANEOUS

Abaqus/CAE 用法：Property module：material editor：Mechanical → Elasticity → Elastic：
Moduli time scale（for viscoelasticity）：Instantaneous

另外，如果使用长期弹性响应，则必须在比黏弹性材料的特征松弛时间长得多的时间跨

度后收集试验数据。

输入文件用法：＊ELASTIC，MODULI＝LONG TERM

Abaqus/CAE 用法：Property module：material editor：Mechanical → Elasticity → Elastic：
Moduli time scale（for viscoelasticity）：Long-term

线弹性的方向相关性

根据弹性属性对称面的数量，一种材料可以归类成各向同性（过每个点有无数个对称平面）或者各向异性（无对称面）。某些材料过每个点具有有限个对称面，例如正交异性材料的弹性属性是具有两个正交的对称面。弹性张量 $\boldsymbol{D}^{el}$ 的独立项个数便取决于此对称属性。定义各向异性的程度和弹性属性的定义方法如下所述。如果材料是各向异性的，则必须使用局部方向（"方向"，《Abaqus 分析用户手册——介绍、空间建模、执行与输出卷》的 2.2.5 节）来定义各向异性的方向。

线弹性材料的稳定性

线弹性材料必须满足材料的条件或者 Drucker 稳定性（见"橡胶型材料的超弹性行为"中有关材料稳定性的讨论，2.5.1 节）。稳定性要求张量 $\boldsymbol{D}^{el}$ 正定，这导致了弹性常数值的某些限制。材料对称性的几个不同种类的应力-应变关系将在下文述及，文中也给出了基于稳定性准则的弹性常数的合适约束。

定义各向同性的弹性

线性弹性的最简单形式是各向同性的情况，其应力-应变关系如下：

$$
\begin{pmatrix} \varepsilon_{11} \\ \varepsilon_{22} \\ \varepsilon_{33} \\ \gamma_{12} \\ \gamma_{13} \\ \gamma_{23} \end{pmatrix} = \begin{bmatrix} 1/E & -\nu/E & -\nu/E & 0 & 0 & 0 \\ -\nu/E & 1/E & -\nu/E & 0 & 0 & 0 \\ -\nu/E & -\nu/E & 1/E & 0 & 0 & 0 \\ 0 & 0 & 0 & 1/G & 0 & 0 \\ 0 & 0 & 0 & 0 & 1/G & 0 \\ 0 & 0 & 0 & 0 & 0 & 1/G \end{bmatrix} \begin{pmatrix} \sigma_{11} \\ \sigma_{22} \\ \sigma_{33} \\ \sigma_{12} \\ \sigma_{13} \\ \sigma_{23} \end{pmatrix}
$$

弹性属性可以通过给定弹性模量 E 和泊松比 ν 来完全确定。剪切模量 G 与 E 和 ν 的关系为 $G = E/[2(1+\nu)]$。如果有必要，这些参数可以作为温度和其他预定义场的函数给出。

在 Abaqus/Standard 中，可以通过使用分布（"分布定义"，《Abaqus 分析用户手册——介绍、空间建模、执行与输出卷》的 2.8.1 节）为均质实体连续单元定义空间变化的各向同性弹性行为。分布中必须包含默认的 E 和 ν 值。如果使用了一个分布，则不可以定义与温度和/或场变量相关的弹性常数。

输入文件用法：＊ELASTIC，TYPE＝ISOTROPIC

Abaqus/CAE 用法：Property module：material editor：Mechanical → Elasticity → Elastic：

Type：Isotropic

稳定性

稳定性准则要求 $E>0$，$G>0$，并且 $-1<\nu<0.5$。泊松比的值接近 0.5 将导致材料行为近乎不可压缩。除了平面应力的情况（包括膜和壳）或者梁和桁架，这样的值在 Abaqus/Standard 中通常要求使用"杂交"单元；在 Abaqus/Explicit 中则会产生高频噪声，并产生极小的稳定时间增量。

在 Abaqus/Explixit 中，建议对泊松比大于 0.495（即 K/μ 的值大于 100）的线弹性材料使用实体连续混合单元，以避免可能出现的收敛问题。否则，分析过程将发生错误。可以使用"非混合不可压缩"诊断控制将此错误降级成一个警告信息。

输入文件用法：使用下面的选项将一个错误降级成一个警告信息：

* DIAGNOSTICS，NONHYBRID INCOMPRESSIBLE = WARNING

通过指定工程常数来定义正交异性弹性

正交异性材料中的线弹性可以通过给定"工程常数"来容易地定义：3 个与材料的主方向关联的模量 E_1、E_2、E_3；泊松比 ν_{12}、ν_{13}、ν_{23}；剪切模量 G_{12}、G_{13} 和 G_{23}。用这些模量根据下式定义弹性柔量：

$$\begin{Bmatrix} \varepsilon_{11} \\ \varepsilon_{22} \\ \varepsilon_{33} \\ \gamma_{12} \\ \gamma_{13} \\ \gamma_{23} \end{Bmatrix} = \begin{bmatrix} 1/E_1 & -\nu_{21}/E_2 & -\nu_{31}/E_3 & 0 & 0 & 0 \\ -\nu_{12}/E_1 & 1/E_2 & -\nu_{32}/E_3 & 0 & 0 & 0 \\ -\nu_{13}/E_1 & -\nu_{23}/E_2 & 1/E_3 & 0 & 0 & 0 \\ 0 & 0 & 0 & 1/G_{12} & 0 & 0 \\ 0 & 0 & 0 & 0 & 1/G_{13} & 0 \\ 0 & 0 & 0 & 0 & 0 & 1/G_{23} \end{bmatrix} \begin{Bmatrix} \sigma_{11} \\ \sigma_{22} \\ \sigma_{33} \\ \sigma_{12} \\ \sigma_{13} \\ \sigma_{23} \end{Bmatrix}$$

ν_{ij} 的值具有泊松比的物理解释，它表征了材料在 i 方向上受力时，在 j 方向上的横向应变。通常，ν_{ij} 不等于 ν_{ji}，它们之间的关系是 $\nu_{ij}/E_i = \nu_{ji}/E_j$。如果有必要，工程常数也能够作为温度和其他预定义场的函数给出。

在 Abaqus/Standard 中，可以通过使用分布（"分布定义"，《Abaqus 分析用户手册——介绍、空间建模、执行与输出卷》的 2.8.1 节）为均匀实体连续单元定义空间变化正交弹性行为。分布中必须包含弹性模量和泊松比的默认值。如果使用分布，则不可以定义与温度和/或场变量相关的弹性常数。

输入文件用法：* ELASTIC，TYPE = ENGINEERING CONSTANTS

Abaqus/CAE 用法：Property module：material editor：Mechanical → Elasticity → Elastic：

Type：Engineering Constants

稳定性

材料稳定性要求：

$$E_1, E_2, E_3, G_{12}, G_{13}, G_{23} > 0$$

$$|\nu_{12}| < (E_1/E_2)^{1/2}$$

$$|\nu_{13}| < (E_1/E_3)^{1/2}$$

$$|\nu_{23}| < (E_2/E_3)^{1/2}$$

$$1 - \nu_{12}\nu_{21} - \nu_{23}\nu_{32} - \nu_{31}\nu_{13} - 2\nu_{21}\nu_{32}\nu_{13} > 0$$

当上述不等式左边趋近于零时，材料行为为不可压缩的。使用关系式 $\nu_{ij}/E_i = \nu_{ji}/E_j$，上述的第二、第三和第四约束设置也可以表述为：

$$|\nu_{21}| < (E_2/E_1)^{1/2}$$

$$|\nu_{31}| < (E_3/E_1)^{1/2}$$

$$|\nu_{32}| < (E_3/E_2)^{1/2}$$

定义横观各向同性弹性

正交异性的一个特殊子类是横观各向同性，其特征在于材料中的每一个点所在平面上的各向同性。默认在各点上的 1-2 平面各向同性。横观各向同性要求 $E_1 = E_2 = E_p$，$\nu_{31} = \nu_{32} = \nu_{tp}$，$\nu_{13} = \nu_{23} = \nu_{pt}$，$G_{13} = G_{23} = G_t$。式中，p 和 t 分别代表"平面内"和"横向"。这样，ν_{tp} 便具有泊松比的物理解释，它表征了法向平面内的应力产生的平面内的各向同性应变，ν_{pt} 表征了各向同性平面内的应力产生的垂直于各向同性平面的横向应变。通常，ν_{tp} 与 ν_{pt} 在数值上是不相等的，它们是关系是 $\nu_{tp}/E_t = \nu_{pt}/E_p$。应力-应变法则可简化为：

$$
\begin{Bmatrix} \varepsilon_{11} \\ \varepsilon_{22} \\ \varepsilon_{33} \\ \gamma_{12} \\ \gamma_{13} \\ \gamma_{23} \end{Bmatrix} =
\begin{bmatrix}
1/E_p & -\nu_p/E_p & -\nu_{tp}/E_t & 0 & 0 & 0 \\
-\nu_p/E_p & 1/E_p & -\nu_{tp}/E_t & 0 & 0 & 0 \\
-\nu_{pt}/E_p & -\nu_{pt}/E_p & 1/E_t & 0 & 0 & 0 \\
0 & 0 & 0 & 1/G_p & 0 & 0 \\
0 & 0 & 0 & 0 & 1/G_t & 0 \\
0 & 0 & 0 & 0 & 0 & 1/G_t
\end{bmatrix}
\begin{Bmatrix} \sigma_{11} \\ \sigma_{22} \\ \sigma_{33} \\ \sigma_{12} \\ \sigma_{13} \\ \sigma_{23} \end{Bmatrix}
$$

式中，$G_p = E_p/[2(1+\nu_p)]$，并且独立变量的总数只有 5 个。

在 Abaqus/Standard 中，可以使用分布（"分布定义"，《Abaqus 分析用户手册——介绍、空间建模、执行与输出卷》的 2.8.1 节）为均匀实体连续单元定义空间变化的横观各向同性弹性行为。分布定义中必须包含弹性模量和泊松比的默认值。如果使用了分布定义，则不可以定义与温度和/或场变量相关的弹性常数。

输入文件用法：* ELASTIC，TYPE = ENGINEERING CONSTANTS

Abaqus/CAE 用法：Property module：material editor：Mechanical → Elasticity → Elastic：
Type：Engineering Constants

稳定性

在横截面各向同性的情况下，正交异性弹性的稳定性关系可简化为：

$$E_p,\ E_t,\ G_p,\ G_t > 0$$

$$|\nu_p| < 1$$

$$|\nu_{pt}| < (E_p/E_t)^{1/2}$$
$$|\nu_{tp}| < (E_t/E_p)^{1/2}$$
$$1 - \nu_p^2 - 2\nu_{tp}\nu_{pt} - 2\nu_p\nu_{tp}\nu_{pt} > 0$$

定义平面应力中的正交异性弹性

在平面应力情况下，例如在壳单元中，定义一个正交异性材料只需要 E_1、E_2、ν_{12}、G_{12}、G_{13} 和 G_{23} 的值（在 Abaqus 所有的平面应力单元中，1-2 平面是平面应力的平面，因此平面应力条件是 $\sigma_{33} = 0$）。定义中包含剪切模量 G_{13} 和 G_{23}，是因为模拟壳的横向剪切变形时需要它们。泊松比 ν_{21} 通过公式 $\nu_{21} = (E_2/E_1)\nu_{12}$ 隐性地给出。在此情况下，应力和应变平面内分量的应力-应变关系如下：

$$\begin{pmatrix} \varepsilon_1 \\ \varepsilon_2 \\ \gamma_{12} \end{pmatrix} = \begin{bmatrix} 1/E_1 & -\nu_{12}/E_1 & 0 \\ -\nu_{12}/E_1 & 1/E_2 & 0 \\ 0 & 0 & 1/G_{12} \end{bmatrix} \begin{pmatrix} \sigma_{11} \\ \sigma_{22} \\ \tau_{12} \end{pmatrix}$$

在 Abaqus/Standard 中，可使用分布（"分布定义"，《Abaqus 分析用户手册——介绍、空间建模、执行与输出卷》的 2.8.1 节）为均匀实体定义连续弹性空间变化的平面应力正交弹性行为。分布中必须包含弹性模量和泊松比的默认值。如果使用了一个分布，则不可以定义与温度和/或场变量相关的弹性常数。

输入文件用法：*ELASTIC，TYPE=LAMINA

Abaqus/CAE 用法：Property module：material editor：Mechanical → Elasticity → Elastic：Type：Lamina

可靠性

平面应力要求的材料可靠性如下：

$$E_1, E_2, G_{12}, G_{13}, G_{23} > 0$$
$$|\nu_{12}| < (E_1/E_2)^{1/2}$$

通过指定弹性刚度矩阵中的项来定义正交异性的弹性

正交异性材料中的线弹性也能通过给定 9 个独立弹性刚度参数来定义，如果有必要，可作为温度和其他预定义场的函数。在此情况下，应力-应变关系如下：

$$\begin{pmatrix} \sigma_{11} \\ \sigma_{22} \\ \sigma_{33} \\ \sigma_{12} \\ \sigma_{13} \\ \sigma_{23} \end{pmatrix} = \begin{bmatrix} D_{1111} & D_{1122} & D_{1133} & 0 & 0 & 0 \\ & D_{2222} & D_{2233} & 0 & 0 & 0 \\ & & D_{3333} & 0 & 0 & 0 \\ & & & D_{1212} & 0 & 0 \\ & sym & & & D_{1313} & 0 \\ & & & & & D_{2323} \end{bmatrix} \begin{pmatrix} \varepsilon_{11} \\ \varepsilon_{22} \\ \varepsilon_{33} \\ \gamma_{12} \\ \gamma_{13} \\ \gamma_{23} \end{pmatrix} = [D^{el}] \begin{pmatrix} \varepsilon_{11} \\ \varepsilon_{22} \\ \varepsilon_{33} \\ \gamma_{12} \\ \gamma_{13} \\ \gamma_{23} \end{pmatrix}$$

对于正交异性材料，定义 D 矩阵的工程常数如下：

$$D_{1111} = E_1(1 - \nu_{23}\nu_{32})\Psi$$
$$D_{2222} = E_2(1 - \nu_{13}\nu_{31})\Psi$$
$$D_{3333} = E_3(1 - \nu_{12}\nu_{21})\Psi$$
$$D_{1122} = E_1(\nu_{21} + \nu_{31}\nu_{23})\Psi = E_2(\nu_{12} + \nu_{32}\nu_{13})\Psi$$
$$D_{1133} = E_1(\nu_{31} + \nu_{21}\nu_{32})\Psi = E_3(\nu_{13} + \nu_{12}\nu_{23})\Psi$$
$$D_{2233} = E_2(\nu_{32} + \nu_{12}\nu_{31})\Psi = E_3(\nu_{23} + \nu_{21}\nu_{13})\Psi$$
$$D_{1212} = G_{12}$$
$$D_{1313} = G_{13}$$
$$D_{2323} = G_{23}$$

式中

$$\Psi = \frac{1}{1 - \nu_{12}\nu_{21} - \nu_{23}\nu_{32} - \nu_{31}\nu_{13} - 2\nu_{21}\nu_{32}\nu_{13}}$$

当直接给定材料刚度参数 D_{ijkl} 时，Abaqus 根据需要对平面应力情况施加 $\sigma_{33} = 0$ 的约束来简化材料的刚度矩阵。

在 Abaqus/Standard 中，可使用分布（"分布定义"，《Abaqus 分析用户手册——介绍、空间建模、执行与输出卷》的 2.8.1 节）为均质实体连续单元定义空间变化的正交异性弹性行为。分布中必须包含默认的弹性模量和泊松比值。如果使用了一个分布，则不可以定义与温度和/或场变量相关的弹性常数。

输入文件用法：* ELASTIC，TYPE = ORTHOTROPIC

Abaqus/CAE 用法：Property module：material editor：Mechanical → Elasticity → Elastic：
Type：Orthotropic

稳定性

由材料稳定性产生的对弹性常数的限制如下：

$$D_{1111}, D_{2222}, D_{3333}, D_{1212}, D_{1313}, D_{2323} > 0$$
$$|D_{1122}| < (D_{1111}D_{2222})^{1/2}$$
$$|D_{1133}| < (D_{1111}D_{3333})^{1/2}$$
$$|D_{2233}| < (D_{2222}D_{3333})^{1/2}$$
$$\det(D^{el}) > 0$$

最后的关系式为

$$D_{1111}D_{2222}D_{3333} + 2D_{1122}D_{1133}D_{2233} - D_{2222}D_{1133}^2 - D_{1111}D_{2233}^2 - D_{3333}D_{1122}^2 > 0$$

这些弹性刚度参数形式的约束等效于"工程常数"形式的约束。当上述不等式的左边趋近于零时，将产生不可压缩的材料行为。

定义完全各向异性的弹性

对于完全各向异性的弹性，需要 21 个独立的弹性矩阵参数。应力-应变关系如下：

$$
\begin{pmatrix} \sigma_{11} \\ \sigma_{22} \\ \sigma_{33} \\ \sigma_{12} \\ \sigma_{13} \\ \sigma_{23} \end{pmatrix} = \begin{bmatrix} D_{1111} & D_{1122} & D_{1133} & D_{1112} & D_{1113} & D_{1123} \\ & D_{2222} & D_{2233} & D_{2212} & D_{2213} & D_{2223} \\ & & D_{3333} & D_{3312} & D_{3313} & D_{3323} \\ & & & D_{1212} & D_{1213} & D_{1223} \\ & sym & & & D_{1313} & D_{1323} \\ & & & & & D_{2323} \end{bmatrix} \begin{pmatrix} \varepsilon_{11} \\ \varepsilon_{22} \\ \varepsilon_{33} \\ \gamma_{12} \\ \gamma_{13} \\ \gamma_{23} \end{pmatrix} = \begin{bmatrix} D^{el} \end{bmatrix} \begin{pmatrix} \varepsilon_{11} \\ \varepsilon_{22} \\ \varepsilon_{33} \\ \gamma_{12} \\ \gamma_{13} \\ \gamma_{23} \end{pmatrix}
$$

当直接给定材料刚度参数（D_{ijkl}）时，Abaqus 根据需要对平面应力情况施加以 $\sigma_{33} = 0$ 的约束来简化材料的刚度矩阵。

在 Abaqus/Standard 中，可使用分布（"分布定义"，《Abaqus 分析用户手册——介绍、空间建模、执行与输出卷》的 2.8.1 节）为均质实体连续单元定义空间变化的完全各向异性的弹性行为。分布中必须包含默认的弹性模量和泊松比值。如果使用了一个分布，则不可以定义与温度和/或场变量相关的弹性常数。

输入文件用法：∗ ELASTIC，TYPE = ANISOTROPIC

Abaqus/CAE 用法：Property module：material editor：Mechanical → Elasticity → Elastic：

Type：Anisotropic

稳定性

根据稳定性要求加在弹性常数上的约束过于复杂，以至于无法用简单的方程组来表达。然而，$\boldsymbol{D}^{el}$ 为正定这一要求明确要求弹性矩阵 $\begin{bmatrix} D^{el} \end{bmatrix}$ 的所有特征向量都是正值。

为翘曲单元定义正交异性弹性

对于实体单元模拟铁木辛柯梁，实体横截面使用的二维网格划分的模型（见"网格划分的梁横截面"，《Abaqus 分析用户手册——分析卷》的 5.6.1 节），Abaqus 提供了在两个用户指定的材料方向上含有不同剪切模量的线弹性材料定义。在用户指定的方向上，应力-应变的关系如下：

$$
\begin{pmatrix} \sigma \\ \tau_1 \\ \tau_2 \end{pmatrix} = \begin{bmatrix} E & & \\ & G_1 & \\ & & G_2 \end{bmatrix} \begin{pmatrix} \varepsilon \\ \gamma_1 \\ \gamma_2 \end{pmatrix}
$$

使用一个局部方向来定义全局方向与用户定义材料方向之间的夹角 α。在横截面方向上，应力-应变关系如下：

$$
\begin{pmatrix} \sigma \\ \tau_1 \\ \tau_2 \end{pmatrix} = \begin{bmatrix} E & 0 & 0 \\ & G_1 (\cos\alpha)^2 + G_2 (\sin\alpha)^2 & (G_1 - G_2) \cos\alpha\sin\alpha \\ & sym & G_1 (\sin\alpha)^2 + G_2 (\cos\alpha)^2 \end{bmatrix} \begin{pmatrix} \varepsilon \\ \gamma_1 \\ \gamma_2 \end{pmatrix}
$$

式中，σ 是梁的轴应力；τ_1 和 τ_2 是两个切应力。

输入文件用法：∗ ELASTIC，TYPE = TRACTION

Abaqus/CAE 用法：Property module：material editor：Mechanical → Elasticity → Elastic：

Type：Traction

稳定性

稳定性准则要求 $E>0$，$G_1>0$，$G_2>0$。

以胶黏单元的牵引和分离方式定义弹性

对于模拟黏接界面的胶黏单元（见"采用牵引分离描述来定义胶黏单元的本构响应"，《Abaqus 分析用户手册——单元卷》的 6.5.6 节），Abaqus 提供了一个能够直接写成法向牵引和法向应变形式的弹性定义。对于无耦合行为，每个牵引组成部分只依赖于它的共轭正应变；而对于耦合行为，响应则更加普遍（如下文所示）。在局部单元方向上，非耦合行为的应力-应变关系如下：

$$\begin{pmatrix} t_n \\ t_s \\ t_t \end{pmatrix} = \begin{pmatrix} E_{nn} & & \\ & E_{ss} & \\ & & E_{tt} \end{pmatrix} \begin{pmatrix} \varepsilon_n \\ \varepsilon_s \\ \varepsilon_t \end{pmatrix}$$

式中，t_n、t_s 和 t_t 分别是法向和两个局部剪切方向上的牵引量；ε_n、ε_s 和 ε_t 分别是相应的名义应变。

对于耦合的牵引分离行为，应力-应变关系如下：

$$\begin{pmatrix} t_n \\ t_s \\ t_t \end{pmatrix} = \begin{pmatrix} E_{nn} & E_{ns} & E_{nt} \\ E_{ns} & E_{ss} & E_{st} \\ E_{nt} & E_{st} & E_{tt} \end{pmatrix} \begin{pmatrix} \varepsilon_n \\ \varepsilon_s \\ \varepsilon_t \end{pmatrix}$$

输入文件用法：使用下面的选项定义胶黏单元的非耦合弹性行为：

   * ELASTIC，TYPE＝TRACTION

使用下面的选项定义胶黏单元的耦合弹性行为：

   * ELASTIC，TYPE＝COUPLED TRACTION

Abaqus/CAE 用法：使用下面的选项定义胶黏单元的非耦合弹性行为：

Property module：material editor：Mechanical → Elasticity → Elastic：

Type：Traction

使用下面的选项定义胶黏单元的耦合弹性行为：

Property module：material editor：Mechanical → Elasticity → Elastic：

Type：Coupled Traction

稳定性

非耦合行为的稳定性要求 $E_{nn}>0$，$E_{ss}>0$，$E_{tt}>0$。对于耦合行为，稳定准则要求：

$$E_{nn}>0,\ E_{ss}>0,\ E_{tt}>0$$

$$E_{ns}<\sqrt{E_{nn}E_{ss}}$$

$$E_{st}<\sqrt{E_{ss}E_{tt}}$$

$$E_{nt} < \sqrt{E_{nn}E_{tt}}$$

$$\det \begin{pmatrix} E_{nn} & E_{ns} & E_{nt} \\ E_{ns} & E_{ss} & E_{st} \\ E_{nt} & E_{st} & E_{tt} \end{pmatrix} > 0$$

在 Abaqus/Explicit 中为状态方程定义各向同性剪切弹性行为

Abaqus/Explicit 中允许定义各向同性剪切弹性行为，用来描述体积响应受状态方程控制的材料的偏响应（"状态方程"中的"弹性剪切行为"）。在此情况下，偏应力-应变的关系如下：

$$S = 2\mu e^{el}$$

式中，S 是偏应力；e^{el} 是偏弹性应变。定义弹性偏行为时，必须提供弹性剪切模量 μ。

输入文件用法：* ELASTIC，TYPE = SHEAR

Abaqus/CAE 用法：Property module：material editor：Mechanical → Elasticity → Elastic：

Type：Shear

单元

在 Abaqus 中，线弹性可以与任何应力/位移单元或者温度-位移耦合单元一起使用。牵引弹性除外，它仅能用于扭曲单元和胶黏单元；耦合的牵引弹性仅可与胶黏单元一起使用；剪切弹性仅可用于实体（连续）单元，但平面应力单元除外；在 Abaqus/Explicit 中，各向异性弹性并不适用于杆、加强筋、管和梁单元。

如果材料是（或近乎是）不可压缩的（对于各向同性弹性行为，泊松比 $\nu > 0.49$），则应当在 Abaqus/Standard 中使用杂交单元。可压缩各向异性弹性行为不应当与二阶杂交连续单元一起使用，因为二者一起使用可导致不精确的结果和/或收敛问题。

2.2.2 无压缩或者无拉伸

产品：Abaqus/Standard   Abaqus/CAE

警告：除非与杆或者梁单元一起使用，Abaqus/Standard 不为此选项形成确切的材料刚度。因此，有时候收敛性很差。

参考

- "材料库，概览"，1.1.1 节
- "弹性行为：概览"，2.1 节
- "线弹性行为"，2.2.1 节

● * NO COMPRESSION

● * NO TENSION

● "定义弹性"中的"指定弹性材料属性",《Abaqus/CAE 用户手册》的 12.9.1 节

概览

无压缩和无拉伸弹性模型:

●用来改变材料的线弹性行为,这样不会产生压缩应力或者拉伸应力。

●仅能与弹性定义一起使用。

定义修改的弹性行为

通过初次求解假设为线弹性的主应力,然后设置合适的主应力值为零的方式得到修改的弹性行为。相关联的刚度矩阵分量也将设置成零。这些模型不是历史相关的:主应力设置为零的方向在每次迭代中重新计算。

图 2-1 给出了一维应力情况如平面中的桁架或梁的无压缩效应。无压缩和无拉伸定义仅改变材料的弹性响应。

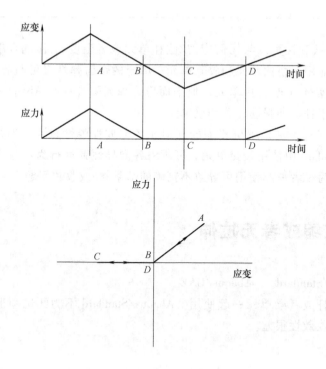

图 2-1 一个应变循环的无压缩弹性情况

输入文件用法:使用以下选项之一:

* NO COMPRESSION

* NO TENSION

Abaqus/CAE 用法：Property module：material editor：Mechanical→Elasticity→Elastic：No compression 或者 No tension

稳定性

采用无压缩或者无拉伸弹性行为会使模型不稳定，可能会发生收敛困难。有时可以通过使用小弹性模量值（与修改弹性模型的单元的弹性模量相比较小）的单元替代每个使用无压缩（或无拉伸）模型的单元来解决这一问题。此技术产生了一个小的"人为"刚度，能使模型稳定。

与其他材料模型一起使用

无压缩和无拉伸定义仅能与弹性定义结合使用。这些定义不能与任何其他材料选项一起使用。

单元

在 Abaqus/Standard 中，无压缩和无拉伸弹性模型可与任何应力/位移单元一起使用。然而，如果截面属性采用通用截面定义预积分，则它们不能与壳单元或者梁单元一起使用。

2.2.3 平面应力正交异性失效度量

产品：Abaqus/Standard　　Abaqus/Explicit　　Abaqus/CAE

参考

- "材料库：概览"，1.1.1 节
- "弹性行为：概览"，2.1 节
- "线弹性行为"，2.2.1 节
- * FAIL STRAIN
- * FAIL STRESS
- * ELASTIC
- "定义弹性"中的"为一个弹性模型定义基于应力的失效度量"，《Abaqus/CAE 用户手册》（在线 HTML 版本）的 12.9.1 节
- "定义弹性"中的"为一个弹性模型定义基于应变的失效度量"，《Abaqus/CAE 用户手册》（在线 HTML 版本）的 12.9.1 节

概览

正交异性平面应力失效度量：

- 是材料失效的表现（通常用于纤维增强复合材料；对于纤维增强复合材料的替代损伤和失效模型见"纤维增强复合材料的损伤和失效：概览"，4.3.1节）。
- 仅能与线弹性材料模型一起使用（具有或没有局部材料取向）。
- 可用于任何使用平面应力公式的单元，即平面应力连续单元、壳单元和膜单元。
- 是后处理的输出请求，并不产生任何材料退化。
- 取值大于或等于 0.0，值大于或者等于 1.0 意味着失效。

失效理论

Abaqus 提供了 5 种不同的失效理论：4 种基于应力的理论和 1 种基于应变的理论。

将正交各向异性材料的方向表示为 1 和 2，其中 1 材料方向与纤维平行，2 材料方向与纤维垂直。为了正确地使用失效理论，用户定义的弹性材料常数的 1 和 2 方向必须分别与纤维方向平行和垂直。对于不是纤维增强的复合材料，材料方向 1 和 2 分别代表强的和弱的正交各向异性材料的方向。

在所有情况下，拉力值必须是正的，压缩值必须是负的。

基于应力的失效理论

基于应力的失效理论的输入数据是方向 1 上的拉应力和压应力极限 X_t 和 X_c；方向 2 上的拉应力和压应力极限 Y_t 和 Y_c；抗剪强度（最大切应力）S，它在 X-Y 平面内。

在 Abaqus 中所有 4 个基于应力的理论可以使用一个单独的定义来定义。此节的最后描述了通过输出变量选择的所需输出。

输入文件用法：＊FAIL STRESS

Abaqus/CAE 用法：Property module：material editor：Mechanical→Elasticity→Elastic：Suboptions→Fail Stress

最大应力理论

如果 $\sigma_{11}>0$，那么 $X=X_t$；否则，$X=X_c$。如果 $\sigma_{22}>0$，那么 $Y=Y_t$；否则，$Y=Y_c$。最大应力失效准则要求：

$$I_F = \max\left(\frac{\sigma_{11}}{X}, \frac{\sigma_{22}}{Y}, \left|\frac{\sigma_{12}}{S}\right|\right) < 1.0$$

Tsai-Hill 理论

如果 $\sigma_{11}>0$，那么 $X=X_t$；否则，$X=X_c$。如果 $\sigma_{22}>0$，那么 $Y=Y_t$；否则，$Y=Y_c$。Tsai-

Hill 失效准则要求：

$$I_\mathrm{F} = \frac{\sigma_{11}^2}{X^2} - \frac{\sigma_{11}\sigma_{22}}{X_2} + \frac{\sigma_{22}^2}{Y^2} + \frac{\sigma_{12}^2}{S^2} < 1.0$$

Tsai-Wu 理论

Tsai-Wu 失效准则要求：

$$I_\mathrm{F} = F_1\sigma_{11} + F_2\sigma_{22} + F_{11}\sigma_{11}^2 + F_{22}\sigma_{22}^2 + F_{66}\sigma_{12}^2 + 2F_{12}\sigma_{11}\sigma_{22} < 1.0$$

Tsai-Wu 常数定义如下：

$$F_1 = \frac{1}{X_\mathrm{t}} + \frac{1}{X_\mathrm{c}}, \quad F_2 = \frac{1}{Y_\mathrm{t}} + \frac{1}{Y_\mathrm{c}}, \quad F_{11} = \frac{1}{X_\mathrm{t}X_\mathrm{c}}, \quad F_{22} = \frac{1}{Y_\mathrm{t}Y_\mathrm{c}}, \quad F_{66} = \frac{1}{S^2}$$

σ_biax 是失效处的等轴应力。如果已知 σ_biax，则

$$F_{12} = \frac{1}{2\sigma_\mathrm{biax}^2}\left[1 - \left(\frac{1}{X_\mathrm{t}} + \frac{1}{X_\mathrm{c}} + \frac{1}{Y_\mathrm{t}} + \frac{1}{Y_\mathrm{c}}\right)\sigma_\mathrm{biax} + \left(\frac{1}{X_\mathrm{t}X_\mathrm{c}} + \frac{1}{Y_\mathrm{t}Y_\mathrm{c}}\right)\sigma_\mathrm{biax}^2\right]$$

否则

$$F_{12} = \overset{*}{f}\sqrt{F_{11}F_{22}}$$

其中 $-1.0 \leqslant \overset{*}{f} \leqslant 1.0$，$\overset{*}{f}$ 的默认值是零。对于 Tsai-Wu 失效准则，$\overset{*}{f}$ 和 σ_biax 二者任何一个必须以输入数据给出。如果给出了 σ_biax，则忽略常数 $\overset{*}{f}$。

Azzi-Tsai-Hill 理论

Azzi-Tsai-Hill 失效理论同 Tsai-Hill 理论一样，除了叉乘项取为绝对值

$$I_\mathrm{F} = \frac{\sigma_{11}^2}{X^2} - \frac{|\sigma_{11}\sigma_{22}|}{X^2} + \frac{\sigma_{22}^2}{Y^2} + \frac{\sigma_{12}^2}{S^2} < 1.0$$

两种失效准则之间的区别只有在 σ_{11} 和 σ_{22} 异号时候才能显现出来。

基于应力的失效度量——失效包线

为了说明 4 种基于应力的失效度量，图 2-2~图 2-4 显示了在应力空间 σ_{11}-σ_{22} 中，与给定平面内切应力值的 Tsai-Hill 包线相比其他理论的失效包线（即 $I_\mathrm{F} = 1.0$）。在每种情况下，Tsai-Hill 表面都是分段连续的椭圆表面，四个象限中的表面均由以原点为中心的椭圆定义。图 2-2 中的平行四边形定义了最大应力面。在图 2-3 中，Tsai-Wu 面呈椭圆形。在图 2-4 中，Azzi-Tsai-Hill 面仅在第二和第四象限与 Tsai-Hill 表面不同，是外边界的表面（即距离原点更

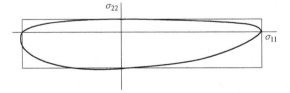

图 2-2　Tsai-Hill 最大失效应力包线（$I_\mathrm{F} = 1.0$）

远）。因为所有的失效理论在单轴应力下通过拉伸失效和压缩失效进行了校正，所以它们都在应力轴上有相同的值。

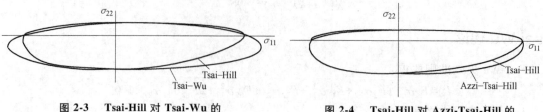

图 2-3　**Tsai-Hill** 对 **Tsai-Wu** 的
失效包线（$I_F = 1.0$，$F_{12} = 0.0$）

图 2-4　**Tsai-Hill** 对 **Azzi-Tsai-Hill** 的
失效包线（$I_F = 1.0$）

基于应变的失效理论

基于应变的失效理论的输入数据是方向 1 上的拉伸和压缩应变极限 X_{ε_t} 和 X_{ε_c}；方向 2 上的拉伸和压缩应变极限 Y_{ε_t} 和 Y_{ε_c}；X-Y 平面内的切应变极限 S_ε。

输入文件用法：＊FAIL STRAIN

Abaqus/CAE 用法：Property module：material editor：Mechanical→Elasticity→Elastic：Suboptions→Fail Strain

最大应变理论

如果 $\varepsilon_{11} > 0$，那么 $X_\varepsilon = X_{\varepsilon_t}$；否则，$X_\varepsilon = X_{\varepsilon_c}$。如果 $\varepsilon_{22} > 0$，那么 $Y_\varepsilon = Y_{\varepsilon_t}$；否则，$Y_\varepsilon = Y_{\varepsilon_c}$。最大应变失效准则要求：

$$I_F = \max\left(\frac{\varepsilon_{11}}{X_\varepsilon},\ \frac{\varepsilon_{22}}{Y_\varepsilon},\ \left|\frac{\varepsilon_{12}}{S_\varepsilon}\right|\right) < 1.0$$

单元

平面应力正交各向异性失效度量可用于 Abaqus 中的任何平面应力单元、壳单元或者膜单元。

输出

如果使用材料描述来定义失效度量，则 Abaqus 会提供失效指标 R 的输出。失效指标和不同输出变量的定义如下。

输出失效指标

每种基于应力的失效理论均定义了在三维空间 $\{\sigma_{11},\ \sigma_{22},\ \sigma_{12}\}$ 中围绕原点的失效表面。任何时候，在该表面上或之外的应力状态都会发生失效。失效指标 R 用来测量接近失效表面的程度。对于给定的应力状态 $\{\sigma_{11},\ \sigma_{22},\ \sigma_{12}\}$，$R$ 定义成如下比例因子：

$$\left\{ \frac{\sigma_{11}}{R}, \ \frac{\sigma_{22}}{R}, \ \frac{\sigma_{12}}{R} \right\} \Rightarrow I_{\mathrm{F}} = 1.0$$

即 $1/R$ 是需要同时乘以失效表面上所有应力分量的比例因子。$R<1.0$ 意味着应力状态在失效平面内，$R \geqslant 1.0$ 则意味着失效。对于最大应力理论，$R \equiv I_{\mathrm{F}}$。

对于最大应变失效理论，失效指标 R 具有同样的定义。R 是比例因子，对于给定的应变状态 $\{\varepsilon_{11}, \ \varepsilon_{22}, \ \varepsilon_{12}\}$，有：

$$\left\{ \frac{\varepsilon_{11}}{R}, \ \frac{\varepsilon_{22}}{R}, \ \frac{\varepsilon_{12}}{R} \right\} \Rightarrow I_{\mathrm{F}} = 1.0$$

对于最大应变理论，$R \equiv I_{\mathrm{F}}$。

输出变量

输出变量 CFAILURE 将为所有基于应力和应变的失效理论提供输出（见"Abaqus/Standard 输出变量标识符"《Abaqus 分析用户手册——介绍、空间建模、执行与输出卷》的 4.2.1 节和"Abaqus/Explicit 输出变量标识符"，《Abaqus 分析用户手册——介绍、空间建模、执行与输出卷》的 4.2.2 节）。在 Abaqus/Standard 中，使用输出变量 MSTRS、TSAIH、TSAIW 和 AZZIT 对各个应力理论要求历史输出，以及使用输出变量 MSTRN 对应变理论要求历史输出。

基于应力和应变的失效理论的输出变量总是在单元的材料点处计算得到的。在 Abaqus/Standard 中，可以在材料点之外的地方请求单元输出（见"输出数据和结果文件"，《Abaqus 分析用户手册——介绍、空间建模、执行与输出卷》的 4.1.2 节）。在此情况下，首先在材料点计算出输出变量，然后内插到单元中心或者外推到节点。

2.3 多孔弹性：多孔材料的弹性行为

产品：Abaqus/Standard   Abaqus/CAE

参考

- "材料库：概览"，1.1.1 节
- "弹性行为：概览"，2.1 节
- * POROUS ELASTIC
- * INITIAL CONDITIONS
- "定义弹性"中的"创建多孔弹性材料模型"，《Abaqus/CAE 用户手册》（在线 HTML 版本）的 12.9.1 节

概览

多孔弹性材料模型：
- 对于小弹性应变（通常小于 5%）是有效的。
- 是一种非线性各向同性的弹性模型，其中，压应力随体积应变的指数发生变化。
- 允许零或者非零弹性拉应力极限。
- 可以具有取决于温度和其他场变量的属性。

定义体积行为

通常，多孔材料体积行为的弹性部分可通过假定材料体积的弹性部分变化与压应力的对数成正比来精确地模拟（图 2-5）：

$$\frac{\kappa}{(1+e_0)}\ln\left(\frac{p_0+p_t^{el}}{p+p_t^{el}}\right)=J^{el}-1$$

式中，κ 是对数体积模量；e_0 是初始孔隙比；p 是等效压应力，其公式为

$$p=-\frac{1}{3}\text{trace}\sigma=-\frac{1}{3}(\sigma_{11}+\sigma_{22}+\sigma_{33})$$

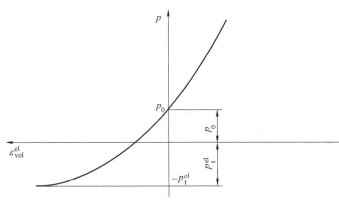

图 2-5 多孔弹性体积行为

式中，p_0 是等效压应力的初始值；J^{el} 是当前和参考构型之间体积比的弹性部分；p_t^{el} 是材料的"弹性抗拉强度"（其含义为当 $p \to -p_t^{el}$ 时，$J^{el} \to \infty$）。

输入文件用法：使用下面三个选项来定义多孔弹性材料：

> * POROUS ELASTIC，SHEAR＝G 或者 POISSON 来定义 κ 和 p_t^{el}
> * INITIAL CONDITIONS，TYPE＝STRESS 来定义 p_0
> * INITIAL CONDITIONS，TYPE＝RATIO 来定义 e_0

Abaqus/CAE 用法：使用以下三个选项来定义多孔弹性材料：

> Property module：material editor：Mechanical→Elasticity→Porous Elastic
>
> Load module：Create Predefined Field：Step：Initial：为 Category 选择 Mechanical 和为 Types for Selected Step 选择 Stress
>
> Load module：Create Predefined Field：Step：Initial：为 Category 选择 Other 和为 Types for Selected Step 选择 Void ratio

定义剪切行为

多孔材料的偏量弹性行为可以通过以下两种方式中之一来定义。

通过定义剪切模量

给出剪切模量 G，则偏应力 S 与总弹性应变的偏量部分 e^{el} 有如下关系：

$$S = 2Ge^{el}$$

在此情况下，剪切行为不受材料压实的影响。

输入文件用法：* POROUS ELASTIC，SHEAR＝G

Abaqus/CAE 用法：Property module：material editor：Mechanical→Elasticity→Porous Elastic：Shear：G

通过定义泊松比

定义泊松比 ν，然后由瞬时体模量和泊松比定义瞬时剪切模量：

$$G = \frac{3(1-2\nu)(1+e_0)}{2(1+\nu)\kappa}(p+p_t^{el})\exp(\varepsilon_{vol}^{el})$$

式中，$\varepsilon_{vol}^{el} = \ln J^{el}$ 是弹性体积变化的对数度量。在此情况下

$$dS = 2Gde^{el}$$

这样，随着材料压实，弹性剪切刚度会增加。对此方程进行积分，即可得到总应力-总弹性应变的关系。

输入文件用法：* POROUS ELASTIC，SHEAR＝POISSON

Abaqus/CAE 用法：Property module：material editor：Mechanical→Elasticity→Porous Elastic：Shear：Poisson

与其他材料模型一起使用

多孔弹性模型可以单独使用，也可以与以下模型组合使用：
- "扩展的 Drucker-Prager 模型"，3.3.1 节。
- "改进的 Drucker-Prager/Cap 模型"，3.3.2 节。
- "临界状态（黏土）塑性模型"，3.3.4 节。
- 引入热体积变化的各向同性膨胀（"热膨胀"，6.1.2 节）。

多孔弹性模型不可以与率相关的塑性或者黏弹性一起使用。

多孔弹性模型不能与多孔金属塑性模型一起使用（"多孔金属塑性"，3.2.9 节）。

更多详细情况见"组合材料行为"，1.1.3 节。

单元

多孔弹性模型不可以与杂交单元或者平面应力单元（包括壳和膜）一起使用。但是在 Abaqus/Standard 中，它可以与任何其他的单纯应力/位移单元一起使用。

如果与具有总刚度沙漏控制的缩减积分单元一起使用，并通过泊松比定义剪切行为，则 Abaqus/Standard 不能为单元的沙漏刚度计算出一个默认值。所以，必须指定沙漏刚度。详细内容见"截面控制"，《Abaqus 分析用户手册——单元卷》的 1.1.4 节。

如果流体孔隙压力是重要的（例如不排水的土壤），则可使用包含孔隙压力的应力/位移单元。

2.4　次弾性

产品：Abaqus/Standard　　Abaqus/CAE

参考

- "材料库：概览"，1.1.1 节
- "弹性行为：概览"，2.1 节
- ＊HYPOELASTIC
- "定义弹性"中的"创建弹性材料模型"，《Abaqus/CAE 用户手册》（在线 HTML 版本）的 12.9.1 节

概览

次弹性材料模型：
- 对于小弹性应变有效，即应力与材料的弹性模量相比不能大。
- 当载荷路径是单调的时候使用。
- 如果要包括温度相关，则必须通过用户子程序 UHYPEL 来定义。

定义次弹性材料行为

在弹性材料中，将应力变化率定义为乘以弹性应变变化率的切变模量矩阵：

$$\mathrm{d}\boldsymbol{\sigma} = \boldsymbol{D}^{\mathrm{el}} : \mathrm{d}\boldsymbol{\varepsilon}^{\mathrm{el}}$$

式中，$\mathrm{d}\boldsymbol{\sigma}$ 是应力变化率（应力是指"真"或柯西应力，即有限应变问题中的应力）；$\boldsymbol{D}^{\mathrm{el}}$ 是切线弹性矩阵；$\mathrm{d}\boldsymbol{\varepsilon}^{\mathrm{el}}$ 是弹性应变的变化率（有限应变问题中的对数应变）。

确定次弹性材料参数

通过弹性模量 E 和泊松比 ν，提供 $\boldsymbol{D}^{\mathrm{el}}$ 中的输入，作为应变不变量的函数。为此而定义的应变不变量为

$$I_1 = \mathrm{trace}\,\boldsymbol{\varepsilon}^{\mathrm{el}}$$

$$I_2 = \frac{1}{2}\ (\varepsilon^{\mathrm{el}} : \varepsilon^{\mathrm{el}} - I_1^2)$$

$$I_3 = \det\ (\varepsilon^{\mathrm{el}})$$

用户可以直接或者通过使用用户子程序来定义材料参数。

直接定义

用户可以通过指定 E、ν、I_1、I_2 和 I_3 来直接定义弹性模量和泊松比的变化。

输入文件用法：＊HYPOELASTIC

Abaqus/CAE 用法：Property module：material editor：Mechanical→Elasticity→Hypoelastic

通过用户子程序定义

如果直接指定 E 和 ν 作为应变不变量的函数不允许足够的灵活性，则可以通过用户子程序 UHYPEL 来定义次弹性材料。

输入文件用法： * HYPOELASTIC, USER

Abaqus/CAE 用法：Property module：material editor：Mechanical→Elasticity→Hypoelastic：Use user subroutine UHYPEL

平面或者单轴应力

对于平面应力状态和单轴应力状态，Abaqus/Standard 不计算平面外的应变分量。为定义以上应变不变量，假设 $I_1 = 0$，即假设材料是不可压缩的。例如，在一个单轴应力情况中（比如杆单元），假设：

$$I_1 = 0$$

$$I_2 = \frac{3}{4}(\varepsilon_{11}^{\text{el}})^2$$

$$I_3 = \frac{1}{4}(\varepsilon_{11}^{\text{el}})^3$$

大位移分析

对于大位移分析，Abaqus 中的应变度量是变形率的积分。如果相对于材料主方向不发生旋转，则此应变度量对应于对数应变。应变不变量定义应以这种方式来积分。

与其他材料模型一起使用

在材料定义中，次弹性材料模型只能单独使用。它不能与黏弹性或者任何非弹性响应模型组合使用。更多的详细内容见"组合材料行为"，1.1.3 节。

单元

在 Abaqus/Standard 中，次弹性材料模型能与任何应力/位移单元一起使用。

2.5 超弹性

- "橡胶型材料的超弹性行为"，2.5.1节
- "弹性体泡沫中的超弹性行为"，2.5.2节
- "各向异性超弹性行为"，2.5.3节

2.5.1 橡胶型材料的超弹性行为

产品：Abaqus/Standard　　Abaque/Explicit　　Abaqus/CAE

参考

- "材料库：概览，" 1.1.1 节
- "弹性行为：概览，" 2.1 节
- "Mullins 效应，" 2.6.1 节
- "橡胶型材料中的永久变形，" 3.7 节
- ＊HYPERELASTIC
- ＊UNIAXIAL TEST DATA
- ＊BIAXIAL TEST DATA
- ＊PLANAR TEST DATA
- ＊VOLUMETRIC TEST DATA
- ＊MULLINS EFFECT
- "定义弹性"中的"创建各向同性的超弹性材料模型"，《Abaqus/CAE 用户手册》（在线 HTML 版本）的 12.9.1 节

概览

超弹性材料模型：

- 是各向同性和非线性的。
- 对于在大应变下表现出瞬时弹性响应的材料是有效的（比如橡胶、固体推进剂或者其他弹性材料）。
- 适用于有限应变的应用，因此在分析步中要求考虑几何非线性（"通用和线性摄动过程"，《Abaqus 分析用户手册——分析卷》的 1.1.2 节）。

可压缩性

大部分弹性体（固体、橡胶型材料）与其剪切弹性相比，具有非常小的可压缩性。壳、膜、梁、杆或者加强筋单元的平面应力不需要特别注意此行为，但是三维实体单元、平面应变单元和轴对称分析单元的数值解对可压缩性的程度非常敏感。在材料高度受限的情况下（例如用于密封的 O 形环），为了得到精确的结果，必须对可压缩性进行正确的建模。在材料未被高度限制的应用中，可压缩性程度则并非特别关键。例如，在 Abaqus /Standard 中也可以接受材料是完全不可压缩的假设：除了热膨胀外材料的体积不会改变。

另外一类橡胶型材料是弹性泡沫，它们是弹性的，但是可压缩性非常好。弹性泡沫将在

"弹性体泡沫中的超弹性行为"，2.5.2 节中进行讨论。

可以用初始体积模量 K_0 与初始剪切模量 μ_0 的比值来评估材料的相对可压缩性。此比值也可以用泊松比 ν 的形式来表达，因为

$$\nu = \frac{3K_0/\mu_0 - 2}{6K_0/\mu_0 + 2}$$

表 2-1 提供了一些具有代表性的值。

表 2-1　具有代表性的值

K_0/μ_0	泊松比 ν
10	0.452
20	0.475
50	0.490
100	0.495
1000	0.4995
10000	0.49995

Abaqus/Standard 中的压缩性

在 Abaqus/Standard 中，建议为初始泊松比大于 0.495（即 K_0/μ_0 的值大于 100）的近乎不可压缩的超弹性材料使用实体连续杂交单元，从而避免潜在的收敛性问题。否则，分析过程将发生错误。除了完全不可压缩的超弹性材料，用户可以使用"非杂交不可压缩的"诊断控制将此错误降级成一个警告信息。

平面应力、壳和膜单元中的材料在厚度方向上的变形是自由的。同样的，在一维单元中（比如梁、杆和加强筋），材料在侧方向上的变形也是自由的。在这些情况中，不需要对体积行为进行特别处理；常规应力/位移单元的使用即可满足要求。

输入文件用法：使用下面的选项将错误信息降级为一个警告信息：＊DIAGNOSTICS, NONHYBRID INCOMPRESSIBLE = WARNING

Abaqus/Explicit 中的可压缩性

除了平面应力和单轴情况，在 Abaqus/Explicit 中，不可以假设材料是完全不可压缩的，因为程序没有在每个材料计算点施加此种约束的机制。作为替代，用户必须提供一些可压缩性。但困难在于，在许多情况下，实际材料行为为算法提供的可压缩性都非常小，不足以让算法有效地工作。也就是说，除了平面应力和单轴情况，即使模型的体积行为比实际材料更软，用户仍然必须为程序的顺利运行提供足够的压缩性。因此，需要判断解是否足够精确，或此问题是否因为数值限制而可以使用 Abaqus/Explicit 进行模拟。

如果在超弹性模型中没有给出材料可压缩性的值，则 Abaqus/Explicit 默认假设 $K_0/\mu_0 =$ 20，对应泊松比为 0.475。因为典型的非填充弹性体 K_0/μ_0 比值的范围为 1000～10000（$\nu =$ 0.4995～0.49995），而填充弹性体 K_0/μ_0 比值的范围为 50～200（$\nu = 0.490～0.497$），所以此默认值比可以使用的绝大部分弹性体具有更大的可压缩性。然而，如果弹性体是相对未被约束的，则此较软的材料体积行为模拟通常能提供非常精确的结果。但是，在材料高度受限制

的情况下（例如材料与硬的金属零件相接触且具有非常小的自由空间，特别是承载情况是高度受压时），不适合用 Abaqus/Explicit 来得到精确的结果。

如果不接受默认值而自己定义压缩性，建议 K_0/μ_0 比值的上限是 100。大比值在动态求解中将产生高频噪声，并且要求使用非常小的时间步长。

各向同性假设

在 Abaqus 中，所有的超弹性模型都基于整个变形历史是各向同性行为的假设。这样，应变势能可以表达成应变不变量的函数。

应变势能

超弹性材料可表达为"应变势能" $U(\varepsilon)$ 的形式，它定义了在材料点上作为应变函数的每单位参考体积（最初构型的体积）中储藏的应变能。Abaqus 中有以下几种应变势能形式来近似模拟不可压缩各向同性弹性体：Arruda-Boyce 形式、Marlow 形式、Mooney-Rivlin 形式、neo-Hookean 形式、Ogde 形式、多项式形式、简化多项式形式、Yeoh 形式和 Van der Waals 形式。如下所述，简化多项式模型和 Mooney-Rivlin 模型可以看成是多项式模型的特例；Yeoh 势能和 neo-Hookean 势能可以视为简化多项式的特例。因此，有时会将这些模型统称为"多项式模型"。

通常来说，当可以得到多样的试验测试数据（通常要求至少包含单轴和等轴测试数据）时，Ogden 和 Van der Waals 形式在拟合试验数据中更加精确。如果只能得到有限的测试数据用于校正，则 Arruda-Boyce、Van der Waals、Yeoh 或者简化多项式形式可提供合理的行为。如果只能得到一种测试数据（单轴、等轴或者平面测试数据），则推荐使用 Marlow 形式。在这种情况下，构建的应变势能将确切地重现测试数据，并且将在其他变形模型中具有合理的行为。

评估超弹性材料

Abaqus/CAE 允许用户通过使用所选的应变势能自动创建响应曲线来评估超弹性材料行为。此外，用户可以提供材料的试验测试数据，不需要指定一个具体的应变势能，而是让 Abaqus /CAE 来评估材料，从而决定最优的应变势能。见"评估超弹性和黏弹性材料行为"，《Abaqus/CAE 用户手册》的 12.4.7 节。另外，用户也可以使用单个单元的测试情况来评估应变能。

Arruda-Boyce 形式

Arruda-Boyce 应变势能的形式是

$$U = \mu \left[\frac{1}{2}(\bar{I}_1 - 3) + \frac{1}{20\lambda_m^2}(\bar{I}_1^2 - 9) + \frac{11}{1050\lambda_m^4}(\bar{I}_1^3 - 27) + \frac{19}{7000\lambda_m^6}(\bar{I}_1^4 - 81) + \frac{519}{673750\lambda_m^8}(\bar{I}_1^5 - 243) \right] +$$

$$\frac{1}{D}\left(\frac{J_{\mathrm{el}}^2-1}{2}-\ln J^{\mathrm{el}}\right)$$

式中，U 是每单位参考体积的应变能；μ、λ_{m} 和 D 是与温度相关的材料系数；$\bar{I}_1$ 是第一偏应变不变量，定义成为

$$\bar{I}_1=\bar{\lambda}_1^2+\bar{\lambda}_2^2+\bar{\lambda}_3^2$$

式中，拉伸偏量 $\bar{\lambda}_i=J^{\frac{1}{3}}\lambda_i$。

J 是总体积比；J^{el} 是下文"热膨胀"定义的弹性体积比；λ_i 是主拉伸。

初始剪切模量 μ_0 与 μ 的关系为

$$\mu_0=\mu\left(1+\frac{3}{5\lambda_{\mathrm{m}}^2}+\frac{99}{175\lambda_{\mathrm{m}}^4}+\frac{513}{875\lambda_{\mathrm{m}}^6}+\frac{42039}{67375\lambda_{\mathrm{m}}^8}\right)$$

其中，λ_{m} 的典型值是 7，则 $\mu_0=1.0125\mu$。如果从分析输入文件处理器中要求打印输出模型数据，则初始剪切模量 μ_0 和参数 μ 都将被打印在数据（.dat）文件中。初始体积模量与 D 的关系是

$$K_0=\frac{2}{D}$$

Marlow 形式

Marlow 应变势能的形式是

$$U=U_{\mathrm{dev}}(\bar{I})+U_{\mathrm{vol}}(J^{\mathrm{el}})$$

式中，U 是每单位参考体积的应变势能；U_{dev} 是偏量部分；U_{vol} 是体积部分；J^{el} 是下文"热膨胀"定义的弹性体积比；$\bar{I}$ 是第一应变偏量不变量，其公式为

$$\bar{I}_1=\bar{\lambda}_1^2+\bar{\lambda}_2^2+\bar{\lambda}_3^2$$

式中的拉伸偏量 $\bar{\lambda}_i=J^{-\frac{1}{3}}\lambda_i$，其中 J 是总体积比；λ_i 是主拉伸。

势能的偏量部分通过提供任一单轴、等轴或者平面测试数据来定义；而通过提供体积测试数据，定义泊松比，或者指定横向应变和单轴、等轴或平面测试数据来定义体积部分。

Mooney-Rivlin 形式

Mooney-Rivlin 应变势能的形式是

$$U=C_{10}(\bar{I}_1-3)+C_{01}(\bar{I}_2-3)+\frac{1}{D_1}(J^{\mathrm{el}}-1)^2$$

式中，U 是每单位参考体积的应变能；C_{10}、C_{01} 和 D_1 是温度相关的材料参数；J^{el} 是下文"热膨胀"中定义的弹性体积比；$\bar{I}_1$ 和 $\bar{I}_2$ 是第一和第二应变不变量偏量，定义为

$$\bar{I}_1=\bar{\lambda}_1^2+\bar{\lambda}_2^2+\bar{\lambda}_3^2 \qquad \text{和} \qquad \bar{I}_2=\bar{\lambda}_1^{(-2)}+\bar{\lambda}_2^{(-2)}+\bar{\lambda}_3^{(-2)}$$

式中，拉伸偏量 $\bar{\lambda}_i=J^{-\frac{1}{3}}\lambda_i$。其中，$J$ 是总体积比；λ_i 是主拉伸。

初始剪切模量和体积模量的公式如下

$$\mu_0 = 2(C_{10} + C_{01})$$

$$K_0 = \frac{2}{D_1}$$

Neo-Hookean 形式

Neo-Hookean 应变势能的形式是

$$U = C_{10}(\bar{I}_1 - 3) + \frac{1}{D_1}(J^{\mathrm{el}} - 1)^2$$

式中，U 是每单位参考体积的应变能；C_{10} 和 D_1 是温度相关的材料参数；J^{el} 是下文"热膨胀"中定义的弹性体积比；$\bar{I}_1$ 是第一应变不变量偏量，定义为

$$\bar{I}_1 = \bar{\lambda}_1^2 + \bar{\lambda}_2^2 + \bar{\lambda}_3^2$$

式中，拉伸偏量 $\bar{\lambda}_i = J^{-\frac{1}{3}}\lambda_i$。其中，$J$ 是总体积比；λ_i 是主拉伸。

初始剪切模量和体积模量的公式如下

$$\mu_0 = 2C_{10}$$

$$K_0 = \frac{2}{D_1}$$

Ogden 形式

Ogden 应变势能的形式是

$$U = \sum_{i=1}^{N} \frac{2\mu_i}{\alpha_i^2}(\bar{\lambda}_1^{\alpha_i} + \bar{\lambda}_3^{\alpha_i} + \bar{\lambda}_3^{\alpha_i} - 3) + \sum_{i=1}^{N} \frac{1}{D_i}(J^{\mathrm{el}} - 1)^{2i}$$

式中，$\bar{\lambda}_i$ 是主拉伸偏量 $\bar{\lambda}_i = J^{-\frac{1}{3}}\lambda_i$；$\lambda_i$ 是主拉伸；N 是材料参数；μ_i、α_i 和 D_i 是温度相关的材料参数。

Ogden 形式中初始剪切模量和体积模量的公式如下

$$\mu_0 = \sum_{i=1}^{N} \mu_i$$

$$K_0 = \frac{2}{D_1}$$

上述特定材料模型（Mooney-Rivlin 形式和 neo-Hookean 形式）可以从用于特定选择 μ_i 和 α_i 的通用 Ogden 应变势能获得。

多项式形式

多项式应变势能的形式是

$$U = \sum_{i+j=1}^{N} C_{ij}(\bar{I}_1 - 3)^i(\bar{I}_2 - 3)^j + \sum_{i=1}^{N} \frac{1}{D_i}(J^{el} - 1)^{2i}$$

式中，U 是每单位参考体积的应变能；N 是材料参数；C_{ij} 和 D_i 是温度相关的材料系数；J^{el} 是下文"热膨胀"中定义的弹性体积比；$\bar{I}_1$ 和 $\bar{I}_2$ 是第一和第二应变偏量不变量，定义成

$$\bar{I}_1 = \bar{\lambda}_1^2 + \bar{\lambda}_2^2 + \bar{\lambda}_3^2 \quad \text{和} \quad \bar{I}_2 = \bar{\lambda}_1^{(-2)} + \bar{\lambda}_2^{(-2)} + \bar{\lambda}_3^{(-2)}$$

式中，拉伸偏量 $\bar{\lambda}_i = J^{-\frac{1}{3}}\lambda_i$。其中，$J$ 是总体积比；λ_i 是主拉伸。

初始剪切模量和体积模量的公式如下

$$\mu_0 = 2(C_{10} + C_{01})$$

$$K_0 = \frac{2}{D_1}$$

对于名义应变较小或者只是中等大（<100%）的情况，多项式系列的第一项通常提供了足够精确的模型。某些具体材料模型（Mooney-Rivlin、neo-Hookean 和 Yeoh 形式）通过选择特殊的 C_{ij} 得到。

简化的多项式形式

简化的多项式应变势能的形式是

$$U = \sum_{i+j=1}^{N} C_{i0}(\bar{I}_1 - 3)^i + \sum_{i=1}^{N} \frac{1}{D_i}(J^{el} - 1)^{2i}$$

式中，U 是每单位参考体积的应变能；N 是材料参数；C_{i0} 和 D_i 是温度相关的材料参数；J^{el} 是下文"热膨胀"中定义的弹性体积比；$\bar{I}_1$ 是第一偏量应变不变量，定义为

$$\bar{I}_1 = \bar{\lambda}_1^2 + \bar{\lambda}_2^2 + \bar{\lambda}_3^2$$

式中，拉伸偏量 $\bar{\lambda}_i = J^{-\frac{1}{3}}\lambda_i$。其中，$J$ 是总体积比；λ_i 是主拉伸。

初始剪切模量和体积模量的公式如下

$$\mu_0 = 2C_{10}$$

$$K_0 = \frac{2}{D_1}$$

Van der Waals 形式

Van der Waals 应变势能的形式是

$$U = \mu\left\{-(\lambda_m^2 - 3)\left[\ln(1-\eta) + \eta\right] - \frac{2}{3}a\left(\frac{\tilde{I}-3}{2}\right)^{\frac{3}{2}}\right\} + \frac{1}{D}\left(\frac{J^{el2}-1}{2} - \ln J^{el}\right)$$

其中

$$\tilde{I} = (1-\beta)\bar{I}_1 + \beta\bar{I}_2$$

$$\eta = \sqrt{\frac{\tilde{I}-3}{\lambda_m^2 - 3}}$$

式中，U 是每单位参考体积的应变能；μ 是初始剪切模量；λ_m 是锁定拉伸；a 是整体交互作用参数；β 是一个不变的混合参数；D 是控制压缩性。这些参数可以是与温度相关的。J^{el} 是下文"热膨胀"中定义的弹性体积比；$\bar{I}_1$ 和 $\bar{I}_2$ 是第一和第二偏量应变不变量，定义为

$$\bar{I}_1 = \bar{\lambda}_1^2 + \bar{\lambda}_2^2 + \bar{\lambda}_3^2 \quad \text{和} \quad \bar{I}_2 = \bar{\lambda}_1^{(-2)} + \bar{\lambda}_2^{(-2)} + \bar{\lambda}_3^{(-2)}$$

式中，拉伸偏量 $\bar{\lambda}_i = J^{-\frac{1}{3}}\lambda_i$。其中，$J$ 是总体积比；λ_i 是主拉伸。

初始剪切模量和体积模量的公式如下

$$\mu_0 = \mu$$
$$K_0 = \frac{2}{D}$$

Yeoh 形式

Yeoh 应变势能的形式是

$$U = C_{10}(\bar{I}_1 - 3) + C_{20}(\bar{I}_1 - 3)^2 + C_{30}(\bar{I}_1 - 3)^3 + \frac{1}{D}(J^{el} - 1)^2 + \frac{1}{D_2}(J^{el} - 1)^4 + \frac{1}{D_3}(J^{el} - 1)^6$$

式中，U 是每单位参考体积的应变能；C_{i0} 和 D_i 是与温度相关的材料参数；J^{el} 是下文"热膨胀"中定义的弹性体积比；$\bar{I}_1$ 是第一偏量应变不变量，定义为

$$\bar{I}_1 = \bar{\lambda}_1^2 + \bar{\lambda}_2^2 + \bar{\lambda}_3^2$$

式中，偏量拉伸 $\bar{\lambda}_i = J^{-\frac{1}{3}}\lambda_i$。其中，$J$ 是总体积比；λ_i 是主拉伸。

初始剪切模量和体积模量的公式如下

$$\mu_0 = 2C_{10}$$

$$K_0 = \frac{2}{D_1}$$

热膨胀

只有各向同性热膨胀行为可以与超弹性材料模型一起使用。

弹性体积比 J^{el} 与总体积比 J 和热体积比 J^{th} 之间的关系为

$$J^{el} = \frac{J}{J^{th}}$$

J^{th} 的公式为

$$J^{th} = (1 + \varepsilon^{th})^3$$

式中，ε^{th} 是由温度和各向同性热膨胀系数（"热膨胀"，6.1.2节）得到的线性热膨胀应变。

定义超弹性材料的响应

通过选择一个应变势能来拟合具体的材料，从而定义材料的力学响应。Abaqus 中的应

变势能形式写成偏量分量和体积分量的分离函数，即 $U = U_{dev}(\bar{I}_1, \bar{I}_2) + U_{vol}(J_{el})$。此外，在 Abaqus/Standard 中，可以使用用户子程序 UHYPER 定义应变势能，此时应变势能不需要分离。

通常，对于 Abaqus 中可以使用的超弹性材料模型，可以直接指定材料系数，或者提供试验测试数据让 Abaqus 自动确定合适的系数值。Marlow 形式除外，其应变势能的偏量部分必须使用试验数据来定义。定义应变势能的不同方法详细描述如下。

不同批次的橡胶型材料，其属性可能差别极大，因此，如果数据来源于几个试验，则无论是用户还是 Abaqus 计算系数，所用试样应来源于同一个批次的材料。

黏弹性和迟滞材料

可以通过定义材料的瞬时响应或者长期响应来指定黏弹性材料（"时域黏弹性"，2.7.1 节）和迟滞材料（"弹性体的迟滞"，2.8.1 节）的弹性响应。为了定义即时响应，在接下来的"试验测试"中提到的试验都必须在比材料的特征松弛时间短得多的时间跨度内完成。

输入文件用法：∗ HYPERELASTIC, MODULI = INSTANTANEOUS

Abaqus/CAE 用法：Property module：material editor：Mechanical → Elasticity → Hyperelastic：Material type：Isotropic；任何 Strain energy potential 除了 Unknown：Moduli time scale（for viscoelasticity）：Instantaneous

另一方面，如果使用长期弹性响应，则必须在比材料的特征松弛时间长得多的时间跨度之后收集试验数据。长期弹性响应是默认的弹性材料行为。

输入文件用法：∗ HYPERELASTIC, MODULI = LONG TERM

Abaqus/CAE 用法：Property module：material editor：Mechanical → Elasticity → Hyperelastic：Material type：Isotropic；任何 Strain energy potential 除了 Unknown：Moduli time scale（for viscoelasticity）：Long-term

考虑压缩性

可以通过指定非零的 D_i 值（除了 Marlow 模型），设定比 0.5 小的泊松比，或者提供表征压缩性的测试数据来定义压缩性。测试数据的方法将在此节后面描述。如果为不是 Marlow 模型的超弹性指定了泊松比，则 Abaqus 将根据初始剪切模量来计算初始体积模量

$$D_1 = \frac{2}{K_0} = \frac{3(1-2\nu)}{\mu_0(1+\nu)}$$

对于 Marlow 模型，指定的泊松比为一个常数，此常数决定了整个变形过程的体积响应。如果 D_1 等于零，则所有的 D_i 都必须等于零。在这种情况下，在 Abaqus/Standard 中假定材料是完全不可压缩的；而 Abaqus/Explicit 则认为具有 $K_0/\mu_0 = 20$（泊松比为 0.475）的压缩性。

输入文件用法：∗ HYPERELASTIC, POISSON = ν

Abaqus/CAE 用法：Property module：material editor：Mechanical → Elasticity → Hyperelastic：Material type：Isotropic；任何 Strain energy potential 除了 Unknown 或者 User-defined：Input source：Test data：Poisson's ratio：ν

直接指定材料系数

超弹性应变势能的参数可以直接将所有应变势能指定为温度的函数，除了 Marlow 形式。

输入文件用法：使用以下选项之一指定材料系数：

* HYPERELASTIC, ARRUDA-BOYCE

* HYPERELASTIC, MOONEY-RIVLIN

* HYPERELASTIC, NEO HOOKE

* HYPERELASTIC, OGDEN, N=n （≤6）

* HYPERELASTIC, POLYNOMIAL, N=n （≤6）

* HYPERELASTIC, REDUCED POLYNOMIAL, N=n （≤6）

* HYPERELASTIC, VAN DER WAALS

* HYPERELASTIC, YEOH

Abaqus/CAE 用法：Property module：material editor：Mechanical → Elasticity → Hyperelastic：Material type：Isotropic；Input source：Coefficients 和 Strain energy potential：Arruda-Boyce，Mooney-Rivlin，Neo Hooke，Ogden，Polynomial，Reduced PolynomialVan der Waals 或者 Yeoh

采用试验数据校正材料系数

超弹性模型的材料系数可以由 Abaqus 通过应力-应变试验数据来校正。在采用 Marlow 模型的情况下，试验数据直接表征应变势能（此模型没有材料系数）其内容将在下面详细描述。如果材料是可压缩的，则可以为至多 4 种简单试验指定 N 值和应力-应变的试验数据：单轴、等轴、平面和体积压缩试验。接着 Abaqus 将计算材料参数，通过最小二乘法拟合程序确定材料系数，来最小化应力的相对误差。对于 n 个名义应力名义应变数据对，相对误差尺度 E 得到了最小化，其中

$$E = \sum_{i=1}^{n} (1 - T_i^{th}/T_i^{test})^2$$

式中，T_i^{test} 是来自试验数据的应力值，并且 T_i^{th} 来自下面推导得到的一个名义应力表达式。Abaqus 最小化相对误差，而不是最小化绝对误差，因为这样可以在较低应变下提供更好的拟合。此方法对于所有应变势能和阶数 N 都适用，除了多项式形式，它允许的最大阶数 $N=2$。对系数 C_{ij} 而言，多项式模型是线性的，因此，可以使用一个线性最小二乘法程序。Arruda-Boyce、Ogden 和 Van der Waals 势能的某些系数是非线性的，这就迫使它们必须使用非线性最小二乘法程序。"超弹性和超泡沫系数的拟合"，《Abaqus 理论手册》的 4.6.2 节中有一个有关方程的详细推导过程。

通常最好从几个不同种类变形的试验中获得数据，这些试验包含实际应用感兴趣的应变范围，并且使用所有这些数据来确定参数。这对于唯象模型，即 Ogden 和多项式模型尤为正确。试验发现为了达到高的精度和稳定性，有必要采用多种变形状态的数据来拟合这些模型。在有些情况中，特别是在大应变情况下，排除对第二不变量的相关性可以减轻这一限制。当参数仅基于一次试验时，具有 $\beta = 0$ 的 Arruda-Boyce、neo-Hookean 和 Van der Waals 模型将提供一个物理解释以及对一般变形模型的更好的预测。关于此内容的进一步讨论见"超弹性材料行为"，《Abaqus 理论手册》中的 4.6.1 节。

此方法不允许超弹性属性与温度相关。然而，如果可以得到与温度相关的试验数据，则通过对一个简单的输入文件进行数据检查分析，可以进行一些曲线拟合。Abaqus 确定的与温度相关的参数就可以在实际分析运行中直接进行输入。

此外，当使用最小二乘法曲线拟合找到其他参数时，Van der Waals 模型中的参数 β 可以设定为一个固定植。

用户可以根据需要在每个试验中输入多个数据点，建议应包含来自所有 4 个试验的数据点（同一批次得到的试样），并且数据点应覆盖实际加载中出现的名义应变范围。对于（一般）多项式、Ogden 模型和 Van der Waals 模型中的系数 β，平面试验数据必须与单轴数据、双轴试验数据或者这两种形式的试验数据同时存在；否则，最小二乘拟合解将不是唯一的。

应变数据应当以名义应变值的形式给出（单位原长度上的长度变化）。对于单轴、等轴和平面试验应力数据，则应以名义应力值的形式给出（单位原截面面积上的力）。这些试验允许同时输入压缩和拉伸数据，压缩应力和应变以负值输入。

如果指定了压缩性，则 D_i 或者 D 可以从体积压缩试验数据中计算得到。另外，压缩性可以通过指定泊松比来定义，在此情况下，Abaqus 将根据初始剪切模量计算体积模量。如果没有给出这些数据，Abaqus/Standard 将假设 D 或者所有的 D_i 都是零，而 Abaqus/Explicit 则假设对应泊松比 0.475 的压缩性（见上面的 "Abaqus/Explicit 的压缩性"）。对于这些压缩试验，应力值以压力值的形式给出。

输入文件用法：使用以下选项之一选择应变势能：

　　　　*HYPERELASTIC, TEST DATA INPUT, ARRUDA-BOYCE

　　　　*HYPERELASTIC, TEST DATA INPUT, MOONEY-RIVLIN

　　　　*HYPERELASTIC, TEST DATA INPUT, NEO HOOKE

　　　　*HYPERELASTIC, TEST DATA INPUT, OGDEN, N = n （$n \leqslant 6$）

　　　　*HYPERELASTIC, TEST DATA INPUT, POLYNOMIAL, N = n （$n \leqslant 2$）

　　　　*HYPERELASTIC, TEST DATA INPUT, REDUCED POLYNOMIAL, N = n
（$n \leqslant 6$）

　　　　*HYPERELASTIC, TEST DATA INPUT, VAN DER WAALS

　　　　*HYPERELASTIC, TEST DATA INPUT, VAN DER WAALS, BETA = β （0
$\leqslant \beta \leqslant 1$）

　　　　*HYPERELASTIC, TEST DATA INPUT, YEOH

此外，使用 1~4 个下列选项给出试验数据

*UNIAXIAL TEST DATA

*BIAXIAL TEST DATA

* PLANAR TEST DATA

* VOLUMETRIC TEST DATA

Abaqus/CAE 用法：Property module：material editor：Mechanical → Elasticity → Hyperelastic：Material type：Isotropic；Input source：Test data 和 Strain energy potential：Arruda-Boyce，Mooney-Rivlin，Neo Hooke，Ogden，Polynomial，Reduced Polynomial，Van der Waals（Beta：Fitted value 或者 Specify），或者 Yeoh

此外，使用 1~4 个下列选项给出试验数据

Test Data→Uniaxial Test Data

Test Data→Biaxial Test Data

Test Data→Planar Test Data

Test Data→Volumetric Test Data

另外，可以选择 Strain energy potential：Unknown 临时定义材料，不需要指定一个具体的应变势能。然后选择 Material→Evaluate，让 Abaqus/CAE 评估材料来确定优化的应变势能。

指定 Marlow 模型

Marlow 模型假定应变势能独立于第二偏量不变量 $\bar{I}_2$。此模型是通过提供偏量行为的测试数据来定义的，如果必须考虑可压缩性，则还要提供体积行为。Abaqus 将构建一个确切重现试验数据的应变势能，如图 2-6 所示。Marlow 模型应力-应变数据的内插和外推对于小应变和大应变来说是近似线性的。在 Marlow 模型的内插/外推中，对于处于 0.1~1.0 的中等应变，可以观察到明显的非线性。例如，图 2-6 中的一些非线性出现在第 4 和第 5 个点之间。为了最小化不希望出现的非线性，应在中等应变范围中指定足够多的数据点。

通过指定单轴、双轴或者平面试验数据来定义偏量行为。通常，可以指定来自拉伸测试或者压缩试验的数据，因为这些

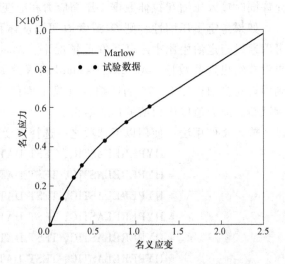

图 2-6　包含试验数据的 Marlow 模型的结果

试验是等价的（见"等效试验测试"）。然而，对于梁、杆和加强筋，来自拉伸和压缩试验的数据可以一起指定。体积行为通过使用以下三个方法之一来定义：

● 除了名义应力和名义应变外，指定名义侧应变作为单轴、双轴或者平面试验数据的一部分。

● 指定超弹性材料的泊松比。

● 直接指定体积试验数据。静水拉伸和静水压缩数据都可以指定。实际情况中，通常只

有静水压缩数据可以使用，此时，Abaqus 将假设静水压力是名义体积应变 $\varepsilon_{vol} = J_{vol} - 1$ 的反对称函数。

如果不定义体积行为，Abaqus/Standard 将假设完全的不可压缩行为，而 Abaqus/Explicit 则假设对应泊松比 0.475 的可压缩性。

应力随应变不是非常平滑变化的材料的试验数据将导致仿真中的收敛困难。强烈建议在定义 Marlow 形式时采用平滑的试验数据。Abaqus 提供一个平滑算法，本节结尾将对其进行详细描述。

用于 Marlow 模型的试验数据也可以作为温度和场变量的函数给出。但必须指定所需要的用户定义的场变量数量。

单轴、双轴和平面试验数据必须以名义应变按升序给出；体积试验数据则必须按体积率的升序给出。

输入文件用法：使用以下选项将 Marlow 试验数据定义成温度和/或场变量的函数：

      * HYPERELASTIC, MARLOW

      使用下列前 3 个选项之一进行定义，第 4 项可选择：

      * UNIAXIAL TEST DATA, DEPENDENCIES = n

      * BIAXIAL TEST DATA, DEPENDENCIES = n

      * PLANAR TEST DATA, DEPENDENCIES = n

      * VOLUMETRIC TEST DATA, DEPENDENCIES = n

Abaqus/CAE 用法：Property module：material editor：Mechanical → Elasticity → Hyperelastic：Material type：Isotropic；Input source：Test data 和 Strain energy potential：Marlow

      此外，使用以下前 3 个选项之一（第 4 项也可以选择）给出试验数据：

      est Data →Uniaxial Test Data

      Test Data →Biaxial Test Data

      Test Data →Planar Test Data

      Test Data →Volumetric Test Data

      在每个 Test Data Editor 对话框中，可以选择 Use temperature-dependent data 将试验数据定义成温度的函数，和/或选择 Number of field variables 将试验数据定义成场变量的函数。

      另外，还可以选择 Material→Evaluate 选项让 Abaqus/CAE 评估材料。如果试验数据中包含温度相关性、场变量相关性或者横向应变（只能在 Marlow 超弹性定义中定义），那么，Marlow 将是评估可以得到的唯一应变势能。

Abaqus/Standard 中的用户子程序指定

Abaqus/Standard 中提供了另外一种方法来定义超弹性材料参数，即允许使用用户子程序 UHYPER 来定义应变势能。可以指定可压缩性或者不可压缩性行为的任何一种。另外，可以将所需属性值的数量指定成用户子程序中的数据。对于应变不变量的应变势能的偏量，必须通过用户子程序 UHYPER 直接给出。如果需要，用户可以指定解相关变量的数量（见

"用户子程序：概览"，《Abaqus 分析用户手册——分析卷》的 13.1.1 节）。

输入文件用法：使用以下两个选项之一定义应变势能：

* HYPERELASTIC，USER，TYPE＝COMPRESSIBLE，PROPERTIES＝n

* HYPERELASTIC，USER，TYPE＝INCOMPRESSIBLE，PROPERTIES＝n

Abaqus/CAE 用法：Property module：material editor：Mechanical → Elasticity → Hyperelastic：Material type：Isotropic；Input source：Coefficients 和 Strain energy potential：User-defined：另外，可选中 Include compressibility 和/或指定 Number of property values

试验

对于各向均质材料，各向均匀变形模型足以用来表征材料常数。Abaqus 接受以下变形模式中的测试数据：

- 单轴拉伸和压缩。
- 等轴拉伸和压缩。
- 平面拉伸和压缩（也称为纯剪切）。
- 体积拉伸和压缩。

这些模式的示意图如图 2-7 所示，并在下文中进行了阐述。最常规的试验是单轴拉伸、单轴压缩和平面拉伸。对来自这三个测试类型的数据进行组合，可以得到超弹性材料行为的良好表征。

对于材料模型的不可压缩形式，使用关于应变不变量的应变能方程的导数来建立不同测试的应力-应变关系。这里采用名义应力（力除以原未变形的面积）和下面定义名义应变或工程应变来定义这些关系。

拉伸在主方向上的变形梯度表示为

$$\boldsymbol{F} = \begin{bmatrix} \lambda_1 & 0 & 0 \\ 0 & \lambda_2 & 0 \\ 0 & 0 & \lambda_3 \end{bmatrix}$$

式中，λ_1、λ_2 和 λ_3 是主拉伸：当前长度与材料纤维主方向上原始构型长度的比值。

主拉伸 λ_i 与主名义应变 ε_i 的关系是

$$\lambda_i = 1 + \varepsilon_i$$

因为假设了不可压缩性和各向同性的热响应，因此 $J = \det(\boldsymbol{F}) = 1$，并且 $\lambda_1 \lambda_2 \lambda_3 = 1$。

主拉伸的偏量应变不变量则为

$$\bar{I}_1 = \lambda_1^2 + \lambda_2^2 + \lambda_3^2$$

和

$$\bar{I}_2 = \lambda_1^{-2} + \lambda_2^{-2} + \lambda_3^{-2}$$

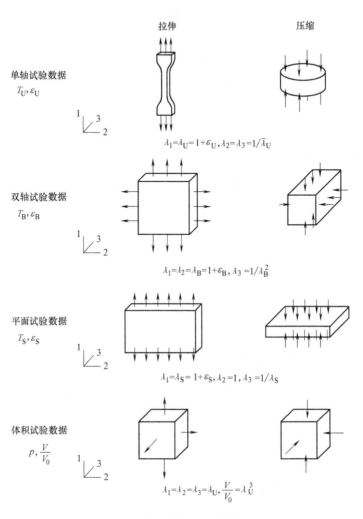

图 2-7 变形模式示意图

单轴试验

单轴变形模式以主拉伸 λ_i 的形式表示为

$$\lambda_1 = \lambda_U, \lambda_2 = \lambda_3 = 1/\sqrt{\lambda_U}$$

式中，λ_U 是载荷方向上的伸长量。通过公式 $\varepsilon_U = \lambda_U - 1$ 来定义名义应变。

为导出单轴名义应力 T_U，需要调用虚功原理

$$\delta U = T_U \delta \lambda_U$$

这样

$$T_U = \frac{\partial U}{\partial \lambda_U} = 2(1 - \lambda_U^{-3})\left(\lambda_U \frac{\partial U}{\partial \bar{I}_1} + \frac{\partial U}{\partial \bar{I}_2}\right)$$

单轴拉伸试验是所有试验中最普遍的，通常通过拉伸"狗骨"（哑铃形）试样来实施。

单轴压缩试验通过在润滑过的表面间施加压力来实施。润滑加载表面的目的是使按钮的木桶效应最小化，此效应将导致偏离均匀的单轴压缩应力-应变状态。

输入文件用法：* UNIAXIAL TEST DATA

Abaqus/CAE 用法：Property module：material editor：Mechanical → Elasticity → Hyperelastic：Material type：Isotropic；Input source：Test data 和 Test Data →Uniaxial Test Data

等轴试验

等轴变形模式以主伸长 λ_i 的形式表示为

$$\lambda_1 = \lambda_2 = \lambda_B, \qquad \lambda_3 = 1/\lambda_B^2$$

式中，λ_B 是两个垂直载荷方向上的伸长量。通过公式 $\varepsilon_B = \lambda_B - 1$ 来定义名义应变。

为建立等轴名义应力 T_B 的表达式，需要再次使用虚功原理（假设垂直载荷方向上的应力是零），则

$$\delta U = 2 T_B \delta \lambda_B$$

因此

$$T_B = \frac{1}{2} \frac{\partial U}{\partial \lambda_B} = 2 \left(\lambda_B - \lambda_B^{-5} \right) \left(\frac{\partial U}{\partial \bar{I}_1} + \lambda_B^2 \frac{\partial U}{\partial \bar{I}_2} \right)$$

实际上，很少进行等轴压缩试验，这是因为试验装备难以制造。另外，此变形模式等效于单轴拉伸试验，而单轴拉伸试验是简单易行的。

更常见的试验是等轴拉伸试验，它建立了具有两个相等拉伸应力和零切应力的应力状态。此状态通常通过在一个双轴试验机上拉伸一个正方形板材，或者在一个球体上膨胀一个圆形膜得到（就像吹大一个气球）。圆形膜中间的应力场与等轴拉伸试验非常近似，前提是膜的厚度与此点的曲率半径相比非常小。然而，此应变分布将不是非常均匀，并且要求进行局部应变测量。只要已知应变和曲率半径，便可根据膨胀压力推导出名义应力。

输入文件用法：* BIAXIAL TEST DATA

Abaqus/CAE 用 法：Property module：material editor：Mechanical → Elasticity → Hyperelastic：Material type：Isotropic；Input source：Test data 和 Test Data →Biaxial Test Data

平面试验

平面变形模式以主拉伸 λ_i 的形式表示为

$$\lambda_1 = \lambda_S, \lambda_2 = 1, \lambda_3 = 1/\lambda_S$$

式中，λ_S 是载荷方向上的伸长量。这样，载荷方向上的名义应变是 $\varepsilon_S = \lambda_S - 1$。

此试验也称为"纯剪切"试验，根据对数应变有

$$\varepsilon_1 = \ln\lambda_1 = -\ln\lambda_3 = -\varepsilon_3, \varepsilon_2 = \ln\lambda_2 = 0$$

对应于与载荷方向成45°角的纯剪切状态。

根据虚功原理可以得到

$$\delta U = T_S \delta \lambda_S$$

式中，T_S 是名义平面应力，因此

$$T_S = \frac{\partial U}{\partial \lambda_S} = 2(\lambda_S - \lambda_S^{-3})\left(\frac{\partial U}{\partial \bar{I}_1} + \frac{\partial U}{\partial \bar{I}_2}\right)$$

对于（一般）多项式和 Ogden 模式，以及 Van der Waals 模型，此单独方程并不能唯一确定系数 β。平面试验数据必须与单轴试验数据和/或双轴试验数据一起确定材料参数。

平面试验通常采用一个薄、短且宽的矩形带材来实施，用可移动的刚性载荷夹子固定其宽边。如果分离方向是方向 1，厚度方向是方向 3，则方向 2 上的尺寸相对较长和刚性夹持允许我们近似使用 $\lambda_2 = 1$，即在试样的宽度方向上没有变形。如果以方向 3 为主方向，则此变形模式也可以称为平面压缩。不可压缩平面应变行为的所有形式通过此变形模式表征。其结果是如果进行平面应变分析，则用平面试验数据表示材料应变的相关形式。

输入文件用法：＊PLANAR TEST DATA

Abaqus/CAE 用法：Property module：material editor：Mechanical → Elasticity → Hyperelastic：Material type：Isotropic；Input source：Test data 和 Test Data →Planar Test Data

体积试验

下面介绍得到对应于实际材料行为的 D_i 值（对于 Arruda-Boyce 和 Van der Waals 模型为 D）的过程。有了这些值，便可以对材料的初始体积模量（$K_0 = 2/D_1$）与其初始剪切模量（多项式模型的 $\mu_0 = 2(C_{10} + C_{01})$，Ogden 模型的 $\mu_0 = \sum_{i=1}^{N} \mu_i$）进行比较，然后判断 D_i（D）值是否将提供足够真实的结果。对于 Abaqus/Explicit，需注意 K_0/μ_0 应小于 100，否则将得到噪声解和极端小的时间增量（见上文的"Abaqus /Explicit 中的可压缩性"）。D_i 和 D 可以根据试样的纯体积压缩数据计算得到（体积拉伸试验更加难以实现）。在纯体积试验中，$\lambda_1 = \lambda_2 = \lambda_3 = \lambda_V$。这样，$\bar{I}_1 = \bar{I}_2 = 3$，$J = \lambda_V^3 = V/V_0$（体积比）。采用应变势能的多项式形式得到的试样总压应力为

$$p = -\left(\frac{\sigma_1 + \sigma_2 + \sigma_3}{3}\right) = -\sum_{i=1}^{N} 2i\frac{1}{D_i}(\lambda_V^3 - 1)^{2i-1}$$

此方程式可以用来确定 D_i。如果采用一个 U 的二阶多项式，则 $N = 2$，并且需要两个 D_i。这样，最少需要压力-体积比曲线上的两个点来给出两个 D_i 的方程式。对于 Ogden 和简化多项式形式，$N \leqslant 6$。当提供了大于 N 个的数据点时，将进行线性最小二乘法拟合。

进行体积试验的一个近似方法是使用一个圆柱形的橡胶试样，将其紧贴刚性容器内并在顶部表面用一个刚性活塞进行压缩。虽然产生了体积和偏量变形，但由于偏量应力比静水压低几个数量级（因为体积模量比剪切模量高得多），故可忽略不计。因此，刚性活塞产生的压应力是有效压力，圆柱形橡胶试样的体积应变可根据活塞的位移计算得到。

非零值的 D_i 影响单轴、等轴和平面试验应力结果。然而，由于假设材料只有很小的压缩性，因此，用于获得偏量系数所描述的技术应该给出足够精确的值，即使假设材料是完全不可压缩的。

输入文件用法：＊VOLUMETRIC TEST DATA

Abaqus/CAE 用法：Property module：material editor：Mechanical → Elasticity → Hyperelastic：Material type：Isotropic；Input source：Test data 和 Test Data →Volumetric Test Data

等效试验测试

在一个承载的、完全不可压缩的弹性体上叠加拉伸或者压缩静水压力，将产生不同的应力，但是不改变其变形形式。这样，在图 2-8 所示的明显不同的载荷条件下，变形实际上是等效的，因此它们是等效试验，即

• 单轴拉伸⇔等轴压缩。
• 单轴压缩⇔等轴拉伸。
• 平面拉伸⇔平面压缩。

另一方面，单轴和等轴模式的拉伸和压缩是相互独立的：单轴拉伸和单轴压缩提供独立的数据。

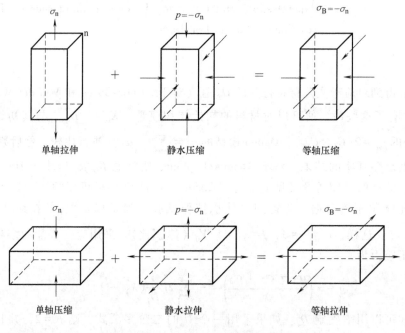

图 2-8　叠加静水压力的等效变形模式

注：此处的应力 σ_i 是真应力（柯西应力），不是名义应力。

平滑试验数据

试验变量不但缓慢地变化，而且会被随机噪声污染，在这个意义上，试验数据通常是包含噪声的。这些噪声将影响 Abaqus 推导应变势能的质量。对于 Marlow 形式来说，应特别注意此噪声的影响，因为在 Marlow 形式中，使用精确描述试验数据的应变势能来校准计算得到的模型。该噪声对其他模式的影响较小，因为可以通过试验数据拟合平滑函数。

Abaqus 提供了一项平滑技术，即基于 Savitzky-Golay 方法从试验数据中除去噪声。其思

路是将每个数据点用其周围的数据点的局部平均值来替换，这样不需要偏置试验数据的主导趋势就可以降低噪声水平。在一个执行中，通过每个数据点 i 的左边和右边的 n 个数据点来拟合三次多项式，并采用最小二乘法来拟合通过这 $2n+1$ 个点的多项式。数据点 i 的值由多项式在同一位置的值进行替换。使用每个多项式来调整一个数据点，除了靠近曲线端部的多个数据点以外，在这些点处使用一个多项式进行调整，因为开始和结尾的几个点不能成为数据点拟合集的中心。将此过程反复应用于所有的点，直到通过点的两个连续过程得到近乎一样的结果为止。

默认情况下，试验数据是不平滑的。如果指定了要求平滑，则默认 $n=3$。另外，用户可以在最小二乘法拟合多项式的移动窗口中指定一个数据点左边和右边数据点的数量。

输入文件用法：对于 Marlow 形式，采用前 3 个选项之一，第 4 个选项供选择；对于其他形式，使用以下 1~4 个选项：

  * UNIAXIAL TESTDATA, SMOOTH $= n$（$n \geqslant 2$）

  * BIAXIAL TESTDATA, SMOOTH $= n$（$n \geqslant 2$）

  * PLANAR TESTDATA, SMOOTH $= n$（$n \geqslant 2$）

  * VOLUMETRIC TESTDATA, SMOOTH $= n$（$n \geqslant 2$）

Abaqus/CAE 用法：Property module：material editor：Mechanical → Elasticity → Hyperelastic：Material type：Isotropic；Input source：Test data 和 Test Data →Uniaxial Test Data，Biaxial Test Data，Planar Test Data 或者 Volumetric Test Data

在每个 Test Data Editor 对话框中，可选择 Apply smoothing，或者为 n 选择一个值（$n \geqslant 2$）。

材料行为与试验数据的模型预测

一旦确定了应变势能，就在 Abaqus 中建立了超弹性模型的行为。然而，必须对此行为的质量进行评估：不同变形模式下的材料行为预测必须与试验数据进行对比。基于 Abaqus 预测与试验数据之间的相关性，必须判断由 Abaqus 确定的应变势能是否是可接受的。用户可以在 Abaqus/CAE 中自动评估超弹性行为。另外，可以使用单个单元的试验情况来推导材料模型的名义应力-名义应变响应。

在"橡胶测试数据的拟合"，《Abaqus 基准手册》的 3.1.4 节中，介绍了对一组试验数据进行超弹性常数拟合的整个过程。

超弹性材料的稳定性

判断试验数据拟合质量时，一个重要的考虑因素是材料或者 Drucker 稳定性的概念。Abaqus 为上面描述的前 3 个变形模式检查材料的 Drucker 稳定性。

不可压缩材料的 Drucker 稳定性条件，是随着任何无限小的对数应变变化 $d\varepsilon$，应力变化 $d\sigma$ 应满足以下不等式

$$d\boldsymbol{\sigma} : d\varepsilon > 0$$

因为 $d\boldsymbol{\sigma} = \boldsymbol{D} : d\varepsilon$，其中 $\boldsymbol{D}$ 是正切材料刚度，则不等式变成

$$d\boldsymbol{\varepsilon}:\boldsymbol{D}:d\boldsymbol{\varepsilon}>0$$

这就要求正切材料刚度是正定的。

对于各向同性的弹性表达式，不等式可以采用主应力和主应变的形式表示为

$$d\sigma_1 d\varepsilon_1 + d\sigma_2 d\varepsilon_2 + d\sigma_3 d\varepsilon_3 > 0$$

如前，因为假设材料是不可压缩的，可以选择任何不影响应变的静水压值。一种便于稳定性计算的选择是 $\sigma_3 = d\sigma_3 = 0$，即允许忽略上述方程式中的第三项。

应力变化和应变变化之间的关系则可以使用矩阵的形式得到

$$\begin{pmatrix} d\sigma_1 \\ d\sigma_2 \end{pmatrix} = \begin{pmatrix} D_{11} & D_{12} \\ D_{21} & D_{22} \end{pmatrix} \begin{pmatrix} d\varepsilon_1 \\ d\varepsilon_2 \end{pmatrix}$$

式中，$D_{ij} = D_{ij}(\lambda_1, \lambda_2, \lambda_3)$。为了材料稳定，$\boldsymbol{D}$ 必须是正定的，因此须满足以下条件

$$D_{11} + D_{22} > 0$$
$$D_{11} D_{22} - D_{12} D_{21} > 0$$

此稳定性检查可用于多项式模型、Ogden 势能、Van der Waals 形式和 Marlow 形式。对于（μ，λ_m）的正值，Arruda-Boyce 形式总是稳定的，故检查材料系数足以保证稳定性。

当为多项式模型或者 Ogden 形式定义 C_{ij} 或者（μ_i，α_i），应当小心：特别是当 $N>1$ 时，应注意，高应变时的行为对 C_{ij} 或者（μ_i，α_i）非常敏感，如果没有正确地定义这些值，将可能导致不稳定的材料行为。当某些系数为绝对值较大的负数时，在高应变水平下容易产生不稳定行为。

Abaqus 为 6 种不同形式的载荷（单轴拉伸和压缩、等轴拉伸和压缩、平面拉伸和压缩）进行材料的稳定性检查，范围是 $0.1 \leqslant \lambda_1 \leqslant 10.0$（名义应变范围为 $-0.9 \leqslant \varepsilon_1 \leqslant 9.0$），间隔 $\Delta\lambda_1 = 0.01$。如果发现存在不稳定性，Abaqus 将发出一个警告信息并打印出对应此时的 ε_1 的最小绝对值。理想情况是，没有不稳定性情况的发生。如果在分析中发现易于发生不稳定的应变水平，强烈建议用户改变材料模型，或者仔细地检查并校正材料输入数据。如果使用用户子程序 UHYPER 来定义超弹性材料，则应自行确保稳定性。

改进试验数据拟合的精确性和稳定性

实际上，无法获得预期的理想的试验数据的初始拟合模型，尤其是对于大部分通用模型，例如（通用）多项式模型和 Ogden 模型。对于一些更简单的模型，下列简单规则可保证其稳定性。

- 对于正值的初始剪切模量 μ，以及锁死拉伸 λ_m，Arruda-Boyce 形式总是稳定的。
- 对于正值的系数 C_{10}，neo-Hookean 形式总是稳定的。
- 对于正值的初始剪切模量 μ，以及锁死拉伸 λ_m，Van der Waals 模型的稳定性取决于全局相互作用参数 a。
- 对于 Yeoh 模型，如果 $C_{i0} > 0$，则可保证稳定性。然而，C_{20} 通常是负的，因为这有助于捕获应力应变曲线的 S 形状特征。这样，减小 C_{20} 的绝对值或者增大 C_{10} 的绝对值将有助于使 Yeoh 模型更加稳定。

在所有情况下，以下建议可以改进拟合的质量：

- 允许输入张力和压力数据；压应力和压应变输入为负值。使用压力还是张力数据取决于需要：同时精确地拟合单个材料模型的张力数据和压力数据是困难的。

- 总是使用比未知系数个数多得多的试验数据。
- 如果 $N \geqslant 3$，则可以使用 100%拉伸应变或者 50%压缩应变下的试验数据。
- 进行不同类型的试验（例如压缩和简单剪切试验）。一个变形模型的正确材料行为要求试验数据表征这一模型。
- 检查有关材料不稳定的警告信息，或者拟合试验数据过程中没有收敛的错误信息。对于新的试验数据，此检查尤为重要。一个使用新试验数据的简单有限元模型，可以通过分析输入文件处理器的运行来检查材料的稳定性。
- 使用 Abaqus/CAE 中的材料评估能力来对不同应变势能的响应曲线与试验数据进行比较。另外，用户可以进行简单变形模式的单个单元仿真，并将 Abaqus 的仿真结果与试验数据进行比较。可以使用 Abaqus/CAE 的 Visualization 模块中的 X-Y 绘图功能进行比较。
- 如果预期有大的应变，则删除一些非常的应变低数据点。因为数量不成比例的低应变点会使拟合精度偏向低应变范围，从而造成高应变范围中的巨大误差。
- 如果预期为小到中等的应变，则删除一些最高应变数据点。因为高应变数据点将迫使在低应变范围中丧失拟合精度和/或稳定性。
- 在预期的应变范围内以等应变间距拾取数据点，这样可以产生贯穿整个应变范围的相近精度。
- 阶数 N 越高，容易产生越多振荡，从而导致应力-应变曲线的不连续。如果使用（通用）多项式模型，可将阶数 N 从 2 降低到 1（对于 Ogden 是从 3 降低到 2），特别是在最大应变水平低时（小于 100%应变）。
- 如果使用了多种类型的试验数据但得出的拟合结果依然很差，则极有可能是一些试验数据包含试验错误。此时需要进行新试验。确定哪个试验数据是错误的一个方法是先校准材料的初始剪切模量 μ_0^{test}，然后在 Abaqus 中分别拟合每种类型的试验数据，并根据材料系数用以下公式计算剪切模量 μ_0^{fit}

对于多项式形式 $\quad \mu_0^{\text{fit}} = 2(C_{10} + C_{01})$

对于 Ogden 形式 $\quad \mu_0^{\text{fit}} = \sum_{i=1}^{N} \mu_i$

另外，用以下公式比较和校正初始弹性模量 E_0^{test}

对于多项式形式 $\quad E_0^{\text{fit}} = 6(C_{10} + C_{01})$

对于 Ogden 形式 $\quad E_0^{\text{fit}} = 3\sum_{i=1}^{N} \mu_i$

若 μ_0^{fit} 或者 E_0^{fit} 的值与 μ_0^{test} 或者 E_0^{test} 的值存在巨大差异，则表明试验数据存在错误。

单元

超弹性材料模型可以与实体（连续）单元、有限应变壳（除了 S4）、连续壳、膜和一维单元（杆和加强筋）一起使用。在 Abaqus/Standard 中，超弹性材料模型也可以与铁木辛哥梁（B21、B22、B31、B31OS、B32、B32OS、PIPE21、PIPE22、PIPE31、PIPE32 以及它们的"杂交"等价单元）一起使用。它不能与 Euler-Bernoulli 梁（B23、B23H、B33、

B33H）和小应变壳（STRI3、STRI65、S4R5、S8R、S8R5、S9R5）一起使用。

Abaqus/Standard 中的纯位移表达式对杂交表达式

对于 Abaqus/Standard 中的连续单元，超弹性可以与纯位移表达式单元或者"杂交"（混合表达式）单元一起使用。因为弹性体材料通常是不可压缩的，与这种材料一起使用时，不推荐使用完全积分纯粹位移方法的单元，平面应力情况除外。如果完全地或者有选择地退化积分位移方法的单元与此材料模型的近乎不可压缩形式一起使用，则在任何情况下用罚方法来施加不可压缩性约束，平面应力分析除外。罚方法有时候会导致数值困难，因此，推荐完全或者有选择地退化积分的"杂交"表达式单元与超弹性材料一起使用。

通常，使用单独杂交单元将比使用基于规则位移的单元在分析计算上略微昂贵些。然而，在优化波前后，可能不会强制拉格朗日乘子独立于与单元相关的规则自由度。这样，非常大的二阶杂交四面体网格波前可能比使用规则二阶四面体的等效网格大得多。这将导致对CPU 大小、磁盘空间和内存要求的显著升高。

Abaqus/Standard 中的不可压缩模式单元

不可压缩模式单元应当谨慎用于包含大应变的应用。因为收敛可能很慢，并且在超弹性应用中可积累误差。在施加复杂变形历史后卸载的不调和模式的超弹性单元中，可能会出现错误应力。

过程

总是将超弹性用于几何非线性分析（"通用和线性摄动过程"，《Abaqus 分析用户手册——分析卷》的 1.1.2 节）。

2.5.2　弹性体泡沫中的超弹性行为

产品：Abaqus/Standard　　Abaqus/Explicit　　Abaqus/CAE

参考

- "材料库：概览"，1.1.1 节
- "弹性行为：概览"，2.1 节
- "弹性体泡沫中的能量耗散"，2.6.2 节
- * HYPERFOAM
- * UNIAXIAL TEST DATA
- * BIAXIAL TEST DATA
- * PLANAR TEST DATA
- * VOLUMETRIC TEST DATA

- ∗SIMPLE SHEAR TEST DATA
- ∗MULLINS EFFECT
- "定义弹性"中的"创建超泡沫材料模型",《Abaqus/CAE 使用手册》（在线 HTML 版本）的 12.9.1 节

概览

弹性体泡沫材料模型:
- 是各向同性的和非线性的。
- 对孔隙率允许有大体积变化的多孔固体有效。
- 允许指定能量耗散或者应力软化效应（见"弹性体泡沫中的能量耗散", 2.6.2 节）。
- 可以弹性变形到大应变, 压应变可达 90%。
- 在分析步中要求考虑几何非线性（见《Abaqus 分析用户手册——分析卷》的"定义一个分析", 6.1.2 节和"通用和线性摄动过程", 6.1.3 节）, 因为它适用于有限应变的应用。

Abaqus/Explicit 也提供单独的泡沫材料模型, 适合捕捉在压碎和碰撞那样的应用中, 低密度弹性泡沫对应变率敏感的行为（见"率敏感的弹性泡沫: 低密度泡沫", 2.9 节）。

弹性体泡沫的力学行为

多孔固体由内部连接的固体支柱网络或者组成细胞边和面的平板构成。泡沫是由三维空间中塞满的多面体细胞组成的。泡沫细胞可以是开放的（如海绵）, 也可以是封闭的（如浮悬泡沫）。弹性泡沫材料的常见例子是细胞聚合体, 比如利用泡沫优异的能量吸收属性的垫子、衬垫和包装材料: 泡沫吸收的能量比通常的硬弹性材料在一定应力水平所吸收的能量大得多。

另外一种泡沫材料是可压碎泡沫, 它承受永久（塑性）变形。可压碎泡沫在"可压碎泡沫塑性模型", 3.3.5 节中进行讨论。

泡沫通常承受压力载荷。图 2-9 所示为一条典型的压缩应力-应变曲线。

压缩过程可以分成 3 个阶段:
- 在小应变（<5%）情况下, 泡沫由于单元壁的弯曲而以线弹性的方式变形。
- 在压力几乎不变的情况下, 变形出现一个平台, 这是由构成单元边界或者壁的柱或平板的弹性屈曲引起的。在封闭的单元中, 被封闭的气压和膜的拉伸提高了平台的水平高度和斜率。
- 最后是发生稠化的区域, 此时单元壁压碎在一起, 导致压碎应力快速增大。最终

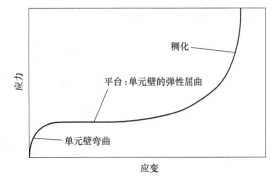

图 2-9　典型的压缩应力-应变曲线

压缩名义应变的典型值是 0.7~0.9。

小应变的拉伸变形机制与压缩机制相似，大应变的则不同。图 2-10 所示为一条典型的拉伸应力-应变曲线。拉伸过程分为两个阶段：

- 在小应变情况下，因为单元壁弯曲，泡沫变形是线弹性的方式，与压缩过程相似。
- 单元壁旋转并排列成一致的方向，导致刚度上升。壁在拉伸应变达到约 1/3 时充分对齐排列。进一步的拉伸将导致壁中轴向应变的增加。

在小压变压缩和拉伸情况下，试验观察到的泡沫平均泊松比 ν 是 1/3。在大应变情况下，压缩过程中观察到的泊松比实际上是零：单元壁屈曲不产生任何显著的侧向变形。然而，ν 在拉伸过程中不为零，这是单元壁对齐和拉伸的结果。

泡沫的产生通常会导致不同主尺寸的单元。此形状各向异性将导致不同方向上的不同载荷响应。然而，超泡沫模型并不考虑这种初始各向异性。

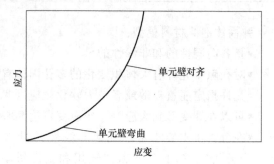

图 2-10　典型的拉伸应力-应变曲线

应变潜能

在弹性泡沫材料模型中，泡沫的弹性行为是基于应变能方程的，即

$$U = \sum_{i=1}^{N} \frac{2\mu_i}{\alpha_i^2} \left\{ \hat{\lambda}_1^{\alpha_i} + \hat{\lambda}_2^{\alpha_i} + \hat{\lambda}_3^{\alpha_i} - 3 + \frac{1}{\beta_i} \left[(J^{\mathrm{el}})^{-\alpha\beta_i} - 1 \right] \right\}$$

式中，N 是材料参数；μ_i、α_i 和 β_i 是温度相关的材料参数；$\hat{\lambda}_i$ 的公式如下

$$\hat{\lambda}_i = (J^{\mathrm{th}})^{-\frac{1}{3}} \lambda_i \to \hat{\lambda}_1 \hat{\lambda}_2 \hat{\lambda}_3 = J^{\mathrm{el}}$$

其中 λ_i 是主拉伸；弹性 J^{el} 和热体积率 J^{th} 的公式见后面内容

系数 μ_i 与初始剪切模量 μ_0 的关系

$$\mu_0 = \sum_{i=1}^{N} \mu_i$$

初始体积模量 K_0 的公式如下

$$K_0 = \sum_{i=1}^{N} 2\mu_i \left(\frac{1}{3} + \beta_i \right)$$

对于能量方程中的每一项，系数 β_i 确定了压缩性的程度。β_i 与泊松比 ν_i 的关系为

$$\beta_i = \frac{\nu_i}{1 - 2\nu_i}$$

$$\nu_i = \frac{\beta_i}{1 + 2\beta_i}$$

这样，如果 β_i 对于所有项都是一样的，则可得到唯一有效的泊松比 ν。此有效泊松比对于对数主应变 ε_1、ε_2、ε_3 的有限值是有效的；在单轴拉伸中，$\varepsilon_2 = \varepsilon_3 = -\nu\varepsilon_1$。

热膨胀

超泡沫材料模型只允许各向同性热膨胀。

弹性体积比 J^{el} 与总体积比（当前体积/参考体积）J 和热体积比 J^{th} 的关系为

$$J^{\mathrm{el}} = \frac{J}{J^{\mathrm{th}}}$$

J^{th} 的公式如下

$$J^{\mathrm{th}} = (1 + \varepsilon^{\mathrm{th}})^3$$

式中，$\varepsilon^{\mathrm{th}}$ 是根据温度和各向同性热膨胀系数（"热膨胀"，6.1.2 节）得到的线性热膨胀应变。

确定超泡沫材料的参数

应变能方程 U 中的参数定义了材料的响应，使用超泡沫模型时必须确定这些参数。Abaqus 提供两种方法来定义材料参数：可以直接指定超泡沫材料参数或者通过指定试验数据让 Abaqus 计算材料参数。

可以通过定义材料的即时响应或者长期响应来指定黏弹性材料的弹性响应（"时域黏弹性"，2.7.1 节）。要定义即时响应，后面的"试验测试"中提及的试验必须在比材料的特征松弛时间短得多的时间跨度中进行。

输入文件用法：＊HYPERFOAM, MODULI＝INSTANTANEOUS

Abaqus/CAE 用 法：Property module：material editor：Mechanical → Elasticity → Hyperfoam：Moduli time scale（for viscoelasticity）：Instantaneous

另一方面，如果使用长期弹性响应，则必须在比材料特征松弛时间长得多的时间跨度之后收集试验数据。长期弹性响应是默认的弹性材料行为。

输入文件用法：＊HYPERFOAM, MODULI＝LONG TERM

Abaqus/CAE 用 法：Property module：material editor：Mechanical → Elasticity → Hyperfoam：Moduli time scale（for viscoelasticity）：Long-term

直接指定

直接指定参数 N、μ_i、α_i 和 ν_i 时，它们可以是温度的函数。

ν_i 的默认值是零，与其对应的一个有效泊松比为零。所有 $\nu_i \to 0.5$ 对应不可压缩的限制。然而，此材料模型不应用于近似不可压缩的材料。如果有效泊松比 $\nu_{\mathrm{eff}} > 0.45$，则推荐使用超弹性模型（"橡胶型材料的超弹性行为"，2.5.1 节）。

输入文件用法：＊HYPERFOAM，N＝n（$n \leqslant 6$）

Abaqus/CAE 用 法：Property module：material editor：Mechanical → Elasticity → Hyperfoam：Strain energy potential order：n（$n \leqslant 6$）；可选择切换选中 Use temperature-dependent data

指定试验数据

可以最多为 5 个简单的试验指定 N 的值和试验应力-应变数据：单轴、等轴、简单剪切、平面和体积。Abaqus 具有可以根据试验数据为至多 6 项（$N=6$）的超泡沫模型直接得到 μ_i、α_i 和 β_i 的功能。可以通过不变的泊松比或其他试验数据中的体积试验数据和/或指定侧向应变的办法来包括。

重要的是要认识到泡沫材料的属性在各批次之间会显著波动。因此，所有试验都应使用同一批次的试样进行。

此方法不允许属性是温度相关的。

可以根据需要在每次试验中输入尽可能多的数据点。然后，Abaqus 将计算 μ_i、α_i 和 ν_i（如果需要的话）的值。此技术使用最小二乘法来拟合试验数据，这样可使名义应力的相对误差最小化。

建议所用数据包含来自单轴、双轴和简单剪切试验的数据，并且数据点应覆盖预期的实际载荷下可达到的名义应变范围。平面和体积试验是可选的。

对于所有试验，其应变数据，包括侧向应变数据，应以名义应变值给出（单位原始长度上的长度变化）。对于单轴、等轴、简单剪切和平面试验，应力数据以名义应力值给出（单位原始横截面面积上的力）。试验允许输入压缩和拉伸两种数据，其中压缩应力和应变应以负值输入。对于体积试验，应力数据以压力值给出。

输入文件用法：使用第一个选项定义有效泊松比（对于所有 i，$\nu_i = \nu$），或者使用第二个选项将侧面应变定义成所输入试验数据的一部分：

*HYPERFOAM, N=n, POISSON=ν, TEST DATA INPUT（$n \leqslant 6$）

*HYPERFOAM, N=n, TEST DATA INPUT（$n \leqslant 6$）

此外，使用 1~5 个以下子选项给出试验应力-应变数据（见下面的"试验测试"）：

*UNIAXIAL TEST DATA

*BIAXIAL TEST DATA

*PLANAR TEST DATA

*SIMPLE SHEAR TEST DATA

*VOLUMETRIC TEST DATA

Abaqus/CAE 用法：Property module：material editor：Mechanical → Elasticity → Hyperfoam：切换选中 Use test data；Strain energy potential order：n（$n \leqslant 6$）；另外，切换选中 Use constant Poisson's ratio：输入有效泊松比的值（对于所有 i，$\nu_i = \nu$）

此外，使用 1~5 个以下子选项给出试验应力-应变数据：

Suboptions → Uniaxial Test Data

Suboptions → Biaxial Test Data

Suboptions → Planar Test Data

Suboptions → Simple Shear Test Data

Suboptions → Volumetric Test Data

试验测试

对于一种均质材料，均匀变形模式足以表征材料的参数。Abaqus 接受来自下列变形模式的测试数据：

- 单轴拉伸和压缩。
- 等轴拉伸和压缩。
- 平面拉伸和压缩（纯剪切）。
- 简单剪切。
- 体积拉伸和压缩。

采用名义应力（力除以原始未变形面积）和名义或者工程应变 ε_i 的形式定义应力-应变关系。主伸长 λ_i 与主名义应变 ε_i 的关系为

$$\lambda_i = 1 + \varepsilon_i$$

单轴、等轴和平面试验

用主方向上的伸长表示变形梯度，即

$$\boldsymbol{F} = \begin{bmatrix} \lambda_1 & 0 & 0 \\ 0 & \lambda_2 & 0 \\ 0 & 0 & \lambda_3 \end{bmatrix}$$

式中，λ_1、λ_2 和 λ_3 是主伸长，即主方向上，材料纤维的当前长度与原始构型中长度的比值。变形模式是以主伸长 λ_i 和体积比 $J = \det(\boldsymbol{F})$ 的形式表征的。弹性体泡沫并不是不可压缩的，因此 $J = \lambda_1 \lambda_2 \lambda_3 \neq 1$。在试验数据中，将横向伸长 λ_2 和/或 λ_3 独立指定成来自材料侧向度量的单个值，或通过有效泊松比的定义来指定。

这 3 个变形模式使用名义应力-拉伸关系的单独形式

$$T_{\mathrm{L}} = \frac{\partial U}{\partial \lambda_{\mathrm{L}}} = \frac{2}{\lambda_{\mathrm{L}}} \sum_{i=1}^{N} \frac{\mu_i}{\alpha_i} (\lambda_{\mathrm{L}}^{\alpha_i} - J^{-\alpha_i \beta_i})$$

式中，T_{L} 是名义应力；λ_{L} 是载荷方向上的拉伸量。因为可压缩行为，平面模式不产生纯剪切状态。实际上，如果有效泊松比是零，则平面变形等同为单轴变形。

单轴模式

在单轴模式中，$\lambda_1 = \lambda_{\mathrm{U}}$，$\lambda_2 = \lambda_3$，$J = \lambda_{\mathrm{U}} \lambda_2^2$。

输入文件用法：＊UNIAXIAL TEST DATA

Abaqus/CAE 用法：Property module：material editor：Mechanical →Elasticity →Hyperfoam：
切换选中 Use test data，Suboptions →Uniaxial Test Data

等轴模式

在等轴模式中，$\lambda_1 = \lambda_2 = \lambda_{\mathrm{B}}$，$J = \lambda_{\mathrm{B}}^2 \lambda_3$。

输入文件用法：＊BIAXIAL TEST DATA

Abaqus/CAE 用法：Property module：material editor：Mechanical → Elasticity →

Hyperfoam：切换选中 Use test data，Suboptions →Biaxial Test Data

平面模式

在平面模式中，$\lambda_1 = \lambda_P$，$\lambda_2 = 1$，$J = \lambda_P \lambda_3$。平面试验数据必须由单轴或者双轴试验数据进行补充。

输入文件用法：＊PLANAR TEST DATA

Abaqus/CAE 用 法：Property module：material editor：Mechanical → Elasticity → Hyperfoam：切换选中 Use test data，Suboptions →Planar Test Data

简单剪切试验

简单剪切通过变形梯度来描述

$$\boldsymbol{F} = \begin{bmatrix} 1 & \gamma & 0 \\ 0 & 1 & 0 \\ 0 & 0 & 1 \end{bmatrix}$$

式中，γ 是切应变。对于此变形，$J = \det(\boldsymbol{F}) = 1$。简单剪切变形示意图如图 2-11 所示。

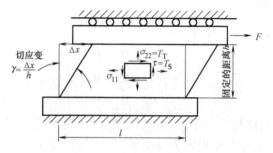

图 2-11　简单剪切测试

名义切应力 T_S 的公式为

$$T_S = \frac{\partial U}{\partial \gamma} = \sum_{j=1}^{2} \left[\frac{2\gamma}{2(\lambda_j^2 - 1) - \gamma^2} \sum_{i=1}^{N} \frac{\mu_i}{\alpha_i} (\lambda_j^{\alpha_i} - 1) \right]$$

式中，λ_j 是剪切平面上的主拉伸，它与 γ 的关系如下

$$\lambda_{1,2} = \sqrt{1 + \frac{\gamma^2}{2} \pm \gamma \sqrt{1 + \frac{\gamma^2}{4}}}$$

垂直于剪切平面方向上的拉伸是 $\lambda_3 = 1$。由于 Poynting 效应，简单剪切变形过程中将产生横向（拉伸）应力 T_T，其公式为

$$T_T = \frac{\partial U}{\partial \varepsilon} = \sum_{j=1}^{2} \left[\frac{2(\lambda_j^2 - 1)}{2\lambda_j^4 - \lambda_j^2(\gamma^2 + 2)} \sum_{i=1}^{N} \frac{\mu_i}{\alpha_i} (\lambda_j^{\alpha_i} - 1) \right]$$

输入文件用法：＊SIMPLE SHEAR TEST DATA

Abaqus/CAE 用法：Property module：material editor：Mechanical →Elasticit →Hyperfoam：切换选中 Use test data，Suboptions →Simple Shear Test Data

体积试验

体积试验的变形梯度 $\boldsymbol{F}$ 与单轴试验一样。体积变形模式中的所有主应变均相等，即

$$\lambda_1 = \lambda_2 = \lambda_3 = \lambda_V, J = \lambda_V^3$$

压力与体积比的关系如下

$$-p = \frac{\partial U}{\partial J} = \frac{2}{J} \sum_{i=1}^{N} \frac{\mu_i}{\alpha_i} (J^{\frac{1}{3}\alpha_i} - J^{-\alpha\beta_i})$$

体积压缩试验如图 2-12 所示。施加在泡沫试样上的压力是流体的静水压，试样体积的减小等于进入压力容器中的流体容积。试样是密封的，以防流体渗入。

输入文件用法：＊VOLUMETRIC TEST DATA

Abaqus/CAE 用法：Property module：material editor：Mechanical →Elasticity →Hyperfoam：切换选中 Use test data，Suboptions →Volumetric Test Data

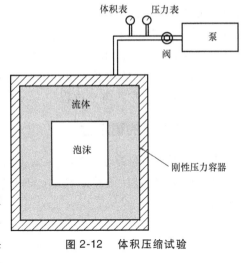

图 2-12　体积压缩试验

压缩和拉伸变形间的差别

对于小应变（<5%），泡沫行为在压缩和拉伸情况下是相似的。然而，对于大应变，变形机理在压缩（屈曲和压碎）和拉伸（对齐和拉伸）则有所不同。因此，精确的超泡沫模拟要求用来定义材料参数的试验数据对应于所分析问题中占主导地位的变形模式。如果压缩占主导地位，则相关试验是：

- 单轴压缩。
- 简单剪切。
- 平面压缩（如果泊松比 $\nu \neq 0$）。
- 体积压缩（如果泊松比 $\nu \neq 0$）。

如果拉伸占主导地位，则相关试验是：

- 单轴拉伸。
- 简单剪切。
- 双轴拉伸（如果泊松比 $\nu \neq 0$）。
- 平面拉伸（如果泊松比 $\nu \neq 0$）。

也可以使用侧面应变数据定义泡沫的压缩性。如果进行侧面应变的测量，则可以不必再进行其他测量，例如，为单轴试验提供了侧面应变，则不需要进行体积试验。然而，如果除了其他试验的侧面应变数据外，还提供了体积试验，则体积试验数据和侧面应变数据都被用来确定泡沫的压缩性。如果泊松比在压缩和拉伸过程中变化剧烈，则超泡沫模型可能不能精确地拟合泊松比。

材料行为的模型预测与试验数据的关系

一旦确定了弹性体泡沫的系数，就在 Abaqus 中建立了超泡沫模型的行为。然而，必须对此行为进行评估：不同变形模式下的材料行为预测必须与试验数据进行比较。基于 Abaqus 预测和试验数据之间的相互关系，用户必须判断由 Abaqus 确定的弹性体泡沫系数是否是可接受的。可以使用单个单元测试情况来计算材料模型的名义应力-名义应变响应。

"弹性体泡沫测试数据的拟合"《Abaqus 基准手册》的 3.1.5 节中，介绍了将一组数据拟合成弹性泡沫系数的整个过程。

弹性体泡沫材料的稳定性

对于不可压缩超弹性，Abaqus 为上面描述的变形模式检查 Drucker 稳定性。一种可压缩材料的 Drucker 稳定性条件要求 Kirchhoff 应力变化 $d\tau$ 遵从对数应变 $d\varepsilon$ 中的微商变化，须满足不等式

$$d\tau : d\varepsilon > 0$$

式中，Kirchhoff 应力 $\tau = J\sigma$。代入 $d\tau = D : d\varepsilon$，不等式变成

$$d\varepsilon : D : d\varepsilon > 0$$

此限制要求切线材料刚度矩阵 D 是正定的。

对于一个各向同性弹性公式，此不等式可以采用主应力和应变的方式表达

$$d\tau_1 d\varepsilon_1 + d\tau_2 d\varepsilon_2 + d\tau_3 d\varepsilon_3 > 0$$

这样，应力变化与应变变化之间的关系可以采用矩阵等式的形式表示为

$$\begin{Bmatrix} d\tau_1 \\ d\tau_2 \\ d\tau_3 \end{Bmatrix} = \begin{bmatrix} D_{11} & D_{12} & D_{13} \\ D_{21} & D_{22} & D_{23} \\ D_{31} & D_{32} & D_{33} \end{bmatrix} \begin{Bmatrix} d\varepsilon_1 \\ d\varepsilon_2 \\ d\varepsilon_3 \end{Bmatrix}$$

式中，$D_{ij} = D_{ij}(\lambda_1, \lambda_2, \lambda_3)$。

因为 D 必须是正定的，所以必须满足以下条件

$$D_{11} + D_{22} + D_{33} > 0$$

$$D_{11}D_{22} + D_{22}D_{33} + D_{33}D_{11} - D_{23}^2 - D_{13}^2 - D_{12}^2 > 0$$

$$\det(D) > 0$$

定义参数 μ_i、α_i 和 ν_i，特别是当 $N > 1$ 时，应注意高应变下的材料行为对这些参数特别敏感，如果没有正确地定义这些值，会导致不稳定的材料行为。当某些系数是非常大的负数时，易于造成高应变下行为的不稳定。Abaqus 为 9 种不同形式的载荷——单轴拉伸和压缩、等轴拉伸和压缩、简单剪切、平面拉伸和压缩、体积拉伸和压缩执行材料稳定性检查。检查范围是 $0.1 \leqslant \lambda_1 \leqslant 10.0$（名义应变范围为 $-0.9 \leqslant \varepsilon_1 \leqslant 9.0$），检查间隔 $\Delta\lambda_1 = 0.01$。如果发现不稳定行为，则 Abaqus 发出警告信息并打印发现不稳定行为时 ε_1 的最小绝对值。理想情况是不发生不稳定行为。如果在分析中发现易于发生不稳定行为的应变水平，则建议仔细检查并修正材料的输入数据。

改进试验数据拟合的精确度和稳定性

"橡胶型材料的超弹性行为"（2.5.1 节）中，介绍了改进弹性体模拟精度和稳定性的建议。"弹性体泡沫试验数据的拟合"，《Abaqus 基准手册》的 3.1.5 节中，介绍了拟合弹性泡沫试验数据的过程。

单元

超泡沫模型可以与实体（连续）单元、有限应变壳（除了 S4）和膜一起使用。然而，它不能与一维实体单元（杆和梁）、小应变的壳（STRI3、STRI65、S4R5、S8R、S8R5、S9R5），或者欧拉单元（EC3D8R 和 EC3D8RT）一起使用。

对于连续单元，弹性体泡沫超弹性可以与纯粹的位移公式单元一起使用，或者在 Abaqus/Standard 中与"杂交"（混合公式表达）单元一起使用。因为假设弹性体泡沫是非常可压缩的，使用杂交单元通常不会比使用纯粹的基于位移的单元有更多优势。

过程

超泡沫模型必须总是与几何非线性分析一起使用（"通用和线性摄动过程"，《Abaqus 分析用户手册——分析卷》的 1.1.3 节）。

2.5.3　各向异性超弹性行为

产品：Abaqus/Standard　　Abaqus/Explicit　　Abaqus/CAE

参考

- "材料库：概览"，1.1.1 节
- "弹性行为：概览"，2.1 节
- "Mullins 效应"，2.6.1 节
- ∗ ANISOTROPIC HYPERELASTIC
- ∗ VISCOELASTIC
- ∗ MULLINS EFFECT
- "定义弹性"中的"创建一个各向异性超弹性的材料模型"，《Abaqus/CAE 用户手册》（在线 HTML 版本）的 12.9.1 节

概览

各向异性超弹性材料模型：

- 具有的功能可以模拟表现出高度各向异性和非线性弹性行为的材料（例如生物软体组织、纤维增强的弹性体等）。
- 可以与大应变的时域黏弹性（"时域黏弹性"，2.7.1 节）组合使用，但黏弹性应是各向同性的。

- 可选择地允许指定能量消散或应力软化效应（见"Mullins效应"，2.6.1节）。
- 要求在分析步中考虑几何非线性（"通用和线性摄动过程"，《Abaqus分析用户手册——分析卷》的1.1.2节），因为它适用于有限应变的应用。

各向异性超弹性表达式

工业技术中许多材料，由于其微观结构上存在优先方向，而表现出各向异性弹性行为。这样的材料包括普通的工程材料（如纤维增强复合材料、增强橡胶、木材等），以及柔软的生物组织（如动脉壁、心脏组织等）。当这些材料产生小变形时（2%~5%），它们的行为一般可以采用常规的各向异性线弹性来充分地模拟（见"线弹性行为"中的"定义完全各向异性弹性"，2.2.1节）。然而，在大变形情况下，这些材料由于微观结构上的重新排列而表现出高度的各向异性和非线弹性行为，例如纤维方向随变形重新定向。这些非线性大应变效应的仿真要求在各向异性超弹性的框架内建立更加先进的本构模型方程。超弹性材料以"应变势能"U的形式进行描述，定义了储藏在单位参考体积材料中的能量（最初构型中的体积）作为材料中那一点处变形的函数。使用两个截然不同的方程来表示各向异性弹性材料的应变势能：基于应变的和基于不变量的。

基于应变的表达式

在这种情况下，应变能方程直接以合适的应变张量分量形式来表达，例如Green应变张量（见"应变度量，"《Abaqus理论手册》的1.4.2节）表示为

$$U = U(\varepsilon^{G})$$

式中，$\varepsilon^{G} = \frac{1}{2}(C-I)$ 是格林应变。$C = F^{T} \cdot F$ 是右柯西格林应变张量，F 是变形梯度，I 是单位矩阵。不失一般性，应变能表达式可以写成以下形式

$$U = U(\overline{\varepsilon}^{G}, J^{el})$$

式中，$\overline{\varepsilon}^{G} = \frac{1}{2}(\overline{C}-I)$ 是修正的格林应变张量，其中 $\overline{C} = J^{-\frac{2}{3}}C$ 是右柯西格林应变的扭曲部分，$J = \det(F)$ 是总体积变化；J^{el} 是下面"热膨胀"中定义的弹性体积比。

在基于应变的表达式模型中，根本的假设是优先的材料方向最初与参考（无应力）构型中的正交坐标系对齐。这些方向仅可以在变形后变为非正交。此形式应变能方程的实例包括下面描述的广义Fung型形式。

基于不变量的表达式

采用纤维增强复合材料的连续理论（Spencer，1984），应变能方程可以直接表达为变形张量的不变量和纤维方向的形式。例如，为由采用 N 簇纤维增强的各向同性超弹性矩阵组成的复合材料建立表达式。参考构型中的纤维方向是通过一系列单位矢量 A_{α}（$\alpha = 1$，…，N）表征的。假设应变能不仅仅基于变形，也基于纤维方向，则假设

$$U = U(C, A_{\alpha}) \qquad (\alpha = 1, \dots, N)$$

如果参考构型中的基体和纤维经过刚体转动，则材料的应变能必须保持不变。这样，依

照 Spencer（1984），应变能可以采用构成张量 $\boldsymbol{C}$ 和向量 $\boldsymbol{A}_\alpha$ 的完整基不变量的不可简化集形式来表达

$$U = U(\bar{I}_1, \bar{I}_2, J^{el}, \bar{I}_{4(\alpha\beta)}, \bar{I}_{5(\alpha\beta)}; \zeta_{\alpha\beta}) \qquad (\alpha, \beta = 1, \cdots, N)$$

式中，$\bar{I}_1$ 和 $\bar{I}_2$ 是第一和第二偏量应变不变量；J^{el} 是弹性体积比（或者第三应变不变量）；$\bar{I}_{4(\alpha\beta)}$ 和 $\bar{I}_{5(\alpha\beta)}$ 是 $\bar{\boldsymbol{C}}$、$\boldsymbol{A}_\alpha$ 的伪不变量；$\boldsymbol{A}_\beta$ 可定义为

$$\bar{I}_{4(\alpha\beta)} = \boldsymbol{A}_\alpha \cdot \bar{\boldsymbol{C}} \cdot \boldsymbol{A}_\beta, \quad \bar{I}_{5(\alpha\beta)} = \boldsymbol{A}_\alpha \cdot \bar{\boldsymbol{C}}^2 \cdot \boldsymbol{A}_\beta \quad (\alpha = 1, \cdots, N; \beta = 1, \cdots, \alpha)$$

$\zeta_{\alpha\beta}$ 是几何常数（独立于变形），它等于参考构型中任意两簇纤维之间夹角的余弦值，即

$$\zeta_{\alpha\beta} = \boldsymbol{A}_\alpha \cdot \boldsymbol{A}_\beta \qquad (\alpha = 1, \cdots, N; \beta = 1, \cdots, \alpha)$$

与基于应变的表达式不同，在基于不变量的表达式中，纤维方向不需要在初始构型中正交。一个基于不变量的能量方程实例是 Holzapfel、Gasser 和 Ogden（2000）为动脉壁提出的表达式（见下文中的 "Holzapfel-Gasser-Ogden 形式"）。

各向异性应变势能

Abaqus 中有两种形式的应变势能可以用来模拟近似不可压缩的各向异性材料：广义的 Fung 形式（包括完全各向异性和正交异性情况）以及 Holzapfel、Gasser 和 Ogden 为血管壁提出的形式。两种形式模拟柔软生物组织都是足够的。但是，Fung 形式是纯粹唯相的，而 Holzapfel-Gasser-Ogden 形式是基于微观力学的。

此外，Abaqus 提供通用能力，通过两组用户子程序支持应变势能的用户定义形式：一组为基于应变的表达式，另一组为基于不变量的表达式。

广义的 Fung 形式

广义 Fung 应变势能的表达式为

$$U = \frac{c}{2}\left[\exp(Q) - 1\right] + \frac{1}{D}\left(\frac{(J^{el})^2 - 1}{2} - \ln J^{el}\right)$$

式中，U 是单位参考体积的应变能；c 和 D 是温度相关的材料参数；J^{el} 是下文 "热膨胀" 中定义的弹性体积比；Q 定义为

$$Q = \bar{\boldsymbol{\varepsilon}}^G : \boldsymbol{b} : \bar{\boldsymbol{\varepsilon}}^G = \bar{\varepsilon}_{ij}^G b_{ijkl} \bar{\varepsilon}_{kl}^G$$

式中，b_{ijkl} 是可以与温度相关的各向异性材料常数的无量纲对称四阶张量；$\bar{\varepsilon}_{ij}^G$ 是改进的 Green 应变张量分量。

初始偏量弹性张量 $\bar{\boldsymbol{D}}_0$ 和体积模量 K_0 的公式为

$$\bar{\boldsymbol{D}}_0 = c b, \quad K_0 = \frac{2}{D}$$

Abaqus 支持两种形式的广义 Fung 模型：完全各向异性和正交异性。必须指定的独立分量 b_{ijkl} 的数量取决于材料各向异性的程度：完全各向异性的情况有 21 个，正交异性的情况有 9 个。

输入文件用法：使用以下选项之一：

* ANISOTROPIC HYPERELASTIC, FUNG-ANISOTROPIC
* ANISOTROPIC HYPERELASTIC, FUNG-ORTHOTROPIC

Abaqus/CAE 用法：Property module：material editor：Mechanical → Elasticity → Hyperelastic；Material type：Anisotropic；Strain energy potential：Fung-Anisotropic 或者 Fung-Orthotropic

Holzapfel-Gasser-Ogden 形式

这种应变势能形式是基于 Holzapfel、Gasser 和 Ogden（2000）及 Gasser、Ogden 和 Holzapfel（2006）为模拟具有分布式胶原纤维方向的动脉层而提出的：

$$U = C_{10}(\bar{I}_1 - 3) + \frac{1}{D}\left(\frac{(J^{el})^2 - 1}{2} - \ln J^{el}\right) + \frac{k_1}{2k_2}\sum_{\alpha=1}^{N}\{\exp[k_2\langle\bar{E}_\alpha\rangle^2] - 1\}$$

其中

$$\bar{E}_\alpha \stackrel{def}{=} \kappa(\bar{I}_1 - 3) + (1 - 3\kappa)(\bar{I}_{4(\alpha\alpha)} - 1)$$

式中，U 是单位参考体积的应变能；C_{10}，D、k_1、k_2 和 κ 是温度相关的材料参数；N 是纤维族的数量（$N \leq 3$）；$\bar{I}_1$ 是第一偏量应变不变量；J^{el} 是下文"热膨胀"中定义的弹性体积比；$\bar{I}_{4(\alpha\alpha)}$ 是 $\bar{C}$ 和 A_α 的伪不变量。

模型假设每一个族中胶原纤维的方向关于一个平均的首选方向是分散的（具有旋转对称性）。参数 κ（$0 \leq \kappa \leq 1/3$）描述了纤维方向上的分散程度。如果 $\rho(\Theta)$ 是表征分布性的方向密度函数（相对于平均方向，它代表了方向在 $[\Theta, \Theta+d\Theta]$ 范围里的纤维的归一化数量），则参数 κ 可定义成

$$\kappa = \frac{1}{4}\int_0^\pi \rho(\Theta)\sin^3\Theta d\Theta$$

也假设所有族的纤维具有相同的力学性能属性和相同的分散性。当 $\kappa = 0$ 时，纤维完全对齐（无分散）。当 $\kappa = 1/3$ 时，纤维随机分布，材料变成各向同性，它对应于一个球形的方向密度函数。

应变型量 $\bar{E}_\alpha$ 使用平均方向 A_α 表征纤维族的变形。对于完全对齐的纤维（$\kappa = 0$），$\bar{E}_\alpha = \bar{I}_{4(\alpha\alpha)} - 1$；对于随机分布纤维（$\kappa = 1/3$），$\bar{E}_\alpha = (\bar{I}_1 - 3)/3$。

应变能函数表达式的前两项代表非胶原各向同性基底材料的扭曲和体积的贡献，第三项代表来自不同族的胶原纤维的贡献，同时考虑分散效应。模型的一个基本假设是胶原纤维只能承受拉力，因为它们在压力载荷下将屈曲。这样，应变能方程中的各向异性贡献只有当纤维的应变是正值，即 $\bar{E}_\alpha > 0$ 的时候才能表现出来。此条件通过项 $\langle\bar{E}_\alpha\rangle$ 强制执行，其中算子 $\langle \cdot \rangle$ 代表 Macauley（麦克劳林）括号并定义成 $\langle x\rangle = \frac{1}{2}(|x| + x)$。

应用 Holzapfel-Gasser-Ogden 势能，使用分布的胶原纤维方向来模拟动脉层的实例，见"动脉层的各向异性超弹性模拟"，《Abaqus 基准手册》的 3.1.7 节。

初始偏量弹性张量 $\bar{D}_0$ 和体积模量 K_0 的公式如下

$$\overline{\boldsymbol{D}}_0 = 4C_{10}\Im + 2(1 - 3\kappa)^2 k_1 \sum_{\alpha=1}^{N} H(\overline{E}_\alpha) \boldsymbol{A}_\alpha \boldsymbol{A}_\alpha \boldsymbol{A}_\alpha \boldsymbol{A}_\alpha$$

$$K_0 = \frac{2}{D}$$

式中，$\Im$ 是四阶单位张量；$H(x)$ 是 Heaviside 单位阶跃函数。

输入文件用法：∗ANISOTROPIC HYPERELASTIC, HOLZAPFEL,
LOCAL DIRECTIONS = N

Abaqus/CAE 用法：Property module：material editor：Mechanical → Elasticity → Hyperelastic；Material type：Anisotropic；Strain energy potential：Holzapfel，Number of local directions：N

用户定义的形式 （ 基于应变的 ）

另外，可以在 Abaqus/Standard 中使用用户子程序 UANISOHYPER_ STRAIN，或者在 Abaqus/Explicit 中使用 VUANISOHYPER_ STRAIN 直接定义基于应变的应变势能形式。关于修正的 Green 应变分量的应变势能偏量和弹性体积比 J^{el}，必须通过这些用户子程序直接提供。

在 Abaqus/Standard 中，可以指定可压缩的行为或者不可压缩的行为；在 Abaqus / Explicit 中，则只允许指定近乎不可压缩的行为。

另外，可以根据需要指定用户子程序中属性值的个数，以及解相关的变量的数量（见 "用户子程序"，《Abaqus 分析用户手册——分析卷》的 13.1.1 节）。

输入文件用法：在 Abaqus/Standard 中，使用下面的选项定义可压缩的行为：
∗ANISOTROPIC HYPERELASTIC, USER, FORMULATION = STRAIN, TYPE = COMPRESSIBLE, PROPERTIES = n
在 Abaqus/Standard 中，使用下面的选项定义不可压缩的行为：
∗ANISOTROPIC HYPERELASTIC, USER, FORMULATION = STRAIN, TYPE = INCOMPRESSIBLE, PROPERTIES = n
在 Abaqus/Explicit 中，使用下面的选项定义近乎不可压缩的行为：
∗ANISOTROPIC HYPERELASTIC, USER, FORMULATION = STRAIN, PROPERTIES = n

Abaqus/CAE 用法：Property module：material editor：Mechanical → Elasticity → Hyperelastic；Material type：Anisotropic，Strain energy potential：User，Formulation：Strain，Type：Incompressible 或 者 Compressible，Number of property values：n

用户定义的形式 （ 基于不变量的 ）

此外，可以在 Abaqus/Standard 中使用用户子程序 UANISOHYPER_ INV，或者在 Abaqus/Explicit 中使用 VUANISOHYPER_ INV 直接定义基于不变量的应变势能形式。可以在 Abaqus/Standard 中指定可压缩的行为或者不可压缩的行为；在 Abaqus/Explicit 中，则只允许指定近乎不可压缩的行为。

用户可以选择指定用户子程序中所需要的属性值的个数，以及解相关的变量数量（见"用户子程序"，《Abaqus分析用户手册——分析卷》的13.1.1节）。

关于应变不变量的应变势能偏量，必须通过 Abaqus/Standard 中的用户子程序 UANISO-HYPER_ INV 和 Abaqus/Explicit 中的 VUANISOHYPER_ INV 来直接提供。

输入文件用法：在 Abaqus/Standard 中，使用下面的选项定义可压缩的行为：

> * ANISOTROPIC HYPERELASTIC, USER,
> FORMULATION = INVARIANT, LOCAL DIRECTIONS = N,
> TYPE = COMPRESSIBLE, PROPERTIES = n

在 Abaqus/Standard 中，使用下面的选项定义不可压缩的行为：

> * ANISOTROPIC HYPERELASTIC, USER,
> FORMULATION = INVARIANT, LOCAL DIRECTIONS = N,
> TYPE = INCOMPRESSIBLE, PROPERTIES = n

在 Abaqus/Explicit 中，使用下面的选项定义近乎不可压缩的行为：

> * ANISOTROPIC HYPERELASTIC, USER,
> FORMULATION = INVARIANT, PROPERTIES = n

Abaqus/CAE 用法：Property module：material editor：Mechanical → Elasticity → Hyperelastic；Material type：Anisotropic，Strain energy potential：User，Formulation：Invariant，Type：Incompressible 或者 Compressible，Number of local directions：N，Number of property values：n

首选材料方向的定义

用户必须定义各向异性超弹性材料的首选材料方向（或者纤维方向）。

对于基于应变的形式（例如 Fung 形式和使用用户子程序 UANISOHYPER_ STRAIN 或 VUANISOHYPER_ STRAIN 的用户定义形式），必须指定一个局部方向坐标系（"方向"，《Abaqus 分析用户手册——介绍、空间建模、执行与输出卷》的 2.2.5 节）来定义各向异性的方向。修正的 Green 应变张量分量是参照此方向坐标系计算得到的。

对于基于不变量的应变能函数形式（例如 Holzapfel-Gasser-Ogden 形式和使用用户子程序 UANISOHYPER_ INV 或 VUANISOHYPER_ INV 的用户定义形式），必须指定表征每一纤维簇的局部方向矢量 A_α。这些矢量不要求在初始构型中正交。至多将 3 个局部方向指定成 1 个局部方向坐标系的 1 部分（"方向"中的"直接定义一个局部坐标系"，《Abaqus 分析用户手册——介绍、空间建模、执行与输出卷》的 2.2.5 节）；局部方向参照此坐标系得到。

在 Abaqus/CAE 中，材料的局部方向矢量是正交的，并与所赋材料方向的轴对齐。Abaqus/CAE 中最好的做法是采用离散方向来赋予方向。

材料方向可以如下文"输出"中所描述的那样输出到输出数据库。

可压缩性

大部分软体组织和纤维增强的弹性体，具有与它们的剪切柔性相比很小的可压缩性。平面应力、壳或者膜单元不需要特别注意此行为，但是数值解对于三维实体、平面应变和轴对称单元的可压缩性程度非常敏感。在材料严格受限情况下（如用于密封的 O 形圈），必须对可压缩性正确建模以得到精确的结果。在材料没有严格受限的应用中，压缩程度则不是特别关键。例如，在 Abaqus/Standard 中，假设材料完全不可压缩是合理的：除非发生热膨胀，否则材料的体积不会改变。

Abaqus/Standard 中的压缩性

在 Abaqus/Standard 中，对于不可压缩的材料要求使用"杂交"（混合的表达式）单元。在平面应力、壳和膜单元中，材料在厚度方向上可自由变形。在此情况下，不需要对体积行为进行特别处理；使用规则的应力/变形单元即可满足要求。

Abaqus/Explicit 中的压缩性

除了平面应力情况之外，在 Abaqus/Explicit 中，不可能假设材料是完全不可压缩的，因为程序没有给每个材料计算点设定这种约束机制，反而必须模拟一定的可压缩性。问题在于，在许多情况下，实际材料行为所提供的压缩性太小，以至于算法不能有效率地工作。这样，除了平面应力情况外，用户必须为程序的进行提供足够的压缩性，即使这样会使模型的体行为比实际材料要软。不提供足够的可压缩性将造成动态求解中的高频噪声，并要求使用极小的时间增量。因此，需要判断解是否足够精确，或者因为此数值的限制，问题是否可以完全用 Abaqus/Explicit 来模拟。

如果没有给出各向异性超弹性模型的材料压缩性的值，则 Abaqus/Explicity 假定 $K_0/\mu_0 = 20$，其中 μ_0 是初始剪切模量的最大值（不同材料方向中）。用户定义形式则是例外，在用户子程序 UANISOHYPER_ INV 或者 VUANISOHYPER_ INV 中，必须对一些压缩性进行直接定义。

热膨胀

各向异性超弹性材料模型允许各向同性的和正交异性的热膨胀。

弹性体积比 J^{el} 与总体积比 J 和热体积比 J^{th} 的关系为

$$J^{\mathrm{el}} = \frac{J}{J^{\mathrm{th}}}$$

J^{th} 定义为

$$J^{\mathrm{th}} = (1+\varepsilon_1^{\mathrm{th}})(1+\varepsilon_2^{\mathrm{th}})(1+\varepsilon_3^{\mathrm{th}})$$

式中，$\varepsilon_i^{\mathrm{th}}$ 是根据温度和热膨胀系数得到的主热膨胀应变（"热膨胀"，6.1.2 节）。

黏弹性

各向异性超弹性模型可以与各向同性黏弹性组合，用来模拟率相关的材料行为（"时域黏弹性", 2.7.1节)。因为黏弹性的各向同性,所以松弛方程独立于载荷方向。对于模拟其率相关行为中表现出强烈各向异性的材料,这是不可接受的,因此,应当谨慎使用此选项。

率相关材料的各向异性超弹性响应("时域黏弹性",2.7.1节)可以通过定义此种材料的即时响应或者长期响应来指定。

输入文件用法:使用以下 2 个选项之一:

> * ANISOTROPIC HYPERELASTIC, MODULI = INSTANTANEOUS
>
> * ANISOTROPIC HYPERELASTIC, MODULI = LONG TERM

Abaqus/CAE 用 法:Property module: material editor: Mechanical → Elasticity → Hyperelastic; Material type:Anisotropic; Moduli:Long term 或者 Instantaneous

应力软化

典型各向异性超弹性材料(例如增强橡胶和生物组织)的响应,在加载和卸载的最初几个循环中,通常表现出应力软化效应。在几个循环之后,材料的响应将趋向稳定,称其为材料被预处理过了。应力软化效应在弹性体文献中通常被称为 Mullins 效应,在 Abaqus 中可以通过使用各向异性超弹性模型与伪弹性模型组合的方式考虑 Mullins 效应(见"Mullins 效应",2.6.1节)。此模型提供的应力软化效应是各向同性的。

单元

各向异性超弹性材料模型可与实体(连续)单元、有限应变的壳(除了 S4)、连续的壳和膜一起使用。当与具有平面应力表达式的单元组合使用时,Abaqus 假设完全的不可压缩行为,并且忽略任何为材料指定的压缩性。

Abaqus/Standard 中的纯位移表达式与混合表达式

对于 Abaqus/Standard 中的连续单元,各向异性超弹性可以与纯位移表达式单元或者与"杂交"(混合的表达式)单元一起使用。纯位移表达式单元必须与可压缩材料一起使用,"杂交"(混合的表达式)单元则必须与不可压缩材料一起使用。

通常,采用单独杂交单元进行分析的计算量,比采用规则的基于位移的单元的分析计算量略大一些。然而,当波前得到优化时,拉格朗日乘子的阶数不能独立于与单元相关联的规则自由度。这样,二阶杂交四面体的波前将显著大于采用规则二阶四面体的等效网格。这样会导致对 CPU 代价,存储空间和内存要求的显著提高。

Abaqus/Standard 中的不调和模式单元

不调和模式单元应当谨慎用于涉及大应变的应用。因为使用此模式单元时收敛可能很慢,并且在超弹性应用中可累积误差。在施加复杂变形后卸载的不调和模式各向异性超弹性单元中,可能会出现错误的应力。

过程

各向异性超弹性必须总是与几何非线性分析一起使用（"通用和线性摄动过程"，《Abaqus 分析用户手册——分析卷》的 1.1.3 节）。

输出

除了 Abaqus 中可以使用的标准输出标识符（"Abaqus/Standard 输出变量标识符"，《Abaqus 分析用户手册——介绍、空间建模、执行与输出卷》的 4.2.1 节；"Abaqus/Explicit 输出变量标识符"，《Abaqus 分析用户手册——介绍、空间建模、执行与输出卷》的 4.2.2 节），局部材料方向将在要求单元场输出到输出数据库的任何时候进行输出。局部方向作为代表方向余弦的场变量输出（LOCALDIR1，LOCALDIR2，LOCALDIR3）；这些变量可以在 Abaqus/CAE（Abaqus/Viewer）的 Visualization 模块中显示成向量图。

如果没有要求单元场输出，或者指定不将单元材料方向写入输出数据库，则会抑制局部材料方向的输出（见"输出到输出数据库"中的"在 Abaqus/Standard 和 Abaqus/Explicit 中指定单元输出的方向"，《Abaqus 分析用户手册——介绍、空间建模、执行与输出卷》的 4.1.3 节）。

2.6 弹性体中的应力软化

- "Mullins 效应"，2.6.1 节
- "弹性体泡沫中的能量耗散"，2.6.2 节

2.6.1 Mullins 效应

产品：Abaqus/Standard Abaqus/Explicit Abaqus/CAE

参考

- "材料库：概览"，1.1.1 节
- "组合材料行为"，1.1.3 节
- "弹性行为：概览"，2.1 节
- "橡胶型材料的超弹性行为"，2.5.1 节
- "各向异性超弹性行为"，2.5.3 节
- "橡胶型材料中的永久变形"，3.7 节
- "弹性体泡沫中的能量耗散"，2.6.2 节
- *HYPERELASTIC
- *MULLINS EFFECT
- *PLASTIC
- *UNIAXIAL TEST DATA
- *BIAXIAL TEST DATA
- *PLANAR TEST DATA
- "定义损伤"中的"Mullins 效应"，《Abaqus/CAE 用户手册》的 12.9.3 节，在此手册的 HTML 版本中

概览

Mullins 效应模型：
- 用于模拟在准静态循环载荷下填充橡胶弹性体的应力软化，文献中称为 Mullins 效应的现象。
- 提供了各向同性超弹性模型的扩展。
- 基于不可压缩各向同性弹性理论，通过添加名为损伤变量的单一变量来进行改进。
- 假设只有材料响应的偏量部分与损伤关联。
- 适用于模拟模型的不同部分因为不同的材料响应而承受不同程度损伤情形下的材料响应。
- 与黏弹性组合时使用长期模量。
- 不可与迟滞一起使用。

Abaqus 提供可用于弹性体泡沫的类似能力（见"弹性体泡沫中的能量耗散"，2.6.2 节）。

材料行为

填充的橡胶弹性体在循环载荷作用下的真实行为是非常复杂的。为了进行模拟而做了一些理想化处理。本质上，这些理想化导致了材料行为的两个主要组成部分：第一个组成部分描述材料点在单调应变情况下的响应（从未变形状态开始）；第二个组成部分与损伤关联，它描述了卸载-再加载行为。下面将介绍理想化的响应和两个组成部分。

理想化的材料行为

当弹性体试样从其原始状态开始进行简单拉伸、卸载、再加载时，再加载所需的应力比最初加载时达到最大拉伸所需的初始载荷要小。称此应力软化现象为 Mullins 效应，并且反映之前加载中发生的损伤。Mullins 效应模型的理想化响应如图 2-13 所示。

图 2-13 和其相关说明基于 Ogden 和 Roxburgh（1999）的工作，它是在 Abaqus 中建立模型的基础。图中以往未受应力材料的初次加载路径为 abb'，加载到一任意点 b'。从 b'卸载，所沿路径是 $b'Ba$。当材料再次加载时，软化的路径回缩为 aBb'。如果进一步施加载荷，则所沿路径是 $b'c$，$b'c$ 是初次加载路径 $abb'cc'd$ 的延续（如果此处没有卸载，将会沿着的路径）。如果加载在 c' 点停止，则卸载将沿着 $c'Ca$ 并在再次加载时回缩至 c'。如果没有施加超过 c' 的载荷，则曲线 aCc' 代表接下来的材料响应，它

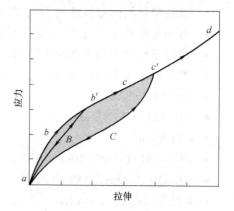

图 2-13 Mullins 效应模型的理想化响应

是弹性的。若加载超过 c'，将再一次沿着初始路径并重复已描述的样式。

这是 Mullins 效应的一个理想表述，在实际中，卸载时会有一些永久变形和/或迟滞那样的黏弹性效应。b' 和 c' 那样的点在实际中可能并不存在，因为从初始曲线卸载，然后再加载到之前达到的最大应变水平，通常所产生的应力与响应初次曲线的应力相比有所降低。此外有证据显示，一些填充的弹性体从一定的最大应变水平卸载并再次加载到此最大应变水平的循环响应过程中将发生渐进损伤。这种渐进损伤通常发生在开始的几个循环中，并且材料行为会很快在初始的几个循环后稳定到加载/卸载循环。在"具有 Mullins 效应和永久变形的实体圆片的分析"，《Abaqus 例题手册》的 3.1.7 节中及本章节后文中，将讨论更多有关实际行为的详细情况，以及如何使用表现出此种行为的测试数据来校准 Mullins 效应的 Abaqus 模型。

此后将载荷路径 $abb'cc'd$ 称为"初始弹性行为"。初始弹性行为是通过超弹性材料模型来定义的。

将应力软化解释成由显微水平的损伤产生的。随着材料受载，由切断装填颗粒与橡胶分子链之间的连接来产生损伤。不同的链接在不同的变形水平断裂，这将导致随着显微变形而连续的损伤。一个等效的解释是造成损伤的能量是不可恢复的。

初始超弹性行为

超弹性行为以"应变势能"函数 $U(\mathbf{F})$ 定义储藏在材料单位参考体积（初始构型中的体积）中的应变能来进行描述。标量 $\mathbf{F}$ 是变形梯度张量。为考虑 Mullins 效应，Ogden 和 Roxburgh 提出了一个基于 $U(\mathbf{F}, \eta)$ 形式能量函数的材料描述，其中附加标量 η 代表材料中的损伤。损伤变量控制材料属性，在这个意义上，它通过卸载的能量函数，以及随后的极限下再加载与从原始状态开始的初始（最初）加载路径之间的差异，来控制材料的响应。基于上面对 η 的说明，将 U 考虑成储藏的弹性势能已不再合适。能量的一部分储藏为应变能，剩下的则由于损伤而消散。图 2-13 中的阴影面积代表通过变形到点 c' 所产生的损伤而消散的能量，而非阴影部分代表可恢复的应变能。

下面介绍 Abaqus 中 Mullins 效应模型的简要内容。详细内容见"Mullins 效应"，《Abaqus 理论手册》的 4.7.1 节。在写出 Mullins 效应的本构方程之前，应将总应变能密度的偏量和体积部分分离成下面的形式

$$U = U_{\mathrm{dev}} + U_{\mathrm{vol}}$$

式中，U、U_{dev} 和 U_{vol} 分别是应变能密度的总量、偏量和体积部分。Abaqus 中所有的超弹性模型使用已经分离成偏量和体积部分的应变势能函数。例如，多项式模型使用的应变势能形式是

$$U = \sum_{i+j=1}^{N} C_{ij}(\bar{I}_1 - 3)^i(\bar{I}_2 - 3)^j + \sum_{i=1}^{N} \frac{1}{D_i}(J^{\mathrm{el}} - 1)^{2i}$$

式中的符号具有普遍性含义。右边第一项代表弹性应变能密度函数的偏量部分，第二项代表体积部分。

修正的应变能密度函数

Mullins 效应通过使用扩展能量函数的形式加以说明：

$$U(\bar{\lambda}_i, \eta) = \eta\,\widetilde{U}_{\mathrm{dev}}(\bar{\lambda}_i) + \phi(\eta) + \widetilde{U}_{\mathrm{vol}}(J^{\mathrm{el}})$$

式中，$\widetilde{U}_{\mathrm{dev}}(\bar{\lambda}_i)$ 是初始超弹性行为的应变能密度的偏量部分，例如，它可通过上面给出的多项式应变能方程右边的第一项进行定义；$\widetilde{U}_{\mathrm{vol}}(J^{\mathrm{el}})$ 是应变能密度的体积部分，例如，它可通过上面所给的多项式应变能方程右边的第二项进行定义；$\bar{\lambda}_i\,(i=1, 2)$ 是主伸长偏量；J^{el} 是弹性体积比；$\phi(\eta)$ 是损伤变量 η 的连续函数并被称为"损伤函数"。当材料的变形状态在代表初始超弹性行为的曲线上时，$\eta=1$，$\phi(\eta)=0$，$U(\bar{\lambda}_i, 1) = \widetilde{U}_{\mathrm{dev}}(\bar{\lambda}_i) + \widetilde{U}_{\mathrm{vol}}(J^{\mathrm{el}})$，此时能量扩展函数简化成初始超弹性行为的应变能密度函数。损伤变量在变形过程中连续变化，并且总是满足 $0 < \eta \le 1$。能量函数的以上形式是 Ogden 和 Roxburgh 提出的考虑材料压缩性形式的扩展。

应力计算

利用对上面的能量函数进行的改进，得到应力的计算公式

$$\sigma(\eta, \bar{\lambda}_i, J^{\mathrm{el}}) = \eta\,\widetilde{\mathbf{S}}(\bar{\lambda}_i) - \widetilde{p}(J^{\mathrm{el}})I$$

式中，$\widetilde{S}$ 是对应于当前偏量应变水平 $\overline{\lambda}_i$ 的初始超弹性行为的偏量应力；$\widetilde{p}$ 是对应于当前体积应变水平 J^{el} 的初始超弹性行为的静水压力。这样，简单地缩放具有损伤变量 η 的初始超弹性行为的偏量应力，便可得到作为 Mullins 效应结果的偏量应力。压应力与初始行为的压应力是相同的。模型预测从任意给定的应变水平，沿着一条通过原始应力-应变图原点的单独曲线加载/卸载（通常不同于初始的超弹性行为）。它不能捕捉删除载荷后的永久应变。此模型也预测将不会有任何损伤或者与 Mullins 效应相关联的纯体积变形。

损伤变量

损伤变量 η 根据下式随变形而变化

$$\eta = 1 - \frac{1}{r}\mathrm{erf}\left(\frac{U_{\mathrm{dev}}^{\mathrm{m}} - \widetilde{U}_{\mathrm{dev}}}{m + \beta U_{\mathrm{dev}}^{\mathrm{m}}}\right)$$

式中，$U_{\mathrm{dev}}^{\mathrm{m}}$ 是材料点在变形过程中 $\widetilde{U}_{\mathrm{dev}}$ 的最大值；r、β 和 m 是材料参数；$\mathrm{erf}(x)$ 是误差函数，定义为

$$\mathrm{erf}(x) = \frac{2}{\sqrt{\pi}}\int_0^x \exp(-\omega^2)\,\mathrm{d}\omega$$

当 $\widetilde{U}_{\mathrm{dev}} = U_{\mathrm{dev}}^{\mathrm{m}}$ 时，对应于初始曲线上的一个点，$\eta = 1.0$。另一方面，一旦去除变形，当 $\widetilde{U}_{\mathrm{dev}} = 0$ 时，η 达到它的最小值 η_{m}，其公式为

$$\eta = 1 - \frac{1}{r}\mathrm{erf}\left(\frac{U_{\mathrm{dev}}^{\mathrm{m}}}{m + \beta U_{\mathrm{dev}}^{\mathrm{m}}}\right)$$

对于所有 $\widetilde{U}_{\mathrm{dev}}$ 的中间值，η 在 1.0 与 η_{m} 之间单调变化。当参数 r 和 β 无量纲时，参数 m 具有能量的量纲。当 $\beta = 0$ 时，η 的方程式将简化成 Ogden 和 Roxburgh 提出的形式。材料参数可以直接指定或者由 Abaqus 基于卸载-再加载测试数据的曲线拟合计算得到。这些参数受 $r > 1$、$\beta \geqslant 0$ 和 $m \geqslant 0$ 的限制（参数 β 和 m 不能同时为零）。另外，损伤变量 η 可以在 Abaqus/Standard 中通过用户子程序 UMULLINS 来定义，或者在 Abaqus/Explicit 中通过 VUMULLINS 来定义。

如果 $\beta = 0$，并且与 $U_{\mathrm{dev}}^{\mathrm{m}}$ 相比 m 的值较小，则从比较大的应变水平开始卸载的应力-应变曲线的斜率会变得非常大。结果是响应可能会不连续，如图 2-14 所示。这种行为在 Abaqus/Standard 中会导致收敛问题。在 Abaqus/Explicit 中，高刚度将导致非常小的稳定时间增量，从而导致性能下降。此问题可以通过选择小的 β 值来避免。可以使用 $\beta = 0$ 定义原始的 Ogden-Roxburgh 模型。在 Abaqus/Standard 中，β 的默认值是 0。而在 Abaqus/Explicit 中，β 的默认值则是 0.1。也就是说，如果不给 β 指定一个默认值，则在 Abaqus/Standard 中默认其为 0，在 Abaqus/Explicit 中则默认为 0.1。

参数 r、β 和 m 通常并没有直接的物理意义。参数 m 控制损伤是否在低应变水平下发生。如果 $m = 0$，则

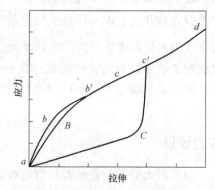

图 2-14　卸载初始处高刚度的响应

在低应变水平下会有相当大数量的损伤。另一方面，非零的 m 将导致低应变水平下具有小的损伤或者没有损伤发生。如需进一步讨论此模型对能量耗散的影响，可参考"Mullins 效应"《Abaqus 理论手册》的 4.7.1 节。当其他参数不变时，分别改变参数 r 和 β 的定性影响如图 2-15 所示。

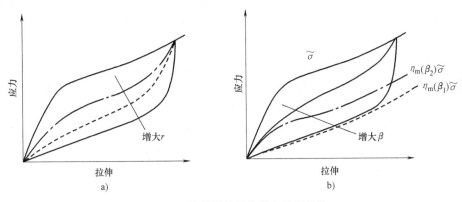

图 2-15　材料属性损伤的定性相关性

图 2-15a 所示为对于不断升高的 r 值，从某个最大应变水平开始的卸载-再加载曲线。它说明参数 r 控制损伤的大小，随着 r 值的增大，损伤减少。此种行为符合 r 值越大，则损伤变量 η 偏离而变得越小的事实。图 2-15b 对于不断升高的 β 值，从某个最大应变水平开始的卸载-再加载曲线。此图说明增大 β，损伤将更少。这也说明卸载-再加载响应逼近由 $\eta_m \widetilde{\sigma}$（$\eta_m$ 是 η 的最小值）给出的渐进响应，β 值越低逼近得越快。虚线代表在两个不同 β 值（β_1 和 β_2）时的渐进响应。对于固定的 r 和 m，η_m 是 β 的函数。特别地，如果 $m = 0$，则有

$$\eta_m = 1 - \frac{1}{r}\mathrm{erf}\left(\frac{1}{\beta}\right)$$

如果 U_{dev}^m 远大于 m，则上述关系是近似真实的。

在 Abaqus 中指定 Mullins 效应材料模型

初始超弹性行为是通过使用超弹性材料模型来定义的（见"橡胶型材料的超弹性行为"，2.5.1 节）。Mullins 效应模型可以通过直接指定 Mullins 效应参数，或者通过使用测试数据校准参数来定义。另外，可以在 Abaqus/Standard 中使用用户子程序 UMULLINS，以及在 Abaqus/Explicit 中使用 VUMULLINS 来定义 Mullins 效应。

直接指定参数

Mullins 效应的参数 r、m 和 β 可以直接定义为温度和/或场变量的函数。

输入文件用法：＊MULLINS EFFECT

Abaqus/CAE 用法：Property module：material editor：

　　　　　　　　　　　Mechanical→Damage for Elastomers→Mullins Effect：

　　　　　　　　　　　Definition：Constants

使用试验数据校准参数

来自不同应变水平的卸载-再加载试验数据可以通过 3 个简单的试验指定：单轴、双轴和平面试验。Abaqus 将采用非线性最小二乘曲线拟合算法来计算材料参数。通常，最好从几个实际应用感兴趣的应变范围里的不同种类的变形试验中获得数据，并且使用所有这些数据来确定参数。如果采用试验数据来定义初始行为，那么，得到一个好的初始超弹性行为的曲线拟合也是重要的。

默认情况下，Abaqus 试图拟合给定数据以得到所有 3 个参数。这通常是可能的，除了响应卸载-再加载的试验数据仅来自于一个 U_{dev}^m 值的情况。在此情况下，不能独立确定参数 m 和 β，必须指定它们中的一个。如果既不指定 m，也不指定 β，则 Abaqus 需要为两者中的一个假设一个默认值。鉴于之前讨论的 $\beta=0$ 时的潜在问题，Abaqus 在上述情况下假设 $m=0$。也可以通过指定任意一个或者两个材料参数为固定值（预先确定的值）来进行曲线拟合。

可以根据需要在每个试验中输入尽可能多的数据点。建议从所有 3 个试验的数据（从同一片材料上得到的试样）中取数据点，并且数据点从/到实际载荷中期望达到的名义应变范围，覆盖卸载/再加载。

应变数据应以名义应变值给出（单位原始长度上的长度变化）。应力值应以名义应力值给出（单位原始横截面积上的力）。这些数据允许以压力或者拉力数据输入。压缩应力和应变应以负值输入。

对于每个试验输入组，将具有最大名义应变的数据点看作卸载点。曲线拟合算法使用这个点来计算曲线的 U_{dev}^m。

图 2-16 所示为来自 3 个不同应变水平的一些典型卸载-再加载数据。这些数据包括来自每一应变水平的多重加载-卸载循环。如图 2-16 所示，来自任意给定应变水平的加载-卸载循环并没有沿着一条单独的曲线发生，并且会有一定量的迟滞，以及一定数量的除去施加载荷后的永久变形。数据也显示了在任何给定的最大应变水平下，随着循环的重复将产生渐进损伤。在一定数量的循环后，响应将表现得稳定。当使用这样的数据校准 Mullins 效应模型时，得到的响应将捕获整体刚度的特征，而忽略诸如迟滞、永久变形或者渐进损伤的影响。可以采用下列方式将以上数据提供给 Abaqus：

- 初始曲线可以由图 2-16 中虚线表示的数据点组成。实质上，这样便组成了不同应变水平下的初次加载曲线的包络线。

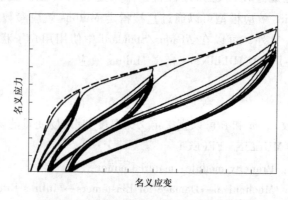

图 2-16　Mullins 效应的典型可用试验数据

●来自 3 个不同应变水平的卸载-再加载曲线，可以通过所提供的数据点来指定，即如图 2-16 所示的反复卸载-再加载循环。如前文所述，需要为来自不同应变水平的数据提供不同表格来加以区分。例如，假定试验数据对应单轴拉伸状态，则应为图 2-16 中的 3 个不同应变水平定义 3 张单轴试验数据表。在此情况下，Abaqus 将提供一个使用所有数据点（来自所有的应变水平）的最优拟合。该拟合将产生一个在任意给定应变水平的所有试验数据平均值的响应。模拟永久变形时（见"橡胶型材料中的永久变形"，3.7 节），模拟过程中将丧失迟滞。

●另外，用户可以从不同的应变水平中选择任何一个卸载-再加载循环。如果预期部件承受重复的周期载荷，例如，后者可以在每个应变水平下达到稳定。另一方面，如果部件预期以承受单调载荷为主，并可能有少量卸载，则不同应变水平上的第一条卸载曲线为合适的输入数据，可用来校正 Mullins 系数。

一旦确定了 Mullins 效应的系数，便在 Abaqus 中建立了 Mullins 效应模型的行为。然而，必须对此行为的质量进行评估：对不同变形模式下材料行为的预测与试验数据进行比较。用户必须根据 Abaqus 预测和试验数据之间的相关性，判断 Abaqus 确定的 Mullins 效应常数是否是可接受的。也可以使用单个单元的试验情况来推导材料模型的名义应力-名义应变的响应。

可以采用的改进 Mullins 效应参数拟合质量的步骤，在本质上与提供给曲线拟合初始超弹性行为的准则是相似的（详细内容见"橡胶型材料的超弹性行为"，2.5.1 节）。此外，如果采用试验数据来定义初始行为，则 Mullins 效应参数的拟合质量将取决于初始超弹性行为的良好拟合。

可以通过使用单个单元执行一个数值试验的方法对拟合质量进行评估，所使用的载荷模式应与提供试验数据所采用的载荷模式相同。另外，可以通过要求模型定义数据输出（见"输出"，《Abaqus 分析用户手册——介绍、空间建模、执行与输出卷》的 4.1.1 节）和执行数据检查分析来得到初始和软化行为的数值响应。由 Abaqus 计算得到的响应与试验数据一起打印在数据（.dat）文件中。为了便于比较和评估，此表格数据可以在 Abaqus/CAE 中进行显示。初始超弹性行为也可以通过 Abaqus/CAE 中的自动材料评估工具进行评估。

输入文件用法：*MULLINS EFFECT, TEST DATA INPUT, BETA 和/或 M 和/或 R 此外，使用 1~3 个以下选项给出卸载-再加载试验数据（见描述超弹性试验数据输入章节中的"试验数据"，"橡胶型材料的超弹性行为"，2.5.1）：

*UNIAXIAL TEST DATA

*BIAXIAL TEST DATA

*PLANAR TEST DATA

对于任何给定的测试种类，可以通过重复指定合适试验数据选项，来输入不同应变水平下的多重卸载-再加载曲线。

Abaqus/CAE 用法：Property module：material editor：

Mechanical→Damage for Elastomers→Mullins Effect：Definition：Test Data Input：为 r、m 和 beta 中的至多两个参数输入值。此外，至少选择一个以下选项并输入数据：Add Test→Biaxial Test, Planar Test, 或者 Uniaxial Test

用户子程序指定

定义 Mullins 效应的另外一种方法，是在 Abaqus/Standard 的用户子程序 UMULLINS 中，和 Abaqus/Explicit 的用户子程序 VUMULLINS 中定义损伤变量。另外，可以根据需要指定用户子程序中属性值的个数。用户必须提供损伤变量 η 和它的微商 $\dfrac{\mathrm{d}\eta}{\mathrm{d}U_{dev}}$。后者对整个方程组的 Jacobian 有贡献，而且对于保证 Abaqus/Standard 中具有好的收敛特征是必要的。如果需要，还可以指定求解相关变量的数目（"用户子程序：概览"，《Abaqus 分析用户手册——分析卷》的 3.1.1 节）。这些求解相关的变量可以在用户子程序中进行更新。为了便于输出，也可以定义损伤耗散能量和能量的回复部分。

在 Abaqus 中，用户子程序 UMULLINS 和 VUMULLINS 可以用于所有的超弹性势能，包括用户定义的势能（通过 Abaqus/Standard 中的用户子程序 UHYPER、UANISOHYPER_ INV 和 UANISOHYPER_ STRAIN，以及 Abaqus/Explicit 中的 VUANISOHYPER_ INV 和 VUA-NISOHYPER _ STRAIN）。

输入文件用法：＊MULLINS EFFECT, USER, PROPERTIES＝常数

Abaqus/CAE 用法：Property module：material editor：

      Mechanical→Damage for Elastomers→Mullins Effect：

      Definition：User Defined

黏弹性

当黏弹性用来与 Mullins 效应组合时，应力软化将应用于长期行为。

在此情况下，应谨慎指定参数 m（具有能量的单位）。如果基底的超弹性行为采用瞬时模量定义，则 m 解释为瞬时的。否则，将 m 考虑为长期的。

单元

Mullins 效应材料模型可以与所有支持使用超弹性材料模型的单元类型一起使用。

过程

Mullins 效应材料模型可以用于所有支持超弹性材料模型的过程类型中。在 Abaqus/Standard 的线性摄动步中，使用当前材料的切线刚度确定响应。特别地，当在初始曲线上的基本状态执行一个线性摄动时，将使用卸载切线刚度。

在 Abaqus/Explicit 中，总是使用卸载切线刚度来计算稳定时间增量。结果是包含 Mullins 效应时将导致分析中有更多的增量，即使实际上没有发生卸载。

Mullins 效应材料模型也可以在 Abaqus/Standard 中用于稳态传输分析，来得到稳态的滚动解。关于稳态传递分析中使用 Mullins 效应的有关问题可参考"稳态传输分析"，《Abaqus 分析用户手册——分析卷》的 1.4.1 节和"具有 Mullins 效应和永久变形的实体盘的分析"，《Abaqus 例题手册》的 3.1.7 节。

输出

除了 Abaqus 中的标准输出标识符外（"Abaqus/Standard 输出变量标识符"，《Abaqus 分析用户手册——介绍、空间建模、执行与输出卷》的 4.2.1 节，以及 "Abaqus/Explicit 输出变量标识符"，《Abaqus 分析用户手册——介绍、空间建模、执行与输出卷》的 4.2.2 节），以下变量对于 Mullins 效应材料模型具有特殊的意义：

DMENER：由于损伤产生的单位体积的能量耗散。

ELDMD：由于损伤产生的单元中的总能量耗散。

ALLDMD：由于损伤产生的整个（或者部分）模型中的能量耗散。来自 ALLDMD 的贡献包含在总能量 ALLIE 中。

EDMDDEN：由于损伤产生的单元中的单位体积的能量耗散。

SENER：单位体积的可回复能量部分。

ELSE：单元中的可回复能量部分。

ALLSE：整个（部分）模型中的可回复能量部分。

ESEDEN：单元中单位体积的可回复能量部分。

损伤能量耗散用图 2-13 中从变形到 c' 的阴影部分表示，其计算方法如下。当损伤材料处于完全卸载状态时，扩展的能量方程具有剩余值 $U(I, \eta_m) = \phi(\eta_m)$。完全卸载时，能量方程的剩余值代表材料中由于损伤产生的能量耗散。能量的回复部分通过从扩展的能量中减去耗散能量得到，其公式为 $\eta \, \widetilde{U}_{dev}(\widetilde{\lambda}_i) + \phi(\eta) + \widetilde{U}_{vol} - \phi(\eta_m)$。

损伤能量沿着初始曲线的渐进变形而积累，并且在卸载过程中保持为常数。在卸载过程中，释放了应变能的回复部分。应变能的回复部分在材料点完全卸载时变成零。当从完全卸载状态进一步重新加载时，应变能的回复部分从零开始逐渐增加。当加载超过了之前达到的最大应变时，发生进一步的损伤能量积累。

2.6.2 弹性体泡沫中的能量耗散

产品：Abaqus/Standard　Abaqus/Explicit

参考

- "材料库：概览"，1.1.1 节
- "组合材料行为"，1.1.3 节
- "弹性行为：概览"，2.1 节
- "弹性体泡沫中的超弹性行为"，2.5.2 节
- "Mullins 效应"，2.6.1 节
- *HYPERFOAM
- *MULLINS EFFECT

- * UNIAXIAL TEST DATA
- * BIAXIAL TEST DATA
- * PLANAR TEST DATA

概览

Abaqus 里弹性泡沫中的能量耗散：
- 允许永久能量耗散的模拟和弹性体泡沫中的应力软化。
- 对于弹性橡胶，采用基于 Mullins 效应的方法（"Mullins 效应"，2.6.1 节）。
- 提供各向同性弹性体泡沫模型的扩展（"弹性体泡沫中的超弹性行为"，2.5.2 节）。
- 适用于泡沫成分的变形率与泡沫的特征松弛时间相比较高的情况，模拟承受动态载荷的泡沫成分中的能量吸收。
- 不能与黏弹性一起使用。

弹性泡沫中的能量耗散

Abaqus 提供包括弹性泡沫中永久能量耗散和应力软化效应的机制。此方法类似于用来模拟弹性橡胶中 Mullins 效应的方法，在 "Mullins 效应" （2.6.1 节） 中已阐述。此功能主要适合模拟承受高变形率动态载荷的泡沫成分中的能量吸收，高变形率是指与泡沫的特征松弛时间相比是高的。在此情形下，假设泡沫材料永久受损是可以接受的。

图 2-17 所示曲线定性地描述了材料的响应。

图中，之前未受应力作用的泡沫初始载荷路线为 abb'，加载到任意一点 b'。从 b' 处沿路径 $b'Ba$ 卸载。当对材料再次加载时，软化路线回缩成 aBb'。如果进一步施加载荷，则载荷路径为 $b'c$，它是初始载荷路径 $abb'cc'd$ 的延长（未卸载情况下遵从的路径）。如果在 c' 处停止加载，则卸载时遵从路径 $c'Ca$ 且再加载时回缩至 c'。如果没有进一步施加超出 c' 的载荷，则曲线 aCc' 代表后

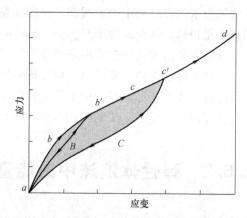

图 2-17 具有能量耗散的弹性泡沫材料的典型应力-应变曲线

续的材料响应，它是弹性的。对于超出 c' 的加载，则再一次遵从初始路径并重复前述方式。图 2-17 中的阴影面积代表变形到 c' 时材料中由于损伤而耗费的能量。

改进应变能密度函数

能量耗散效应通过引入泡沫的一个扩展应变能密度函数加以考虑

$$U(\hat{\lambda}_i, \eta) = \eta \, \widetilde{U}(\hat{\lambda}_i) + \phi(\eta)$$

式中，$\hat{\lambda}_i$（$i = 1$，2，3）是主机械延伸；$\widetilde{U}(\hat{\lambda}_i)$ 是 "弹性体泡沫中的超弹性行为"，2.5.2

节中描述的初次泡沫行为应变势能，用多项式应变能函数进行定义

$$\widetilde{U}(\hat{\lambda}_i) = \sum_{i=1}^{N} \frac{2\mu_i}{\alpha_i^2} \left\{ \hat{\lambda}_1^{\alpha_i} + \hat{\lambda}_2^{\alpha_i} + \hat{\lambda}_3^{\alpha_i} - 3 + \frac{1}{\beta_i} \left[(J^{el})^{-\alpha_i \beta_i} - 1 \right] \right\}$$

$\phi(\eta)$ 是损伤变量 η 的连续函数，称为"损伤函数"。损伤变量在变形过程中连续变化且总是满足 $0 < \eta \le 1$，$\eta = 1$ 时的点在初始曲线上。损伤函数 $\phi(\eta)$ 满足条件 $\phi(1) = 0$，这样，当材料的变形状态是代表泡沫初次行为的曲线上的点时，$\widetilde{U}(\hat{\lambda}_i, 1) = \widetilde{U}(\hat{\lambda}_i)$，即扩展能量函数简化成了泡沫初始行为的应变势能。

上面的扩展应变能密度方程的表达式与 Ogden 和 Roxburgh 提出的用于模拟填充橡胶弹性体的 Mullins 效应的形式是相似的（见"Mullins 效应"，2.6.1 节），区别在于在弹性泡沫情况下，考虑到了总应变能的扩展（包括体积部分）。此改进对于预测泡沫在纯静水载荷作用下的能量吸收是必要的。

应力计算

能量函数经上述变形，可得到应力的公式

$$\sigma(\eta, \hat{\lambda}_i) = \eta \, \widetilde{\sigma}(\hat{\lambda}_i)$$

式中，$\widetilde{\sigma}$ 是初始泡沫行为对应当前变形水平 $\hat{\lambda}_i$ 下的应力。这样，通过损伤变量 η 对初始泡沫行为应力进行简单的缩放，即可得到应力。对于任意给定应变水平，模型可预测沿着通过应力-应变图原点的单一曲线（通常与初始泡沫行为不同）的卸载/再加载。模型也可预测纯体积变形情况下的能量耗散。

损伤变量

损伤变量 η 根据下式随变形而变化

$$\eta = 1 - \frac{1}{r} \text{erf} \left(\frac{U^m - \widetilde{U}}{m + \beta U^m} \right)$$

式中，U^m 是材料点在变形过程中 $\widetilde{U}$ 的最大值；r、β 和 m 是材料参数；$\text{erf}(x)$ 是误差函数。当 $\widetilde{U} = U^m$ 时，对应初始曲线上的点，$\eta = 1.0$。另一方面，一旦去除了变形，当 $\widetilde{U} = 0$ 时，损伤变量 η 达到其最小值 η_m，其公式为

$$\eta_m = 1 - \frac{1}{r} \text{erf} \left(\frac{U^m}{m + \beta U^m} \right)$$

对于所有 $\widetilde{U}$ 的中间值，η 在 $1.0 \sim \eta_m$ 之间单调变化。参数 r 和 β 是无量纲的，m 具有能量的量纲。材料参数可以直接指定或者通过 Abaqus 基于卸载-再加载测试数据的曲线拟合计算得到。这些参数受 $r > 1$、$\beta \ge 0$ 和 $m \ge 0$ 的限制（β 和 m 不能同时是零）。另外，损伤变量 η 可以通过 Abaqus/Standard 中的用户子程序 UMULLINS 和 Abaqus/Explicit 中的 VUMULLINS 来定义。

如果 $\beta = 0$，并且 m 具有比 U^m 小的值，则从相对大的应变水平处卸载的应力-应变曲线的初始斜率将变得非常大。结果是响应会变得不连续。这种行为在 Abaqus/Standard 中将导致收敛问题。在 Abaqus/Explicit 中，高刚度将导致非常小的稳定时间增量，从而导致性能的降低。此问题可以通过选择一个小的 β 值来避免。在 Abaqus/Standard 中，β 的默认值是 0；

在 Abaqus/Explicit 中，β 的默认值是 0.1。如果用户不指定一个 β 值，则在 Abaqus/Standard 中将默认为 0，而在 Abaqus/Explicit 中将默认为 0.1。

参数 r、β 和 m 通常没有直接的物理意义。m 用于控制在低应变水平下是否发生损伤。如果 $m=0$，则在低应变水平下将具有相当程度的损伤；而非零的 m 可使在低应变水平下损伤较少或者没有损伤。关于此模型在能量耗散方面的进一步讨论，见"Mullins 效应"，《Abaqus 理论手册》的 4.7.1 节。

指定弹性泡沫中能量耗散的属性

通过采用超泡沫材料模型来定义初始弹性泡沫行为。可以通过直接指定损伤变量表达式中的参数，或者使用测试数据矫正参数来定义能量耗散。另外，还可以通过在 Abaqus/Standard 中使用用户子程序 UMULLINS，以及在 Abaqus/Explicit 中使用 VUMULLINS 来定义 Mullins 效应模型。

直接指定参数

损伤变量表达式中的参数 r、m 和 β 可以直接定义为温度和/或场变量的函数。

输入文件参数：∗MULLINS EFFECT

Abaqus/CAE 用法：Property module：material editor：

    Mechanical→Damage for Elastomers→Mullins Effect：

    Definition：Constants

使用测试数据校正参数

来自不同应变水平的卸载-再加载试验数据可以由至多 3 个简单试验指定：单轴、双轴和平面。然后，Abaqus 将使用非线性最小二乘法曲线拟合算法来计算材料参数。此方法的详细内容见"Mullins 效应"，2.6.1 节。

输入文件用法：∗MULLINS EFFECT, TEST DATA INPUT, BETA 和/或 M 和/或 R

    此外，采用 1~3 个以下选项给出卸载-再加载试验数据：

    ∗UNIAXIAL TEST DATA

    ∗BIAXIAL TEST DATA

    ∗PLANAR TEST DATA

    对于任何给定的试验类型，可以通过重复指定合适的试验数据选项，来输入不同应变水平下的多重卸载-再加载曲线。

Abaqus/CAE 用法：Property module：material editor：

    Mechanical→Damage for Elastomers→Mullins Effect：Definition：Test Data Input：为 r、m 和 beta 中的至多两个参数输入值。此外，为至少一个以下试验类型输入数据 Suboptions→Biaxial Test, Planar Test 或 Uniaxial Test

用户子程序指定

指定能量耗散的另一种方法，是在 Abaqus/Standard 中的用户子程序 UMULLINS 和

Abaqus/Explicit 中的用户子程序 VUMULLINS 中定义损伤变量。也可以根据需要指定用户子程序中属性值的数量。用户必须提供损伤变量 η 和它的微分 $\dfrac{\mathrm{d}\eta}{\mathrm{d}U}$。后者在 Abaqus /Standard 中对整个方程组的 Jacobian 有贡献，并且其设定对于保证好的收敛特征是必要的。如果需要，用户可以指定求解相关变量的数量（"用户子程序：概览"，《Abaqus 分析用户手册——分析卷》的 13.1.1 节）。这些求解相关的变量可以在用户子程序中进行更新。也可以基于输出的目的来定义损耗能量和能量的回复部分。

输入文件用法：＊MULLINS EFFECT，USER，PROPERTIES＝常数

Abaqus/CAE 用法：Property module：material editor：

Mechanical → Damage for Elastomers → Mullins Effect：Definition：User Defined

单元

此模型可以与所有支持弹性泡沫材料模型的单元一起使用。

过程

此模型可用于所有支持弹性泡沫材料模型的过程类型。在 Abaqus/Standard 中的线性摄动步中，使用当前材料的剪切刚度来确定响应。特别地，在对初始曲线上的一个基本状态执行线性摄动时，将使用卸载切线刚度。

在 Abaqus/Explicit 中，总是使用卸载剪切刚度来计算稳定时间增量。结果是包含应力软化效应时会导致分析中有更多的增量，即使实际上并没有发生卸载。

输出

在 Abaqus 中，除了可用的标准输出标识符外（"Abaqus/Standard 输出变量标识符"，《Abaqus 分析用户手册——介绍、空间建模、执行与输出卷》的 4.2.1 节，以及 "Abaqus/Explicit 输出变量标识符"，《Abaqus 分析用户手册——介绍、空间建模、执行与输出卷》的 4.2.2 节），当模型中存在能量耗散时，以下变量具有特殊的含义。

DMENER：由于损伤产生的单位体积的能量耗散。

ELDMD：由于损伤产生的单元中的总能量耗散。

ALLDMD：由于损伤产生的整个（或部分）模型中的能量耗散。来自 ALLDMD 的贡献包含在总应变能量 ALLIE 中。

EDMDDEN：由于损伤产生的单元中单位体积的能量耗散。

SENER：单位体积的能量回复部分。

ELSE：单元中的能量回复部分。

ALLSE：整个（部分）模型中的能量回复部分。

ESEDEN：单元中单位体积的能量回复部分。

图2-17中从开始变形到c'的阴影面积所表示的损伤能量耗散，按以下方法计算。当受到损伤的材料处于完全卸载状态时，扩展的能量函数具有剩余值$U(\boldsymbol{I},\eta_{\mathrm{m}})=\phi(\eta_{\mathrm{m}})$。完全卸载时能量函数的剩余值代表材料中由于损伤产生的能量耗散。从扩展的能量中减去耗散能量，如$\eta\widetilde{U}(\hat{\lambda}_i)+\phi(\eta)-\phi(\eta_{\mathrm{m}})$，就可以得到能量的回复部分。

随着沿初始曲线的渐进变形，损伤能量累积并在卸载过程中保持不变。在卸载过程中，应变能的回复部分得到释放。当材料完全卸载时，应变能的回复部分变成零。一旦从完全卸载状态进一步加载，应变能的回复部分便从零开始逐渐增加。当再加载超过之前达到的最大应变时，就会发生进一步的损伤能量积累。

2.7 线性黏弹性

- "时域黏弹性"，2.7.1 节
- "频域黏弹性"，2.7.2 节

2.7.1 时域黏弹性

产品：Abaqus/Standard Abaqus/Explicit Abaqus/CAE

参考

- "材料库：概览"，1.1.1 节
- "弹性行为：概览"，2.1 节
- "频域黏弹性"，2.7.2 节
- ∗VISCOELASTIC
- ∗SHEAR TEST DATA
- ∗VOLUMETRIC TEST DATA
- ∗COMBINED TEST DATA
- ∗TRS
- "定义弹性"中的"定义时域黏弹性"，《Abaqus/CAE 用户手册》（在线 HTML 版本）的 12.9.1 节

概览

时域黏弹性材料模型：

- 描述材料各向同性的率相关材料行为，材料中消耗的损失主要是由必须在时域中模拟的"黏性"（内部阻尼）效应引起的。
- 假定剪切（偏量）和体积行为在多轴应力状态下是独立的（除了应用于弹性泡沫时）。
- 只能与"线弹性行为"，2.2.1 节；"橡胶型材料的超弹性行为"，2.5.1 节；或者"弹性体泡沫中的超弹性行为"，2.5.2 节一起使用，来定义连续的弹性材料属性。
- 在 Abaqus/Explicit 中，可以与"使用牵引-分离行为来定义胶黏单元的本构响应"中的"线弹性的牵引-分离行为"一起使用。
- 只在以下分析中有效：瞬态静态分析（"准静态分析"，《Abaqus 分析用户手册——分析卷》的 1.2.5 节），瞬态隐式动力学分析（"采用直接积分的隐式动力学分析"，《Abaqus 分析用户手册——分析卷》的 1.3.2 节），显式动力学分析（"显式动力学分析"，《Abaqus 分析用户手册——分析卷》的 1.3.3 节），稳态传输分析（"稳态传输分析"，《Abaqus 分析用户手册——分析卷》的 1.4.1 节），完全耦合的温度-位移分析（"完全耦合的热-应力分析"，《Abaqus 分析用户手册——分析卷》的 1.5.3 节），完全耦合的热-电结构分析（"完全耦合的热-电结构分析"，《Abaqus 分析用户手册——分析卷》的 1.7.4 节），或者瞬态（固化）耦合的孔隙流体扩散和应力分析（"耦合孔隙流体扩散和应力分析"，《Abaqus 分析用户手册——分析卷》的 1.8.1 节）。

- 可用于与大应变相关的问题。
- 可以使用时域蠕变试验数据、时域松弛试验数据或者频率相关的循环试验数据进行校正。
- 可以在完全耦合的温度-位移分析（"完全耦合的热-应力分析"，《Abaqus 分析用户手册——分析卷》的 1.5.3 节）或者完全耦合的热-电结构分析（"完全的耦合的热-电结构分析"，《Abaqus 分析用户手册——分析卷》的 1.7.4 节）中，对黏性耗散与温度场进行耦合。

定义剪切行为

在 Abaqus 中，在可以使用线弹性材料模型定义率相关弹性响应的场合，小应变应用可以使用时域黏弹性；在必须使用超弹性或超泡沫材料模型定义率相关弹性响应的场合，大应变的应用可以使用时域黏弹性。

小应变

在小应变剪切试验中，对材料施加一个随时间变化的切应变 $\gamma(t)$。响应是切应力 $\tau(t)$，黏弹性材料模型将 $\tau(t)$ 定义成

$$\tau(t) = \int_0^t G_R(t-s)\dot{\gamma}(s)\,\mathrm{d}s$$

式中，$G_R(t)$ 是与时间相关的"剪切松弛模量"，用于表征材料的响应。此构型行为可以通过在一个试样上突然施加应变 γ，并在相当长的时间内保持应变不变的松弛试验加以说明。试验初期，将突然施加应变的时刻作为零时间，这样

$$\tau(t) = \int_0^t G_R(t-s)\dot{\gamma}(s)\,\mathrm{d}s = G_R(t)\gamma \quad (\text{自} \dot{\gamma}=0, \text{对于} t>0)$$

式中，γ 是固定的应变。在施加了一个持续时间非常长的常应变后，响应最终归结为一个常应力，在这个意义上，黏弹性材料模型是"长期弹性的"，即当 $t \to \infty$ 时，$G_R(t) \to G_\infty$。

剪切松弛模量可以写成无量纲的形式

$$g_R(t) = G_R(t)/G_0$$

式中，$G_0 = G_R(0)$ 是即时剪切模量，这样，应力表达式变为以下形式

$$\tau(t) = G_0 \int_0^t g_R(t-s)\dot{\gamma}(s)\,\mathrm{d}s$$

无量纲松弛函数具有的有限值是 $g_R(0) = 1$，$g_R(\infty) = G_\infty/G_0$。

Abaqus/Explicit 中的各向异性弹性

切应力方程可以通过分部积分进行转换，即

$$\tau(t) = G_0 \left(\gamma + \int_0^t \dot{g}_R(s)\gamma(t-s)\,\mathrm{d}s \right)$$

此方程可以写成

$$\tau(t) = \tau_0(t) + \int_0^t \dot{g}_R(s)\tau_0(t-s)\,\mathrm{d}s$$

式中，$\tau_0(t)$ 是 t 时刻的即时切应力。这可以推广到多维的情况

$$\boldsymbol{\tau}(t) = \boldsymbol{\tau}_0(t) + \int_0^t \dot{g}_R(s)\,\boldsymbol{\tau}_0(t-s)\,\mathrm{d}s$$

式中，$\boldsymbol{\tau}(t)$ 是应力张量的偏量部分，$\boldsymbol{\tau}_0(t)$ 是即时应力张量的偏量部分。此处假定黏弹性为各向同性的，即松弛函数独立于载荷方向。

此形式允许各向异性弹性变形的直接推广，其中即时应力张量偏量的计算公式为 $\boldsymbol{\tau}_0(t) = \overline{\boldsymbol{D}}_0 : \boldsymbol{e}$。式中，$\overline{\boldsymbol{D}}_0$ 是即时的弹性张量偏量；$\boldsymbol{e}$ 是应变张量的偏量部分。

大应变

上述形式也允许直接推广到非线弹性变形，其中即时应力 $\boldsymbol{\tau}_0(t)$ 的偏量部分采用超弹性应变势能计算得到。此种推广服从线性黏弹性模型，因为无量纲应力松弛函数独立于变形大小。

在上述函数中，即时应力 $\boldsymbol{\tau}_0$ 在时间 $t-s$ 内施加，影响时间 t 时的应力 $\boldsymbol{\tau}$。这样，为了建立正确的有限应变函数，有必要将时间 $t-s$ 内构型中存在的应力映射到时间 t 时的构型中。在 Abaqus 中，通过使用相对变形梯度 $\boldsymbol{F}_{t-s}(t)$ 的"标准推进向前"方法来实现，即

$$\boldsymbol{F}_{t-s}(t) = \frac{\partial \boldsymbol{x}(t)}{\partial \boldsymbol{x}(t-s)}$$

产生下列遗传性积分

$$\boldsymbol{\tau} = \boldsymbol{\tau}_0 + \mathrm{dev}\left[\int_0^t \dot{g}_R(s)\,\overline{\boldsymbol{F}}_t^{-1}(t-s)\cdot\boldsymbol{\tau}_0(t-s)\cdot\overline{\boldsymbol{F}}_t^{-T}(t-s)\,\mathrm{d}s\right]$$

式中，$\boldsymbol{\tau}$ 是 Kirchhoff 应力的偏量部分。

"有限应变黏弹性"，《Abaqus 理论手册》的 4.8.2 节中，详尽介绍了有限应变理论。

定义体积行为

体积行为可以写成类似于剪切行为的形式

$$p(t) = -K_0 \int_0^t k_R(t-s)\,\dot{\varepsilon}^{\mathrm{vol}}(s)\,\mathrm{d}s$$

式中，p 是静水压力；K_0 是即时弹性体积模量；$k_R(t)$ 是无量纲体积松弛模量；$\varepsilon^{\mathrm{vol}}$ 是体积应变。

上面的扩展可应用于小应变和有限应变，因为体积应变通常很小，并且不需要从时间 $t-s$ 将压力映射到时间 t。

在 Abaqus/Explicit 中为牵引-分离的弹性定义黏弹性行为

可以在 Abaqus/Explicit 中使用时域黏弹性来模拟使用牵引-分离的弹性（"线弹性行为"，2.2.1 节）胶黏单元的率相关行为。在此情况下，法向和 2 个局部切向名义牵引的演变方程采用下面的形式

$$t_n(t) = t_n^0(t) + \int_0^t \dot{k}_R(s)\,t_n^0(t-s)\,\mathrm{d}s$$

$$t_{s}(t) = t_{s}^{0}(t) + \int_{0}^{t} \dot{g}_{R}(s)\, t_{s}^{0}(t - s)\, \mathrm{d}s$$

$$t_{t}(t) = t_{t}^{0}(t) + \int_{0}^{t} \dot{g}_{R}(s)\, t_{t}^{0}(t - s)\, \mathrm{d}s$$

式中，$t_{n}^{0}(t)$、$t_{s}^{0}(t)$ 和 $t_{t}^{0}(t)$ 是时刻 t 时，分别在法向和 2 个局部切向方向上的即时名义牵引；方程 $g_{R}(t)$ 和 $k_{R}(t)$ 分别代表无量纲剪切和法向松弛模量。可见，前文中讨论的连续弹性响应的黏弹性方程，与将剪切和体积松弛重新解释为剪切和法向松弛后的、具有牵引-分离弹性的胶黏行为方程，有极高的相似性。

对于非耦合牵引弹性情况，假设黏弹性的法向和剪切行为是独立的。法向松弛模量定义成

$$k_{R}(t) = K_{nn}(t)/K_{nn}^{0}$$

式中，K_{nn}^{0} 是瞬时法向模量。假设剪切松弛模量是各向同性的，并因此独立于局部剪切方向，则

$$g_{R}(t) = K_{ss}(t)/K_{ss}^{0} = K_{tt}(t)/K_{tt}^{0}$$

式中，K_{ss}^{0} 和 K_{tt}^{0} 是瞬时剪切模量。

对于耦合的牵引-分离弹性情况，法向和切向松弛模量必须是相同的，即 $g_{R}(t) = k_{R}(t)$。因此，必须对两个行为使用相同的松弛数据。

温度影响

温度 θ 对材料行为的影响，通过即时应力 τ_{0} 与温度的相关性和简化的时间概念来引入。线弹性切应力的表达式重写成

$$\tau(t) = G_{0}(\theta) \int_{0}^{t} g_{R}[\xi(t) - \xi(s)]\, \dot{\gamma}(s)\, \mathrm{d}s$$

式中，即时剪切模量 G_{0} 是温度的函数；$\xi(t)$ 是简化的时间，将其定义为

$$\xi(t) = \int_{0}^{t} \frac{\mathrm{d}s}{A(\theta(s))}$$

其中，$A(\theta(s))$ 是时刻 t 的变换函数。此温度相关性的简化时间概念通常称为热流变学简单（TRS）温度相关性。通常，变换函数通过 Williams-Landel-Ferry（WLF）形式近似。对于 WLF 和 Abaqus 中其他形式变换函数的描述，见下面的"热流变学的简单温度影响"。

简化的时间概念也可用于体积行为、大应变表达式和拉伸-分离方程。

数值实现

Abaqus 假设通过一个无量纲松弛模量的 Prony 级数扩展来定义黏弹性材料：

$$g_{R}(t) = 1 - \sum_{i=1}^{N} \overline{g}_{i}^{P}(1 - e^{-t/\tau_{i}^{G}})$$

式中，N、$\overline{g}_{i}^{P}$ 和 τ_{i}^{G}（$i = 1, 2\cdots, N$）是材料常数。对于线性各向同性弹性，替换切应力屈服的小应变表达式中的

$$\tau(t) = G_0 \left(\gamma - \sum_{i=1}^{N} \gamma_i \right)$$

其中

$$\gamma_i = \frac{\overline{g}_i^{\mathrm{P}}}{\tau_i^{\mathrm{G}}} \int_0^t e^{-s/\tau_i^{\mathrm{G}}} \gamma(t-s) \, \mathrm{d}s$$

式中，γ_i 是用于控制应力松弛的状态变量，且

$$\gamma^{\mathrm{cr}} = \sum_{i=1}^{N} \gamma_i$$

式中，γ^{cr} 是"蠕变"应变，它是总机械应变与即时弹性应变（应力除以即时弹性模量）之间的差值。在 Abaqus/Standard 中，γ^{cr} 是作为蠕变应变输出变量 CE 来使用的（"Abaqus/Standard 输出变量标识符"，《Abaqus 分析用户手册——介绍、空间建模，执行与输出卷》的 4.2.1 节）。

相似的 Prony 级数扩展用于体积响应，对于小应变和有限应变应用都有效：

$$p = -K_0 \left(\varepsilon^{\mathrm{vol}} - \sum_{i=1}^{N} \varepsilon_i^{\mathrm{vol}} \right)$$

其中

$$\varepsilon_i^{\mathrm{vol}} = \frac{\overline{k}_i^{\mathrm{P}}}{\tau_i^{\mathrm{K}}} \int_0^t e^{s/\tau_i^{\mathrm{K}}} \varepsilon^{\mathrm{vol}}(t-s) \, \mathrm{d}s$$

Abaqus 假定 $\tau_i^{\mathrm{G}} = \tau_i^{\mathrm{K}} = \tau_i$。

对于线性各向异性弹性，Prony 级数扩展与偏量应力的一般小应变表达式组合，服从以下公式

$$\tau = \tau_0 - \sum_{i=1}^{N} \tau_i$$

其中

$$\tau_i = \frac{\overline{g}_i^{\mathrm{P}}}{\tau_i^{\mathrm{G}}} \int_0^t e^{-s/\tau_i^{\mathrm{G}}} \tau_0(t-s) \, \mathrm{d}s$$

式中，τ_i 是控制应力松弛的状态变量。

对于有限应变，Prony 级数扩展与切应力的有限应变表达式联合，得出偏量应力的下列表达式

$$\tau = \tau_0 - \sum_{i=1}^{N} \mathrm{dev}(\tau_i)$$

其中

$$\tau_i = \frac{\overline{g}_i^{\mathrm{P}}}{\tau_i^{\mathrm{G}}} \int_0^t e^{-s/\tau_i^{\mathrm{G}}} \overline{\boldsymbol{F}}_t^{-1}(t-s) \cdot \tau_0(t-s) \cdot \overline{\boldsymbol{F}}_t(t-s) \, \mathrm{d}s$$

式中，τ_i 是控制应力松弛的状态变量。

对于牵引-分离的弹性，Prony 级数扩展服从下式

$$\boldsymbol{t} = \begin{Bmatrix} t_{\mathrm{n}} \\ t_{\mathrm{s}} \\ t_{\mathrm{t}} \end{Bmatrix} = \begin{Bmatrix} t_{\mathrm{n}}^0 \\ t_{\mathrm{s}}^0 \\ t_{\mathrm{t}}^0 \end{Bmatrix} - \sum_{i=1}^{N} \begin{Bmatrix} t_{\mathrm{n}}^i \\ t_{\mathrm{s}}^i \\ t_{\mathrm{t}}^i \end{Bmatrix} = \boldsymbol{t}^0 - \sum_{i=1}^{N} \boldsymbol{t}^i$$

其中

$$t_n^i = \frac{\overline{k}_i^{\mathrm{P}}}{\tau_i^{\mathrm{K}}} \int_0^t e^{-s/\tau_i^{\mathrm{K}}} t_n^0(t-s)\,\mathrm{d}s$$

$$t_s^i = \frac{\overline{g}_i^{\mathrm{P}}}{\tau_i^{\mathrm{G}}} \int_0^t e^{-s/\tau_i^{\mathrm{G}}} t_s^0(t-s)\,\mathrm{d}s$$

$$t_t^i = \frac{\overline{g}_i^{\mathrm{P}}}{\tau_i^{\mathrm{G}}} \int_0^t e^{-s/\tau_i^{\mathrm{G}}} t_t^0(t-s)\,\mathrm{d}s$$

式中，t^i 是控制牵引应力松弛的状态变量。

如果通过线弹性或者超弹性来定义即时材料行为，则可以独立定义体积行为和剪切行为。然而，如果即时行为是通过超泡沫模型来定义的，则偏量和体积本构行为是耦合的，并且对二者都必须强制使用相同的松弛数据。对于线性各向异性弹性，当弹性定义是偏量和体积响应耦合的时候，应对两种行为使用相同的松弛数据。

在所有上述表达式中，可以很容易地通过将 $e^{-s/\tau_i^{\mathrm{G}}}$ 替换成 $e^{-\xi(s)/\tau_i^{\mathrm{G}}}$ 和将 $e^{-s/\tau_i^{\mathrm{K}}}$ 替换成 $e^{-\xi(s)/\tau_i^{\mathrm{K}}}$ 来引进温度相关性。

黏弹性材料参数的确定

使用以上方程组来模拟黏弹性材料的时域剪切行为和体积行为。松弛参数可采用以下 4 种方法之一进行定义：Prony 级数参数直接指定、指定蠕变试验数据、指定松弛试验数据、指定来自正弦振动试验的率相关数据。无论采用何种方法定义黏弹性材料，均应以同样的方式指定温度的影响。

Abaqus/CAE 允许基于试验数据或者系数，通过自动创建响应曲线来评估黏弹性材料的行为。黏弹性只能在时域中定义，并且要包含超弹性和/或弹性材料数据，这样才能进行评估。见"评估超弹性和黏弹性材料行为"，《Abaqus/CAE 用户手册》的 12.4.7 节。

直接指定

可以为 Prony 级数中的每一项直接定义参数 $\overline{g}_i^{\mathrm{P}}$、$\overline{k}_i^{\mathrm{P}}$ 和 τ_i。对于可使用项的数量没有限制。如果松弛时间仅与两个模量之一相关，则将另外一项留白或者输入零。数据应当以松弛时间的升序给出。所给数据行的数量定义了 Prony 级数中项的数量 N。如果此模型与超弹性材料模型一起使用，则两个模量比应当相同（$\overline{g}_i^{\mathrm{P}} = \overline{k}_i^{\mathrm{P}}$）。

输入文件用法：＊VISCOELASTIC，TIME＝PRONY

数据行通常根据需要重复定义 Prony 级数的第一、第二、第三项等。

Abaqus/CAE 用法：Property module：material editor：Mechanical→Elasticity→Viscoelastic：

Domain：Time and Time：Prony

在表格中输入需要输入的行来定义 Prony 级数中的第一、第二、第三项等。

蠕变试验数据

如果指定了蠕变试验数据，则 Abaqus 将自动计算 Prony 级数中的项。归一化剪切柔性

和体柔性定义成

$$j_S(t) = G_0 J_S(t) \text{ 和 } j_K(t) = K_0 J_K(t)$$

式中，$J_S(t) = \gamma(t)/\tau_0$ 是剪切柔性；$\gamma(t)$ 是总切应变；τ_0 是剪切蠕变试验中的常切应力；$J_K(t) = \varepsilon^{vol}(t)/p_0$ 是体积柔性；$\varepsilon^{vol}(t)$ 是总体积应变；p_0 是体积蠕变试验中的常压力。在 $t=0$ 时，$j_S(0) = j_K(0) = 1$。

蠕变数据通过卷积积分转换成松弛数据

$$\int_0^t g_R(s) j_S(t-s)\,ds = t \text{ 和 } \int_0^t k_R(s) j_K(t-s)\,ds = t$$

然后，Abaqus 在最小二乘法近似中使用归一化剪切模量 $g_R(t)$ 和归一化体积模量 $k_R(t)$ 来确定 Prony 级数参数。

连续使用剪切和体积试验数据

可以连续使用剪切试验数据和体积试验数据，将归一化剪切和体积柔量定义成时间的函数。对每个数据组进行单独的最小二乘法拟合，并且 Prony 级数参数的两个派生集（$\bar{g}_i^P$，τ_i^G）和（$\bar{k}_i^P$，τ_i^K）可以合并成一个参数集（$\bar{g}_i^P$，$\bar{k}_i^P$，τ_i）。

输入文件用法：使用以下三个选项，第一个选项必须使用，第二和第三个选项中选择一个。

> * VISCOELASTIC, TIME = CREEP TEST DATA
>
> * SHEAR TEST DATA
>
> * VOLUMETRIC TEST DATA

Abaqus/CAE 用法：Property module：material editor：Mechanical→Elasticity→Viscoelastic：
Domain：Time and Time：Creep test data
此外，选择以下一个或者两个选项：
Test Data→Shear Test Data
Test Data→Volumetric Test Data

使用组合的试验数据

组合试验数据可用于同时将归一化的剪切和体积柔性定义为时间的函数。对组合的试验数据族执行单一的最小二乘法拟合，来确定 Prony 级数参数的一组（$\bar{g}_i^P$，$\bar{k}_i^P$，τ_i）。

输入文件用法：同时使用下面两个选项：

> * VISCOELASTIC, TIME = CREEP TEST DATA
>
> * COMBINED TEST DATA

Abaqus/CAE 用法：Property module：material editor：Mechanical→Elasticity→Viscoelastic：
Domain：Time，Time：Creep test data 和 Test Data→Combined Test Data

松弛试验数据

一旦具有蠕变试验数据，Abaqus 将自动根据松弛试验数据计算 Prony 级数参数。

连续使用剪切和体积试验数据。

此外，可以连续使用剪切试验数据和体积试验数据将松弛模量定义成时间的函数。对每一组数据执行一个单独的非线性最小二乘法，并且 Prony 级数参数的两个派生集 $(\bar{g}_i^P, \tau_i^G)$ 和 $(\bar{k}_i^P, \tau_i^K)$ 可以合并成一个参数集 $(\bar{g}_i^P, \bar{k}_i^P, \tau_i)$。

输入文件用法：使用下述三个选项：第一个选项必须使用，第二与第三个选项中选择一个。

      * VISCOELASTIC，TIME = RELAXATION TEST DATA

      * SHEAR TEST DATA

      * VOLUMETRIC TEST DATA

Abaqus/CAE 用法：Property module：material editor：Mechanical→Elasticity→Viscoelastic：Domain：Time 和 Time：Relaxation test data 另外，选择以下一个或者两个选项：

    Test Data→Shear Test Data

    Test Data→Volumetric Test Data

使用组合的试验数据。

另外，可以使用组合的试验数据将松弛模量同时定义为时间的函数。对组合的试验数据组运行一个单一的最小二乘法来确定一组 Prony 级数的参数 $(\bar{g}_i^P, \bar{k}_i^P, \tau_i)$。

输入文件用法：同时使用下列两个选项：

      * VISCOELASTIC，TIME = RELAXATION TEST DATA

      * COMBINED TEST DATA

Abaqus/CAE 用法：Property module：material editor：Mechanical→Elasticity→Viscoelastic：Domain：Time，Time：Relaxation test data 和 Test Data → Combined Test Data

频域相关的试验数据

Prony 级数项也可以采用频域相关的试验数据来校正。在此情况下，Abaqus 采用的分析表达式将 Prony 级数松弛方程与储能和耗能模量相关联。剪切模量的表达式通过傅里叶变换将 Prony 级数项从时域转化成频域：

$$G_s(\omega) = G_0 \left[1 - \sum_{i=1}^{N} \bar{g}_i^P \right] + G_0 \sum_{i=1}^{N} \frac{\bar{g}_i^P \tau_i^2 \omega^2}{1 + \tau_i^2 \omega^2}$$

$$G_1(\omega) = G_0 \sum_{i=1}^{N} \frac{\bar{g}_i^P \tau_i \omega}{1 + \tau_i^2 \omega^2}$$

式中，$G_s(\omega)$ 是储能模量；$G_1(\omega)$ 是耗能模量；ω 是角频率；N 是 Prony 级数中的项数。在非线性最小二乘法拟合中使用的这些表达式，通过最小化误差函数 χ^2，利用频率 M 下得到的储能和耗能模量循环试验数据，从而确定 Prony 级数的参数。

$$\chi^2 = \sum_{i=1}^{M} \frac{1}{G_\infty^2} [(G_s - \bar{G}_s)_i^2 + (G_1 - \bar{G}_1)_i^2]$$

式中，$\bar{G}_s$ 和 $\bar{G}_1$ 是试验数据；G_0 和 G_∞ 分别是即时模量和长期剪切模量。体积模量的表达式 $K_s(\omega)$ 和 $K_1(\omega)$ 可以类似地写出。

通过给出 ωg^* 和 ωk^* （ω 是圆周频率）的实部和虚部，将频域数据以数据表的形式定义成频率的函数，频率以时间的循环为单位。$g^*(\omega)$ 是无量纲剪切松弛函数 $g(t) = \dfrac{G_R(t)}{G_\infty} - 1$ 的傅里叶变换。给定频率相关的储能和耗能模量 $G_s(\omega)$、$G_1(\omega)$、$K_s(\omega)$ 和 $K_1(\omega)$，ωg^* 和 ωk^* 的实部和虚部则按下式给出

$$\omega \Re(g^*) = G_1/G_\infty , \omega \Im(g^*) = 1 - G_s/G_\infty$$

$$\omega \Re(k^*) = K_1/K_\infty , \omega \Im(k^*) = 1 - K_s/K_\infty$$

式中，G_∞ 和 K_∞ 是由弹性或者超弹性属性确定的长期剪切模量和体积模量。

输入文件用法：∗VISCOELASTIC，TIME＝FREQUENCY DATA

Abaqus/CAE 用法：Property module：material editor：Mechanical→Elasticity→Viscoelastic：
Domain：Time 和 Time：Frequency data

校正 Prony 级数参数

用户可以为黏弹性材料指定两个与 Prony 级数参数的校正有关的可选参数：公差和 N_{max}。公差是最小二乘法拟合中数据点的允许均方根误差，其默认值是 0.01。N_{max} 是 Prony 级数中项数 N 的最大值，其默认（和最大）值是 13。Abaqus 将实施从 $N = 1 \sim N_{max}$ 的最小二乘法拟合，直到相对于公差达到收敛的最小 N。

以下是根据测试数据确定 Prony 级数中项数的一些原则。基于这些原则，用户可以选择 N_{max}。

●应当使用足够多的数据对确定 Prony 级数项中的所有参数。假定 N 是 Prony 级数项的数量，则在剪切数据中应至少有 $2N$ 个数据点，体积测试数据中至少有 $2N$ 个数据点，组合测试数据中至少有 $3N$ 个数据点，频域中至少有 $2N$ 个数据点。

● Prony 级数中的项数通常应不大于以 10 为底的对数测试数据范围。以 10 为底的对数数量定义成 $\log_{10}(t_{max}/t_{min})$，式中 t_{max} 和 t_{min} 分别是测试数据中的最大和最小时间。

输入文件用法：∗VISCOELASTIC，ERRTOL＝公差，NMAX＝N_{max}

Abaqus/CAE 用法：Property module：material editor：Mechanical→Elasticity→Viscoelastic：
Domain：Time；Time：Creep test data，Relaxation test data 或 Frequency
data；Maximum number of terms in the Prony series：N_{max}；Allowable
average root-mean-square error：公差

热流变的简单温度影响

无论采用何种方法定义黏弹性行为，均可以通过定义转移函数的方法来包含热流变的简单温度效应。Abaqus 支持以下转移函数形式：Williams-Landel-Ferry（WLF）形式、Arrhenius 形式和用户定义形式。

使用黏性剪切行为的状态方程定义中也可以包含热流变的简单温度影响（见"状态方程"中的"黏性剪切行为"，5.2 节）。

Williams-Landel-Ferry（WLF）形式

转移函数可以通过 Williams-Landel-Ferry（WLF）形式近似定义，其表达式为

$$\log_{10}(A) = -\frac{C_1(\theta-\theta_0)}{C_2+(\theta-\theta_0)}$$

式中，θ_0 是给出松弛数据的参考温度；θ 是感兴趣的温度；C_1、C_2 是在此温度下得到的校正常数，如果 $\theta \leqslant \theta_0 - C_2$，则基于瞬时模量的变形变化将是弹性的。

更多的有关 WLF 方程的内容见"黏弹性"，《Abaqus 理论手册》的 4.8.1 节。

输入文件用法：∗ TRS, DEFINITION = WLF

Abaqus/CAE 用法：Property module：material editor：Mechanical→Elasticity→Viscoelastic：Domain：Time，Time：any method 和 Suboptions → Trs：Shift function：WLF

Arrhenius 形式

Arrhenius 转移函数通常用于半结晶聚合物。其表达式为

$$\ln(A) = \frac{E_0}{R}\left(\frac{1}{\theta-\theta^Z}-\frac{1}{\theta_0-\theta^Z}\right)$$

式中，E_0 是活化能；R 是通用气体常数；θ^Z 是所使用温度尺度中的绝对零度；θ_0 是给出松弛数据的参考温度；θ 是感兴趣的温度。

输入文件用法：使用下面的选项来定义 Arrhenius 转移函数：

∗ TRS, DEFINITION = ARRHENIUS

此外，使用 ∗ PHYSICAL CONSTANTS 选项指定通用气体常数和绝对零度

Abaqus/CAE 用法：Abaqus/CAE 中不支持 Arrhenius 转移函数。

用户定义形式

用户可以在 Abaqus/Standard 中使用用户子程序 UTRS，以及在 Abaqus/Explicit 中使用用户子程序 VUTRS 来指定转换方程。

输入文件用法：∗ TRS, DEFINITION = USER

Abaqus/CAE 用法：Property module：material editor：Mechanical→Elasticity→Viscoelastic：Domain：Time，Time：any method 和 Suboptions→Trs：Shift function：User subroutine UTRS

定义材料响应与率无关的部分

在所有情况下，必须通过指定弹性模量来定义材料与率无关的部分。小应变的线弹性行为是通过弹性材料模型来定义的（"线弹性行为"，2.2.1 节），大变形的行为则是通过超弹性（"橡胶型材料的超弹性行为"，2.5.1 节）或者超泡沫材料模型（"弹性体泡沫中的超弹

性行为"，2.5.2节）来定义的。对于任何这些模型的与率无关的弹性，可以采用即时弹性模量或者长期弹性模量的形式进行定义。仅从是否方便的角度选择即时模量或者长期模量来定义弹性；它对解并没有影响。

有效的松弛模量通过将即时弹性模量与无量纲松弛函数相乘得到，具体内容如下。

线弹性各向同性材料

对于线弹性各向同性材料行为

$$G_R(t) = G_0 \left[1 - \sum_{k=1}^{N} \bar{g}_k^P (1 - e^{-t/\tau_k}) \right]$$

且

$$K_R(t) = K_0 \left[1 - \sum_{k=1}^{N} \bar{k}_k^P (1 - e^{-t/\tau_k}) \right]$$

式中，G_0 和 K_0 是根据用户定义的即时弹性模量 E_0 和 ν_0 得到的即时剪切模量和体积模量：
$$G_0 = E_0 / [2(1+\nu_0)] \text{ 和 } K_0 = E_0 / [3(1-2\nu_0)]$$

如果定义了长期弹性模量，则通过下式确定即时模量

$$G_\infty = G_0 \left(1 - \sum_{k=1}^{N} \bar{g}_k^P \right) \text{ 和 } K_\infty = K_0 \left(1 - \sum_{k=1}^{N} \bar{k}_k^P \right)$$

线弹性各向异性材料

对于线弹性各向异性材料行为，松弛常数应用于弹性模量的表达式如下

$$\overline{D}_R(t) = \overline{D}_0 \left[1 - \sum_{k=1}^{N} \bar{g}_k^P (1 - e^{-t/\tau_k}) \right]$$

且

$$K_R(t) = K_0 \left[1 - \sum_{k=1}^{N} \bar{k}_k^P (1 - e^{-t/\tau_k}) \right]$$

式中，$\overline{D}_0$ 和 K_0 是根据用户定义的即时弹性模量 D_0 得到的即时偏弹性张量和体积模量。如果同时指定了剪切松弛系数和体积松弛系数，并且它们不相等，而弹性模量 D_0 是偏量和体积响应耦合的，则 Abaqus 发出一个错误信息。

如果定义了长期弹性模量，则即时模量的表达式为

$$\overline{D}_\infty = \overline{D}_0 \left(1 - \sum_{k=1}^{N} \bar{g}_k^P \right) \text{ 和 } K_\infty = K_0 \left(1 - \sum_{k=1}^{N} \bar{k}_k^P \right)$$

超弹性材料

对于超弹性材料行为，松弛系数应用于定义能量函数的常数，或者直接应用于能量函数。对于多项式函数和它的特别情况（简化的多项式、Mooney-Rivlin、neo-Hookean 和 Yeoh）有

$$C_{ij}^R(t) = C_{ij}^0 \left[1 - \sum_{k=1}^{N} \bar{g}_k^P (1 - e^{-t/\tau_k}) \right]$$

对于 Ogden 函数

$$\mu_i^R(t) = \mu_i^0 \left[1 - \sum_{k=1}^{N} \bar{g}_k^P (1 - e^{-t/\tau_k}) \right]$$

对于 Arruda-Boyce 和 Van der Waals 函数

$$\mu^{\mathrm{R}}(t) = \mu^0 \left[1 - \sum_{k=1}^{N} \overline{g}_k^{\,\mathrm{P}}(1 - e^{-t/\tau_k}) \right]$$

对于 Marlow 函数

$$U_{\mathrm{dev}}^{\mathrm{R}}(t) = U_{\mathrm{dev}}^0 \left[1 - \sum_{k=1}^{N} \overline{g}_k^{\,\mathrm{P}}(1 - e^{-t/\tau_k}) \right]$$

对于调控多项式模型和 Ogden 模型，可压缩行为的系数为

$$D_i^{\mathrm{R}}(t) = D_i^0 \Big/ \left[1 - \sum_{k=1}^{N} \overline{k}_k^{\,\mathrm{P}}(1 - e^{-t/\tau_k}) \right]$$

对于 Arruda-Boyce 和 Van der Waals 函数

$$D^{\mathrm{R}}(t) = D^0 \Big/ \left[1 - \sum_{k=1}^{N} \overline{k}_k^{\,\mathrm{P}}(1 - e^{-t/\tau_k}) \right]$$

对于 Marlow 函数

$$U_{\mathrm{vol}}^{\mathrm{R}}(t) = U_{\mathrm{vol}}^0 \left[1 - \sum_{k=1}^{N} \overline{k}_k^{\,\mathrm{P}}(1 - e^{-t/\tau_k}) \right]$$

如果定义了长期弹性模量，则即时模量的表达式为

$$C_{ij}^{\infty}(t) = C_{ij}^0 \left[1 - \sum_{k=1}^{N} \overline{g}_k^{\,\mathrm{P}} \right] \ \text{或} \ \mu_i^{\infty} = \mu_i^0 \left[1 - \sum_{k=1}^{N} \overline{g}_k^{\,\mathrm{P}} \right]$$

$$\text{或} \ \mu^{\infty} = \mu^0 \left[1 - \sum_{k=1}^{N} \overline{g}_k^{\,\mathrm{P}} \right]$$

即时体柔性模量由下式得到

$$D_i^{\infty}(t) = D_i^0 \Big/ \left[1 - \sum_{k=1}^{N} \overline{k}_k^{\,\mathrm{P}} \right] \ \text{或} \ D^{\infty}(t) = D^0 \Big/ \left[1 - \sum_{k=1}^{N} \overline{k}_k^{\,\mathrm{P}} \right]$$

对于 Marlow 函数，有

$$U_{\mathrm{dev}}^{\infty}(t) = U_{\mathrm{dev}}^0 \left[1 - \sum_{k=1}^{N} \overline{g}_k^{\,\mathrm{P}} \right] \ \text{和} \ U_{\mathrm{vol}}^{\infty}(t) = U_{\mathrm{vol}}^0 \left[1 - \sum_{k=1}^{N} \overline{k}_k^{\,\mathrm{P}} \right]$$

Mullins 效应

如果为底层超弹性行为定义了长期模量，则 Mullins 效应中参数 m 的即时值按下式确定

$$m^{\infty}(t) = m^0 \left[1 - \sum_{k=1}^{N} \overline{g}_k^{\,\mathrm{P}} \right]$$

弹性泡沫

对于弹性泡沫材料行为，假设即时剪切和体积松弛系数相等，并且应用于能量函数中的材料系数 μ_i，则有

$$\mu_i^{\mathrm{R}}(t) = \mu_i^0 \left[1 - \sum_{k=1}^{N} \overline{g}_k^{\,\mathrm{P}}(1 - e^{-t/\tau_k}) \right] = \mu_i^0 \left[1 - \sum_{k=1}^{N} \overline{k}_k^{\,\mathrm{P}}(1 - e^{-t/\tau_k}) \right]$$

如果仅指定了剪切松弛系数，则将体积松弛系数设定成与剪切松弛系数相等，反之亦然。如果同时指定了剪切松弛系数和体积松弛系数，并且它们不相等，则 Abaqus 发出一个错误信息。

如果定义了长期弹性模量，则即时模量按下式确定

$$\mu_i^{\infty}(t) = \mu_i^0 \left[1 - \sum_{k=1}^{N} \overline{g}_k^P \right] = \mu_i^0 \left[1 - \sum_{k=1}^{N} \overline{k}_k^P \right]$$

牵引-分离弹性

对于具有非耦合牵引-分离弹性行为的胶黏单元：

$$K_{nn}(t) = K_{nn}^0 \left[1 - \sum_{k=1}^{N} \overline{k}_k^P (1 - e^{-t/\tau_k}) \right]$$

$$K_{ss}(t) = K_{ss}^0 \left[1 - \sum_{k=1}^{N} \overline{g}_k^P (1 - e^{-t/\tau_k}) \right]$$

$$K_{tt}(t) = K_{tt}^0 \left[1 - \sum_{k=1}^{N} \overline{g}_k^P (1 - e^{-t/\tau_k}) \right]$$

式中，K_{nn}^0 是瞬时法向模量；K_{ss}^0 和 K_{tt}^0 是瞬时剪切模量。如果定义了长期弹性模量，则瞬时模量按下式确定

$$K_{nn}^{\infty} / K_{nn}^0 = \left(1 - \sum_{k=1}^{N} \overline{k}_k^P \right)$$

$$K_{ss}^{\infty} / K_{ss}^0 = K_{tt}^{\infty} / K_{tt}^0 = \left(1 - \sum_{k=1}^{N} \overline{g}_k^P \right)$$

对于具有耦合的牵引-分离弹性行为的胶黏单元，剪切和体松弛系数必须相等，即

$$\boldsymbol{K}(t) = \boldsymbol{K}^0 \left[1 - \sum_{k=1}^{N} \overline{k}_k^P (1 - e^{-t/\tau_k}) \right] = \boldsymbol{K}^0 \left[1 - \sum_{k=1}^{N} \overline{g}_k^P (1 - e^{-t/\tau_k}) \right]$$

式中，$\boldsymbol{K}^0$ 是用户定义的瞬时弹性矩阵。如果定义了长期弹性模量，则瞬时模量按下式确定

$$\boldsymbol{K}^{\infty} = \boldsymbol{K}^0 \left(1 - \sum_{k=1}^{N} \overline{k}_k^P \right) = \boldsymbol{K}^0 \left(1 - \sum_{k=1}^{N} \overline{g}_k^P \right)$$

不同分析过程中的材料响应

在下述过程中，时域黏弹性材料模型是起作用的：
- 瞬态的静态分析（"准静态分析"，《Abaqus分析用户手册——分析卷》的1.2.5节）。
- 瞬态的隐式动力学分析（"采用直接积分的隐式动力学分析"，《Abaqus分析用户手册——分析卷》的1.3.2节）。
- 显式动力学分析（"显式动力学分析"，《Abaqus分析用户手册——分析卷》的1.3.3节）。
- 稳态运输分析（"稳态运输分析"，《Abaqus分析用户手册——分析卷》的1.4.1节）。
- 完全耦合的温度-位移分析（"完全耦合的热-应力分析"，《Abaqus分析用户手册——分析卷》的1.5.3节）。
- 完全耦合的热-电-结构分析（"完全耦合的热-电-结构分析"，《Abaqus分析用户手册——分析卷》的1.7.4节）。
- 瞬态（固结）耦合的孔隙流体扩散和应力分析（"耦合孔隙流体扩散和应力分析"，

《Abaqus 分析用户手册——分析卷》的 1.8.1 节）。

在静态分析中，总是忽略黏弹性材料响应。在一个耦合的热-位移分析、热-电-结构分析或者一个土壤的固化分析中，通过指定在步过程中不发生蠕变响应或者黏弹性响应来忽略黏弹性材料响应，即使已经定义了蠕变或者黏弹性材料属性（见"完全耦合热-应力分析"，《Abaqus 分析用户手册——分析卷》的 1.5.3 节；或者"耦合孔隙流体扩散和应力分析"，《Abaqus 分析用户手册——分析卷》的 1.8.1 节）。在这些情况中，假设载荷是即时施加的，这样产生基于即时弹性模量的对应弹性解响应。

Abaqus/Standard 也提供在一个静态或者稳态的运输分析中，直接得到完全松弛的长期弹性解选项，而不必执行一个瞬态分析。长期值的使用就基于此目的。如果指定了长期值，则黏性阻尼应力（与每一个 Prony 级数项有关的内部应力）将从计算步开始时的值逐渐升高到计算步结束时的长期值。

与其他材料模型一起使用

黏弹性材料模型必须与弹性材料模型一起使用。它与各向同性线弹性模型（"线弹性行为"，2.2.1 节）一起使用来定义经典的、线性的、小应变的黏弹性行为，或者与超弹性（"橡胶型材料的超弹性行为"，2.5.1 节）和超泡沫模型（"弹性体泡沫中的超弹性行为"，2.5.2 节）一起使用来定义大变形的、非线性的黏弹性的行为。为这些模型定义的弹性属性可以是与温度相关的。

黏弹性不能与任何塑性模型一起使用。更多的详细内容见"组合材料行为"，1.1.3 节。

单元

在 Abaqus 中，时域黏弹性材料模型可与任何应力/位移、耦合的温度-位移或者热-电-结构单元一起使用。

输出

除了 Abaqus 中可以使用的标准输出标识符（"Abaqus/Standard 输出变量标识符"，《Abaqus 分析用户手册——介绍、空间建模、执行与输出卷》的 4.2.1 节，以及"Abaqus/Explicit 输出变量标识符"，《Abaqus 分析用户手册——介绍、空间建模、执行与输出卷》的 4.2.2 节），如果定义了黏弹性，则在 Abaqus/Standard 中，以下变量具有特别的含义：

EE：对应于时刻 t 和即时弹性材料属性的弹性应变。

CE：总应变与弹性应变之差的等效蠕变应变。

对稳态传输分析的考虑

当一个稳态传输分析（"稳态传输分析"，《Abaqus 分析用户手册——分析卷》的 1.4.1 节）与大应变黏弹性结合时，黏度耗散 CENER 为材料点围绕流线的每次转动发生的能量耗

散，即

$$W_{cr} = \oint \sigma : d\varepsilon$$

结果是给定流线的所有材料点为 CENER 报告相同的值，以及其他派生量，比如 ELCD 和 ALLCD 也具有每次转动耗散的含义。回复弹性应变能密度 SENER 近似为

$$W_{el} = W_{el}^{t} + W_{cr}^{t} + \Delta W - W_{cr}$$

式中，ΔW 是增加的能量输入；t 是当前增量开始时的时刻。因为上面方程中出现的量使用了两个不同的单位，对诸如 SENER、ELSE、ALLSE 和 ALLIE 这些量不能赋予正确含义。

对 Abaqus/Explicit 中的大应变黏弹性考虑

对于大应变黏弹性的情况，Abaqus/Explicit 因为性能的原因不计算黏度耗散。黏度耗散的贡献包含在应变能输出 SENER 中，并且 CENER 输出为零。这样，在计算 Abaqus/Explicit 中的大应变黏弹性材料的应变能时必须加以注意，因为它们包含了黏度耗散的影响。

2.7.2　频域黏弹性

产品：Abaqus/Standard　　Abaqus/CAE

参考

- "材料库：概览"，1.1.1 节
- "弹性行为：概览"，2.1 节
- "时域黏弹性"，2.7.1 节
- *VISCOELASTIC
- "定义弹性"中的"定义频域黏弹性"，《Abaqus/CAE 用户手册》（在线 HTML 版本）的 12.9.1 节

概览

频域黏弹性材料模型：

- 在小稳态谐波振荡中描述频率相关的材料行为，此材料在频域中必须模拟由"黏滞"（内部阻尼）效应产生的耗散损失。
- 假设剪切（偏量）和体积行为在多轴应力状态中各自独立。
- 可用于大应变问题。
- 仅能与"线弹性行为"（2.2.1 节）、"橡胶型材料的超弹性行为"（2.5.1 节）和"弹性体泡沫中的超弹性行为"（2.5.2 节）一起使用，来定义长期弹性材料属性。
- 仅能与弹性损伤的垫片行为（"使用垫片行为模型来直接定义垫片行为"中的"定义具有损伤的非线性弹性模型"，《Abaqus 分析用户手册——单元卷》的 6.6.6 节）一起使用，

来定义垫片单元的有效厚度方向上的储能和耗能模量。

• 仅在直接求解的稳态动力学（"直接求解的稳态动力学分析"，《Abaqus 分析用户手册——分析卷》的 1.3.4 节），子空间基础的稳态动力学（"子空间基础的稳态动力学分析"，《Abaqus 分析用户手册——分析卷》的 1.3.9 节），自然频率提取（"自然频率提取"，《Abaqus 分析用户手册——分析卷》的 1.3.5 节）和复杂的特征值提取（"复杂的特征值提取"，《Abaqus 分析用户手册——分析卷》的 1.3.6 节）过程中有效。

定义剪切行为

以一个小应变水平的剪切试验为例，在此试验中施加一个谐变化的切应变 γ，则

$$\gamma(t) = \gamma_0 \exp(i\omega t)$$

式中，γ_0 是振幅；$i = \sqrt{-1}$；ω 是圆频率；t 是时间。假定试样已经振荡了非常长的时间，所以可得到稳态解。切应力的解的形式是

$$\tau(t) = \left[G_s(\omega) + iG_1(\omega) \right] \gamma_0 \exp(i\omega t)$$

式中，G_s 和 G_1 是剪切储存模量和剪切损失模量。这些模量可以采用无量纲剪切松弛函数 $g(t) = \dfrac{G_R(t)}{G_\infty} - 1$（复数）的傅里叶变换 $g^*(\omega)$ 形式进行表达

$$G_s(\omega) = G_\infty \left[1 - \omega \mathfrak{J}(g^*) \right] \qquad G_1(\omega) = G_\infty \left[\omega \mathfrak{R}(g^*) \right]$$

式中，$G_R(t)$ 是与时间相关的剪切松弛模量；$\mathfrak{R}(g^*)$ 和 $\mathfrak{J}(g^*)$ 是 $g^*(\omega)$ 的实部和虚部；G_∞ 是长期剪切模量。具体内容见"频域黏弹性"，《Abaqus 理论手册》的 4.8.3 节。

上述等式表示材料采用幅值为 $G_s\gamma_0$ 的与应变同相位的应力，以及幅值为 $G_1\gamma_0$ 的滞后激励 90° 的应力来响应稳态静谐应变。这样，可以将因子

$$G^*(\omega) = G_s(\omega) + iG_1(\omega)$$

看成稳定振动材料的频率相关的复数剪切模量。应力响应的绝对值是

$$|\tau| = \sqrt{G_s^2(\omega) + G_1^2(\omega)} \, |\gamma_0|$$

应力响应的滞后相位是

$$\phi = \arctan \frac{G_1(\omega)}{G_s(\omega)}$$

在一次试验中将 $|\tau|$ 和 ϕ 的度量作为频率的函数，这样可用来定义 G_s 和 G_1，并且 $\mathfrak{R}(g^*)$ 和 $\mathfrak{J}(g^*)$ 可以定义为频率的函数。

除非另有明确的说明，将所有模量度量假设成"真实的"量。

定义体积行为

在多轴应力状态下，Abaqus/Standard 假定频率与剪切（偏量）相关，并且与体积行为不相关。体积行为通过体积储能模量 $K_s(\omega)$ 和损耗模量 $K_1(\omega)$ 来定义。与剪切模量相似，这些模量也可以采用无量纲体积松弛函数 $k(t)$ 的傅里叶变换 $k^*(\omega)$ 来表示

$$K_s(\omega) = K_\infty \left[1 - \omega \mathfrak{J}(k^*) \right]$$

$$K_1(\omega) = K_\infty \left[\omega \mathfrak{R}(k^*)\right]$$

式中，K_∞ 是长期弹性体积模量。

大应变黏弹性

线性振动也可与弹性材料相关联，此弹性材料的长期（弹性）响应是非线性的，并且包含有限应变（一种超弹性材料）。在此情况下，可通过假定切应力的线性表达式仍然控制系统的方式，来保持稳态小幅值振动响应分析的简化，除了长期剪切模量 G_∞ 将随着静态预应变 $\bar{\gamma}$ 而变化

$$G_\infty = G_\infty(\bar{\gamma})$$

此假设表明基本的简化是材料响应的频域相关部分，此部分由松弛函数的傅里叶变换 $k^*(\omega)$ 来定义，不受预应变的影响。这样，应变和频率影响是分离的，这对于许多材料是近似合理的。

以上假设的另外一个含义是黏弹性模量的各向异性与长期弹性模量的各向异性具有相同的相关性。这样，所有变形状态的黏弹性行为可以通过测量（各向同性）未变形状态下的黏弹性模量来表征。

在上述假设不合理的情况下，可以在预期的稳态静态动力学响应的预应变水平下的度量为基础来指定数据。在此情况中，用户必须在感兴趣的预应变水平上度量 G_s、G_1 和 G_∞（K_s、K_1 和 K_∞ 也是如此）。另外，黏弹性数据可以通过单轴和体积储藏及耗能模量的形式直接给出，可以将它们指定成频率和预应变的函数（见下面的"大应变黏弹性储能和损耗模量的直接指定"）。

Abaqus/Standard 中对这些概念到任意三维变形的推广是通过假定频率相关的材料行为具有两个独立分量来提供的：一个与剪切（偏量）应变相关联，另外一个与体积应变相关联。因此，在可压缩材料的一般情况中，关于一个预变形状态的动态小摄动的模型被定义成

$$\frac{1}{J}\Delta^\nabla(JS) = (1+i\omega g^*)C^S\big|_0 : \Delta e + Q\big|_0 \Delta\varepsilon^{\text{vol}}$$

$$\Delta p = -Q\big|_0 : \Delta e - (1+i\omega k^*)K\big|_0 \Delta\varepsilon^{\text{vol}}$$

式中，S 是偏量应力，$S = \sigma + pI$；p 是等效压应力，$p = -\frac{1}{3}\text{trace}(\sigma)$；$\Delta^\nabla(JS)$ 是由应变增加引起的应力增加部分（关于坐标系的预存在应力引起的应力增加部分与此不同）；J 是当前体积与原始体积的比值；Δe 是（小）增加的偏量应变，$\Delta e = \Delta\varepsilon - \frac{1}{3}\Delta\varepsilon^{\text{vol}}I$；$\dot{e}$ 是偏量应变率，$\dot{e} = \dot{\varepsilon} - \frac{1}{3}\dot{\varepsilon}^{\text{vol}}I$；$\Delta\varepsilon^{\text{vol}}$ 是（小）增加的体积应变，$\Delta\varepsilon^{\text{vol}} = \text{trace}(\Delta\varepsilon)$；$\dot{\varepsilon}^{\text{vol}}$ 是体积应变率，$\dot{\varepsilon}^{\text{vol}} = \text{trace}(\dot{\varepsilon})$；$C^S\big|_0$ 是材料在预变形状态下的偏量切线弹性矩阵（例如，C_{1212} 是预应变材料的切线剪切模量）；$Q\big|_0$ 是材料在预应变状态的体积应变率/偏量应力率切线弹性矩阵；$K\big|_0$ 是预变形材料的切线体积模量。

对于一个完全不可压缩的材料，只保留上述第一个本构方程中的偏量项，并且用

g^*（ω）完全定义黏弹性行为。

黏弹性材料参数的确定

材料行为的耗散部分是通过将 g^* 和 k^* 的实部和虚部定义为频率的函数来定义的（对于可压缩材料）。可以使用以下三种方法之一将模量定义成频率的函数：通过剪切和体积松弛模量的幂律定义、表格输入、通过 Prony 级数表达式定义。

幂律频率相关性

可以通过幂律公式来定义频率相关性

$$g^*(\omega) = g_1^* f^{-a} \text{ 和 } k^*(\omega) = k_1^* f^{-b}$$

式中，a 和 b 是实常数；g_1^* 和 k_1^* 是复常数；$f = \omega/2\pi$ 是频率。

输入文件用法：*VISCOELASTIC，FREQUENCY = FORMULA

Abaqus/CAE 用法：Property module：material editor：Mechanical→Elasticity→Viscoelastic：Domain：Frequency 和 Frequency：Formula

表录频率相关性

此外，频域响应可以通过给出 ωg^* 和 ωk^*（ω 是角速度）的实部和虚部，以表格的方式来定义为频率的函数。一旦给出频率相关的储能和耗能模量 $G_s(\omega)$、$G_1(\omega)$、$K_s(\omega)$ 和 $K_1(\omega)$，则 ωg^* 和 ωk^* 的实部和虚部表达式为

$$\omega \Re(g^*) = G_1/G_\infty, \omega \Im(g^*) = 1 - G_s/G_\infty$$

$$\omega \Re(k^*) = K_1/K_\infty, \omega \Im(k^*) = 1 - K_s/K_\infty$$

式中，G_∞ 和 K_∞ 是长期剪切和体积模量，根据弹性或超弹性属性确定。

输入文件用法：*VISCOELASTIC，FREQUENCY = TABULAR

Abaqus/CAE 用法：Property module：material editor：Mechanical→Elasticity→Viscoelastic：Domain：Frequency 和 Frequency：Tabular

Abaqus 提供其他方法来指定超弹性和超泡沫材料的黏弹性属性。这些方法包括直接（表录）根据单轴和体积测试，将储能和耗能模量定义成激励频率的和预应变水平度量的函数。预应变水平指的是期望稳态谐响应的基本状态下的弹性变形水平。此方法在下面的"大应变黏弹性的储能和耗能模量的直接指定"中进行了讨论。

Prony 级数参数

频率相关性也可以根据无量纲剪切模量和体积松弛模量的时域 Prony 级数得到

$$g_R(t) = 1 - \sum_{i=1}^{N} \overline{g}_i^P (1 - e^{-t/\tau_i})$$

$$k_R(t) = 1 - \sum_{i=1}^{N} \overline{k}_i^P (1 - e^{-t/\tau_i})$$

式中，N、$\overline{g}_i^P$、$\overline{k}_i^P$ 和 τ_i（$i = 1, 2, \cdots, N$）是材料常数。采用傅里叶变换，时间相关的剪切

模量的表达式可以在频域中写成如下形式

$$G_s(\omega) = G_0 \left(1 - \sum_{i=1}^{N} \overline{g}_i^{\mathrm{P}} \right) + G_0 \sum_{i=1}^{N} \frac{\overline{g}_i^{\mathrm{P}} \tau_i^2 \omega^2}{1 + \tau_i^2 \omega^2}$$

$$G_1(\omega) = G_0 \sum_{i=1}^{N} \frac{\overline{g}_i^{\mathrm{P}} \tau_i \omega}{1 + \tau_i^2 \omega^2}$$

式中，$G_s(\omega)$ 是储能模量；$G_1(\omega)$ 是损失模量；ω 是角速度；N 是 Prony 级数中项的数量。类似地，可写出体积模量 $K_s(\omega)$ 和 $K_1(\omega)$ 的表达式。Abaqus/Standard 将自动执行从时域到频域的转换。可以采用以下三种方法之一来定义 Prony 级数参数 $\overline{g}_i^{\mathrm{P}}$、$\overline{k}_i^{\mathrm{P}}$，$\tau_i$：Prony 级数参数的直接指定、包含蠕变试验数据、包含松弛试验数据。如果指定了蠕变试验数据或者松弛试验数据，Abaqus/Standard 将在非线性最小二乘法拟合中确定 Prony 级数参数。"时域黏弹性"（2.7.1 节）详细地介绍了 Prony 级数项校正。

对于试验数据，用户可以将归一化的剪切数据和体积数据分别指定成时间的函数，或者同时指定归一化剪切数据和体积数据。然后，实施非线性最小二乘法来确定 Prony 级数参数（$\overline{g}_i^{\mathrm{P}}$、$\overline{k}_i^{\mathrm{P}}$、$\tau_i$）。

> 输入文件用法：采用以下选项之一来指定 Prony 数据、蠕变试验数据或者松弛试验数据：
>
>   * VISCOELASTIC，FREQUENCY = PRONY
>
>   * VISCOELASTIC，FREQUENCY = CREEP TEST DATA
>
>   * VISCOELASTIC，FREQUENCY = RELAXATION TEST DATA
>
> 采用一个或两个下述选项分别将归一化的剪切和体积数据指定成时间的函数：
>
>   * SHEAR TEST DATA
>
>   * VOLUMETRIC TEST DATA
>
> 使用下述选项同时指定归一化剪切和体积数据：
>
>   * COMBINED TEST DATA
>
> Abaqus/CAE 用法：Property module：material editor：Mechanical→Elasticity→Viscoelastic：Domain：Frequency 和 Frequency：Prony，Creep test data 或 Relaxation test data
>
> 使用一个或者两个下述选项分别将归一化剪切和体积数据指定成时间的函数：
>
> Test Data→Shear Test Data
>
> Test Data→Volumetric Test Data
>
> 采用以下选项同时指定归一化剪切数据和体积数据：
>
> Test Data→Combined Test Data

频率相关弹性模量的变换

对于一些各向同性黏弹性材料的小应变情况，材料数据为频率相关的单轴储能和耗能模量 $E_s(\omega)$ 和 $E_1(\omega)$ 以及体积模量 $K_s(\omega)$ 和 $K_1(\omega)$。在此情况下，必须对数据进行转换以得到频率相关的剪切储能和耗能模量 $G_s(\omega)$ 和 $G_1(\omega)$。

复剪切模量定义为复单轴和体积模量的函数，其表达式为

$$G^* = \frac{3K^* E^*}{9K - E^*}$$

将复模量替换成合适的储能和耗能模量，则上述表达式变成

$$G_s + iG_1 = \frac{3(K_s + iK_1)(E_s + iE_1)}{9(K_s + iK_1) - E_s + iE_1}$$

经过一些代数变换，可以得到

$$G_s = 3\frac{9E_s(K_s^2 + K_1^2) - K_s(E_s^2 + E_1^2)}{(9K_s - E_s)^2 + (9K_1 - E_1)^2}$$

$$G_1 = 3\frac{9E_1(K_s^2 + K_1^2) - K_1(E_s^2 + E_1^2)}{(9K_s - E_s)^2 + (9K_1 - E_1)^2}$$

只有切应变

在许多情况下，黏性行为仅与应变偏量相关联，所以体积模量是实数且是常数：$K_s = K_\infty$ 并且 $K_1 = 0$，对于这种情况，剪切模量的表达式可简化成

$$G_s = 3K_\infty\frac{9E_sK_\infty - E_s^2 - E_1^2}{(9K_\infty - E_s)^2 + E_1^2}$$

$$G_1 = 3K_\infty\frac{9E_1K_\infty}{(9K_\infty - E_s)^2 + E_1^2}$$

不可压缩的材料

如果与剪切模量相比体积模量非常大，则可以将材料考虑成不可压缩的，其表达式可以进一步简化成

$$G_s = E_s/3$$
$$G_1 = E_1/3$$

直接指定大应变黏弹性的储能模量和耗能模量

对于大应变黏弹性，Abaqus 允许根据单轴和体积试验对储能和耗能模量进行直接指定。当预应变水平下的黏弹性属性的独立性假设严格受限时可以使用此方法。

用户直接将储能和耗能模量指定为频率的表格函数，并且指定预期发生稳态动力学响应的基础状态的预应变水平。对于单轴试验数据，预应变的度量是单轴名义应变；对于体积试验数据，预应变的度量是体积率。Abaqus 将用户指定的剪切/体积储能和耗能模量数据转化成长期的弹性模量。就此，便可以使用上面"大应变的黏弹性"中的基本公式。

对于一般的三维应力状态，假设黏弹性响应的偏量部分通过左柯西－格林应变张量偏量的第一不变量，随预应变的程度（此量的定义见"超弹性材料行为"，《Abaqus 理论手册》的 4.6.1 节）而定，体积部分则通过体积率随预应变而定。这些假设的结果是对于单轴情

况，数据可以根据一个单轴拉伸预加载状态或者单轴压缩预加载状态来指定，但是不能同时使用两种加载状态。

用户指定的储能和耗能模量默认为名义量。

输入文件用法：使用以下选项指定单轴储能和耗能模量：

      * VISCOELASTIC，PRELOAD = UNIAXIAL

      使用以下选项指定体积（体）储能和耗能模量：

      * VISCOELASTIC，PRELOAD = VOLUMETRIC

Abaqus/CAE 用法：Property module：material editor：Mechanical→Elasticity→Viscoelastic：Domain：Frequency 和 Frequency：Tabular

      使用以下选项指定单轴储能和耗能模量：

      Type：Isotropicor Traction：Preload：Uniaxial

      使用以下选项指定体积储能和耗能模量：

      Type：Isotropic：Preload：Volumetric

      使用以下选项同时指定单轴和体积模量：

      Type：Isotropic：Preload：Uniaxial and Volumetric

定义材料行为中与率无关的部分

在所有情况中，必须指定弹性模量来定义材料行为中与率无关的部分。通过弹性的、超弹性的或者超泡沫材料模型来定义弹性行为。因为频域黏弹性材料模型是根据长期弹性模量建立的，所以与率无关的弹性必须以长期弹性模量的形式加以定义。这表明任何非直接求解的稳态动力学分析（比如静态预加载分析）中的响应均对应完全松弛的长期弹性解。

与其他材料模型一起使用

黏弹性材料模型必须与各向同性线弹性模型组合，来定义经典的、小应变线性黏弹性行为。它与超弹性和超泡沫模型组合，来定义大变形的非线性黏弹性行为。为这些模型定义的长期弹性属性可以是与温度相关的。

黏弹性不能与任何塑性模型一起使用。更多内容见"组合材料行为"，1.1.3 节。

单元

在 Abaqus/Standard 中，频域黏弹性材料模型可以与任何应力/变形单元一起使用。

2.8 非线性黏弹性

2.8.1 弹性体的迟滞

产品：Abaqus/Standard　　Abaqus/CAE

参考

- "弹性行为：概览"，2.1节
- * HYSTERESIS
- "定义弹性"中的"定义各向同性超弹性材料模型的迟滞行为"《Abaqus/CAE 用户手册》（在线 HTML 版本）的 12.9.1 节

概览

迟滞材料模型：
- 用于定义经历相当的弹性和非弹性应变的材料具有的与应变率相关的迟滞行为。
- 仅为剪切扭曲行为提供非弹性的响应，对体积变形的响应是纯弹性的。
- 只能与"橡胶型材料的超弹性行为"（2.5.1节）一起使用，来定义材料的弹性响应。弹性可以用即时模量或者长期模量中的一种来定义。
- 在静态分析（"弹性应力分析"，《Abaqus 分析用户手册——分析卷》的 1.2.2 节），准静态分析（"准静态分析"，《Abaqus 分析用户手册——分析卷》的 1.2.5 节），以及采用直接积分的瞬态动力学分析中（"采用直接积分的隐式动力学分析"，《Abaqus 分析用户手册——分析卷》的 1.3.2 节）是有效的。它不能用于完全耦合的温度-位移分析（"完全耦合的温度-电结构分析"，《Abaqus 分析用户手册——分析卷》的 1.7.4 节）或者稳态传输分析（"稳态传输分析"，《Abaqus 分析用户手册——分析卷》的 1.4.1 节）。
- 不能用来模拟温度相关的蠕变材料属性。然而，弹性材料属性可以是与温度相关的。
- 默认采用非对称的矩阵进行存储和求解。

弹性体的应变率相关的材料行为

弹性体的非线性应变率相关性将力学的响应分解成两部分，对应于逼近长期应力松弛试验状态的等效网络（A），以及从等效状态中捕获非线性率相关的偏量与时间相关的网络（B）。假定总应力是两个网络的应力和。假设变形梯度 F 同时对这两个网络起作用，并且根据乘法分解 $F = F_B^e \cdot F_B^{cr}$ 分解成网络 B 中的弹性和非弹性部分。非线性率相关的材料模型能够再造承受重复周期载荷的弹性体迟滞行为。它并不模拟"Mullins 效应"——弹性体第一次受载时的初始软化。

定义材料模型需要以下参数：
- 表征模型弹性响应的超弹性材料模型。
- 即时载荷下，定义网络 B 承载的应力与网络 A 承载的应力之比的应力比例因子 S，即两个网络中相同的弹性拉伸。

- 正指数 m，通常大于 1，它表征网络 B 中有效蠕变应变率对有效应力的相关性。
- 指数 C $[-1, 0]$，它表征网络 B 中有效蠕变应变率的蠕变应变相关性。
- 有效蠕变应变率表达式中的非负常数 A，也使用此常数对保持方程式中量纲的一致性。
- 有效蠕变应变率表达式中的常数 E，此常数可调整未变形状态附近的蠕变应变率。

网络 B 中有效蠕变应变率表达式如下

$$\dot{\varepsilon}_B^{cr} = A(\lambda_B^{cr} - 1 + E)^C (\sigma_B)^m$$

式中，$\dot{\varepsilon}_B^{cr}$ 是网络 B 中的有效蠕变应变率；$\lambda_B^{cr} - 1$ 是网络 B 中的名义蠕变应变；σ_B 是网络 B 中的有效应力。网络 B 中的链伸展 λ_B^{cr} 定义如下

$$\lambda_B^{cr} = \sqrt{\frac{1}{3} \boldsymbol{I} : \boldsymbol{C}_B^{cr}}$$

其中 $\boldsymbol{C}_B^{cr} = \boldsymbol{F}_B^{cr T} \cdot \boldsymbol{F}_B^{cr}$。网络 B 中的有效应力定义成 $\sigma_B = \sqrt{\frac{3}{2} \boldsymbol{S}_B : \boldsymbol{S}_B}$，其中 $\boldsymbol{S}_B$ 是柯西应力张量的分量。

为弹性体定义应变率相关的材料行为

模型的弹性通过超弹性材料模型来定义。定义迟滞材料模型时，直接为网络 B 输入应力比例因子和蠕变参数。常用的弹性体材料参数的一组典型值是 $S = 1.6$，$A = \dfrac{5}{(\sqrt{3})^m} s^{-1}$ (MPa)$^{-m}$，$m = 4$，$C = -1.0$，$E = 0.01$（Bergstrom 和 Boyce，1998；2001）。

输入文件用法：在同一个材料数据块中同时使用下面两个选项：

      * HYSTERESIS

      * HYPERELASTIC

Abaqus/CAE 用法：Property module：material editor：Mechanical→Elasticity→Hyperelastic：

      Suboptions→Hysteresis

      Abaqus/CAE 中不支持参数 E 的输入。

单元

迟滞材料模型的使用仅局限于那些可使用超弹性材料的单元（"橡胶型材料的超弹性行为"，2.5.1 节）。此外，此模型不能与基于平面应力假设的单元（壳、膜和连续平面应力单元）一起使用。仅在所使用的超弹性定义是完全不可压缩的时候，杂交单元才可与此模型一起使用。当此模型与缩减积分单元一起使用时，使用即时弹性模量来计算默认沙漏刚度。

输出

除了 Abaqus/Standard 中可以使用的标准输出标识符之外（"Abaqus/Standard 输出变量

标识符"，《Abaqus分析用户手册——介绍、空间建模、执行与输出卷》的4.2.1节），如果定义了迟滞行为，则下面的变量具有特殊的含义：

EE：对应于时刻 t 时应力状态和即时弹性材料属性的弹性应变。

CE：总应变与弹性应变之间差异的等效蠕变应变。

这些应变度量用于近似应变能 SENER 和黏度耗散 CENER。由于忽略了内部应力对这些能量的影响，这些近似可导致对应变能的低估和对黏度耗散的高估。在非单调载荷情况下，这种不准确性会变得特别明显。

2.8.2 并联流变框架

产品：Abaqus/Standard   Abaqus/Explicit

参考

- "材料库：概览"，1.1.1节
- "组合材料行为"，1.1.3节
- "弹性行为：概览"，2.1节
- "UCREEPNETWORK"《Abaqus用户子程序参考手册》的1.1.23节
- "UTRSNETWORK"《Abaqus用户子程序参考手册》的1.1.54节
- *HYPERELASTIC
- *MULLINS EFFECT
- *PLASTIC
- *TRS
- *VISCOELASTIC

概览

并联流变框架：
- 适用于模拟表现出永久变形和非线性黏性行为，并且承受大变形的高分子聚合物和弹性材料。
- 由多个黏弹性网格物和一个可选的并联弹塑性网状物组成。
- 使用一个超弹性材料模型来指定弹性响应。
- 可以与 Mullins 效应一起使用。
- 基于变形梯度的乘法拆分和不可压缩各向同性硬化塑性理论的黏弹性响应。
- 使用变形梯度的乘法拆分和从一个蠕变势导出的流动准则来指定黏性行为。

材料行为

并联流变框架允许定义一个以平行方式连接的由多网状物组成的非线性黏弹性-弹塑性

模型，如图 2-18 所示。黏弹性网状物的数量 N 可以是任意的，但在模型中至多允许有一个平衡网状物（图 2-18 中的网状物 0）。平衡网状物响应可以是完全弹性的或者弹塑性的。此外，它可以包含 Mullins 效应来预测材料软化。平衡网状物的定义是可选的。如果没有定义平衡网状物，则材料中的应力将随着时间推移而完全松弛。

可以使用此模型预测承受有限应变的材料所具有的复杂行为，使用 Abaqus 中的其他模型则不能精确地模拟此复杂行为。这种复杂行为的一个实例如图 2-19 所示，图中有 3 条不同应变水平下的归一化松弛曲线。此行为可以使用图 2-20 所示的非线性黏弹性模型进行精确的模拟，可以在框架内定义此模型。但是，它不能使用线性黏弹性模型（见"时域黏弹性"，2.7.1 节）来获取。因为在后者的情况中，3 条曲线是重合的。

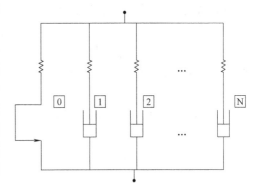

图 2-18　具有多平行网状物的非线性黏弹性-弹塑性模型

弹性行为

所有网状物响应的弹性部分是使用超弹性材料模型来指定的。可以使用 Abaqus 中可以使用的任何超弹性模型（见"橡胶型材料的超弹性行为"，2.5.1 节）。为所有网状物使用相同的超弹性材料定义，通过每一个网状物的特定刚度比率进行缩放。这样，模型与每一个网状物的刚度比率仅需要一个超弹性材料定义。可以通过定义瞬时响应或者长期响应来指定弹性响应。

平衡网状物行为

除了上面描述的弹性响应，平衡网状物的响应可以包含塑性和 Mullins 效应来预测材料软化。通常，响应等效于 Abaqus 中可用的永久变形模型。可以在"橡胶型材料中的永久变形"（3.7 节）中找到模型和定义模型的用户界面的详细介绍。

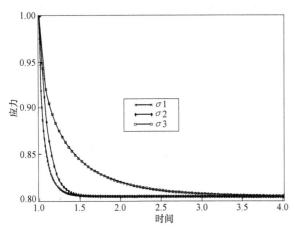

图 2-19　3 条不同应变水平下的归一化应力松弛曲线

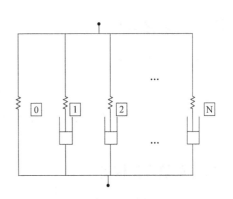

图 2-20　具有多平行网状物的非线性黏弹性模型

黏弹性行为

必须为每一个黏弹性网状物定义黏性行为。通过假定变形梯度的乘法拆分，以及导出流动法则的蠕变势 G^{cr} 来模拟黏性行为。在乘法拆分中，变形梯度的表达式为

$$F = F^e \cdot F^{cr}$$

式中，F^e 是变形梯度（代表超弹性行为）的弹性部分；F^{cr} 是变形梯度的蠕变部分（代表无应力的中间构型）。蠕变势的通用形式如下

$$G^{cr} = G^{cr}(\sigma)$$

式中，σ 是柯西应力。如果指定了势，则流动规律可以由下式得出

$$D^{cr} = \dot{\lambda}\, \frac{\partial G^{cr}(\sigma)}{\partial \sigma}$$

式中，D^{cr} 是速度梯度 L^{cr} 的对称部分，在当前的构型中表达；$\dot{\lambda}$ 是比例因子。在此模型中，蠕变势以下式给出

$$G^{cr} = \bar{q}$$

并且比例因子取成 $\dot{\lambda} = \dot{\bar{\varepsilon}}^{cr}$，其中 $\bar{q}$ 是等效偏量柯西应力，$\dot{\bar{\varepsilon}}^{cr}$ 是等效蠕变应变率。在此情况中，流动规律具有下面的形式

$$D^{cr} = \frac{3}{2} \frac{\dot{\bar{\varepsilon}}^{cr}}{\bar{q}} \bar{\sigma}$$

或者

$$D^{cr} = \frac{3}{2} \frac{\dot{\bar{\varepsilon}}^{cr}}{\tilde{q}} \bar{\tau}$$

式中，$\tau = J\sigma$ 是 Kirchhoff 应力；J 是 F 的行列式；$\bar{\sigma}$ 是柯西应力偏量；$\bar{\tau}$ 是 Kirchhoff 应力的偏量；$\tilde{q} = J\bar{q}$。要完成求导，必须提供 $\dot{\bar{\varepsilon}}^{cr}$ 的演化规律。在此模型中，$\dot{\bar{\varepsilon}}^{cr}$ 可以由一个幂率应变硬化模型或者一个双曲线正弦规律模型得到。

幂率应变硬化模型

幂率应变硬化模型采用下面的表达式

$$\dot{\bar{\varepsilon}}^{cr} = \left\{ A\, \tilde{q}^n \left[(m+1)\, \bar{\varepsilon}^{cr} \right]^m \right\}^{\frac{1}{m+1}}$$

式中，$\dot{\bar{\varepsilon}}^{cr}$ 是等效蠕变应变率；$\bar{\varepsilon}^{cr}$ 是等效蠕变应变；$\tilde{q}$ 是等效偏量 Kirchhoff 应力；A、m 和 n 是材料参数。

双曲线正弦规律模型

双曲线正弦规律模型采用下面的表达式

$$\dot{\bar{\varepsilon}}^{cr} = A\, (\sinh B\, \tilde{q})^n$$

式中，$\dot{\bar{\varepsilon}}^{cr}$和$\tilde{q}$的含义同上；$A$、$B$和$n$是材料参数。

Bergstrom-Boyce 模型

Bergstrom-Boyce 模型采用下面的表达式

$$\dot{\bar{\varepsilon}}^{cr} = A\left(\lambda^{cr} - 1 + E\right)^{C}\left(\tilde{q}\right)^{m}$$

式中，$\dot{\bar{\varepsilon}}^{cr}$和$\tilde{q}$的含义同上；$A$、$m$、$C$和$E$是材料参数；$\lambda^{cr}$的表达式为

$$\lambda^{cr} = \sqrt{\frac{1}{3}\boldsymbol{I} : \boldsymbol{C}^{cr}}$$

通过 Bergstrom-Boyce 模型定义的网状物的响应非常类似于滞后模型中与时间相关的网状物所具有的响应（见"弹性体的迟滞"，2.8.1 节）。然而，两模型之间也有非常重要的差别。在 Bergstrom-Boyce 模型中，使用等效 Kirchhoff 应力替代滞后模型中使用的等效柯西应力（对于不可压缩材料，这两个应力是等效的）。此外，模型中的材料参数 A 因为一个因子 3/2 而不同。滞后模型中的参数必须乘以 3/2 以使参数等效。

Abaqus/Standard 中用户定义的模型

用户定义的蠕变模型可以是下面的通用模式

$$\dot{\bar{\varepsilon}}^{cr} = g^{cr}(\bar{\varepsilon}^{cr}, I_1^{cr}, \tilde{q}, t, \theta, FV),$$

式中，$\dot{\bar{\varepsilon}}^{cr}$、$\bar{\varepsilon}^{cr}$和$\tilde{q}$的含义同上；$t$ 是时间；θ 是温度；FV 是场变量；I_1^{cr} 的公式为

$$I_1^{cr} = \boldsymbol{I} : \boldsymbol{C}^{cr}$$

热膨胀

非线性黏弹性材料仅允许与各向同性热膨胀一起使用（"热膨胀"，6.1.2 节）。

定义黏弹性响应

非线性黏弹性响应是通过为每一个黏弹性网状物指定标识符、刚度比和蠕变规律来进行定义的。

指定网状物标识符

必须给材料模型中的每一个黏弹性网状物赋予唯一的网状物标识符或者网状物身份。网状物标识符必须是从 1 开始的连续整数。指定标识符的顺序则不重要。

输入文件用法：使用以下选项指定网状物标识符：

        * VISCOELASTIC, NONLINEAR, NETWORKID = 网状物

定义刚度比

每一个网状物对材料整体响应的贡献是由刚度比 r 来决定的，使用此刚度比来缩放网状物材料的弹性响应。黏弹性网状物刚度比的总和必须小于或者等于 1。如果刚度比的总和等

于1，则没有创建纯粹的弹性平衡网状物。如果刚度比的总和小于1，则使用一个等于下式的刚度比 r_0 来创建平衡的网状物

$$r_0 = 1 - \sum_{k=1}^{N} r_k$$

式中，N 是黏弹性网状物的数量；r_k 是网状物 k 的刚度比。

输入文件用法：* VISCOELASTIC，NONLINEAR，SRATIO＝刚度比

指定线蠕变规律

Abaqus/Standard 中对蠕变行为的定义是通过指定蠕变规律来完成的。

应变硬化幂率蠕变模型

应变硬化幂率是通过 3 个材料参数 A、B 和 n 来指定的。出于物理上的合理性，A 和 n 必须是正的，并且 $-1 < m \leqslant 0$。

输入文件用法：* VISCOELASTIC，NONLINEAR，LAW＝STRAIN

双曲线正弦蠕变模型

双曲线正弦蠕变模型是通过 3 个非负的参数 A、B 和 n 来指定的。

输入文件用法：* VISCOELASTIC，NONLINEAR，LAW＝HYPERB

Bergstrom-Boyce 蠕变模型

Bergstrom-Boyce 蠕变规律是通过 4 个参数 A、m、C 和 E 来指定的。参数 A 和 E 必须是非负的，m 必须是正的，C 的取值范围为 [-1，0]。

输入文件用法：* VISCOELASTIC，NONLINEAR，LAW＝BERGSTROM-BOYCE

Abaqus/Standard 中用户定义的蠕变模型

定义蠕变规律的另一种方法是使用用户子程序 UCREEPNETWORK。此外，也可以根据需要指定用户子程序中属性值的数量。

输入文件用法：* VISCOELASTIC，NONLINEAR，LAW＝USER，PROPERTIES＝n

热流变简化温度效应

可以为每一个黏弹性网状物包含热流变简化温度效应。在此情况下，将蠕变规律更改为以下表达式

$$\frac{d\bar{\varepsilon}^{cr}}{d\tau} = \frac{1}{a_T(\theta)} g^{cr}(\bar{\varepsilon}^{cr}, I_1^{cr}, \tilde{q}, \tau)$$

式中，τ 和 $a_T(\theta)$ 分别是简化的时间和变换方程。简化的时间是通过积分微分方程来与实际时间相关联的

$$\tau = \int_0^t \frac{dt'}{a_T(\theta)}, \qquad \frac{d\tau}{dt} = \frac{1}{a_T(\theta)}$$

Abaqus 支持以下形式的转换方程：Williams-Landel-Ferry（WLF）形式和 Arrhenius 形式

（见"时域黏弹性"中的"热流变的简化温度效应"，2.7.1节）。此外，也可以在 Abaqus/Standard 中使用用户子程序 UTRSNETWORK 来指定用户定义的形式。

用户可以根据需要指定用户子程序中属性值的数量。

输入文件用法：*TRS，DEFINITION = USER，PROPERTIES = n

不同分析步中的材料响应

在 Abaqus/Standard 中，材料在所有的应力/位移过程类型中是有效的。然而，蠕变效应仅在准静态（"准静态分析"，《Abaqus 分析用户手册——分析卷》的 1.2.5 节）、耦合的温度位移（"完全耦合的热应力分析"，《Abaqus 分析用户手册——分析卷》的 1.5.3 节）和直接积分的隐式动力学分析（"使用直接积分的隐式动力学分析"，《Abaqus 分析用户手册——分析卷》的 1.3.2 节）中加以考虑。在其他应力/位移过程中，状态变量的演化是被抑制的，并且蠕变应变保持不变。在 Abaqus/Explicit 中，蠕变效应总是有效的。

单元

对于包括机械行为的连续单元（具有位移自由度的单元），可以使用非线性黏弹性模型，除了一维和平面应力单元。

输出

除了 Abaqus 中可以使用的标准输出标识符（"Abaqus/Standard 输出变量标识符"《Abaqus 分析用户手册——介绍、空间建模、执行与输出卷》的 4.2.1 节，以及"Abaqus/Explicit 输出变量标识符"，《Abaqus 分析用户手册——介绍、空间建模、执行与输出卷》的 4.2.2 节）以外，对于非线性黏弹性材料模型，下面的变量具有特别的含义：

CEEQ：整体等效蠕变应变，定义成 $\overline{\varepsilon}^{\mathrm{cr}} = \sum_{k=1}^{N} r_k \overline{\varepsilon}_k^{\mathrm{cr}}$。

CE：整体蠕变应变，定义成 $\varepsilon^{\mathrm{cr}} = \sum_{k=1}^{N} r_k \varepsilon_k^{\mathrm{cr}}$。

CENER：单位体积的整体黏性耗散能，定义成 $E_c = \sum_{k=1}^{N} E_c^k$。

SENER：单位体积的整体弹性应变能密度，定义成 $E_s = \sum_{k=0}^{N} E_s^k$

以上定义中，r_k 是网状物 k 的刚度比；N 是黏弹性网状物的数量，使用下标或者上标 k 来标识网状物数量，并假设网状物 0 是纯粹的弹性网状物。

如果在平衡网状物中指定了塑性，则 Abaqus 中其他各向同性硬化塑性模型可使用的标准输出标识符，对于此模型也是可用的。此外，如果在模型中使用了 Mullins 效应，则也可以对 Mullins 效应模型使用输出变量（见"Mullins 效应"，2.6.1 节）。

2.9　率敏感的弹性泡沫：低密度泡沫

产品：Abaqus/Explicit　　Abaqus/CAE

参考

- "材料库：概览"，1.1.1 节
- "弹性行为：概览"，2.1 节
- ＊LOW DENSITY FOAM
- ＊UNIAXIAL TEST DATA
- "定义弹性"中"创建一个低密度的泡沫材料模型"，《Abaqus/CAE 用户手册》（在线 HTML 版本）的 12.9.1 节

概览

低密度泡沫材料模型：
- 适用于低密度的、具有显著率敏感行为的高可压缩性弹性泡沫（如聚亚安酯泡沫）。
- 可直接指定需要拉伸和压缩的不同应变率下的单轴应力-应变曲线。
- 允许选择性地指定横向应变数据来包含泊松效应。
- 允许指定另外的卸载应力-应变曲线，以更好地表示循环加载中的迟滞行为和能量吸收。
- 要求在分析步中考虑几何非线性（"过程：概览"，《Abaqus 分析用户手册——分析卷》的 1.1.2 节，"一般和线性摄动过程"，《Abaqus 分析用户手册——分析卷》的 1.1.3 节），因为它适用于有限应变的应用。

机械响应

低密度、高可压缩性的弹性泡沫作为能量吸收材料被广泛地应用于汽车工业。泡沫垫被用于许多被动安全系统，例如用于后车顶内衬来保护头部、用于门饰来保护骨盆和胸部等。能量吸收泡沫也广泛用于手持式和其他电子装置的包装。

Abaqus/Explicit 中模拟的低密度泡沫材料适用于捕捉这些材料的高应变率敏感的行为。模型使用伪黏超弹性公式来构建主伸长以及一系列与应变率相关联的内在变量函数。默认情况下，假定材料的泊松比为零。基于此假设，应力-应变响应的评估沿主变形方向是非耦合的。另外，可以指定非零泊松效果来包含沿主方向的耦合。

模型要求为单轴拉伸和单轴压缩输入材料的应力-应变测试响应。也可以通过指定每一个测试的横向应变数据来包含泊松效应。测试可以采用不同的应变率进行。对于每一个测试，应变数据应当以名义应变值的方式给出（单位原始长度上的长度变化），并且应力数据应当以名义应力值的形式给出（单位原始横截面积上的力）。单轴拉伸和压缩曲线是分别指定的。单轴应力和应变数据以绝对值形式给出（拉伸和压缩都是正值）。另一方面，对于正的泊松效应，横向应变数据在拉伸时必须是负的，而在压缩时必须是正的。模型不支持负泊松效应。率相关行为通过提供不同名义应变率的单轴名义应力-应变曲线来指定。

可以同时指定加载和卸载率相关的曲线，以更好地表征材料在循环载荷中的迟滞行为和能量吸收属性。对加载曲线使用正的名义应变率，对卸载曲线使用负的名义应变率。当前，仅线性应变率规范化可以使用此选项（"材料数据定义"中的"Abaqus/Explicit中的应变率相关数据的规范化"，1.1.2节）。当没有直接指定卸载行为时，模型假定卸载沿与最小变形速率关联的加载曲线发生。图 2-21 所示的加载/卸载应力-应变曲线显示了典型的率

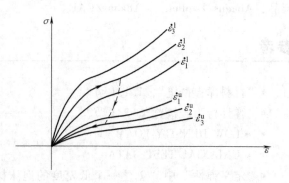

图 2-21　率相关的加载/卸载应力-应变曲线

相关的单轴压缩数据。所指定的率相关的应力-应变曲线不应当相交，否则材料将不稳定，并且如果发现曲线相交，Abaqus 将发出一个错误信息。

分析中，通过使用名义应变和应变率，内插所指定的加载/卸载应力-应变曲线来评估沿着每一个主变形方向的应力。如果包含非零的泊松效应，则通过耦合项来校正应力。单轴压缩循环的代表性模型响应如图 2-21 所示。

输入文件用法：使用以下选项指定低密度泡沫材料：

     * LOW DENSITY FOAM

     * UNIAXIAL TEST DATA, DIRECTION = TENSION

     * UNIAXIAL TEST DATA, DIRECTION = COMPRESSION

输入文件用法：使用第一个选项指定一个具有零泊松比（默认）的低密度泡沫材料，或者使用第二个选项通过定义横向应变作为试验数据的一部分包含泊松效应：

     * LOW DENSITY FOAM, LATERAL STRAIN DATA = NO（默认的）

     * LOW DENSITY FOAM, LATERAL STRAIN DATA = YES

    此外，使用以下选项给出试验应力-应变数据：

     * UNIAXIAL TEST DATA, DIRECTION = TENSION

     * UNIAXIAL TEST DATA, DIRECTION = COMPRESSION

Abaqus/CAE 用法：Property module：material editor：Mechanical →Elasticity →Low Density Foam：Uniaxial Test Data →Uniaxial Tension Test Data，Uniaxial Test Data →Uniaxial Compression Test Data

松弛系数

由于变形率的突然改变所产生的应力上无物理意义的跃变，可以通过使用黏性规范化技术来规避。此技术也以非常单纯化的方式来模拟应力松弛效应。例如，在单轴试验中，将松弛时间定义为 $\tau = \mu_0 + \mu_1 | \lambda - 1 |^{\alpha}$，其中 μ_0、μ_1 和 α 是材料参数；λ 是伸长率。当 $\lambda \approx 1$ 时，μ_0 是控制松弛时间的线性黏性参数，并且通常应使用此参数的小值。μ_1 是一个非线性黏性参数，用来控制更大应变时的松弛时间。此值越小，松弛时间越短。α 控制松弛速度对拉伸的敏感性。这些参数的默认值是 $\mu_0 = 0.0001$（时间单位），$\mu_1 = 0.005$（时间单位），$\alpha = 2$。

输入文件用法：使用以下选项指定松弛常数：

    *LOW DENSITY FOAM

     μ_0，μ_1，α

Abaqus/CAE 用法：Property module：material editor：Mechanical →Elasticity →Low Density
      Foam：Relaxation coefficients：$mu0$，$mu1$，$alpha$

应变率

当泊松比为零时，对于一般的三维变形状态，为了评估沿着每一个主变形方向的应力-应变响应，可以使用 3 种不同的应变率度量：名义体积应变率、沿着每一个主变形方向的名义应变率、沿着主变形方向的最大名义应变率。默认情况下，使用名义体积应变率。此方法在体积保留变形模式（例如简单剪切）下不产生率敏感的行为。另外，基于沿着相应主方向的名义应变率或者名义应变率的最大值之一来评估每一个主应力。这两种方法都可以为体积保留变形模式提供率敏感的行为。当泊松比为零时，以上 3 种应变率度量为单轴加载情况产生一样的率相关行为。

当定义了非零的泊松效应时，为了评估应力-应变曲线，模型使用沿着主变形方向的最大名义应变率。这是 Abaqus 默认的，并且对于此情况，只能使用应变率度量。

输入文件用法：通过下述选项使用体积应变率（泊松比为零时是默认的）：

    *LOW DENSITY FOAM, STRAIN RATE = VOLUMETRIC

    通过下述选项使用沿着每一个主方向评估的名义应变率：

    *LOW DENSITY FOAM, STRAIN RATE = PRINCIPAL

    通过下述选项使用沿着主方向的最大名义应变率（泊松比不为零时是默认的且唯一的选项）

    *LOW DENSITY FOAM, STRAIN RATE = MAX PRINCIPAL

Abaqus/CAE 用法：通过下述选项使用体积应变率（默认的）：

    Property module：material editor：Mechanical →Elasticity

    →Low Density Foam：Strain rate measure：Volumetric

    通过下述选项使用沿着每一个主方向评估的应变率：

    Property module：material editor：Mechanical →Elasticity →Low Density

    Foam：Strain rate measure：Principal

应力-应变曲线的外推

默认情况下，对此材料模型和超出指定应变范围的应变值，Abaqus/Explicit 采用最后数据点上的斜率来外推应力-应变曲线。

当应变率值超出指定的应变率最大值时，默认情况下，Abaqus/Explicit 使用对应最大指定应变率的应力-应变曲线。用户可以不考虑此默认情况并激活基于斜率的应变率外推（关于应变率）。

输入文件用法：使用以下选项激活加载曲线的应变率外推：

    *LOW DENSITY FOAM, RATE EXTRAPOLATION = YES

Abaqus/CAE 用法：Property module：material editor：Mechanical →Elasticity →Low Density

Foam：切换选中 Extrapolate stress – strain curve beyond maximum strain rate

张力截止和失效

低密度泡沫在拉力作用下具有有限的张力强度，并且在过大拉伸载荷作用下容易开裂。Abaqus/Explicit 中的模型提供选项来指定材料可以承受的最大主拉伸应力值。程序计算得到的最大主应力将等于或者低于此值。用户也可以在达到张力截止值时激活从仿真中删除（去除）单元的功能，这样提供了一种简单的方法来模拟开裂。

输入文件用法：使用下述选项定义没有单元删除的张力截止值：

　　　　* LOW DENSITY FOAM, TENSION CUTOFF = 截止值

当达到张力截止值的时候，使用下述选项来允许单元删除：

　　　　* LOW DENSITY FOAM, TENSION CUTOFF = 截止值, FAIL = YES

Abaqus/CAE 用法：使用下述选项定义没有单元删除的张力截止值：

　　　　Property module：material editor：Mechanical

　　　　Elasticity →Low Density Foam：切换选中 Maximum allowable principal tensile stress：截止值

　　　　当达到张力截止值的时候，使用下述选项来允许单元删除：

　　　　Property module：material editor：Mechanical →Elasticity →Low Density Foam：切换选中 Remove elements exceeding maximum

热膨胀

低密度泡沫材料模型只允许与各向同性热膨胀一起使用。

弹性体积比 J^{el} 通过简单的关系式来将总体积比（当前体积/参考体积）J 和热体积比 J^{th} 进行关联

$$J^{el} = \frac{J}{J^{th}}$$

J^{th} 由下式给出

$$J^{th} = (1 + \varepsilon^{th})^3$$

式中，ε^{th} 是根据温度和各向同性热膨胀系数得到的线性热膨胀应变（"热膨胀"，6.1.2 节）。

材料稳定性

可压缩材料的 Drucker 稳定性条件要求 Kirchhoff 应力的变化 $d\tau$，遵循对数应变形式的无限小变化 $d\varepsilon$，满足不等式

$$d\tau : d\varepsilon > 0$$

式中，Kirchhoff 应力 $\tau = J\sigma$。使用 $d\tau = D : d\varepsilon$，不等式变成

$$d\varepsilon : \boldsymbol{D} : d\varepsilon > 0$$

此限制要求切线材料刚度 $\boldsymbol{D}$ 是正定的。

对于一个各向同性弹性公式，不等式可以采用主应力和主应变的形式进行表达

$$d\tau_1 d\varepsilon_1 + d\tau_2 d\varepsilon_2 + d\tau_3 d\varepsilon_3 > 0$$

这样，应力变化和应变变化之间的关系可以写成矩阵等式的形式

$$\begin{Bmatrix} d\tau_1 \\ d\tau_2 \\ d\tau_3 \end{Bmatrix} = \begin{bmatrix} D_{11} & D_{12} & D_{13} \\ D_{21} & D_{22} & D_{23} \\ D_{31} & D_{32} & D_{33} \end{bmatrix} \begin{Bmatrix} d\varepsilon_1 \\ d\varepsilon_2 \\ d\varepsilon_3 \end{Bmatrix}$$

式中，$D_{ij} = \delta\tau_i / \delta\varepsilon_j$。因为 $\boldsymbol{D}$ 必须是正定的，则必须满足以下公式

$$D_{11} + D_{22} + D_{33} > 0$$

$$D_{11}D_{22} + D_{22}D_{33} + D_{11}D_{33} - D_{23}^2 - D_{13}^2 - D_{12}^2 > 0$$

$$\det(\boldsymbol{D}) > 0$$

当泊松比为零时，$\boldsymbol{D}$ 的非对角线项变成零。在这种情况下，正定矩阵的必要条件简化成 $D_{ii} > 0$。即在 Kirchhoff 应力对于对数应变空间中所指定的单轴应力-应变曲线的斜率必须是正的。

为低密度泡沫模型定义输入数据时须谨慎，以确保对于所有应变率具有稳定材料响应。如果发现不稳定响应，Abaqus 将发出一个警告信息并打印观察到不稳定性的最低应变值。理想情况是没有不稳定产生。如果在分析中观察到易于产生不稳定的应变水平，应检查并修正材料输入数据。当定义了非零的泊松效应时，应提供在同样应变率范围内的拉伸和压缩单轴测试数据。

单元

低密度泡沫模型可与实体（连续）单元和广义的平面应变单元一起使用。对于没有指定横向应变的情况（泊松比为零），一维实体单元（杆和加强筋）也是可以使用的。该模型不能与壳、膜或者欧拉单元（EC3D8R 和 EC3D8RT）一起使用。

过程

低密度泡沫模型必须总是与几何非线性分析一起使用（"通用和线性摄动过程"，《Abaqus 分析用户手册——分析卷》的 1.1.3 节）。

第 3 章　非弹性力学属性

3.1 非弹性行为：概览

Abaqus 中的材料库包含一些非弹性行为的模型：

• 经典的金属塑性：在相对低的温度下，载荷相对单调且蠕变效应并不重要的地方，可以使用经典的金属塑性模型（"经典的金属塑性"，3.2.1 节）来描述金属的屈服和非弹性流。在 Abaqus 中，这些模型使用与塑性流相关联的标准 Mises 或者 Hill 屈服面。在经典的金属塑性模型中，完美塑性和各向同性硬化定义都可以使用。常见的应用包括压碎分析、金属成形以及一般的塌缩研究，对于这些情况，金属塑性模型是简单且够用的。

• 承受循环荷载的金属模型：在 Abaqus 中，可以使用线性随动硬化模型或者非线性各向同性/随动硬化模型（"承受循环载荷的金属模型"，3.2.2 节）来仿真承受循环荷载的材料行为。这些模型中的演变规律由一个随动硬化部分（描述应力空间屈服面的平移），以及一个各向同性部分（描述弹性范围的变化，对非线性各向同性/随动硬化模型而言）组成。两种模型都可以模拟包辛格效应和塑性安定，但是非线性各向同性/随动硬化模型的预测更加精确。平均应力的松脱振动和松弛仅由非线性各向同性/运动模型考虑。除了这两种模型外，当想要对承受低周疲劳（条件疲劳）和蠕变疲劳的不锈钢材料进行简单的寿命评估时，可以使用 Abaqus/Standard 中的 ORNL 模型（见下文）。

• 率相关的屈服：随着应变率的增加，许多材料表现出屈服强度的提高。在 Abaqus 中，可以为许多塑性模型定义率相关性（"率相关的屈服"，3.2.3 节）。率相关可用于静态和动态过程中。可应用的模型包括经典的金属塑性、扩展的 Drucker-Prager 塑性和可压碎的泡沫塑性。

• 蠕变和膨胀：Abaqus/Standard 为经典的金属蠕变行为和时间相关的体积膨胀行为（"率相关的塑性：蠕变和膨胀"，3.2.4 节）提供材料模型。此模型适用于像金属或者玻璃那样的高温蠕变流动相对缓慢的（准静态）非弹性变形模型。假定蠕变应变率为纯偏量，则意味着没有与非弹性应变的此部分相关联的体积变化。蠕变可与经典的金属塑性模型以及 ORNL 模型一起使用，并可定义率相关的垫片行为（"直接使用垫片行为模型定义垫片行为"，《Abaqus 分析用户手册——单元卷》的 6.6.6 节）。膨胀可以与经典的金属塑性模型一起使用（与 Drucker-Prager 模型一起使用的用法见下文）。

• 退火或者熔化：Abaqus 具有在高于指定的用户定义温度（称为退火温度）时，模拟失去硬化记忆情形的功能（"退火或者熔化"，3.2.5 节）。它适用于承受高温变形工艺的金属，在此工艺过程中，材料可能经历熔化，并且可能经历再凝固或者其他形式的退火。在 Abaqus 中，可使用经典的金属塑性（Mises 和 Hill）来模拟退火或者熔化；在 Abaqus/Explicit 中，可以使用 Johnson-Cook 塑性来模拟退火或者熔化。将退火温度假定成材料的一个属性。在 Abaqus/Explicit 中使用其他方法仿真退火的内容见"退火过程"，《Abaqus 分析用户手册——分析卷》的 1.12.1 节。

• 各向异性的屈服和蠕变：Abaqus 提供各向异性的屈服模型（"各向异性屈服/蠕变"，3.2.6 节），此模型对于使用经典的金属塑性（"经典的金属塑性"，3.2.1 节）、随动硬化（"承受循环载荷的金属模型"，3.2.2 节）和/或蠕变（"率相关的塑性：蠕变和膨胀"，3.2.4 节）模拟的，在不同方向上表现出不同屈服应力的材料是可用的。Abaqus/Standard 模型中包含蠕变；在 Abaqus/Explicit 中，则无法使用蠕变行为。模型允许指定每一个应力分量不同的应力比来定义初始各向异性。此模型对于在加载后随着材料变形产生显著各向异性变化的情况是不够的。

- Johnson-Cook 塑性：Abaqus/Explicit 中的 Johnson-Cook 塑性模型（"Johnson-Cook 塑性模型"，3.2.7 节）特别适合用来模拟金属的高应变率变形。此模型是 Mises 塑性的一个特殊种类，包括硬化规律和率相关的分析形式，通常用于绝热瞬态动力学分析中。

- 动态失效模型：Abaqus/Explicit 中为 Mises 和 Johnson-Cook 塑性模型（"动态失效模型"，3.2.8 节）提供了两种动态失效模型。一个是剪切失效模型，其失效准则是基于积累的等效塑性应变；另外一个是拉伸失效模型，它使用静水压压应力作为失效度量来模拟动态碎裂或者压力截止。两种方法都提供包括单元删除的多种失效选项，并主要应用于真正的动态情况。与此相比较，渐进性失效和破坏模型（"渐进性损伤和失效"，第 4 章）对于准静态和动态情况都是适用的，并且具有其他显著的优点。

- 多孔金属塑性：多孔金属塑性模型（"多孔金属塑性"，3.2.9 节）用来模拟具有空穴萌生和扩展损伤形式的材料，也可以用于高相对密度的粉末金属工艺过程仿真（相对密度是指实体材料体积与材料总体积之比）。此模型是基于具有空核的 Gurson 多孔金属塑性理论来建立的，并且适用于相对密度大于 0.9 的材料。此模型对于相对单调的载荷是足够的。

- 铸铁塑性：铸铁塑性模型（"铸铁塑性"，3.2.10 节）用来模拟灰铸铁，此材料表现出明显的拉伸和压缩非弹性行为差异。灰铸铁的微观结构是钢基体中分布着鳞片状的石墨。拉伸时，鳞片状石墨是应力集中源；压缩时，鳞片状石墨则用来传递应力。所得到的材料在拉伸时是脆性的，但是在压缩时具有与钢相似的行为。拉伸和压缩塑性响应的区别：①拉伸时的屈服应力比压缩时的屈服应力低 3~4 倍；②拉伸过程中体积永久增加，压缩时的非弹性体积变化则可以忽略；③拉伸和压缩时具有不同的硬化行为。此模型对于相对单调荷载是足够的。

- 双层黏塑性：在 Abaqus/Standard 中，双层黏塑性模型（"双层黏塑性"，3.2.11 节）对于模拟除了塑性外，还具有显著时间相关行为的材料是有用的。对于金属，这些行为通常发生在高温下。试验表明，此模型应用于热机载荷获得了良好的结果。

- ORNL 本构模型：Abaqus/Standard 中的 ORNL 塑性模型（"ORNL-Oak Ridge 国家实验室本构模型"，3.2.12 节）适用于 304 和 316 不锈钢的循环加载和高温蠕变。所提供的塑性和蠕变计算依据是原子核标准 NEF 9-5T 中的规定："Ⅰ类高温原子核系统组件的设计指导和流程（Guidelines and Proceduresfor Design of Class Ⅰ Elevated Temperature Nuclear System Components）。"此模型是线性随动硬化模型（上面介绍的）的扩展，用来为低周疲劳和蠕变疲劳是关键问题的设计目的提供简单的寿命评估。

- 变形塑性：Abaqus/Standard 为韧性金属中断裂力学的完整塑性解的建立提供 Ramberg-Osgood 塑性模型的变形理论（"变形塑性"，3.2.13 节）。此模型最常用于模型的一部分必须建立完全的塑性解，使用小位移分析的静态载荷中。

- 扩展的 Drucker-Prager 塑性和蠕变：塑性模型的 Drucker-Prager 系列扩展（"扩展的 Drucker-Prager 模型"，3.3.1 节）描述粒状材料或者聚合物的行为，它们的屈服行为以等效压应力为基础。非弹性变形有时与粒子间相互交叉滑动那样的摩擦机理相关联。

这类模型提供三种不同的屈服准则供用户选择。三种准则的区别是子午面上屈服面的形状不同，包括线性形式、双曲线形式和一般指数形式。对于模型的线性形式，非弹性的时间相关（蠕变）行为与塑性行为的耦合，在 Abaqus/Standard 中也是可用的。蠕变行为在 Abaqus/Explicit 中是不可用的。

● 改进的 Drucker-Prager/Cap 塑性和蠕变：改进的 Drucker-Prager/Cap 塑性模型（"改进的 Drucker-Prager/Cap 模型"，3.3.2 节）可以用来仿真地质材料的压力相关的屈服。添加的 Cap 屈服面有助于控制材料剪切屈服时的体积膨胀，并且提供非弹性硬化机理来表现塑性压紧。在 Abaqus/Standard 中，非弹性时间相关（蠕变）的行为与塑性行为的耦合对于此模型来说也是可用的；有两种可能的蠕变机制：内聚 Drucker-Prager 型机制和固化盖状机制。

● Mohr-Coulomb 塑性：Mohr-Coulomb 塑性模型（"Mohr-Coulomb 塑性模型"，3.3.3 节）可用于岩土工程领域的设计应用。模型使用经典 Mohr-Coloumb 屈服准则：子午面平面内的直线和偏平面内不规则的六边形截面。Abaqus Mohr-Coulomb 模型具有完全的平滑潜流，用来替代经典的六边形金字塔，潜流是子午面中的双曲线，它使用 Menétrey 和 Willam 提出的平滑偏截面。

● 临界状态（土壤）的塑性：土壤塑性模型（"临界状态（黏土）塑性模型"，3.3.4 节）描述了非黏性土壤的非弹性响应。模型提供了对试验中观察到的土壤行为的合理匹配。此模型通过基于 3 个应力不变量的屈服函数、1 个定义塑性应变率的流动假设，以及一个根据非弹性体积应变来改变屈服面大小的应变硬化理论，来定义材料的非弹性行为。

● 可压碎泡沫塑性：泡沫塑性模型（"可压碎泡沫塑性模型"，3.3.5 节）适合建立典型的用于能量吸收结构的可压碎泡沫模型；其他可压碎的材料，比如轻木也可以使用此模型进行仿真。此模型对于相对单调的荷载是非常适用的。除了用于金属泡沫外，各向同性硬化的可压碎泡沫模型也可以用于聚合物泡沫。

● 节理材料：Abaqus/Standard 中的节理材料模型（"节理材料"，3.5 节）用来为在不同方向上包含高密度平行节理平面的材料，比如沉积岩，提供一个简单且连续的模型。此模型用于应力主要是压应力的情况，并且当垂直于节理面的应力试图变成拉力时，它具有将节理打开的能力。

● 混凝土：在 Abaqus 中，为低围压下的混凝土分析提供 3 种不同的本构模型：Abaqus/Standard 中的弥散开裂混凝土模型（"混凝土弥散开裂"，3.6.1 节）、Abaqus/Explicit 中的脆性开裂模型（"混凝土的开裂模型"，3.6.2 节）和 Abaqus/Standard 与 Abaqus/Explicit 中的混凝土损伤塑性模型（"混凝土损伤塑性"，3.6.3 节）。设计每一种模型来为所有形式的结构，即梁、杆、壳和实体中单纯与钢筋加强的混凝土以及其他相似的准脆性材料提供通用的模拟能力。

Abaqus/Standard 中的弥散开裂混凝土模型适用于基本上承受单调应变，材料点呈现出拉伸开裂或压溃的应用。压缩中的塑性应变通过"压缩"屈服面来控制。假设开裂面为材料行为中最重要的方面，则开裂的表述和开裂后的各向异性行为主导了模拟。

Abaqus/Explicit 中的脆性开裂适用于由拉伸开裂主导的混凝土行为，并且压溃并不重要的应用。模型中包含对由开裂引起的各向异性的考虑。在压缩中，假设模型表现出弹性的行为。可以使用一个简单的脆性失效准则来允许从网格中删除单元。

Abaqus/Standard 和 Abaqus/Explicit 中的混凝土损伤塑性模型是基于标量（各向同性）损伤的假设，并且设计成混凝土承受任意载荷条件，包括循环载荷。模型考虑了由于拉伸和压缩中的塑性应变产生的弹性刚度退化。它也考虑到了周期载荷情况下的刚度回复效应。

● 渐进性损伤和失效：Abaqus/Explicit 具有模拟韧性金属和纤维增强复合材料中的渐进损伤和失效的通用能力（"渐进性损伤和失效"，第 4 章）。

塑性理论

最初工程上适用的大部分材料是弹性响应的。弹性行为意味着变形是完全可恢复的：当载荷去除后，试样恢复其原来的形状。如果载荷超过了某个限度（"屈服载荷"），变形则不再能完全恢复。当载荷去除后，部分变形将保留下来，就像回形针弯曲得太严重或者在制造工艺中对钢坯进行轧制或锻造。塑性理论模拟材料以韧性方式承受此不可恢复变形的力学响应。已经建立起来的理论绝大部分侧重于金属，也可应用于土壤、混凝土、岩石、冰、可压碎泡沫等。这些材料表现出非常不同的行为。比如，高的静水压力只能使金属产生非常小的非弹性变形，但是非常小的静水压力就可以使土壤试样产生显著的、不可恢复的体积改变。虽然如此，塑性理论的基本概念具有足够的通用性，人们已经成功地对很多种材料建立起了基于此概念的模型。

Abaqus 中大部分塑性模型采用的是"增量"理论，机械应变率可分解成弹性部分和塑性（非弹性）部分。增量塑性模型通常以如下方式阐明：

● 屈服面，它将"屈服载荷"的概念推广到测试函数，此函数可以用来确定材料在特定的应力、温度等状态下是否具有完全的弹性响应。

● 流动法则，如果材料点不再只有纯粹弹性响应，则定义所发生的非弹性变形。

● 定义硬化的演化规律——随着非弹性变形的发生，屈服和/或流动的定义发生变化的途径。

Abaqus/Standard 也具有一个"变形"塑性模型，在此模型中，应力是根据总机械应变定义得到的，称其为 Ramberg-Osgood 模型（"变形塑性"，3.2.13 节）。它主要适用于韧性断裂力学应用，此应用通常要求完全的塑性解。

弹性响应

Abaqus 塑性模型也需要弹性定义来处理应变的可恢复部分。在 Abaqus 中，通过包含线性弹性行为来定义弹性，或者在同一个材料定义中，通过是否与一些塑性模型、多孔弹性行为相关联来定义弹性（"材料数据定义"，1.1.2 节）。在 Abaqus/Explicit 的 Mises 和 Johnson-Cook 塑性模型中，可以选择性地使用与行为偏量相关的状态方程来定义弹性（"状态方程"，5.2 节）。

当进行有限应变情况下的弹性-塑性分析时，Abaqus 假设塑性应变主导变形并且弹性应变是小的。此限制通过 Abaqus 使用的弹性模型来施加。这种假设是合理的，因为大部分材料具有明确定义的屈服点，它只有弹性模量的百分之几。例如，材料的屈服应力通常小于材料弹性模量的 1%。这样，弹性应变也将小于此百分比，进而可以非常精确地将材料的弹性响应模拟成线性的。

在 Abaqus/Explicit 中，呈现的弹性应变能增量地进行更新。弹性应变能中的增量变化（ΔE_s）计算公式为 $\Delta E_s = \Delta E_t - \Delta E_p$。式中，$\Delta E_t$ 是总应变能中的增量变化；ΔE_p 是塑性应变能耗散的增量变化。ΔE_s 与 ΔE_t 和 ΔE_p 相比非常小，因为增量中的变形绝大部分都是塑性的。ΔE_t 和 ΔE_p 在计算中的近似导致了与真实解间的偏差，此偏差与 ΔE_t 和 ΔE_p 相比是可以忽略的，但是此偏差相对于 ΔE_s 则是非常明显的。通常，弹性应变能的解是非常精确的，但是在极少部分情况下，ΔE_t 和 ΔE_p 在计算中的近似会导致弹性应变能呈现出负值。这些负值更容易在使用率相关塑性的计算中出现。由于弹性应变能的绝对值与总应变能相比非常小，不应当将弹性应变能的负值认定为一个严重求解问题的迹象。

应力和应变度量

大部分表现出韧性行为（非弹性大应变）的材料在小于材料弹性模量几个数量级的应力水平下屈服，这表明相对应力和应变度量是"真"应力（柯西应力）和对数应变。这样，所有这些模型的材料数据应当以"真"应力（柯西应力）和对数应变度量给出。

如果用户有单轴测试的名义应力-应变数据，并且材料是各向同性的，则到真应力和对数应变的一个简单转换是

$$\sigma_{\text{true}} = \sigma_{\text{nom}}(1+\varepsilon_{\text{nom}})$$

$$\varepsilon_{\text{ln}}^{\text{pl}} = \ln(1+\varepsilon_{\text{nom}}) - \frac{\sigma_{\text{true}}}{E}$$

式中，E 是弹性模量。

应力-应变数据输入举例

下面的例子是具有各向同性硬化行为的经典金属塑性模型的材料数据输入（"经典的金属塑性"，3.2.1节）。应力-应变数据代表的材料硬化行为对于定义模型是必要的。试验硬化曲线如图3-1所示，第一次屈服发生在200MPa（29000lb/in^2）。然后材料在应变为1.0%时硬化到300MPa（43511lb/in^2），之后则是完全塑性的。假设弹性模量是200000MPa（29×10^{6}lb/in^2），在应变点1%处的塑性应变是 $0.01-300/200000=0.0085$。当单位是牛顿（N）和毫米（mm）时，输入见表3-1。

表3-1　应力与应变值

屈服应力/MPa	塑性应变
200	0
300	0.0085

使用塑性应变值，而不是总应变值来定义硬化行为，而且第一个数据对必须对应于塑性的开始（第一个数据对中的塑性应变值必须是零）。当以表格的形式定义硬化数据时，这些概念对于以下塑性模型是可用的：

- "经典的金属塑性"，3.2.1节。
- "承受循环载荷的金属模型"，3.2.2节。
- "多孔金属塑性"，3.2.9节（使用此模型时，必须定义各向同性硬化的经典金属塑性模型一起使用）。

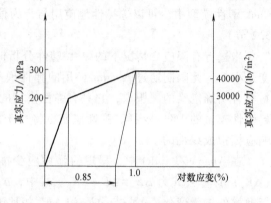

图3-1　试验硬化曲线

- "铸铁塑性"，3.2.10 节。
- "ORNL-Oak Ridge 国家实验室本构模型"，3.2.12 节。
- "扩展的 Drucker-Prager 模型"，3.3.1 节。
- "改进的 Drucker-Prager/Cap 模型"，3.3.2 节。
- "Mohr-Coulomb 塑性模型"，3.3.3 节。
- "临界状态（黏土）塑性模型"，3.3.4 节。
- "可压碎泡沫塑性模型"，3.3.5 节。
- "混凝土弥散开裂"，3.6.1 节。

指定初始等效塑性应变

在 Abaqus 中，可以通过定义初始硬化条件（"Abaqus/Standard 和 Abaqus/Explicit 中的初始条件"，《Abaqus 分析用户手册——指定条件、约束和相互作用卷》的 1.2.1 节），为采用经典金属塑性（"经典的金属塑性"，3.2.1 节）或者 Drucker-Prager 塑性（"扩展的 Drucker-Prager 模型"，3.3.1 节）的单元指定等效塑性应变的初始值。这样，等效塑性应变（输出变量 PEEQ）就包括等效塑性应变的初始值加上任何由分析中的塑性应变产生的附加等效塑性应变。然而，塑性应变张量（输出变量 PE）只包括由分析中的变形所产生的应变量。

图 3-2 所示的简单一维初始等效塑性应变举例说明了此概念。材料在点 A 处于退火状态，它的屈服应力是 σ_B^0。然后沿路径（A，B，C，D）加载使其得到硬化，新的屈服应力是 σ_E^0。一个使用与第一个分析中相同的硬化曲线的新的初始分析从点 D 开始，通过指定一个总应变 ε_2，沿路径（D，E，F）对该材料进行加载。此时，将产生塑性应变 ε_2^{pl}，并可以使用输出变量 PE11（举例）来输出。要得到正确的屈服应力 σ_E^0，点 E 处的等效塑性应变 ε_1^{pl} 应当作为初始条件来提供。同样的，点 F 处的正确屈服应力是根据等效塑性应变 PEEQ = $\varepsilon_1^{pl} + \varepsilon_2^{pl}$ 得到的。

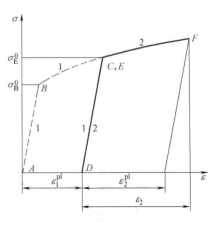

图 3-2　初始等效塑性应变举例

3.2 金属塑性

- "经典的金属塑性"，3.2.1 节
- "承受循环载荷的金属模型"，3.2.2 节
- "率相关的屈服"，3.2.3 节
- "率相关的塑性：蠕变和膨胀"，3.2.4 节
- "退火或者熔化"，3.2.5 节
- "各向异性屈服/蠕变"，3.2.6 节
- "Johnson-Cook 塑性模型"，3.2.7 节
- "动态失效模型"，3.2.8 节
- "多孔金属塑性"，3.2.9 节
- "铸铁塑性"，3.2.10 节
- "双层黏塑性"，3.2.11 节
- "ORNL-Oak Ridge 国家实验室本构模型"，3.2.12 节
- "变形塑性"，3.2.13 节

3.2.1 经典的金属塑性

产品：Abaqus/Standard　　　Abaqus/Explicit　　　Abaqus/CAE

参考

- "率相关的屈服"，3.2.3 节
- "各向异性屈服/蠕变"，3.2.6 节
- "Johnson-Cook 塑性模型"，3.2.7 节
- "渐进性损伤和失效"，第 4 章
- "动态失效模型"，3.2.8 节
- "材料库：概览"，1.1.1 节
- "非弹性行为：概览"，3.1 节
- "UHARD"《Abaqus 用户子程序参考手册》的 1.1.36 节
- ∗ PLASTIC
- ∗ RATE DEPENDENT
- ∗ POTENTIAL
- "定义塑性"中的"定义经典的金属塑性"，《Abaqus/CAE 用户手册》（在线 HTML 版本）的 12.9.2 节

概览

经典的金属塑性模型：
- 使用具有相关塑性流动的 Mises 或者 Hill 屈服面，允许各向同性和各向异性的屈服。
- 使用完美塑性或者各向同性硬化行为。
- 当率相关的效应处于重要地位时可以使用。
- 适用于诸如压碎分析、金属成形和一般塌缩研究等应用（包括随动硬化，因而更适用于承受循环载荷的塑性模型，在 Abaqus 中也是可以使用的：见"承受循环载荷的金属模型"，3.2.2 节）。
- 可以用在使用具有位移自由度的单元的任何过程中。
- 可以用于完全耦合的温度-位移分析（"完全耦合的热-应力分析"，《Abaqus 分析用户手册——分析卷》的 1.5.3 节）、完全耦合的热-电结构分析（"完全耦合的热-电结构分析"，《Abaqus 分析用户手册——分析卷》的 1.7.4 节），或者塑性耗散使得金属得到加热的绝热的热-应力分析（"绝热分析"，《Abaqus 分析用户手册——分析卷》的 1.5.4 节）。
- 在 Abaqus 中，可以与渐进性损伤和失效（"韧性金属的损伤和失效：概览"，4.2.1 节）联合使用来指定不同的损伤初始准则，并且允许材料刚度渐进退化的损伤演化规律，以及从网格中删除单元。

- 在 Abaqus/Explicit 中，可以与剪切失效模型一起使用，以提供一个简单的韧性动态失效准则来允许从网格中删除单元，但通常建议使用上面讨论的渐进损伤和失效方法来代替。
- 在 Abaqus/Explicit 中，可以与张力失效模型一起使用来提供一个拉伸碎裂准则，从而提供一些失效选择并从网格中删除单元。
- 必须与线性弹性材料模型（"线弹性行为"，2.2.1 节）或者材料模型状态方程（"状态方程"，5.2 节）之一联合使用。

屈服面

Mises 和 Hill 屈服面假设材料的屈服是独立于等效压应力的：对于正压应力条件下的大部分金属（除了有空穴金属），此假设得到了试验证实；但在高三轴拉伸情况下，当空穴可能成核并在金属内部生长时，则此假设不准确。这种情况可能出现在裂纹尖端附近的应力场中，以及某些极端热载荷情况中，比如焊接过程中。Abaqus 提供了一种多孔金属塑性模型用于此情况。此模型将在"多孔金属塑性"（3.2.9 节）中加以叙述。

Mises 屈服面

Mises 屈服面用来定义各向同性屈服。通过给出作为单轴等效塑性应变、温度和/或场变量的函数的单轴屈服应力来定义。在 Abaqus/Standard 中，屈服应力也可以在用户子程序 UHARD 中定义。

输入文件用法：* PLASTIC

Abaqus/CAE 用法：Property module：material editor：Mechanical→Plasticity→Plastic

Hill 屈服面

Hill 屈服面允许模拟各向异性屈服。用户必须为金属塑性模型指定一个参考屈服应力 σ^0，并且分别定义一系列的屈服比 R_{ij}。这些数据将响应每个应力分量的屈服应力定义 $R_{ij}\sigma^0$。Hill 的可能方程在"各向异性屈服/蠕变"，3.2.6 节中进行了详细讨论。屈服比可用来定义与金属板材成形相关的 3 个常用各向异性形式：横向各向异性、平面各向异性和一般各向异性。

输入文件用法：使用下述两个选项：

* PLASTIC（指定参考屈服应力 σ^0）

* POTENTIAL（指定屈服比 R_{ij}）

Abaqus/CAE 用法：Property module：material editor：Mechanical→Plasticity→Plastic：Sub-options→Potential

硬化

在 Abaqus 中，可以定义完美塑性材料（无硬化）或者指定工作硬化。各向同性硬化，包括 Johnson-Cook 硬化，在 Abaqus/Standard 和 Abaqus/Explicit 中都可用。此外，Abaqus 为承受循环载荷的材料提供随动硬化模型。

完美塑性

完美塑性意味着屈服应力不随塑性应变而变化。它可以采用温度和/或场变量的表格形式来定义；根据温度和/或场变量的单个屈服应力值指定屈服的发生。

输入文件用法： * PLASTIC

Abaqus/CAE 用法：Property module：material editor：Mechanical→Plasticity→Plastic

各向同性硬化

各向同性硬化意味着屈服面在所有方向均一地变化尺寸，这样随着塑性应变的发生，屈服应力在所有应力方向上增加（或降低）。Abaqus 提供一个各向同性硬化模型，它适用于涉及总塑性应变的情况或者在整个分析的应变空间中，每个点在同一个方向上发生应变的情况。虽然此模型称为"硬化"模型，但可以定义软化前的应变软化或者硬化。各向同性硬化塑性的详细内容见《Abaqus 理论手册》的 4.3.2 节"各向同性弹塑性"。

如果定义了各向同性硬化，则屈服应力 σ^0 可以采用塑性应变表格函数的形式给出，并且如果需要，也可以作为温度和/或其他预定义场变量的函数给出。屈服应力在给定的状态下从这个数据表中进行简单的内插，并且它在塑性应变超出所给数据表的最后值后保持不变。

Abaqus/Explict 将以独立变量的均匀间隔方式，将所定义的数据规范化到表格里。在某些情况下，当屈服应力定义在不均匀间隔的独立变量上时（塑性应变），并且独立变量的范围与最小间距相比为大时，Abaqus/Explicit 无法以合理数量的间隔来准确规范数据。此时，程序将在处理了所有数据后停止并发出一个必须重新定义材料数据的错误信息。关于数据规范化的详细内容见"材料数据定义"（1.1.2 节）。

输入文件用法： * PLASTIC，HARDENING = ISOTROPIC（如果数据缺失，则为默认选项）

Abaqus/CAE 用法：Property module：material editor：Mechanical → Plasticity → Plastic：Hardening：Isotropic

Johnson-Cook 各向同性硬化

Johnson-Cook 硬化是各向同性硬化的一个特殊形式，其中屈服应力作为等效塑性应变、应变率和温度的分析函数给出。这种硬化规律适合模拟包括大多数金属在内的许多材料的高变化率变形。Hill 的势函数（见"各向异性屈服/蠕变"，3.2.6 节）不能与 Johnson-Cook 硬化一起使用。更多相关内容见"Johnson-Cook 塑性模型"，3.2.7 节。

输入文件用法： * PLASTIC，HARDENING = JOHNSON COOK

Abaqus/CAE 用法：Property module：material editor：Mechanical → Plasticity → Plastic：Hardening：Johnson-Cook

用户子程序

在 Abaqus/Standard 中，也可以通过用户子程序 UHARD 来描述各向同性硬化的屈服应力 σ^0。

输入文件用法：＊PLASTIC，HARDENING＝USER

Abaqus/CAE用法：Property module：material editor：Mechanical → Plasticity → Plastic：Hardening：User

随动硬化

Abaqus提供两种随动硬化来模拟金属的循环载荷。线性随动模型近似具有不变硬化率的硬化行为。更一般的非线性各向同性/随动模型将给出更好的预测，但是要求更多详细的校正。更多相关内容见"承受循环载荷的金属模型"，3.2.2节。

输入文件用法：使用以下选项指定线性随动模型：

＊PLASTIC，HARDENING＝KINEMATIC

使用以下选项指定组合了各向同性/随动模型的非线性：

＊PLASTIC，HARDENING＝COMBINED

Abaqus/CAE用法：Property module：material editor：Mechanical → Plasticity → Plastic：Hardening：Kinematic 或 Combined

流动法则

Abaqus使用相关联的塑性流动。这样，随着材料屈服，非弹性变形率在垂直于屈服面的垂直方向（塑性变形是体积不变量）。此假设对于金属的大部分计算来说是适用的；不适用的最直观的例子是金属板材中随着金属板材产生纹理并最终撕裂的塑性流定位的详细研究。只要不要求分析此种效应的详细情况（或者可以根据不太详细的准则推断出来，例如达到按照应变衡量定义的成形极限），Abaqus中与平滑Mises或者Hill屈服面一起使用的相关流动模型通常就能准确地预测行为。

率相关性

随着应变率的增加，许多材料表现出屈服强度增加的现象。当应变率为（0.1～1）/s时，此效应在许多金属中变得重要；并且对于应变率为（10～100）/s的情况，它将变得非常重要，这是高能动态事件或者制造工艺的特点。

引入应变率相关的屈服应力的方法如下。

直接表格数据

可以采用不同等效塑性应变率（$\dot{\varepsilon}^{pl}$）下的屈服应力值与等效塑性应变关系的表格来提供测试数据，每个应变率对应一张表。直接表格数据不能与Johnson-Cook硬化一起使用。"率相关的屈服"，3.2.3节中介绍了使用这些数据条目时应遵循的准则。

输入文件用法：＊PLASTIC，RATE＝$\dot{\varepsilon}^{pl}$

Abaqus/CAE用法：Property module：material editor：Mechanical→Plasticity→Plastic：Use strain-rate-dependent data

屈服应力比

另外，用户可以采用比例函数的方法来指定应变率相关性。在此情况下，仅输入一条硬化曲线——静态硬化曲线，然后以静态关系方式表达率相关的硬化曲线即可，假设

$$\overline{\sigma}(\overline{\varepsilon}^{pl}, \dot{\overline{\varepsilon}}^{pl}) = \sigma^0(\overline{\varepsilon}^{pl}) R(\dot{\overline{\varepsilon}}^{pl})$$

式中，σ^0 是静态屈服应力；$\overline{\varepsilon}^{pl}$ 是等效塑性应变；$\dot{\overline{\varepsilon}}^{pl}$ 是等效塑性应变率；R 是一个比值，当 $\dot{\overline{\varepsilon}}^{pl} = 0.0$ 时，$R = 1.0$。此方法将在"率相关的屈服"，3.2.3 节中进一步介绍。

输入文件用法：使用下面两个选项定义屈服应力比：

$\ast$ PLASTIC（指定静态屈服应力 $\sigma^0(\overline{\varepsilon}^{pl})$）

$\ast$ RATE DEPENDENT（指定比值 $R(\dot{\overline{\varepsilon}}^{pl})$）

Abaqus/CAE 用法：Property module：material editor：Mechanical→Plasticity→Plastic：Sub-options→Rate Dependent

用户子程序

在 Abaqus/Standard 中，可以使用用户子程序 UHARD 定义一个率相关的屈服应力。Abaqus 提供当前等效塑性应变和等效塑性应变率，用户负责返回屈服应力和偏量。

输入文件用法：$\ast$ PLASTIC, HARDENING = USER

Abaqus/CAE 用法：Property module：material editor：Mechanical → Plasticity → Plastic：Hardening：User

渐进性损伤和失效

在 Abaqus 中，金属塑性材料模型可以与"韧性金属的损伤和失效：概览"（4.2.1 节）中讨论的渐进性损伤和失效模型一起使用。此功能允许指定一个或者多个损伤初始准则，包括韧性、剪切、成形极限图（FLD）、成形极限应力图（FLSD）、Müschenborn-Sonne 成形极限图（MSFLD），以及 Abaqus/Explicit 中的 Marciniak-Kuczynski（M-K）准则。损伤初始化后，材料刚度根据指定的损伤演化响应来渐进退化。模型提供两种失效选择，包括作为结构撕裂或者断开的结果从网格中删除单元。渐进损伤模型允许材料刚度的平滑退化，以使得它们都适合准静态和动态情况。这对于接下来讨论的动态失效模型具有极大的优势。

输入文件用法：使用下列选项定义模型：

$\ast$ PLASTIC

$\ast$ DAMAGE INITIATION

$\ast$ DAMAGE EVOLUTION

Abaqus/CAE 用法：Property module：material editor：Mechanical → Damage for Ductile Metals→*criterion*：Suboptions→Damage Evolution

Abaqus/Explicit 中的剪切和拉伸动态失效

在 Abaqus/Explicit 中，金属塑性材料模型可以与适用于真实动态情况中的剪切和拉伸失效模型（"动态失效模型"，3.2.8 节）一起使用；但是，上面讨论的渐进性损伤和失效模型则更为优先。

剪切失效

剪切失效模型提供了一个适合包括大部分金属在内的许多材料的高应变率变形的简单失效准则。它提供两种失效选择，包括作为结构撕裂和断开的结果从网格中去除单元。剪切失效准则基于等效塑性应变的值，并且主要适用于高应变率的真实动态问题。更多相关内容见"动态失效模型"（3.2.8 节）。

输入文件用法：使用下述两个选项建立模型：

* PLASTIC

* SHEAR FAILURE

Abaqus/CAE 选项：Abaqus/CAE 不支持剪切失效模型。

拉伸失效

拉伸失效模型使用静水压应力作为失效度量来模拟动态破碎或者压力截止。它提供包括单元去除在内的许多失效选择。与剪切失效模型相似，拉伸失效模型适用于金属的高应变率变形，并且对于真正的动态问题是可行的。更多相关内容，见"动态失效模型"，（3.2.8 节）。

输入文件用法：使用下述两个选项建立模型：

* PLASTIC

* TENSILE FAILURE

Abaqus/CAE 用法：Abaqus/CAE 不支持拉伸失效模型。

塑性功产生的热生成

Abaqus 也允许塑性耗散来产生金属升温。热生成可用于包括大量非弹性应变的块金属成形或者高速制造工艺，因为材料属性的温度相关性，其中由于变形产生的金属温升是一个重要的影响。这仅适用于绝热的热-力分析（"绝热分析"，《Abaqus 分析用户手册——分析卷》的 1.5.4 节），完全耦合的温度-位移分析（"完全耦合的热-应力分析"，《Abaqus 分析用户手册——分析卷》的 1.5.3 节），或者完全耦合的热-电-结构分析（"完全耦合的热-电结构分析"，《Abaqus 分析用户手册——分析卷》的 1.7.4 节）。

通过定义表现为每体积热流量的非弹性耗散分数比来引入此效应。

输入文件用法：在同一个材料数据块中使用下面所有的选项：

* PLASTIC

* SPECIFIC HEAT

* DENSITY

* INELASTIC HEAT FRACTION

Abaqus/CAE Usage：对同一个材料使用下面所有的选项：

　　　　　　　　　　　Property module：material editor：

　　　　　　　　　　　Mechanical→Plasticity→Plastic

　　　　　　　　　　　Thermal→Specific Heat

　　　　　　　　　　　General→Density

　　　　　　　　　　　Thermal→Inelastic Heat Fraction

初始条件

当需要研究已经承受了一些工作硬化的材料行为时，可提供初始等效塑性应变值来指定对应工作硬化状态的屈服应力（"Abaqus/Standard 和 Abaqus/Explicit 中的初始条件"，《Abaqus 分析用户手册——指定条件、约束和相互作用卷》的 1.2.1 节）。

输入文件用法：* INITIAL CONDITIONS，TYPE = HARDENING

Abaqus/CAE 用法：Load module：Create Predefined Field：Step：Initial，为 the Category 选择 Mechanical，为 Types for Selected Step 选择 Hardening

Abaqus/Standard 中的用户子程序指定

对于更加复杂的情况，在 Abaqus/Standard 中可以通过用户子程序 HARDINI 来定义初始条件。

输入文件用法：* INITIAL CONDITIONS，TYPE = HARDENING，USER

Abaqus/CAE 用法：Load module：Create Predefined Field：Step：Initial，为 Category 选择 Mechanical，为 Types for Selected Step 选择 Hardening；Definition：User-defined

单元

经典的金属塑性可以与任何包括力学行为的单元（具有位移自由度的单元）一起使用。

输出

除了 Abaqua 中的标准输出标识符（"Abaqus/Standard 输出变量标识符"，《Abaqus 分析用户手册——介绍、空间建模、执行与输出卷》的 4.2.1 节，以及 "Abaqus/Explicit 输出变量标识符"，《Abaqus 分析用户手册——介绍、空间建模、执行与输出卷》的 4.2.2 节），下面的变量对于经典金属塑性模型具有特别的意义：

PEEQ：等效塑性应变，$\bar{\varepsilon}^{pl} = \bar{\varepsilon}^{pl} \Big|_0 + \int_0^t \sqrt{\frac{2}{3} \dot{\bar{\varepsilon}}^{pl} : \dot{\bar{\varepsilon}}^{pl}} \, dt$，式中，$\bar{\varepsilon}^{pl} \big|_0$ 是初始等效塑性应变（零或者用户指定，见"初始条件"）。

YIELDS：屈服应力 σ^0。

3.2.2 承受循环载荷的金属模型

产品：Abaqus/Standard   Abaqus/Explicit   Abaqus/CAE

参考

- "材料库：概览"，1.1.1 节
- "非弹性行为：概览"，3.1 节
- "各向异性屈服/蠕变"，3.2.6 节
- "UHARD"《Abaqus 用户子程序参考手册》的 1.1.36 节
- * CYCLIC HARDENING
- * PLASTIC
- * POTENTIAL
- "定义塑性"中的"定义典型金属塑性"，《Abaqus/CAE 用户手册》（在线 HTML 版本）的 12.9.2 节

概览

随动硬化模型：
- 用于仿真承受循环载荷的材料的非弹性行为。
- 包括一个线性随动硬化模型和一个非线性各向同性/随动硬化模型。
- 包括一个具有多个背应力的非线性各向同性/随动硬化模型。
- 可以在任何具有位移自由度单元的过程中使用。
- 在 Abaqus/Standard 中，不能用于绝热分析，并且非线性各向同性/随动硬化模型不能用于耦合的温度-位移分析。
- 可以用来模拟率相关的屈服。
- 在 Abaqus/Standard 中，可以与蠕变和膨胀一起使用。
- 要求使用线性弹性材料模型来定义响应的弹性部分。

屈服面

用来模拟承受循环载荷的金属所具有的随动硬化行为，是与压力无关的塑性模型；换句话说，金属的屈服是独立于等效压应力的。这些模型适用于大多数承受循环载荷的金属，除了中空的金属。线性随动硬化模型可与 Mises 或者 Hill 屈服面一起使用。在 Abaqus/Standard 中，非线性各向同性/随动模型仅能与 Mises 屈服面一起使用；在 Abaqus/Explicit 中，非线性各向同性/随动模型则可以与 Mises 屈服面或者 Hill 屈服面一起使用。与压力无关的屈服面是通过以下方程定义的

$$F = f(\sigma - \alpha) - \sigma^0 = 0$$

式中，σ^0 是屈服应力；$f(\sigma - \alpha)$ 是等效 Mises 应力或者 Hill 关于背应力 α 的势。例如，等效

Mises 应力定义为

$$f(\sigma - \alpha) = \sqrt{\frac{3}{2}(\boldsymbol{S} - \alpha^{\mathrm{dev}}) : (\boldsymbol{S} - \alpha^{\mathrm{dev}})}\,,$$

式中，$\boldsymbol{S}$ 是偏应力张量（定义为 $\boldsymbol{S} = \sigma + p\boldsymbol{I}$，其中 σ 是应力张量，p 是等效压应力，$\boldsymbol{I}$ 是单位张量）；α^{dev} 是背应力张量的偏量部分。

流动法则

随动硬化模型假设相关的塑性流动：

$$\dot{\varepsilon}^{\mathrm{pl}} = \dot{\overline{\varepsilon}}^{\mathrm{pl}} \frac{\partial F}{\partial \sigma}$$

式中，$\dot{\varepsilon}^{\mathrm{pl}}$ 是塑性流动速率；$\dot{\overline{\varepsilon}}^{\mathrm{pl}}$ 是等效塑性应变速率。等效塑性应变的演化是从下面的等效塑性功表达式得到的

$$\sigma^0 \dot{\overline{\varepsilon}}^{\mathrm{pl}} = \sigma : \dot{\varepsilon}^{\mathrm{pl}}$$

式中，$\dot{\overline{\varepsilon}}^{\mathrm{pl}} = \sqrt{\frac{2}{3}\dot{\varepsilon}^{\mathrm{pl}} : \dot{\varepsilon}^{\mathrm{pl}}}$ 是各向同性 Mises 塑性。对于承受循环载荷的金属，只要不考虑诸如由于循环疲劳载荷使金属构件开裂而发生的塑性流动的位置，相关的塑性流动的假设都是可接受的。

硬化

线性随动硬化模型具有不变的硬化模量，并且非线性各向同性/随动硬化模型同时具有非线性随动和非线性各向同性硬化部分。

线性随动硬化模型

此模型的演变法则由描述屈服面通过背应力 α，在应力空间平移的线性随动硬化部分组成。省略温度相关性时，此演变法则是线性 Ziegler 硬化法则

$$\dot{\alpha} = C \frac{1}{\sigma^0}(\sigma - \alpha)\dot{\overline{\varepsilon}}^{\mathrm{pl}}$$

式中，$\dot{\overline{\varepsilon}}^{\mathrm{pl}}$ 是等效塑性应变速率；C 是随动硬化模量。在此模型中，等效应力定义了屈服面 σ^0 的尺寸保持常数 $\sigma^0 = \sigma|_0$，其中 $\sigma|_0$ 是定义零屈服应变屈服面大小的等效应力。

非线性各向同性/随动硬化模型

此模型的演化法则包括两个部分：非线性随动硬化部分，用于描述屈服面通过背应力 α 在应力空间中的平移；各向同性硬化部分，此部分将定义屈服面 σ^0 的等效应力发生的变化描述成塑性变形的函数。

将随动硬化部分定义成纯粹运动项（线性 Ziegler 硬化法则）和松弛项（召回项）的增

量组合，这样便给随动硬化部分引入了非线性。此外，可以叠加一些随动硬化部分（背应力），这在某些情况下可以大大改进结果。当忽略温度和场变量相关性时，对应于每一个背应力的硬化法则是

$$\dot{\alpha}_k = C_k \frac{1}{\sigma_0} (\sigma - \alpha) \dot{\overline{\varepsilon}}^{pl} - \gamma_k \alpha_k \dot{\overline{\varepsilon}}^{pl}$$

整个背应力按下式计算

$$\alpha = \sum_{k=1}^{N} \alpha_k$$

式中，N 是背应力的个数；C_k 和 γ_k 是必须在循环测试数据中进行标定的材料参数，C_k 是初始随动硬化模量，γ_k 用于确定随动硬化模量随着塑性变形的增加而下降的速率。随动硬化法则可以分成偏量部分和静水压力部分，只有偏量部分对材料行为有影响。当 C_k 和 γ_k 为零时，模型简化成各向同性硬化模型。当所有的 γ_k 均等于零时，恢复成线性 Ziegler 硬化法则。材料参数的标定将在下面的"随动硬化模型的用法和校正"中加以讨论。图 3-3 所示为具有 3 个背应力的非线性随动硬化模型实例。每一个背应力覆盖一个不同的应变范围，并且为大应变保留线性硬化法则。

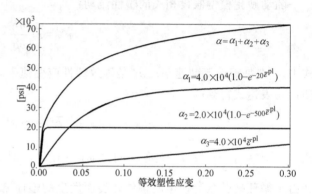

图 3-3　具有 3 个背应力的非线性随动硬化模型
注：1psi = 6.895kPa。

模型的各向同性硬化行为将屈服面 σ^0 的尺寸演化定义成等效塑性应变 $\overline{\varepsilon}^{pl}$ 的函数。此演化可以通过以下途径引入：直接指定 σ^0 作为 $\overline{\varepsilon}^{pl}$ 的表格形式函数，在用户子程序 UHARD 中指定 σ^0（仅在 Abaqus/Standard 中），使用简单的指数法则

$$\sigma^0 = \sigma \mid_0 + Q_\infty (1 - e^{b\overline{\varepsilon}^{pl}})$$

式中，$\sigma \mid_0$ 是零塑性应变时的屈服应力；Q_∞ 和 b 是材料参数，Q_∞ 是屈服面尺寸的最大变化，b 定义了随着塑性应变的发展屈服面的尺寸变化率。当定义屈服面尺寸的等效应力保持常数（$\sigma^0 = \sigma \mid_0$）时，模型简化成非线性随动硬化模型。

单向载荷的随动硬化和各向同性硬化的分量如图 3-4 所示，多轴载荷如图 3-5 所示。随动硬化分量的演化法则说明背应力包含在半径 $\sqrt{2/3}\, \alpha^s = \sqrt{2/3} \sum_k^N C_k / \gamma_k$ 的圆柱中，其中 α^s 是 α 在饱和态（大塑性应变）下的大小。它也表明任何应力点必须在半径为 $\sqrt{2/3}\sigma_{max}$ 的圆柱体中（使用图 3-4 中的符号），因为屈服面保持有界。在大塑性应变时，任何应力点包含在一个半径为 $\sqrt{2/3}\,(\alpha^s + \sigma^s)$ 的圆柱内，式中，σ^s 是定义大塑性应变时屈服面大小的等效应力。如果提供了各向同性主分量的表格数据，则 σ^s 是最后给出的定义屈服面大小的值。如果使用了用户子程序 UHARD，则此值取决于用户的实际应用；否则，$\sigma^s = \sigma \mid_0 + Q_\infty$。

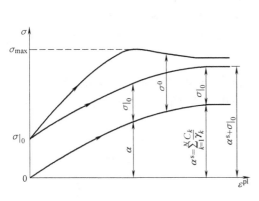

图 3-4　非线性各向同性/随动
模型中硬化的一维表示

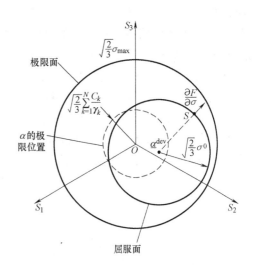

图 3-5　非线性各向同性/随动模
型中硬化的三维表示

预测材料的行为

在随动硬化模型中，屈服面的中心由于随动硬化分量，而在应力空间中移动。此外，当使用非线性各向同性/随动硬化模型时，屈服面范围会因为各向同性分量而扩展或者收缩。这些特征允许对经受循环载荷或者温度载荷的金属中的非弹性变形进行建模，导致显著的非弹性变形和可能的低周疲劳失效。这些模型考虑了下面的现象：

● 包辛格效应：这种效应的特征在于在初始加载期间发生塑性变形之后，载荷反转时的屈服应力降低。此现象随着持续的循环而减弱。线性随动硬化部分考虑了此效应，但是非线性部分改善了循环的形状。循环形状的进一步改善可以通过使用具有多个背应力的非线性模型来实现。

● 具有塑性安定的循环硬化：此现象是对称应力控制或者对称应变控制试验的特征。软化或者退火金属往往向着一个稳定的极限变硬，并且最初硬化的金属趋向于软化。图 3-6 所示为一种金属在规定的对称应变循环下的硬化行为。所使用模型的随动硬化部分在一个应力循环后沿着预测塑性安定。各向同性部分和非线性随动部分的联合在几个循环后预测安定。

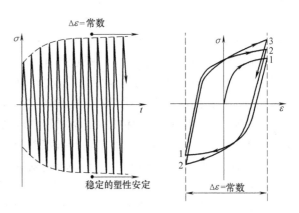

图 3-6　塑性安定

● 棘齿行为：应力在规定限制内的非对称循环将造成平均应力方向上的渐进"蠕变"或者"棘齿"（图 3-7）。通常，对于低平均应力，瞬态棘齿之后是稳定状态（零棘齿应变）；

然而在高平均应力水平上，则可观察到累加的棘齿应变中的恒量增加。使用非线性随动硬化部分（不使用各向同性硬化部分）预测不变的棘齿应变。棘齿的预测通过添加各向同性硬化来改进，在此情况下，棘齿应变可降低直至变成常数。然而，具有单个背应力的非线性硬化模型通常会预测出一个过于显著的棘齿效应。可以通过叠合几个随动硬化模型（背应力）和选择其中一个作为线性或者近乎线性的（$\gamma_k \ll C_k$）模型，来实现对模拟棘齿的改进，从而产生一个不太显著的棘齿效应。

• 平均应力的松弛：此现象是非对称应变试验的特征，如图3-8所示，随着循环数量的增加，平均应力趋于零。此行为需考虑非线性各向同性/随动硬化模型的非线性随动硬化部分。

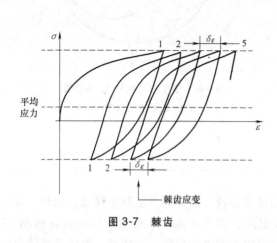

图 3-7 棘齿

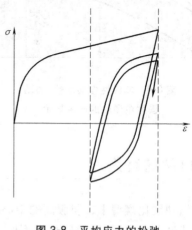

图 3-8 平均应力的松弛

局限性

如上所述，线性随动硬化模型是一个仅给出承受循环载荷的金属所具有行为的初步近似的简单模型。非线性各向同性/随动硬化模型在很多涉及循环载荷的情况下可提供更加精确的结果，但是，它仍然具有以下局限性：

• 各向同性硬化在所有应变范围中都是一样的。然而，物理观察表明，各向同性硬化的量取决于应变范围的幅度。此外，如果试样在两个不同的应变范围循环，则第一个循环中的变形影响第二个循环中的各向同性硬化。这样，此模型只是实际循环行为的一个粗略的近似。应当将它校正到应用中所预期的重要循环应变大小上。

• 为比例和非比例载荷循环预测了相同的循环硬化行为。物理观察表明，承受非比例循环载荷的材料行为与相同应变幅的单轴行为相差很大。

"简单比例和非比例循环测试"，《Abaqus基准手册》的3.2.8节，"循环载荷下的有V形切口的梁"，《Abaqus例题手册》的1.17节和"拉伸与压缩下的单轴棘齿"，《Abaqus例题手册》的1.1.8节中，举例说明了具有平均应力的塑性安定、棘齿和松弛的非线性各向同性/随动硬化模型的循环硬化现象，以及它的局限性。

随动硬化模型的使用和校正

线性随动模型以恒定的硬化率逼近硬化行为。此硬化率应当与预计应用的应变范围中的稳定循环所测得的平均硬化率相匹配。通过在固定应变范围内循环直到达到稳态条件来得到稳定的循环，即直到应力-应变曲线的形状从一个循环到下一个循环不再发生改变。更通用的非线性模型将给出更好的预测，但需要更多的校正。

线性随动硬化模型

从单向拉伸或者压缩的半循环试验中得到的测试数据必须进行线性化，因为此简单模型只能预测线性硬化。数据通常是基于应变循环中稳定行为的度量，此稳定行为包含预计应用中要发生的应变范围。用户只需提供两个数据对来定义此线性行为：零塑性应变时的屈服应力 $\sigma|_0$ 和有限塑性应变值 $\varepsilon^{\rm pl}$ 处的屈服应力 σ。线性随动硬化模量 C 由下式得出

$$C = \frac{\sigma - \sigma|_0}{\varepsilon^{\rm pl}}$$

用户可以提供多组数据对作为温度的函数来定义线性随动硬化模量与温度的关系。如果想得到此模型的 Hill 屈服面，则必须单独指定一系列的屈服比 R_{ij}（指定屈服比的方法见"各向异性屈服/蠕变"，3.2.6 节）。

此模型仅为相对小的应变（小于 5%）给出物理上合理的结果。

输入文件用法：∗PLASTIC，HARDENING = KINEMATIC

Abaqus/CAE 用法：Property module：material editor：Mechanical → Plasticity → Plastic：Hardening：Kinematic

非线性各向同性/随动硬化模型

定义了屈服面 σ^0 大小的等效应力演化，作为等效塑性应变 $\overline{\varepsilon}^{\rm pl}$ 的函数，定义了模型的各向同性硬化部分。用户可以通过一个指数规律或者直接以表格形式来定义各向同性硬化部分。如果屈服面在整个加载过程中保持不变，则不需要对其进行定义。在 Abaqus/Explicit 中，如果此模型需要 Hill 屈服面，则必须指定一系列的屈服比 R_{ij}（指定屈服比的方法见"各向异性屈服/蠕变"，3.2.6 节）。在 Abaqus/Standard 中，Hill 屈服面不能与此模型一起使用。

材料参数 C_k 和 γ_k 确定了模型的随动硬化部分。Abaqus 为模型的随动硬化部分提供 3 种提供数据的方法：直接指定参数 C_k 和 γ_k，给定半循环测试数据，以及给出从稳定循环中得到的测试数据。校正模型所需要的试验如下。

通过指数规律定义各向同性硬化部分

直接指定指数规律的材料参数 $\sigma|_0$、Q_∞ 和 b，前提是它们已经由试验数据得到了校正。可以将这些参数指定成温度和/或场变量的函数。

输入文件用法：∗CYCLIC HARDENING，PARAMETERS

Abaqus/CAE 用法：Property module：material editor：Mechanical→Plasticity→Plastic：Sub-options→Cyclic Hardening：切换选中 Use parameters

通过数据表定义各向同性硬化部分

通过指定定义屈服面 σ^0 大小的等效应力，作为等效塑性应变 $\overline{\varepsilon}^{\rm pl}$ 的表格函数，来引入各

向同性硬化。得到这些数据的最简单的途径是进行应变范围为 $\Delta\varepsilon$ 的对称应变受控的循环试验。因为材料的弹性模量与它的应变模量相比较大，所以可以近似认为此试验是对相同塑性应变范围 $\Delta\varepsilon^{pl} \approx \Delta\varepsilon - 2\sigma_1^t/E$（采用图 3-9 的符号，其中 E 是材料的弹性模量）的重复循环。定义屈服面大小的是零等效塑性应变处的 $\sigma|_0$，通过从屈服应力（见图 3-4）中隔离随动部分，得到每个循环 i 的峰值拉伸应力点，即

$$\sigma_i^0 = \sigma_i^t - \alpha_i$$

式中，$\alpha_i = (\sigma_i^t + \sigma_i^c)/2$。模型近似地预测了每一个循环中特定的应变水平上的背应力值 $\alpha_i \approx (\sigma_1^t + \sigma_1^c)/2$，则对应 σ_i^0 的等效塑性应变是

$$\overline{\varepsilon}^{pl} = \frac{1}{2}(4i - 3)\Delta\varepsilon^{pl}$$

数据对 $(\sigma_i^0, \overline{\varepsilon}^{pl})$，包括零等效塑性应变时的值 $\sigma|_0$，是以表格的形式指定的。应当对材料可能承受的整个等效塑性应变范围提供定义屈服面尺寸的表格化数值。数据可以是温度和/或场变量的函数。

为了得到精确的循环硬化数据，例如低周疲劳计算所需数据，应实施在应变范围 $\Delta\varepsilon$ 中的校正试验，$\Delta\varepsilon$ 对应于分析中预计的应变范围，因为材料模型不能预测不同应变范围的不同各向同性硬化行为。此局限性也表明，即使是从相同材料中得到的随动硬化部分，也必须分成几个对应于不同预期应变范围的不同硬化属性。场变量和这些属性的场变量相关性也可用于此目的。

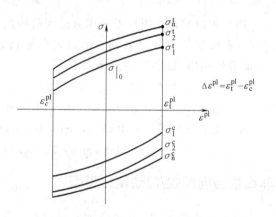

图 3-9　对称应变循环试验

Abaqus 中允许指定非线性各向同性/随动硬化模型的各向同性部分中的应变率效应。可以通过指定等效应力来定义率相关的各向同性硬化数据，此等效应力将屈服面 σ^0 的大小定义成不同的等效塑性应变率 $\dot{\overline{\varepsilon}}^{pl}$ 下的等效塑性应变 $\overline{\varepsilon}^{pl}$ 的表格函数。

输入文件用法：使用以下选项通过表格定义数据的各向同性硬化：

*CYCLIC HARDENING

使用以下选项通过表格定义率相关的各向同性硬化：

*CYCLIC HARDENING, RATE $= \dot{\overline{\varepsilon}}^{pl}$

Abaqus/CAE 用法：Property module：material editor：Mechanical → Plasticity → Plastic：Hardening：Combined：Suboptions→Cyclic Hardening

在 Abaqus/Standard 用户子程序中定义各向同性的硬化部分。

直接在用户子程序 UHARD 中指定 σ^0。σ^0 可以定义成等效塑性应变和温度的函数。如果随动硬化部分是使用半循环测试数据来指定的，则不能使用此模型。

输入文件用法：*CYCLIC HARDENING, USER

Abaqus/CAE 用法：在 Abaqus/CAE 中，不能在用户子程序 UHARD 中定义各向同性硬化部分。

通过直接指定材料参数来定义随动硬化部分

如果已经由测试数据校正了参数 C_k 和 γ_k，则可以直接将它们指定成温度和/或场变量的函数。当 γ_k 相关于温度和/或场变量时，模型在热力载荷下的响应将大体相关于材料点处所经历的温度和/或场变量的历程。此温度历程相关性是小的，并随着塑性应变的增加而消失。如果不希望产生此效应，则应指定一个不变的 γ_k 以使材料响应完全独立于温度和场变量的历程。如果在一个增量下，γ_k 的值随温度和/或场变量温和地变化，则当前用来积分非线性各向同性/随动硬化模型的算法可获得精确的解；如果在一个增量中 γ_k 的值突然改变，则此算法不能产生一个足够精确的解。

输入文件用法：＊PLASTIC, HARDENING＝COMBINED, DATA TYPE＝PARAMETERS,
NUMBER BACKSTRESSES＝n

Abaqus/CAE 用法：Property module：material editor：Mechanical → Plasticity → Plastic：Hardening：Combined, Data type：Parameters, Number of backstresses：n

通过指定半循环试验数据来定义随动硬化部分

如果仅得到有限的试验数据，则 C_k 和 γ_k 可基于从单一方向拉伸或者压缩试验的第一个半循环中得到的应力-应变数据。图 3-10 所示为此试验数据的一个例子。当模拟只涉及载荷的一些循环时，此近似通常是足够精确的。

对于每个数据点 $(\sigma_i,\ \varepsilon_i^{\mathrm{pl}})$，$\alpha_i$ 的值（α_i 是通过累加此数据点上的所有背应力而得到的总背应力）从试验数据中按下式得出

$$\alpha_i = \sigma_i - \sigma_i^0$$

如果没有定义各向同性硬化部分，则 σ_i^0 是用户定义的屈服面大小，屈服面对应于各向同性硬化部分或者初始屈服应力的塑性应变。

背应力演化规律对半循环的积分得出以下表达式

$$\alpha_k = \frac{C_k}{\gamma_k}\ (1 - e^{-\gamma_k \varepsilon^{\mathrm{pl}}})$$

用上式来校正 C_k 和 γ_k。

当试验数据是温度和/或场变量的函数时，Abaqus 确定几组材料参数 $(C_1,\ \gamma_1,\ \cdots,\ C_N,\ \gamma_N)$，每一组对应于温度和/或场变量的给定组合。通常，这将产生温度历程和/或场变量历程相关的材料行为，因为 γ_k 的值随着温度和/或场变量的变化而改变。与温度历程的相关性较小，并且随着塑性变形的增加而

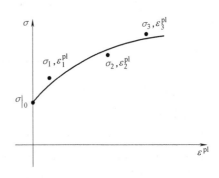

图 3-10　应力-应变数据的半循环

消失。用户可以通过采用不变的参数 γ_k，使得材料的响应与温度和场变量的历程完全无关。

这可以通过先运行数据检查分析来实现，γ_k 的近似常数值可以根据数据检查过程中数据文件提供的信息来确定。参数 C_k 的值和不变的 γ_k 值可以按如上所述直接输入。

如果使用具有多背应力的模型，则 Abaqus 为初始预测的不同值得到硬化参数，并且选择与所提供的试验数据最相关的那个值。然而，用户应仔细检查所得到的参数。在某些情况下，在选择参数组前得到不同数量背应力的硬化参数是有好处的。

输入文件用法：* PLASTIC, HARDENING = COMBINED, DATA TYPE = HALF
　　　　　　　CYCLE, NUMBER BACKSTRESSES = n

Abaqus/CAE 用法：Property module：material editor：Mechanical→Plasticity→Plastic：Harden-
　　　　　　　ing：Combined, Data type：Half Cycle, Number of backstresses：n

通过从稳态循环中指定试验数据来定义随动硬化部分

应力-应变数据可以从承受对称应变循环试样的稳态循环中得到。可以通过对试样进行固定应变范围 $\Delta\varepsilon$ 的循环，直到达到稳定状态来得到稳态循环，即直到应力-应变曲线的形状从一个循环到下一个循环不再发生改变。此稳态循环如图 3-11 所示。每一个数据对 (σ_i^0，$\varepsilon_i^{\mathrm{pl}}$) 必须使用转换到 ε_p^0 的应变轴进行指定，即

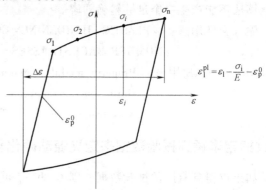

图 3-11　稳态循环的应力-应变数据

$$\varepsilon_i^{\mathrm{pl}} = \varepsilon_i - \frac{\sigma_i}{E} - \varepsilon_p^0$$

并且有 $\varepsilon_1^{\mathrm{pl}} = 0$。

对于每一个数据对 (σ_i^0，$\varepsilon_i^{\mathrm{pl}}$)，$\alpha_i$ 的值 (α_i 是通过累加所有此数据点上的背应力得到的总背应力) 从试验数据中按下式得出

$$\alpha_i = \sigma_i - \sigma^{\mathrm{s}}$$

式中，$\sigma^{\mathrm{s}} = (\sigma_1 + \sigma_n)/2$ 是屈服面的稳定大小。

应力演化规律对于此单轴应变循环的积分，与第一数据对 (σ_1，0) 精确匹配，得到以下表达式

$$\alpha_k = \frac{C_k}{\gamma_k}(1 - e^{-\gamma_k \varepsilon^{\mathrm{pl}}}) + \alpha_{k,1} e^{-\gamma_k \varepsilon^{\mathrm{pl}}}$$

式中，$\alpha_{k,1}$ 是第一个数据点的第 k 个背应力 (第 k 个背应力的初始值)。上面的方程式可用于校正参数 C_k 和 γ_k。

如果对于不同的应变范围，应力-应变曲线的形状明显不同，则需要得出几个 C_k 和 γ_k 的校正值。在 Abaqus 中，可以直接输入在不同应变范围内得到的应力-应变曲线的表格化数据。如果要求用模型定义数据，则对应于每一个应变范围的，得到校正的数据与一个参数的平均值设置，将一起在数据文件中报告 (见 "输出" 中的 "控制写进数据文件的分析输入文件过程信息的量"，《Abaqus 分析用户手册——介绍、空间建模、执行与输出卷》的 4.1.1 节)。Abaqus 将在分析中使用平均设置。需要对这些参数进行调整，以改进对分析中

预期发生的应变范围中的试验数据的匹配。

当试验数据作为温度和/或场变量的函数给出时，Abaqus 确定几组材料参数（C_1，γ_1，…，C_N，γ_N），每一组对应于一个温度和/或场变量的给定联合。通常，这样会导致温度历程相关的材料行为，因为 γ_k 的值随着温度和/或场变量的变化而改变。此温度历程的相关性较小，并且随着塑性变形的增加而消失。用户可以通过使用不变的 γ_k 参数，使材料的响应完全独立于温度和场变量的历程。此独立性可以通过先运行一个数据检查分析来实现，即根据数据检查过程中的数据文件所提供的信息来确定 γ_k 的一个适当的常数值。然后如上所述输入参数 C_k 的值和不变参数 γ_k。

如果使用了具有多个背应力的模型，则 Abaqus 将得到对应于不同初始预测值的硬化参数，并选择提供的试验数据校正得最好的一个值。但是，用户必须仔细检查所得到的参数。在某些情况下，在选择参数组前得到对应于不同数量背应力的硬化参数是有利的。

各向同性硬化部分，应通过指定零塑性应变下定义屈服面的尺寸，以及作为等效塑性应变函数的等效应力演变来定义。如果没有定义此部分，Abaqus 将假设没有发生循环硬化，这样定义屈服面大小的等效应力将是不变的，并且等于 $(\sigma_1 + \sigma_n)/2$（提供多个应变范围时，为这些量在几个应变范围中的平均值）。因为这些尺寸对应充分循环的尺寸，所以不太可能提供精确的实际行为的预测，特别是在循环的初始阶段。

输入文件用法： * PLASTIC, HARDENING = COMBINED, DATA TYPE = STABILIZED, NUMBER BACKSTRESSES = n

Abaqus/CAE 用法：Property module：material editor：Mechanical → Plasticity → Plastic：Hardening：Combined，Data type：Stabilized，Number of backstresses：n

初始条件

当需要研究已经承受了一些硬化的材料行为时，Abaqus 允许指定等效塑性应变 $\overline{\varepsilon}^{\mathrm{pl}}$ 和背应力 α_k 的初始条件。当使用了非线性各向同性/随动硬化模型时，每一个背应力 α_k 的初始条件必须满足材料产生随动硬化响应的条件

$$\sqrt{\frac{3}{2}\alpha_k^{\mathrm{dev}} : \alpha_k^{\mathrm{dev}}} \leqslant C_k/\gamma_k$$

Abaqus 允许指定不符合这些条件的初始背应力。但是，在此情况下，对应于不符合条件的背应力产生随动软化响应：背应力的大小随着塑性应变从其初始值到饱和值而降低。如果对于任何背应力都不符合条件，则不保证材料的总响应产生随动硬化响应。当使用线性随动硬化模型时，背应力的初始条件则没有限制。

用户可以直接指定 $\overline{\varepsilon}^{\mathrm{pl}}$ 和 α_k 的初始值作为初始条件（"Abaqus/Standard 和 Abaqus/Explicit 中的初始条件"，《Abaqus 分析用户手册——指定条件、约束和相互作用卷》的 1.2.1 节）。

输入文件用法： * INITIAL CONDITIONS, TYPE = HARDENING, NUMBER BACKSTRESSES = n

Abaqus/CAE 用法：Load module：Create Predefined Field：Step：Initial，对于 Category 选择 Mechanical，对于 Selected 选择 StepHardening；Number of back-stresses：n

Abaqus/Standard 中的用户子程序指定

对于 Abaqus/Standard 中更加复杂的情况，可以通过用户子程序 HARDINI 来定义初始条件。

输入文件用法：* INITIAL CONDITIONS, TYPE = HARDENING, USER,
NUMBER BACKSTRESSES = n

Abaqus/CAE 用法：Load module：Create Predefined Field：Step：Initial，对于 Category 选择 Mechanical，对于 Types for Selected Step 选择 Hardening；Definition：User-defined，Number of backstresses：n

单元

这些模型可以与 Abaqus/Standard 中包含力学行为的单元（具有位移自由度的单元）一起使用，除了空间中的一些梁单元。包含由扭转产生的切应力（如非厚壁开截面）和不包含环向应力的（如非管单元）空间梁单元不能与非线性随动硬化模型一起使用。在 Abaqus/Explicit 中，除了当模型使用 Hill 屈服面时的一维单元（梁、管和杆），随动硬化模型可以与任何包含力学行为的单元一起使用。

输出

除了 Abaqus 中可用的标准输出标识符（"Abaqus/Standard 输出变量标识符"，《Abaqus 分析用户手册——介绍、空间建模、执行与输出卷》的 4.2.1 节，以及 "Abaqus/Explicit 输出变量标识符"，《Abaqus 分析用户手册——介绍、空间建模、执行与输出卷》的 4.2.2 节）之外，以下变量对于随动硬化模型具有特殊意义：

ALPHA：总随动硬化转变张量分量 a_{ij}（i，$j \leqslant 3$）。

ALPHAk：k^{th} 随动硬化转变张量分量（$1 \leqslant k \leqslant 10$）。

ALPHAN：所有随动硬化转变张量的所有张量分量，除了总转变张量。

PEEQ：等效塑性应变 $\overline{\varepsilon}^{\text{pl}} = \overline{\varepsilon}^{\text{pl}}|_0 + \int_0^t \frac{\sigma : \dot{\overline{\varepsilon}}^{\text{pl}} \mathrm{d}t}{\sigma^0}$，其中 $\overline{\varepsilon}^{\text{pl}}|_0$ 是初始等效塑性应变（零或者用户指定的，见"初始条件"）。

PENER：塑性功，定义为 $W^{\text{pl}} = \int_0^t \sigma : \dot{\overline{\varepsilon}}^{\text{pl}} \mathrm{d}t$。对于随动硬化模型，该变量不保证是单调递增的。为得到单调递增的量，塑性耗散必须计算为：$W^{\text{pl}} = \int_0^t (\sigma - \alpha) : \dot{\overline{\varepsilon}}^{\text{pl}} \mathrm{d}t$。在 Abaqus/Standard 中，该变量可以计算为用户子程序 UVARM 中的用户定义的输出变量。

YIELDS：屈服应力 σ^0。

3.2.3 率相关的屈服

产品：Abaqus/Standard　　Abaqus/Explicit　　Abaqus/CAE

参考

- "经典的金属塑性"，3.2.1 节
- "承受循环载荷的金属模型"，3.2.2 节
- "Johnson-Cook 塑性模型"，3.2.7 节
- "扩展的 Drucker-Prager 模型"，3.3.1 节
- "可压碎泡沫塑性模型"，3.3.5 节
- "材料库：概览"，1.1.1 节
- "非弹性行为：概览"，3.1 节
- ＊RATE DEPENDENT
- "定义塑性"中的"定义具有屈服应力比的率相关屈服"，《Abaqus/CAE 用户手册》（在线 HTML 版本）的 12.9.2 节

概览

率相关的屈服：

- 当屈服强度取决于应变率且预期应变率显著时，需要用此模型来精确地定义材料的屈服行为。
- 仅可用于各向同性硬化金属塑性模型（Mises 和 Johnson-Cook）、非线性各向同性/随动塑性模型的各向同性部分、扩展的 Drucker-Prager 塑性模型和可压碎的泡沫塑性模型。
- 可以方便地通过提供各向同性硬化金属塑性模型、非线性/随动塑性模型的各向同性部分和扩展的 Drucke-Prage 塑性模型的表格数据，基于工作硬化参数和场变量来定义。
- 可通过指定用户定义的过应力幂率参数、屈服应力比或者 Johnson-Cook 率相关参数来定义（此选项不适用于可压碎泡沫塑性模型，并且对于 Johnson-Cook 塑性模型是仅可用的选项）。
- 不能与任何 Abaqus/Standard 蠕变模型（金属、与时间相关的的体积膨胀、Drucker-Prager 蠕变或者 cap 蠕变）一起使用，因为蠕变行为已经是率相关的行为。
- 应当在动态分析中进行指定，这样屈服应力将随着应变率的增加而增加。

工作硬化相关

通常，一种材料的屈服应力 $\overline{\sigma}$（或者可压碎泡沫模型的 $\overline{B}$）取决于材料的工作硬化，对于各向同性硬化模型，它通常是通过等效塑性应变 $\overline{\varepsilon}^{\mathrm{pl}}$、非弹性应变率 $\dot{\overline{\varepsilon}}^{\mathrm{pl}}$、温度 θ 和预定义的场变量 f_i 来表现的

$$\overline{\sigma} = \overline{\sigma}(\overline{\varepsilon}^{pl}, \dot{\overline{\varepsilon}}^{pl}, \theta, f_i)$$

许多材料表现出随着应变率的增加，其屈服强度也增加的效应。对于多种金属和聚合物，当其应变率为（0.1~1）/s 时，这种效应变得重要，当应变率为（10~100）/s 时这种效应变得非常重要，这些是高能的动态事件或者制造工艺的特征。

不同材料模型的硬化相关性定义

应变率相关性可以通过直接输入不同应变率下的硬化曲线来定义，或者通过定义塑性应力比来独立地指定率相关性。

试验数据的直接输入

一般情况下，对于各向同性硬化 Mises 塑性模型、非线性各向同性/随动硬化模型的各向同性部分和扩展的 Drucker-Prager 塑性模型，可以用数据表的形式给出其工作硬化相关性。以表格的方式输入测试数据根据不同等效塑性应变率下的屈服应力值与等效塑性应变的测试数据。屈服应力必须以等效塑性应变、温度和其他预定义场变量（如果有需要）的函数形式给出。在有限的应变上定义此相关性时，应当使用"真"（柯西）应力和对数应变值。每一个温度下的硬化曲线必须总是从零塑性应变开始。对于理想塑性，应当在每一个温度下定义只有一个零塑性应变的屈服应力。除了应变硬化外，将材料定义成应变软化也是可以的。工作硬化数据在不同的应变率下，按照需求重复地定义应力-应变曲线。给定应变和应变率下的屈服应力由上述表格直接内插得到。

输入文件用法：使用下面选项中的一个：

* PLASTIC，HARDENING = ISOTROPIC，RATE = $\dot{\overline{\varepsilon}}^{pl}$

* CYCLIC HARDENING，RATE = $\dot{\overline{\varepsilon}}^{pl}$

* DRUCKER PRAGER HARDENING，RATE = $\dot{\overline{\varepsilon}}^{pl}$

Abaqus/CAE 用法：使用以下模型中的一个：

Property module：material editor：

Mechanical→Plasticity→Plastic：Hardening：Isotropic，Use strain-rate-dependent data

Mechanical→Plasticity→Drucker Prager：Suboptions→Drucker Prager Hardening：Use train-rate-dependent data

Abaqus/CAE 中不支持循环硬化。

使用屈服应力比

作为定义 Johnson-Cook 和可压碎泡沫塑性模型的率相关屈服应力的唯一方法，可以假定应变率行为是可分离的，这样应力-应变相关性在整个应变率水平上是相似的，即

$$\overline{\sigma} = \sigma^0(\overline{\varepsilon}^{pl}, \theta, f_i) R(\dot{\overline{\varepsilon}}^{pl}, \theta, f_i)$$

式中，$\sigma^0(\overline{\varepsilon}^{pl}, \theta, f_i)$（或者泡沫模型中的 $B(\overline{\varepsilon}^{pl}, \theta, f_i)$）是静态应力-应变行为；$R(\dot{\overline{\varepsilon}}^{pl}, \theta, f_i)$ 是非零应变率时的屈服应力与静态屈服应力的比值（$R(0, \theta, f_1) = 1.0$）。

Abaqus 中提供 3 种方法来定义 R：指定过应力幂律、直接定义 R 为表格函数、指定一个分析的 Johnson-Cook 表格来定义 R。

过应力幂律

Cowper-Symonds 过应力幂律的形式如下

$$\dot{\bar{\varepsilon}}^{pl} = D \left(R-1\right)^n \quad \text{对于 } \bar{\sigma} \geqslant \sigma^0 \quad (\text{在可压碎泡沫模型中为 } \bar{B} \geqslant B)$$

式中，$D(\theta, f_i)$ 和 $n(\theta, f_i)$ 是材料参数，它们是温度和/或其他预定义场变量的函数。

输入文件用法：* RATE DEPENDENT，TYPE = POWER LAW

Abaqus/CAE 用法：Property module：material editor：Suboptions→Rate Dependent：Hardening：Power Law（对于有效的塑性模型可用）

表格函数

另外，R 可以直接输入成等效塑性应变率 $\dot{\bar{\varepsilon}}^{pl}$（或者可压碎泡沫模型单轴压缩测试中的轴向塑性应变率）、温度 θ 和场变量 f_i 的表格函数。

输入文件用法：* RATE DEPENDENT，TYPE = YIELD RATIO

Abaqus/CAE 用法：Property module：material editor：Suboptions→Rate Dependent：Hardening：Yield Ratio（对有效塑性模型可用）

Johnson-Cook 率相关

Johnson-Cook 率相关具有如下形式

$$\dot{\bar{\varepsilon}}^{pl} = \dot{\varepsilon}_0 \exp\left[\frac{1}{C}(R-1)\right] \quad \text{对于 } \bar{\sigma} \geqslant \sigma^0$$

式中，$\dot{\varepsilon}_0$ 和 C 是不取决于温度并假定不取决于预定义场变量的材料常数。Johnson-Cook 率相关性可用来与 Johnson-Cook 塑性模型、各向同性硬化金属塑性模型以及扩展的 Drucker-Prager 塑性模型一起使用（它不能与可压碎泡沫塑性模型一起使用）。

对于 Johnson-Cook 塑性模型，这是唯一可用的率相关形式。更多相关内容见"Johnson-Cook 塑性模型"，3.2.7 节。

输入文件用法：* RATE DEPENDENT，TYPE = JOHNSON COOK

Abaqus/CAE 用法：Property module：material editor：Suboptions→Rate Dependent：Hardening：Johnson-Cook（对于有效塑性模型可用）

单元

率相关的屈服可以与所有包含力学行为的单元（具有位移自由度的单元）一起使用。

3.2.4 率相关的塑性：蠕变和膨胀

产品：Abaqus/Standard　　　Abaqus/CAE

参考

- "材料库：概览"，1.1.1节
- "非弹性行为：概览"，3.1节
- "使用垫片行为模型直接定义垫片行为"，《Abaqus 分析用户手册——单元卷》的6.6.6节
- *CREEP
- *POTENTIAL
- *SWELLING
- *RATIOS
- "定义塑性"中的"定义蠕变规律"，《Abaqus/CAE 用户手册》（在线 HTML 版本）的 12.9.2 节
- "定义塑性"中的"定义膨胀"，《Abaqus/CAE 用户手册》（在线 HTML 版本）的 12.9.2 节

概览

Abaqus/Standard 中的经典偏量金属蠕变行为：
- 可以使用用户子程序 CREEP 或者通过为一些简单蠕变规律提供输入参数来定义。
- 可以模拟各向同性蠕变（采用 Mises 应力势）或者各向异性蠕变（采用 Hill 的各向异性应力势）。
- 仅在使用耦合的温度-位移过程、瞬态土壤固结过程以及准静态过程步中起作用。
- 要求将材料的弹性定义成线弹性行为。
- 可以修改以实施核标准 NEF9-5T"第 1 类高温核系统组件设计指南和程序"中规定的辅助蠕变硬化法则。这些法则通过 Oak Ridge 国家实验室开发的本构模型（"ORNL-OakRidge 国家实验室本构模型"，3.2.12 节）来执行。
- 可以与分析中的蠕变应变率控制一起使用，在此控制中，蠕变应变率必须保持在一定的范围内。
- 如果各向异性蠕变和塑性同时发生（将在下面讨论），则在计算得到的蠕变应变中有可能产生错误。

Abaqus/Standard 中率相关的垫片行为
- 使用单方向的蠕变作为垫片厚度方向行为模型的一部分。
- 可以使用用户子程序 CREEP，或者通过提供一些简单蠕变规律的输入参数进行定义。
- 仅在使用准静态过程的步中有效。
- 要求使用弹塑性模型来定义垫片厚度方向行为的与率无关的部分。

Abaqus/Standard 中的体积膨胀行为
- 可以通过使用用户子程序 CREEP 或者通过提供表格输入进行定义。
- 可以是各向同性或者各向异性的。

- 仅在使用耦合的温度-位移过程、瞬态土壤固结过程和准静态过程步中起作用。
- 要求将材料的弹性定义成线弹性行为。

蠕变行为

蠕变行为是通过等效单轴行为——蠕变"规律"指定的。在实际情况中，蠕变规律通常是拟合试验数据的非常复杂的形式。所以，如下面所讨论的那样，采用用户子程序 CREEP 来定义蠕变规律。另外，Abaqus/Standard 提供了两个常用的蠕变规律：幂律和双曲线-正弦规律模型。使用这些标准的蠕变规律来模拟次级或者稳态蠕变。通过在材料模型定义中包含蠕变行为来定义蠕变（"材料数据定义"，1.1.2 节）。另外，蠕变可以与垫片行为一起使用来定义垫片的率相关行为。

输入文件用法：使用以下选项在材料模型定义中包含蠕变行为：

      * MATERIAL

      * CREEP

      使用以下选项来定义蠕变与垫片行为的联合：

      * GASKET BEHAVIOR

      * CREEP

Abaqus/CAE 用法：Property module：material editor：Mechanical→Plasticity→Creep

选择一个蠕变模型

幂律蠕变模型因其简单性而被人们关注。然而，其应用范围有限，只在应力状态基本保持不变的情况下，才推荐使用幂律蠕变模型的时间硬化版本。分析过程中应力状态发生变化时，应当使用幂律蠕变模型的应变硬化版本。在应力是常数且没有温度和/或场相关的情况下，幂蠕变规律的时间硬化和应变-硬化版本是等效的。对于幂律的任何一种版本，应力应相对较低。

在高应力区域，例如裂缝尖端周围，蠕变应变率经常表现出应力的指数相关性。在高应力水平（$\sigma/\sigma^0 \gg 1$，其中 σ^0 是屈服应力）下，双曲线-正弦蠕变规律表现出对应力 σ 的指数相关性，而在低应力水平下简化成幂律（没有明确的时间相关性）。

上面的模型均不适合模拟循环载荷下的蠕变。ORNL 模型（"ORNL-Oak Ridge 国家实验室本构模型"，3.2.12 节）是一个描述不锈钢的经验模型，此模型给出循环加载的近似结果，不必以数值方式进行循环加载。通常，循环加载的蠕变模型是复杂的，并且必须使用用户子程序 CREEP 或 UMAT 将其添加到模型中。

同时模拟蠕变和塑性

如果蠕变和塑性同时发生且隐式蠕变积分是有效的，则两个行为可相互影响并需要求解本构方程的一个耦合方程组。如果蠕变和塑性是各向同性的，则 Abaqus/Standard 可正确考虑此耦合行为；此时，即使弹性是各向异性的，也能正确考虑耦合行为。然而，如果蠕变和塑性是各向异性的，则 Abaqus/Standard 积分蠕变方程，而不考虑塑性，这可能导致蠕变应变上的重大错误。只有当塑性和蠕变在同一时间起作用时，才会出现以上情况，例如在长期载荷增加的过程中；如果由塑性主导的短期预加载阶段后面跟随着一个不会发生进一步屈服的蠕变阶段，则不会产生这样的问题。蠕变规律和率相关塑性的积分将在"率相关的金属塑性（蠕变）"，《Abaqus理论手册》的4.3.4中进行讨论。

幂律模型

幂律模型可以使用其"时间硬化"形式或者"应变硬化"形式。

时间硬化形式

"时间硬化"形式是两种幂律模型中较简单的一种

$$\dot{\overline{\varepsilon}}^{\,cr} = A\,\widetilde{q}^{\,n}\,t^{m}$$

式中，$\dot{\overline{\varepsilon}}^{\,cr}$ 是单轴等效蠕变应变率，$\dot{\overline{\varepsilon}}^{\,cr} = \sqrt{\dfrac{2}{3}\dot{\varepsilon}^{\,cr}:\dot{\varepsilon}^{\,cr}}$；$\widetilde{q}$ 是单轴等效偏应力；t 是总时间；

A、n 和 m 是用户定义的温度函数。$\widetilde{q}$ 是 Mises 等效应力或者 Hill 的各向异性等效偏应力，取决于所定义的是各向同性还是各向异性的蠕变行为（在下文加以讨论）。对于物理意义上的合理行为，A 和 n 必须是正的，且 $-1 < m \leqslant 0$。因为在表达式中使用了总时间，这样的合理行为通常还要求与分析中任何没有有效蠕变的步所使用的蠕变时间相比，时间步较小，这对于避免子步中硬化行为的改变是必要的。

输入文件用法：＊CREEP，LAW＝TIME

Abaqus/CAE 用法：Property module：material editor：Mechanical → Plasticity → Creep：
Law：Time-Hardening

应变硬化形式

幂律的"应变硬化"形式如下

$$\dot{\overline{\varepsilon}}^{\,cr} = \left\{ A\,\widetilde{q}^{\,n}\left[(m+1)\overline{\varepsilon}^{\,cr}\right]^{m}\right\}^{\frac{1}{m+1}}$$

式中，$\dot{\overline{\varepsilon}}^{\,cr}$ 和 $\widetilde{q}$ 的定义同上；$\overline{\varepsilon}^{\,cr}$ 是等效蠕变应变。

输入文件用法：＊CREEP，LAW＝STRAIN

Abaqus/CAE 用法：Property module：material editor：Mechanical → Plasticity → Creep：
Law：Strain-Hardening

数值困难

针对所选择的幂律形式的单位，A 的值对于典型的蠕变应变率可能非常小。如果 A 小于 10^{-27}，则数值困难在材料计算中可能导致错误。因此，需要采用其他单位体系来避免蠕变应变增量计算中的这种困难。

双曲线-正弦规律模型

双曲线-正弦规律的表达式如下

$$\dot{\overline{\varepsilon}}^{\,cr} = A\,(\sinh B\,\widetilde{q})^{\,n}\exp\left[-\frac{\Delta H}{R(\theta - \theta^{Z})}\right]$$

式中，$\dot{\bar{\varepsilon}}^{cr}$ 和 $\hat{q}$ 的含义同前文；θ 是温度；θ^Z 是所用温标下用户定义的绝对零度值；ΔH 是活化能；R 是通用气体常数；A、B 和 n 是其他材料参数。

由以上表达式可看出，此模型具有温度相关性，但参数 A、B、n、ΔH 和 R 不能定义成温度的函数。

输入文件用法：使用以下 2 个选项：

    ∗CREEP，LAW=HYPERB

    ∗PHYSICAL CONSTANTS，ABSOLUTE ZERO=θ^Z

Abaqus/CAE 用法：同时定义以下内容：

    Property module：material editor：Mechanical → Plasticity → Creep：Law：Hyperbolic-Sine

    任何模块：Model→Edit Attributes→模型名称：Absolute zero temperature

数值困难

就像幂律那样，A 对于典型的蠕变应变率可能非常小。如果 A 非常小（例如 A 小于 10^{-27}），则需要采用其他单位体系来避免蠕变应变增量计算中的数值困难。

各向异性的蠕变

可以通过定义各向异性蠕变来指定 Hill 函数中出现的应力比。用户必须在计算蠕变应变率时，在缩放应力值的每一个方向上定义比率 R_{ij}。比率可以定义成常数或者与温度和其他预定义场变量相关的函数。相对于用户定义的局部材料方向或者默认方向（"方向"，《Abaqus 分析用户手册——介绍、空间建模、执行与输出卷》的 2.2.5 节）来定义比率。更多相关内容见"各向异性屈服/蠕变"，3.2.6 节。当使用蠕变来定义率相关的垫片行为时，各向异性蠕变不可用，因为只有垫片厚度方向的行为可以有率相关的行为。

输入文件用法：∗POTENTIAL

Abaqus/CAE 用法：Property module：material editor：Mechanical→Plasticity→Creep：Suboptions→Potential

体积膨胀行为

像蠕变规律那样，体积膨胀规律通常是复杂的，并且在用户子程序 CREEP 中进行指定是最方便的（见下文）。然而，Abaqus 也提供以下形式的表格输入方法

$$\dot{\bar{\varepsilon}}^{sw}=f(\theta,f_1,f_2\cdots)$$

式中，$\dot{\bar{\varepsilon}}^{sw}$ 是由膨胀引起的体积应变率；f_1，f_2，……是预定义的场，例如涉及核辐射效应的辐射通量。至多可以指定 6 个预定义的场。

体积膨胀不能用来定义率相关的垫片行为。

输入文件用法：∗SWELLING

Abaqus/CAE 用法：Property module：material editor：Mechanical→Plasticity→Swelling

各向异性的膨胀

在膨胀行为中容易地出现各向异性。如果定义了各向异性的膨胀行为，则各向异性膨胀应变率的表达式如下

$$\dot{\varepsilon}_A^{sw} = \dot{\varepsilon}_{11}^{sw} + \dot{\varepsilon}_{22}^{sw} + \dot{\varepsilon}_{33}^{sw} = (r_{11} + r_{22} + r_{33})\frac{1}{3}\dot{\varepsilon}^{sw}$$

式中，$\dot{\varepsilon}^{sw}$ 是用户直接定义的或者在用户子程序 CREEP 中定义的体积膨胀应变率；比率 r_{11}、r_{22} 和 r_{33} 也是用户定义的。膨胀应变率分量的方向是根据局部材料方向来定义的，可以是用户定义的方向或者默认方向（"方向"，《Abaqus 分析用户手册——介绍、空间建模、执行与输出卷》的 2.2.5 节）。

输入文件用法：使用以下两个选项：

    * SWELLING

    * RATIOS

Abaqus/CAE 用法：Property module：material editor：Mechanical→Plasticity→Swelling：

      Suboptions→Ratios

用户子程序 CREEP

用户子程序 CREEP 具有建立通用黏弹性模型的能力。例如在蠕变和膨胀模型中，应变率势可以写成等效压应力 p、Mises 或者 Hill 等效偏应力 $\tilde{q}$，以及任何数量的解相关的状态变量的函数。解相关的状态变量用来和本构定义联合，它们的值随着解而演化并可以在此子程序中定义。例如与模型相关联的硬化变量。

也可以使用用户子程序来定义非常通用的率相关的和与时间相关的垫片厚度方向的行为。当要求应变率势的一个更加通用的形式时，可以使用用户子程序 UMAT（"用户定义的力学材料行为"，6.7.1 节）。

输入文件用法：使用以下选项中的一个或者两个，只有第一个选项可以用来定义垫片

    行为：

    * CREEP，LAW = USER

    * SWELLING，LAW = USER

Abaqus/CAE 用法：使用以下选项中的一个或者两个。只有第一个选项可以用来定义垫

    片行为：

    Mechanical→Plasticity→Creep：Law：User defined

    Mechanical→Plasticity→Swelling：Law：User subroutine CREEP

在一个分析步中去除蠕变效应

用户可以指定在特定的分析步中没有蠕变（或者黏弹性）响应发生，即使已经定义了蠕变（或者黏弹性）材料属性。

输入文件用法：使用以下选项中的一个：

       * COUPLED TEMPERATURE-DISPLACEMENT，CREEP＝NONE

       * SOILS，CONSOLIDATION，CREEP＝NONE

Abaqus/CAE 用法：使用以下选项中的一个：

       Step module：Create Step：

       Coupled temp-displacement：切 换 不 选 Include creep/swelling/viscoelastic behavior

       Soils：Pore fluid response：Transient consolidation：切换不选 Include creep/swelling/viscoelastic behavior

积分

根据所应用的过程、为过程所指定的参数、塑性是否存在以及是否要求几何非线性，可以在蠕变分析中，使用显式积分、隐式积分，或者同时使用两种积分方案。

显式方案和隐式方案的应用

非线性蠕变问题采用非弹性应变（"初始应变"方法）的向前差分积分方法，通常可以快速求解。此显式方法之所以计算迅速，是因为不需要迭代。虽然此方法只是有条件的稳定，但是显式运算的数值稳定性极限通常足够大，从而允许在一个小的时间增量上建立解。

Abaqus/Standard 使用显式或者隐式积分方案，或者在同一个步中从显式转换成隐式。下面将首先概述这些方案，然后描述哪种过程使用这些积分方案。

• 积分方案 1：以显式积分开始，并转换成隐式积分，这取决于稳定性或者是否激发了塑性。显式积分中使用的稳定性限制将在下一节进行讨论。

• 积分方案 2：以显式积分开始，并在激发塑性时转换成隐式积分。稳定性准则在此不具有作用。

• 积分方案 3：总是使用隐式积分。

上述积分方案的使用是由过程类型、用户对所使用积分类型的选择，以及是否要求几何非线性来决定的。对于准静态和耦合的温度-位移过程，如果不选择积分类型，则积分方案 1 将用于几何线性分析，而积分方案 3 将用于几何非线性分析。当塑性在整个步中（积分方案 2）没有被激发时，用户可以强制 Abaqus/Standard 对耦合的温度-位移或者准静态过程中的蠕变和膨胀效应使用显式积分。无论是否要求了几何非线性，都可以使用显式积分（"通用和线性摄动过程"，《Abaqus 分析用户手册——分析卷》的 1.1.2 节）。

对于瞬态土壤固结过程，总是使用隐式积分方案（积分方案 3），不考虑是否实施了几何线性或者非线性分析。

输入文件用法：使用以下选项中的一个来限定 Abaqus/Standard 使用显式积分：

       * VISCO，CREEP＝EXPLICIT

       * COUPLED TEMPERATURE-DISPLACEMENT，CREEP＝EXPLICIT

Abaqus/CAE 用法：使用以下选项中的一个来限定 Abaqus/Standard 使用显式积分：

       Step module：Create Step：

Visco：Incrementation：Creep/swelling/viscoelastic integration：Explicit

Coupled temp-displacement：切换选中 Include creep/swelling/viscoelastic

behavior：Incrementation：Creep/swelling/viscoelastic integration：Explicit

显式积分对稳定限制的自动监控

Abaqus/Standard 在显式积分中自动监控稳定性限制。在模型中的任意点上，如果蠕变应变增量（$\dot{\overline{\varepsilon}}^{\,\mathrm{cr}}|_t \Delta t$）比总弹性应变大，问题将变得不稳定。因此，应通过下式在每个增量上计算稳定时间步 Δt_s

$$\Delta t_s = 0.5 \frac{\varepsilon^{\mathrm{el}}|_t}{\dot{\overline{\varepsilon}}^{\,\mathrm{cr}}|_t}$$

式中，$\varepsilon^{\mathrm{el}}|_t$ 是增量开始时刻 t 时的等效总弹性应变；$\dot{\overline{\varepsilon}}^{\,\mathrm{cr}}|_t$ 是时刻 t 时的等效蠕变应变率。进而有

$$\varepsilon^{\mathrm{el}}|_t = \frac{\tilde{q}|_t}{\tilde{E}}$$

式中，$\tilde{q}|_t$ 是时刻 t 时的 Mises 应力，并且

$$\tilde{E} = 2(1+\nu)(\boldsymbol{n}:\boldsymbol{D}^{\mathrm{el}}:\boldsymbol{n}) \approx 2.5\overline{E}$$

式中，$\boldsymbol{n} = \partial \tilde{q}|_t / \partial \sigma$ 是偏应力势的梯度；$\boldsymbol{D}^{\mathrm{el}}$ 是弹性矩阵；$\overline{E}$ 是有效的弹性模量，对于各向同性弹性 $\overline{E}$，可用弹性模量来近似。

在实施显式积分的每一个增量上，对稳定时间增量 Δt_s 与临界时刻增量 Δt_c 进行比较，Δt_c 的计算公式如下

$$\Delta t_c = \frac{errtol}{\dot{\overline{\varepsilon}}^{\,\mathrm{cr}}|_{t+\Delta t} - \dot{\overline{\varepsilon}}^{\,\mathrm{cr}}|_t}$$

式中，$errtol$ 是下面讨论的用户定义的错误容差。如果 $\Delta t_s < \Delta t_c$，则 Δt_s 用做时间的增量，这意味着出于精度考虑稳定准则比要求的更进一步地限制时间步的大小。如果 Δt_s 连续 9 次增量都小于 Δt_c，则 Abaqus/Standard 将自动转换到向后微分运算（隐式方法，它是无条件稳定的），这一前提是用户没有强制 Abaqus/Standard 变成显式积分，并且在分析中留有足够的时间（剩余时间 $\geqslant 50\Delta t$）。如果使用了隐式算法，则刚性矩阵将在每次迭代时重新组成。

指定自动增量的容差

必须将积分容差值选取成能使应力增量 $\Delta\sigma$ 得到精确的计算。下面以一个一维模型为例，应力增量 $\Delta\sigma$ 的计算公式为

$$\Delta\sigma = E\Delta\varepsilon^{\mathrm{el}} = E(\Delta\varepsilon - \Delta\varepsilon^{\mathrm{cr}})$$

式中，$\Delta\varepsilon^{\mathrm{el}}$、$\Delta\varepsilon$ 和 $\Delta\varepsilon^{\mathrm{cr}}$ 分别是单轴弹性应变增量、总应变增量和蠕变应变增量；E 是弹性模量。为了精确地计算 $\Delta\sigma$，蠕变应变增量中的容差 $\Delta\varepsilon^{\mathrm{cr}}_{\mathrm{err}}$ 必须远小于 $\Delta\varepsilon^{\mathrm{el}}$，即

$$\Delta\varepsilon^{\mathrm{cr}}_{\mathrm{err}} \ll \Delta\varepsilon^{\mathrm{el}}$$

$\Delta \varepsilon^{cr}$ 的误差为

$$\Delta \varepsilon_{err}^{cr} = (\dot{\overline{\varepsilon}}^{cr} |_{t+\Delta t} - \dot{\overline{\varepsilon}}^{cr} |_{t}) \Delta t$$

则有

$$(\dot{\overline{\varepsilon}}^{cr} |_{t+\Delta t} - \dot{\overline{\varepsilon}}^{cr} |_{t}) \Delta t << \Delta \varepsilon^{el} = \frac{\Delta \sigma}{E} \quad 或者$$

$$errtol \ll \frac{\Delta \sigma}{E}$$

通过选择一个可接受的应力误差值并除以典型的弹性模量，来定义应用过程的 *errtol*；这样，它便成为问题中典型应力与有效弹性模量之比的一小部分。注意：这种选择 *errtol* 值的方法通常是非常保守的，使用更大的值通常能够得到可接受的解。

输入文件用法：使用以下选项中的一个：

   * VISCO，CETOL = errtol

   * COUPLED TEMPERATURE-DISPLACEMENT，CETOL = errtol

   * SOILS，CONSOLIDATION，CETOL = errtol

Abaqus/CAE 用法：使用以下选项中的一个：

   Step module：Create Step：

   Visco：Incrementation：切换选中 Creep/swelling/viscoelastic strain error tolerance，并输入一个值

   Coupled temp-displacement：切换选中 Include creep/swelling/ viscoelastic behavior；Incrementation：切换选中 Creep/swelling/viscoelastic strain error tolerance，并输入一个值

   Soils：Pore fluid response：Transient consolidation：切换选中 Include creep/swelling/viscoelastic behavior；Incrementation：切换选中 Creep/swelling/viscoelastic strain error tolerance，并输入一个值

使用应变率控制载荷

在超塑性成形中，施加一个可控的压力来使物体变形。超塑性材料可以变形产生非常大的应变，前提是变形的应变率保持在非常严格的容差范围内。超塑性分析的目的是预测应如何控制压力来尽可能快地成形零件，并保证在材料的任意位置均不超过超塑性应变率。

使用 Abaqus/Standard 可达到此目的，控制算法如下。在 Abaqus/Standard 的一个增量步中，计算 r_{max}，它是指定单元集中任意积分点上的等效蠕变应变率与目标蠕变应变率的比值。如果 r_{max} 在一个给定的增量中小于 0.2 或者大于 3.0，则放弃增量，并使用下面的载荷变更重新开始计算：

$$r_{max} < 0.2 \ 时 \qquad p = 2.0 p_{old}$$

或者

$$r_{max} < 3.0 \ 时 \qquad p = 0.5 p_{old}$$

式中，p 是新载荷的大小；p_{old} 是旧载荷的大小。如果 $0.2 < r_{max} < 3.0$，则增量是可接受的，并且从以下时间增量开始，载荷大小的变更如下：

$$0.2 \leqslant r_{max} < 0.5 \text{ 时} \qquad p = 1.5 p_{old}$$
$$0.5 \leqslant r_{max} < 0.8 \text{ 时} \qquad p = 1.2 p_{old}$$
$$0.8 \leqslant r_{max} < 1.5 \text{ 时} \qquad p = p_{old}$$
$$1.5 \leqslant r_{max} < 3.0 \text{ 时} \qquad p = p_{old} / 1.2$$

用户激活以上算法后，在蠕变和/或膨胀问题中的载荷，可以基于所定义单元集中的最大等效蠕变应变率来控制。作为最低要求，使用此方法来定义目标等效蠕变应变率；如果需要，也可以使用它来定义目标蠕变应变率作为等效蠕变应变（以对数应变来度量）、温度和其他预定义场变量的函数。每个温度的蠕变应变相关性曲线必须都从零等效蠕变应变开始。

使用一个解相关的幅度来定义载荷的最小和最大限制（见"幅度曲线"中的"为超塑性成型分析定义一个解相关的幅度"，《Abaqus 分析用户手册——指定条件、约束和相互作用卷》的 1.1.2 节）。可使用任何数量或者组合的载荷。如以下讨论的那样，r_{max} 的当前值对于输出是可用的。

输入文件用法：使用以下所有选项：

        * AMPLITUDE，NAME = 名称，DEFINITION = SOLUTION DEPENDENT

        * CLOAD，* DLOAD，* DSLOAD 和/或 * BOUNDARY 与

        AMPLITUDE = 名称

        * CREEP STRAIN RATE CONTROL，AMPLITUDE = 名称，ELSET = 单元集

        * AMPLITUDE 选项必须出现在输入文件的模型定义部分，此时，载荷选项（* CLOAD，* DLOAD，* DSLOAD 和 * BOUNDARY）和 * CREEP STRAIN RATE CONTROL 选项应当出现在每一个有关的步定义中。

Abaqus/CAE 用法：Abaqus/CAE 中不支持蠕变应变率控制。

单元

率相关塑性（蠕变和膨胀行为）可用于 Abaqus/Standard 中具有位移自由度的任何连续的壳膜垫片和梁单元。也可以在任意垫片单元的厚度方向上定义蠕变（但不是膨胀），从而与垫片行为的定义进行关联。

输出

在 Abaqus/Standard 中，除了可用的标准输出标识符之外（"Abaqus/Standard 输出变量标识符"，《Abaqus 分析用户手册——介绍、空间建模、执行与输出卷》的 4.2.1 节），下面的变量与蠕变和膨胀模型直接关联：

CEEQ：等效蠕变应变，$\int_0^t \sqrt{\dfrac{2}{3} \dot{\boldsymbol{\varepsilon}}^{cr} : \dot{\boldsymbol{\varepsilon}}^{cr}} \, \mathrm{d}t$。

CESW：膨胀应变的幅度。

以下输出只与上述使用蠕变应变率载荷控制的分析相关，在增量的开始进行打印，并且当要求这些文件输出时，自动写进结果文件和输出数据库文件中。

RATIO：等效蠕变应变率与目标蠕变应变率之比的最大值 r_{max}。

AMPCU：解相关幅值的当前值。

3.2.5　退火或者熔化

产品：Abaqus/Standard　　Abaqus/Explicit　　Abaqus/CAE

参考

- "材料库：概览"，1.1.1 节
- ∗ ANNEAL TEMPERATURE
- "定义塑性"中的"指定弹塑性材料的退火温度"，《Abaqus/CAE 用户手册》（在线 HTML 版本）的 12.9.2 节

概览

退火或者熔化功能：

- 用于模拟金属承受高温工艺时的熔化和再固化效应，或者温度上升到一定水平时材料点的退火效应。
- 只在 Mises、Johnson-Cook 和 Hill 塑性模型中可用。
- 可以与合适的温度相关的材料属性联合使用（特别的，假定模型在退火或者熔化温度或其以上具有完美塑性行为）。
- 可以通过定义退火或者熔化温度的方法来简单模拟。

退火或者熔化效应

当材料点的温度超过用户指定的称之为退火温度的值时，Abaqus 假定材料点丧失了其硬化记忆。先前的工作硬化效应通过设定等效塑性应变为零来去除。对于随动和组合的硬化模型，背应力张量也重设成零。如果材料点的温度在后续的时间点降低到退火温度以下，则材料点可以再次发生工作硬化。这取决于温度历程，一个材料点可以丧失并积累记忆很多次，其在模拟熔化的过程中，将对应于重复的熔化和再固化。任何已经积累的材料损伤在达到退火温度时不会愈合，损伤将根据任何有效的损伤模型，在退火后继续积累（"韧性金属的损伤和失效：概览"，4.2.1 节）。

在 Abaqus/Explicit 中，可以定义一个退火步来仿真整个模型的退火工艺，而与温度无关。详细内容见"退火工艺"，《Abaqus 分析用户手册——分析卷》的 1.12.1 节。

材料属性

退火温度是材料属性，可以选择性地将其定义为场变量的函数。对于 Mises 塑性模型，此材料属性必须与作为温度函数的合适的材料属性定义联合使用。特别的，必须将硬化行为定义为温度的函数，并且必须在不低于退火温度的情况下指定零硬化。通常，硬化有两个来源：第一个硬化来源大致归类成静态，它的效果是通过在一个固定应变率下，屈服应力关于塑性应变的变化率来度量的；第二个硬化来源大致归类成率相关，它的效果是通过在一个固定的塑性应变下，屈服应力关于应变率的变化率来度量的。

对于 Mises 塑性模型，如果描述硬化（源于静态和率相关）的材料数据完全是通过不同应变率值（"率相关的屈服"，3.2.3 节）下的屈服应力对塑性应变的表格输入来指定的，则每一个应变率下硬化的（温度相关的）静态部分是通过定义几条塑性应力-应变曲线来指定的（每一条对应不同的温度）。对于金属，在固定应变率下的屈服应力通常随温度的升高而降低。Abaqus 希望每一个应变率下的硬化在不低于退火温度下消失，如果用户在材料定义中指定了其他参数，则发出一个错误信息。可以通过在不低于退火温度下，简单地在屈服应力-塑性应变曲线上指定一个单独的数据点来指定零（静态）硬化。此外，必须确认在不低于退火温度下，屈服应力不随应变率而变化。这可以通过上述单独数据点方法中在所有应变率值上指定相同的屈服应力来实现。

另外，硬化的静态部分可以在零应变率下定义，并且率相关部分可以利用过应力幂律来定义（"率相关的屈服"，3.2.3 节）。在这种情况下，可以通过在不低于退火温度下的屈服应力-塑性应变曲线上指定一个单独的数据点（在零塑性应变上），来指定不低于退火温度下的零静态硬化。也可以适当地选择背应力幂律参数来确认在不低于退火温度的情况下，屈服应力不随应变率而变化。这可以通过选择一个大的参数 D（相对于静态屈服应力）并设定参数 $n=1$ 来实现。

对于在 Abaqus/Standard 中使用用户子程序 UHARD 定义的硬化，Abaqus/Standard 在实际计算中检查不低于退火温度下的硬化斜率，并适时发出一个错误信息。

Abaqus/Explicit 中的 Johnson-Cook 塑性模型要求一个分离的熔化温度来定义硬化行为。如果所定义的退火温度比指定的金属塑性模型的熔化温度低，则在退火温度上去除硬化记忆，并且严格使用熔化温度来定义硬化函数。否则，将在熔化温度上自动去除硬化记忆。

输入文件用法：＊ANNEAL TEMPERATURE

Abaqus/CAE 用法：Property module：material editor：Mechanical→Plasticity→Plastic：Suboptions→Anneal Temperature

例：退火或者熔化

以下是退火或者熔化功能的典型应用实例。假定用户已经在 3 种不同温度下（包括退火温度），为各向同性硬化模型定义了静应力-塑性应变行为（图 3-12），也假定塑性行为是率无关的。

塑性响应对应于低于退火温度的线性硬化以及退火温度上的完美塑性，其数据见表 3-2。弹性属性也可以是与温度相关的，图中没有显示出来。

表 3-2　塑性数据（各向同性硬化）

屈服应力	塑性应变	温度
σ_1	0	θ_1
σ_2	$\varepsilon_1^{\text{pl}}$	θ_1
σ_3	0	θ_2
σ_4	$\varepsilon_2^{\text{pl}}$	θ_2
σ_5	0	θ_3

注：θ_3 为退火温度。

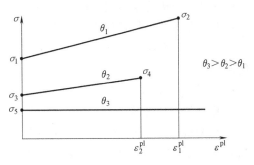

图 3-12　应力-塑性应变行为

单元

此功能可与所有包含力学行为的单元（具有位移自由度的单元）一起使用。

输出

只有等效塑性应变（输出变量 PEEQ）和背应力（输出变量 ALPHA）在熔化温度下被重置为零，塑性应变张量（输出变量 PE）并没有重置为零，并且在分析过程中提供了一个总塑性变形的度量。在 Abaqus/Standard 中，塑性应变张量也提供塑性应变大小的度量（输出变量 PEMAG）。

3.2.6　各向异性屈服/蠕变

产品：Abaqus/Standard　　Abaqus/Explicit　　Abaqus/CAE

参考

- "材料库：概览"，1.1.1 节
- "非弹性行为：概览"，3.1 节
- "经典的金属塑性"，3.2.1 节
- "承受循环载荷的金属模型"，3.2.2 节
- "率相关的塑性：蠕变和膨胀"，3.2.4 节
- ＊POTENTIAL
- "定义塑性"中的"定义各向异性屈服和蠕变"，《Abaqus/CAE 用户手册》（在线 HTML 版本）的 12.9.2 节

概览

各向异性屈服和/或蠕变：

- 可以用来描述在不同方向上表现出不同的屈服和/或蠕变行为的材料。
- 通过在 Hill 的势函数中应用用户定义的应力比来引入。
- 仅用来与金属塑性联合使用，并且在 Abaqus/Standard 中，仅与金属蠕变材料模型联合使用。
- 在 Abaqus/Explicit 中，对于非线性各向同性/随动硬化模型是可用的（"承受循环载荷的金属模型"，3.2.2 节）。
- 在 Abaqus/Explicit 中，可以用来与渐进性损伤和失效模型一起使用（"韧性金属的损伤和失效：概览"，4.2.1 节），来指定不同的损伤初始准则和损伤演化规律，允许材料刚度渐进性退化，并可从网格中删除单元。

屈服和蠕变应力比

各向异性屈服行为或者蠕变行为通过使用屈服或者蠕变应力比 R_{ij} 来建模。在各向异性屈服行为情况中，屈服比是基于参考屈服应力 σ^0（为金属塑性定义而给出）定义的，这样，如果 σ_{ij} 作为唯一的非零应力来施加，则对应的屈服应力是 $R_{ij}\sigma^0$。塑性流动准则的定义见下文。

在各向异性蠕变情况中，当计算得到蠕变应变率后，R_{ij} 是用来缩放应力值的蠕变比。这样，如果 σ_{11} 是唯一的非零应力，则用户定义的蠕变规律中使用的等效应力 $\tilde{q}$ 满足 $\tilde{q} = R_{11}|\sigma_{11}|$。

可以将屈服和蠕变应力比定义为常数或者温度和预定义场变量的函数。必须使用局部方向来定义各向异性的方向（"方向"，《Abaqus 分析用户手册——介绍、空间建模、执行与输出卷》的 2.2.5 节）。

输入文件用法：使用以下选项定义屈服或者蠕变应力比：

> * POTENTIAL
> 此选项必须在 * PLASTIC 或者 * CREEP 材料选项数据后面立即出现。这样，如果同时要求了各向异性金属塑性和各向异性蠕变行为，则 * POTENTIAL 选项必须在材料定义中出现两次，一次在材料塑性数据之后，另外一次在蠕变数据之后。

Abaqus/CAE 用法：使用以下模型中的一个：

> Property module：material editor：
> Mechanical→Plasticity→Plastic：Suboptions→Potential
> Mechanical→Plasticity→Creep：Suboptions→Potential

各向异性屈服

Hill 的势函数是 Mises 函数的简单扩展，它可以采用矩形笛卡儿应力分量的形式表达成

$$f(\sigma) = \sqrt{F(\sigma_{22}-\sigma_{33})^2 + G(\sigma_{33}-\sigma_{11})^2 + H(\sigma_{11}-\sigma_{22})^2 + 2L\sigma_{23}^2 + 2M\sigma_{31}^2 + 2N\sigma_{12}^2}$$

式中，F、G、H、L、M 和 N 是材料在不同方向的材料测试中得到的常数。它们的公式为

$$F = \frac{(\sigma^0)^2}{2}\left(\frac{1}{\overline{\sigma}_{22}^2} + \frac{1}{\overline{\sigma}_{33}^2} - \frac{1}{\overline{\sigma}_{11}^2}\right) = \frac{1}{2}\left(\frac{1}{R_{22}^2} + \frac{1}{R_{33}^2} - \frac{1}{R_{11}^2}\right)$$

$$G = \frac{(\sigma^0)^2}{2}\left(\frac{1}{\overline{\sigma}_{33}^2} + \frac{1}{\overline{\sigma}_{11}^2} - \frac{1}{\overline{\sigma}_{22}^2}\right) = \frac{1}{2}\left(\frac{1}{R_{33}^2} + \frac{1}{R_{11}^2} - \frac{1}{R_{22}^2}\right)$$

$$H = \frac{(\sigma^0)^2}{2}\left(\frac{1}{\overline{\sigma}_{11}^2} + \frac{1}{\overline{\sigma}_{22}^2} - \frac{1}{\overline{\sigma}_{33}^2}\right) = \frac{1}{2}\left(\frac{1}{R_{11}^2} + \frac{1}{R_{22}^2} - \frac{1}{R_{33}^2}\right)$$

$$L = \frac{3}{2}\left(\frac{\tau^0}{\overline{\sigma}_{23}}\right)^2 \frac{3}{2R_{23}^2}$$

$$M = \frac{3}{2}\left(\frac{\tau^0}{\overline{\sigma}_{13}}\right)^2 \frac{3}{2R_{13}^2}$$

$$N = \frac{3}{2}\left(\frac{\tau^0}{\overline{\sigma}_{12}}\right)^2 \frac{3}{2R_{12}^2}$$

式中，每一个 $\overline{\sigma}_{ij}$ 是当 σ_{ij} 作为唯一的非零应力分量施加时，测量得到的屈服应力值；σ_0 是为金属塑性定义指定的用户定义的参考屈服应力；R_{11}、R_{22}、R_{33}、R_{12}、R_{13} 和 R_{23} 是各向异性屈服应力比；$\tau^0 = \sigma^0/\sqrt{3}$。这样，6 个屈服应力比定义如下（用户必须按下面的顺序提供应力比）

$$\frac{\overline{\sigma}_{11}}{\sigma^0},\quad \frac{\overline{\sigma}_{22}}{\sigma^0},\quad \frac{\overline{\sigma}_{33}}{\sigma^0},\quad \frac{\overline{\sigma}_{12}}{\tau^0},\quad \frac{\overline{\sigma}_{13}}{\tau^0},\quad \frac{\overline{\sigma}_{33}}{\tau^0}$$

因为屈服函数的形式，所有这些比值必须都是正的。如果常数 F、G 和 H 是正的，则屈服函数总会被正确定义。然而，如果这些常数中的一个或者多个是负的，则屈服函数可能对于一些应力状态是不明确的，因为平方根下面的数值可能是负的。

流动规律是

$$\mathrm{d}\varepsilon^{\mathrm{pl}} = \mathrm{d}\lambda\,\frac{\partial f}{\partial\sigma} = \frac{\mathrm{d}\lambda}{f}\boldsymbol{b}$$

式中，根据 f 的定义，有

$$\boldsymbol{b} = \begin{bmatrix} -G(\sigma_{33}-\sigma_{11}) + H(\sigma_{11}-\sigma_{22}) \\ F(\sigma_{22}-\sigma_{33}) - H(\sigma_{11}-\sigma_{22}) \\ -F(\sigma_{22}-\sigma_{33}) + G(\sigma_{33}-\sigma_{11}) \\ 2N\sigma_{12} \\ 2M\sigma_{31} \\ 2L\sigma_{23} \end{bmatrix}$$

输入文件用法：使用以下 2 个选项：

  *PLASTIC

  *POTENTIAL

Abaqus/CAE 用法：Property module：material editor：Mechanical→Plasticity→Plastic；Suboptions→Potential

各向异性蠕变

对于 Abaqus/Standard 中的各向异性蠕变，Hill 的函数表达如下

$$\tilde{q}(\sigma) = \sqrt{F(\sigma_{22}-\sigma_{33})^2 + G(\sigma_{33}-\sigma_{11})^2 + H(\sigma_{11}-\sigma_{22})^2 + 2L\sigma_{23}^2 + 2M\sigma_{31}^2 + 2N\sigma_{12}^2}$$

式中，$\tilde{q}(\sigma)$ 是等效应力；F、G、H、L、M 和 N 是在不同方向上进行测试得到的常数。就像上文中的各向异性屈服那样，将常数定义得具有相同的普遍联系；区别在于，用单轴等效偏应力 $\tilde{q}$（在蠕变规律中建立）来取代参考屈服应力 σ^0，并将 R_{11}、R_{22}、R_{33}、R_{12}、R_{13} 和 R_{23} 称为"各向异性蠕变应力比"。这样，6 个蠕变应力比的定义如下（用户必须按照下面的顺序提供它们）：

$$\frac{\sigma_{11}}{\tilde{q}}, \frac{\sigma_{22}}{\tilde{q}}, \frac{\sigma_{33}}{\tilde{q}}, \frac{\sigma_{12}}{\tilde{q}/\sqrt{3}}, \frac{\sigma_{13}}{\tilde{q}/\sqrt{3}}, \frac{\sigma_{23}}{\tilde{q}/\sqrt{3}}$$

用户必须定义每个方向上的 R_{ij}，在计算得到蠕变应变率后，用来缩放应力值。如果将 6 个 R_{ij} 值设置成相等的，则得到各向同性蠕变。

输入文件用法：同时使用以下 2 个选项：

    * CREEP

    * POTENTIAL

Abaqus/CAE 用法：Property module：material editor：Mechanical→Plasticity→Creep：Sub-options→Potential

在应变比的基础上定义各向异性屈服行为 （Lankford 的 *r* 值）

如上面讨论的那样，Abaqus 中 Hill 的各向异性塑性势是从用户输入的不同方向上关于参考应力的屈服应力比来定义的。然而，在某些情况中，例如金属板材成形应用，各向异性材料数据通常以宽度应变与厚度应变之比的方式给出，然后进行必要的数学转化，将应变比转换为可以输入 Abaqus 的应力比。

在金属板料成形应用中，通常关心平面应力情况。将 x、y 考虑成板料平面内的"滚"和"横"方向；z 是厚度方向。从设计角度来看，通常需要的各向异性是平面内各向同性，而在厚度方向上具有增加的强度，通常称之为横向各向异性。其他种类的各向异性是通过板平面内不同方向上的不同强度来表征的，称之为平面各向异性。

在板料平面内沿 $-x$ 方向进行的简单拉伸测试中，此势（上文提到的）的流动准则将应变比的增加（假定为小弹性应变）定义成

$$d\varepsilon_{11} : d\varepsilon_{22} : d\varepsilon_{33} = G+H : -H : -G$$

宽度应变与厚度应变的比值通常称为 Lankford 的 r 值，其表达式为

$$r_x = \frac{d\varepsilon_{22}}{d\varepsilon_{33}} = \frac{H}{G}$$

相似的，对于在板料平面内的 $-y$ 方向实施的简单拉伸测试，增加的应变比是

$$d\varepsilon_{11} : d\varepsilon_{22} : d\varepsilon_{33} = -H : F+H : -F$$

$$r_y \frac{d\varepsilon_{11}}{d\varepsilon_{33}} = \frac{H}{F}$$

横向各向异性

横向各向异性材料的 $r_x = r_y$。如果在金属塑性模型中定义 $\sigma^0 = \overline{\sigma}_{11}$，则有

$$R_{11} = R_{22} = 1$$

根据上述关系

$$R_{33} = \sqrt{\frac{r_x + 1}{2}}$$

如果 $r_x = 1$（各向同性材料），$R_{33} = 1$，则恢复成 Mises 各向同性塑性模型。

平面各向异性

在平面各向异性情况中，r_x 和 r_y 是不相等的，并且 R_{11}、R_{22}、R_{33} 都是不相等的。如果定义金属塑性模型中的 σ^0 等于 $\overline{\sigma}_{11}$，则

$$R_{11} = 1$$

根据上述关系，可以得到

$$R_{22} = \sqrt{\frac{r_y(r_x+1)}{r_x(r_y+1)}} \qquad R_{33} = \sqrt{\frac{r_y(r_x+1)}{r_x+r_y}}$$

同样的，如果 $r_x = r_y = 1$，$R_{22} = R_{33} = 1$，则恢复成 Mises 各向同性塑性模型。

一般各向异性

到目前为止，只考虑了沿着各向异性的轴加载。为了得到平面应力中更加普遍的各向异性模型，必须对板料在其平面内沿另外一个方向加载。假设在与 $-x$ 方向成角度 α 的方向实施简单拉伸，出于均衡考虑，可以将非零应力分量写成

$$\sigma_{11} = \sigma\cos^2\alpha \qquad \sigma_{22} = \sigma\sin^2\alpha \qquad \sigma_{12} = \sigma\sin\alpha\cos\alpha$$

式中，σ 是所施加的拉应力。在流动方程中替换这些值并假定产生小弹性应变，则

$$d\varepsilon_{11} = \left[(G+H)\cos^2\alpha - H\sin^2\alpha \right] \frac{\sigma}{f} d\lambda$$

$$d\varepsilon_{22} = \left[(F+H)\sin^2\alpha - H\cos^2\alpha \right] \frac{\sigma}{f} d\lambda$$

$$d\varepsilon_{33} = (F\sin^2\alpha + G\cos^2\alpha) \frac{\sigma}{f} d\lambda$$

$$d\gamma_{12} = N\sin\alpha\cos\alpha \frac{\sigma}{f} d\lambda$$

假设几何变化较小，将宽度应变增量（在与加载方向 α 成90°角方向上的应变增量）写成

$$d\varepsilon_{\alpha+\frac{\pi}{2}} = d\varepsilon_{11}\sin^2\alpha + d\varepsilon_{22}\cos^2\alpha - 2d\gamma_{12}\sin\alpha\cos\alpha$$

与 $-x$ 方向成 α 角载荷的 Lankford 的 r 值是

$$r_a = \frac{d\varepsilon_{\alpha+\frac{\pi}{2}}}{d\varepsilon_{33}} = \frac{H + (2N - F - G - 4H)\sin^2\alpha\cos^2\alpha}{F\sin^2\alpha + G\cos^2\alpha}$$

实施得更加普遍的一种测试是在 45°方向上加载，此时

$$r_{45} = \frac{2N - (F+G)}{2(F+G)} \quad 或者 \quad \frac{N}{G} = \left(r_{45} + \frac{1}{2}\right)\left(1 + \frac{r_x}{r_y}\right)$$

如果在金属塑性模型中 $\sigma^0 = \overline{\sigma}_{11}$，则 $R_{11} = 1$；R_{22}、R_{33} 如上文对横向或者平面各向异性所定义的那样，再使用上面的关系式，有

$$R_{12} = \sqrt{\frac{3(r_x + 1)r_y}{(2r_{45} + 1)(r_x + r_y)}}$$

渐进性损伤和失效

在 Abaqus/Explicit 中，各向异性屈服可以与"韧性金属的损伤和失效：概览"（4.2.1 节）中讨论的渐进性损伤和失效模型联合使用：此功能允许指定一个或者多个初始准则，包括韧性、剪切、成形极限图（FLD）、成形极限应力图（FLSD）和 Müschenborn-Sonne 成形极限图（MSFLD）准则。在对损伤初始化后，材料的刚度根据指定的损伤演化响应产生渐进性退化。模型提供两种失效选择，包括作为结构撕开或者裂开的结果从网格中去除单元。渐进性损伤模型允许材料刚度的平滑退化，以使得这些渐进性损伤模型都适合准静态和动态情况。

输入文件用法：使用下面的选项：

        *PLASTIC

        *DAMAGE INITIATION

        *DAMAGE EVOLUTION

Abaqus/CAE 用法：Property module：material editor：Mechanical → Damage for Ductile
           Metals→damage initiation type：指定损伤初始化准则：Suboptions→
           Damage Evolution：指定损伤演化参数

初始条件

直接指定

当需要研究已经承受了一些工作硬化的材料的行为时，Abaqus 允许通过直接指定条件来为等效塑性应变 $\overline{\varepsilon}^{pl}$ 指定初始条件（"Abaqus/Standard 和 Abaqus/Explicit 中的初始条件"，《Abaqus 分析用户手册——指定条件、约束与相互作用卷》的 1.2.1 节）。

输入文件用法：*INITIAL CONDITIONS，TYPE = HARDENING

Abaqus/CAE 用法：Load module：Create Predefined Field：Step：Initial，为 Category 选择
           Mechanical，为 Types for Selected Step 选择 Hardening

Abaqus/Standard 中的用户子程序指定

对于更复杂的情况，可以在 Abaqus/Standard 中通过用户子程序 HARDINI 来定义初始

条件。

输入文件用法：＊INITIAL CONDITIONS，TYPE＝HARDENING，USER

Abaqus/CAE 用法：Load module：Create Predefined Field：Step：Initial，为 Category 选择 Mechanical，为 Types for Selected Step 选择 Hardening；Definition：User-defined

单元

在 Abaqus 中，除了 Abaqus/Explicit 中的一维单元（梁和杆），可以为任何可以与经典的金属塑性模型（"经典的金属塑性"，3.2.1 节）一起使用的单元定义各向异性屈服。在 Abaqus/Standard 中，也可以为任何可以与线性随动硬化塑性模型（"承受循环载荷的金属模型"，3.2.2 节）一起使用的单元定义各向异性屈服，但是不能与非线性各向同性/随动硬化模型一起使用。同样的，在 Abaqus/Standard 中，可以为任何可以与经典的金属蠕变模型一起使用的单元定义各向异性蠕变（"率相关的塑性：蠕变和膨胀"，3.2.4 节）。

输出

定义了各向异性屈服和蠕变后，Abaqus 中的标准输出标识符（"Abaqus/Standard 输出变量标识符"，《Abaqus 分析用户手册——介绍、空间建模、执行与输出卷》的 4.2.1 节，以及 "Abaqus/Explicit 输出变量标识符"，《Abaqus 分析用户手册——介绍、空间建模、执行与输出卷》的 4.2.2 节）和所有与蠕变模型（"率相关的塑性：蠕变和膨胀"，3.2.4 节）、经典的金属塑性模型（"经典的金属塑性"，3.2.1 节）、线性随动硬化塑性模型（"承受循环载荷的金属模型"，3.2.2 节）相关的输出变量都是可用的。

如果定义了各向异性屈服和蠕变，则以下变量具有特殊的意义：

PEEQ：等效塑性应变 $\overline{\varepsilon}^{\mathrm{pl}} = \overline{\varepsilon}^{\mathrm{pl}}\big|_0 + \int_0^t \dot{\overline{\varepsilon}}^{\mathrm{pl}} \mathrm{d}t = \overline{\varepsilon}^{\mathrm{pl}}\big|_0 + \int_0^t \dfrac{\sigma : \dot{\varepsilon}^{\mathrm{pl}} \mathrm{d}t}{\sigma^0}$，其中 $\overline{\varepsilon}^{\mathrm{pl}}\big|_0$ 是初始等效塑性应变（零或者用户指定的，见"初始条件"）。

CEEQ：等效塑性应变 $\overline{\varepsilon}^{\mathrm{cr}} = \int_0^t \dot{\overline{\varepsilon}}^{\mathrm{cr}} \mathrm{d}t = \int_0^t \dfrac{\sigma : \dot{\varepsilon}^{\mathrm{cr}} \mathrm{d}t}{\sigma^0}$。

YIELDS：屈服应力 σ^0。

3.2.7 Johnson-Cook 塑性模型

产品：Abaqus/Standard Abaqus/Explicit Abaqus/CAE

参考

● "经典的金属塑性"，3.2.1 节

- "率相关的屈服"，3.2.3 节
- "状态方程"，5.2 节
- "渐进性损伤和失效"，第 4 章
- "动态失效模型"，3.2.8 节
- "退火或者熔化"，3.2.5 节
- "材料库：概览"，1.1.1 节
- "非弹性行为：概览"，3.1 节
- *ANNEAL TEMPERATURE
- *PLASTIC
- *RATE DEPENDENT
- *SHEAR FAILURE
- *TENSILE FAILURE
- *DAMAGE INITIATION
- *DAMAGE EVOLUTION
- "定义塑性"中的"使用 Johnson-Cook 硬化模型定义经典的金属塑性"，《Abaqus/CAE 用户手册》（在线 HTML 版本）的 12.9.2 节

概览

Johnson-Cook 塑性模型：
- 是具有硬化规律和率相关分析形式的 Mises 塑性模型的一个特殊种类。
- 适用于许多材料，包括绝大部分金属的高应变率变形。
- 通常用于绝热瞬态动态仿真。
- 可以在 Abaqus/Explicit 中与 Johnson-Cook 动态失效模型联合使用。
- 可以在 Abaqus/Explicit 中与拉伸失效模型联合使用，来模拟拉伸破碎或者压力截止。
- 可以与渐进性损伤和失效模型（"渐进性损伤和失效"，第 4 章）联合使用，来指定不同的损伤初始准则和损伤演化规律，来允许材料刚度渐进退化并从网格中去除单元。
- 必须与线性弹性材料模型（"线弹性行为"，2.2.1 节）或者材料状态方程模型（"状态方程"，5.2 节）中的一种联合使用。

屈服面和流动准则

在 Johnson-Cook 塑性模型中使用具有相关流动的 Mises 屈服面。

Johnson-Cook 硬化

Johnson-Cook 硬化是各向同性硬化的特殊种类，其中假定静态屈服应力 σ^0 的表达式是

$$\sigma^0 = [A + B (\overline{\varepsilon}^{\mathrm{pl}})^n](1 - \hat{\theta}^m)$$

式中，$\overline{\varepsilon}^{\mathrm{pl}}$ 是等效塑性应变；A、B、n 和 m 是在转变温度 $\theta_{\mathrm{transition}}$ 或以下测量的材料参数；$\hat{\theta}$

是无量纲温度，其公式为

$$\hat{\theta} \equiv \begin{cases} 0 & \theta < \theta_{\text{transition}} \\ (\theta - \theta_{\text{transition}})/(\theta_{\text{melt}} - \theta_{\text{transition}}) & \theta_{\text{transition}} \le \theta \le \theta_{\text{melt}} \\ 1 & \theta > \theta_{\text{melt}} \end{cases}$$

式中，θ 是当前温度；θ_{melt} 是熔化温度；$\theta_{\text{transition}}$ 是定义的转变温度，在转变温度或以下，屈服应力的表达式没有温度相关性。必须在转变温度或以下测量材料参数。

当 $\theta \ge \theta_{\text{melt}}$ 时，材料将熔化并表现得像流体，因为 $\sigma^0 = 0$ 时不存有剪切阻力。硬化记忆可通过设置等效塑性应变为零来去除。如果为模型指定了背应力，则这些背应力也设置成零。

如果材料定义中包含了退火行为，并且将退火温度定义成比金属塑性模型所指定的熔化温度低，则硬化记忆将在退火温度去除，并严格使用熔化温度来定义硬化函数。否则，将在熔化温度自动去除硬化记忆。如果材料点的温度在后续时间内低于退火温度，则材料点能再次工作硬化。更多相关内容见"退火或者熔化"（3.2.5 节）。

用户提供的 A、B、n、m、θ_{melt} 和 $\theta_{\text{transition}}$ 值是金属塑性材料定义的一部分。

输入文件用法：∗PLASTIC，HARDENING＝JOHNSON COOK

Abaqus/CAE 用法：Property module：material editor：Mechanical → Plasticity → Plastic：
Hardening：Johnson-Cook

Johnson-Cook 应变率相关性

Johnson-Cook 应变率相关性假设

$$\overline{\sigma} = \sigma^0(\overline{\varepsilon}^{\text{pl}}, \theta) R(\dot{\overline{\varepsilon}}^{\text{pl}})$$

$$\dot{\overline{\varepsilon}}^{\text{pl}} = \dot{\varepsilon}_0 \exp\left[\frac{1}{C}(R-1)\right] \qquad 对于 \overline{\sigma} \ge \sigma^0$$

式中，$\overline{\sigma}$ 是非零应变率时的屈服应力；$\dot{\overline{\varepsilon}}^{\text{pl}}$ 是等效塑性应变率；$\dot{\varepsilon}_0$ 和 C 是转变温度 $\theta_{\text{transition}}$ 或以下测得的材料参数；$\sigma^0(\overline{\varepsilon}^{\text{pl}}, \theta)$ 是静态屈服应力；$R(\dot{\overline{\varepsilon}}^{\text{pl}})$ 是非零应变率时的屈服应力与静态屈服应力的比值（所以 $R(\dot{\varepsilon}_0) = 1.0$）。于是，屈服应力的表达式为

$$\overline{\sigma} = [A + B(\overline{\varepsilon}^{\text{pl}})^n]\left[1 + C\ln\left(\frac{\dot{\overline{\varepsilon}}^{\text{pl}}}{\dot{\varepsilon}_0}\right)\right](1 - \hat{\theta}^m)$$

在定义 Johnson-Cook 率相关时，用户需提供 C 和 $\dot{\varepsilon}_0$ 的值。

使用 Johnson-Cook 硬化时，并不一定需要使用 Johnson-Cook 应变率相关性。

输入文件用法：同时使用以下 2 个选项：

∗PLASTIC，HARDENING＝JOHNSON COOK

∗RATE DEPENDENT，TYPE＝JOHNSON COOK

Abaqus/CAE 用法：Property module：material editor：Mechanical → Plasticity → Plastic：

Hardening：Johnson-Cook：Suboptions→Rate Dependent：Hardening：
Johnson-Cook

Johnson-Cook 动态失效

Abaqus/Explicit 为 Johnson-Cook 塑性模型单独提供一个动态失效模型，它只适用于高应变率的金属变形，此模型称为"Johnson-Cook 动态失效模型"。Abaqus/Explicit 也提供了一个 Johnson-Cook 失效模型的更一般形式，作为损伤初始准则家族的一部分，技术上推荐用它模拟材料的渐进性损伤和失效（"韧性金属的损伤和失效：概览"，4.2.1 节）。Johnson-Cook 动态失效模型是基于单元积分点处的等效塑性应变值而建立的，假定损伤参数超过 1 时发生失效。定义损伤参数 ω 为

$$\omega = \sum \left(\frac{\Delta \overline{\varepsilon}^{\mathrm{pl}}}{\overline{\varepsilon}_{\mathrm{f}}^{\mathrm{pl}}} \right)$$

式中，$\Delta \overline{\varepsilon}^{\mathrm{pl}}$ 是等效塑性应变的一个增量；$\overline{\varepsilon}_{\mathrm{f}}^{\mathrm{pl}}$ 是失效时的应变，并且对分析中的所有增量进行求和。假定失效时的应变 $\overline{\varepsilon}_{\mathrm{f}}^{\mathrm{pl}}$ 取决于无量纲的塑性应变率 $\dot{\overline{\varepsilon}}^{\mathrm{pl}}/\dot{\varepsilon}_0$，无量纲的压力与偏应力之比 p/q（其中 p 是压应力，q 是 Mises 应力）和无量纲的温度 $\hat{\theta}$，并在 Johnson-Cook 硬化模型的初始阶段进行定义。假定相关性是分离的并具有以下形式

$$\overline{\varepsilon}_{\mathrm{f}}^{\mathrm{pl}} = \left[d_1 + d_2 \exp\left(d_3 \frac{p}{q} \right) \right] \left[1 + d_4 \ln\left(\frac{\dot{\overline{\varepsilon}}^{\mathrm{pl}}}{\dot{\varepsilon}_0} \right) \right] (1 + d_5 \hat{\theta})$$

式中，$d_1 \sim d_5$ 是在转变温度 $\theta_{\mathrm{transition}}$ 或其之下测得的失效参数；$\dot{\varepsilon}_0$ 是参考应变率。在定义 Johnson-Cook 动态失效模型时，用户需提供 $d_1 \sim d_5$ 的值。此 $\overline{\varepsilon}_{\mathrm{f}}^{\mathrm{pl}}$ 的表达式与 Johson 和 Cook（1985）公布的原始公式在参数 d_3 的符号上有所不同。此差异是有根据的，因为大部分材料随着压力与偏应力之比的增加，其 $\overline{\varepsilon}_{\mathrm{f}}^{\mathrm{pl}}$ 增加，所以上述表达式的 d_3 通常采用正值。

若满足此失效准则，则设置偏应力分量为零并在余下的分析中保持为零。根据用户的选择，也可以在余下的计算中将压应力设置成零（如果是这种情况，用户必须指定单元删除，则将删除单元），或者在余下的计算中要求压应力保持为受压（如果是这种情况，用户必须选择不使用单元删除）。默认情况下，Abaqus 删除满足失效准则的单元。

Johnson-Cook 动态失效模型适用于金属的高应变率变形，因此，它是最适用于真正的动态情况。对于要求单元删除的准静态问题，推荐使用渐进性损伤和失效模型（"渐进性损伤和失效"，第 4 章）或者 Gurson 金属塑性模型（"多孔金属塑性"，3.2.9 节）。

使用 Johnson-Cook 动态失效模型时，要求使用 Johnson-Cook 硬化，但是不一定需要使用 Johnson-Cook 应变率相关性。然而，只有在定义了 Johnson-Cook 应变率相关性的前提下，才包含 Johnson-Cook 动态失效准则的率相关项。"韧性金属的损伤初始化"（4.2.2 节）中描述的 Johnson-Cook 损伤初始准则不具有这些限制。

输入文件用法：同时使用以下 2 个选项：

＊PLASTIC，HARDENING＝JOHNSON COOK

　　　　　　 ＊SHEAR FAILURE，TYPE＝JOHNSON COOK，

　　　　　　 ELEMENT DELETION＝YES 或者 NO

Abaqus/CAE 用法：Abaqus/CAE 中不支持 Johnson-Cook 动态失效。

渐进性损伤和失效

　　Johnson-Cook 塑性模型可与"韧性金属的损伤和失效：概览"（4.2.1 节）中所讨论的渐进性损伤和失效模型联合使用。此功能允许指定一个或者多个损伤初始准则，包括韧性、剪切、成形极限图（FLD）、成形极限应力图（FLSD）、Müschenborn-Sonne 成形极限图（MSFLD），在 Abaqus/Explicit 中，还包括 Marciniak-Kuczynski（M-K）准则。损伤初始化后，材料刚度根据所指定的损伤演化响应渐进性地退化。模型提供两种失效选择，包括作为结构撕裂或剥开的结果从网格中去除单元。渐进性损伤模型允许材料刚度的平滑退化，以使得它们适用于准静态和动态两种情况。这对于上面讨论的动态失效是极大的优势。

　　输入文件用法：使用下面的选项：

　　　　　　 ＊PLASTIC，HARDENING＝JOHNSON COOK

　　　　　　 ＊DAMAGE INITIATION

　　　　　　 ＊DAMAGE EVOLUTION

Abaqus/CAE 用法：Property module：material editor：Mechanical → Damage for Ductile

　　　　　　 Metals→damage initiation type：指定损伤初始准则

　　　　　　 Suboptions→Damage Evolution：指定损伤演化参数

拉伸失效

　　在 Abaqus/Explicit 中，拉伸失效模型可以与 Johnson-Cook 塑性模型联合使用来定义材料的拉伸失效。拉伸失效模型采用静水压应力作为失效度量来模拟动态碎裂或者压力截止，并且提供包括单元去除在内的许多失效选择。类似于 Johnson-Cook 动态失效模型，Abaqus/Explicit 的拉伸失效模型适用于高应变率的金属变形，并且最适用于真正的动态问题。更多相关内容见"动态失效模型"（3.2.8 节）。

　　输入文件用法：使用以下 2 个选项：

　　　　　　 ＊PLASTIC，HARDENING＝JOHNSON COOK

　　　　　　 ＊TENSILE FAILURE

Abaqus/CAE 用法：Abaqus/CAE 中不支持拉伸失效模型。

由塑性功产生的热生成

　　Abaqus 允许在实施绝热的热-应力分析（"绝热分析"，《Abaqus 分析用户手册——分析卷》的 1.5.4 节），完全耦合的温度-位移分析（"完全耦合的热-应力分析"，《Abaqus 分析用户手册——分析卷》的 1.5.3 节），或者完全耦合的热-电-结构分析（"完全耦合的热-电-

结构分析"，《Abaqus 分析用户手册——分析卷》的 1.7.4 节）时计算材料由于塑性应变产生的热。通常在块金属成形或者包含大量非弹性应变的高速制造过程仿真中应用此方法，其中由于变形产生的材料受热是一个重要的影响，因为材料属性具有温度相关性。因为 Johnson-Cook 塑性模型是由高应变率的瞬态动力学应用激发的，此模型中的温度变化通常是在假设绝热（单元之间无热传导）的条件下计算的。热通过塑性功在一个单元中产生，并且采用材料的比热容来计算产生的温升。

此效应是通过定义非弹性耗散率的分数来引入的，非弹性耗散率表现为单位体积的热流。

输入文件用法：在相同的材料数据块中使用以下所有选项：

     * PLASTIC，HARDENING＝JOHNSON COOK

     * SPECIFIC HEAT

     * DENSITY

     * INELASTIC HEAT FRACTION

Abaqus/CAE 用法：在同一个材料的定义中使用以下所有选项：

     Property module：material editor：

     Mechanical→Plasticity→Plastic：Hardening：Johnson-Cook

     Thermal→Specific Heat

     General→Density

     Thermal→Inelastic Heat Fraction

初始条件

在研究已经承受了一些工作硬化的材料行为时，可以提供初始等效塑性应变值来指定已经处于工作硬化状态的屈服应力（"Abaqus/Standard 和 Abaqus/Explicit 中的初始条件"，《Abaqus 分析用户手册——指定的条件、约束与相互作用卷》的 1.2.1 节）。也可以指定一个初始背应力 α_0，α_0 代表屈服面的一个不变的运动转换，它对于模拟残余应力的影响，而在平衡解中不考虑残余应力是有用的。

输入文件用法： * INITIAL CONDITIONS，TYPE＝HARDENING

Abaqus/CAE 用法：Load module：Create Predefined Field：Step：Initial，对于 Category 选择 Mechanical，对于 Types for Selected Step 选择 Hardening

单元

在 Abaqus 中，Johnson-Cook 塑性模型可以与任何包含力学行为的单元（具有位移自由度的单元）一起使用。

输出

除了 Abaqus 中可用的标准输出标识符（"Abaqus/Standard 输出变量标识符"，《Abaqus

分析用户手册——介绍、空间建模、执行与输出卷》的 4.2.1 节，以及"Abaqus/Explicit 输出变量标识符"，《Abaqus 分析用户手册——介绍、空间建模、执行与输出卷》的 4.2.2 节）之外，对于 Johnson-Cook 塑性模型，下面的变量具有特别的意义：

PEEQ：等效塑性应变 $\overline{\varepsilon}^{pl} = \overline{\varepsilon}^{pl}|_0 + \int_0^t \sqrt{\frac{2}{3}\dot{\varepsilon}^{pl} : \dot{\varepsilon}^{pl}}\,dt$，其中 $\overline{\varepsilon}^{pl}|_0$ 是初始等效塑性应变（零或者用户指定的，见"初始条件"）。

STATUS：单元的状态。如果单元是激活的，则单元的状态是 1.0；如果单元不是激活的，则单元状态是 0.0。

YIELDS：屈服应力 $\overline{\sigma}$。

3.2.8 动态失效模型

产品：Abaqus/Explicit

参考

- "状态方程"，5.2 节
- "经典的金属塑性"，3.2.1 节
- "率相关的屈服"，3.2.3 节
- "Johnson-Cook 塑性模型"，3.2.7 节
- "材料库：概览"，1.1.1 节
- "非弹性行为：概览"，3.1 节
- ∗SHEAR FAILURE
- ∗TENSILE FAILURE

概览

推荐在 Abaqus 中模拟材料损伤和失效的方法是"韧性金属的损伤和失效：概览"（4.2.1 节）中介绍的渐进性损伤和失效，这些模型对于准静态和动态两种情况都适用。Abaqus/Explicit 提供两种额外的只适用于高应变率动态问题的单元失效模型。剪切失效模型是由塑性屈服来驱动的，拉伸失效模型是由拉伸载荷来驱动的。一旦达到应力极限，便可以使用这些失效模型来限制单元的后续载荷承受能力（直到去除单元的点）。两种模型都可以用于同一种材料。

剪切失效模型：

- 是为许多材料，包括大部分金属的高应变率变形设计的。
- 采用等效塑性应变作为失效度量。

- 在发生失效时提供两种选择，包括从网格中去除单元。
- 可以与 Mises 或者 Johnson-Cook 塑性模型中的任何一个联合使用。
- 可以与拉伸失效模型联合使用。

拉伸失效模型：

- 是为许多材料，包括大部分金属的高应变率变形设计的。
- 采用静水压应力作为失效的度量来模拟动态碎裂或者压力截止。
- 在发生失效时提供多项选择，包括从网格中去除单元。
- 可以与 Mises 或 Johnson-Cook 塑性模型或材料模型的状态方程之一联合使用。
- 可以与剪切失效模型联合使用。

剪切失效模型

在 Abaqus/Explicit 中，剪切失效模型可以与 Mises 或者 Johnson-Cook 塑性模型联合使用来定义材料的剪切失效。

剪切失效准则

剪切失效模型是基于单元积分点上的等效塑性应变值来建立的，假定损伤参数超过 1 时发生失效。损伤参数 ω 定义成

$$\omega = \frac{\overline{\varepsilon}_0^{pl} + \sum \Delta \overline{\varepsilon}^{pl}}{\overline{\varepsilon}_f^{pl}}$$

式中，$\overline{\varepsilon}_0^{pl}$ 是等效塑性应变的任意初始值；$\Delta \overline{\varepsilon}^{pl}$ 是等效塑性应变的增量；$\overline{\varepsilon}_f^{pl}$ 是失效时的应变，并且在分析中对所有的增量实施累加。

假定失效时的应变 $\overline{\varepsilon}_f^{pl}$ 取决于塑性应变率 $\dot{\overline{\varepsilon}}^{pl}$、一个无量纲的压力与偏应力之比 p/q（其中 p 是压应力，q 是 Mises 应力）、温度和预定义的场变量。有两种定义失效时应变 $\overline{\varepsilon}_f^{pl}$ 的方法：一种是直接使用表格数据，以表格的形式给出相关性；另外一种是调用由 Johnson 和 Cook 提出的解析形式（更多相关内容见 "Johnson-Cook 塑性模型"，3.2.7 节）。

当直接使用表格数据来定义剪切失效模型时，必须将失效时的应变 $\overline{\varepsilon}_f^{pl}$ 作为等效塑性应变率、压力与偏应力之比、温度和预定义场变量的表格函数给出。此方法要求使用 Mises 塑性模型。

对于 Johnson-Cook 剪切失效模型，用户必须指定失效参数 $d_1 \sim d_5$（这些参数的更多内容见 "Johnson-Cook 塑性模型"，3.2.7 节）。剪切失效数据必须在转变温度 $\theta_{transition}$（转变温度 $\theta_{transition}$ 的定义见 3.2.7 节 "Johnson-Cook 塑性模型"）或此温度以下进行校正。

输入文件用法：为 Mises 塑性模型同时使用以下两个选项：

*PLASTIC，HARDENING = ISOTROPIC

*SHEAR FAILURE，TYPE = TABULAR

为 Johnson-Cook 塑性模型同时使用以下两个选项：

*PLASTIC，HARDENING = JOHNSON COOK

*SHEAR FAILURE, TYPE=JOHNSON COOK

单元去除

若一个积分点处满足剪切失效准则，则设置所有应力分量为零，并且那个材料点失效。默认情况下，如果一个单元的任意截面上的所有材料点失效，则从网格中删除此单元；单元中的所有材料点没有必要都失效。例如，在一个一阶缩减积分实体单元中，只要它的唯一积分点失效，就发生单元删除。然而，在一个壳单元中，从网格中去除单元之前，所有贯穿厚度的积分点必须都失效。在二阶缩减积分梁单元中，默认情况下，沿着梁轴的两个单元积分位置的任何一个上的截面的所有积分点失效，将导致单元去除。类似的，在默认情况下，在修正的三角形单元和四面体实体单元中，任何一个积分点的失效将导致单元删除。单元删除是默认的失效选择。

另外一个失效选择，是在没有去除单元的地方，当材料点满足剪切失效准则时，设置该点的偏应力分量为零，并且在余下的计算中保持为零。此时，要求压应力保持压缩，即如果在一个增量中，在一个已经失效的材料点上计算得到一个负的压应力，则重新设置应力为零。当使用平面应力、壳、膜、梁、管和杆单元时，不允许选择此失效形式，因为可能违反结构约束。

输入文件用法：当满足失效准则时，使用下面的选项来允许单元的删除（默认情况）：

*SHEAR FAILURE, ELEMENT DELETION=YES

使用下面的选项来允许仅当满足失效准则时，单元承受静水压应力：

*SHEAR FAILURE, ELEMENT DELETION=NO

确定何时使用剪切失效模型

Abaqus/Explicit 中的剪切失效模型适用于惯量是重要的高应变率动态问题。剪切失效模型使用不当可能导致不正确的仿真。

对于可能要求单元去除的准静态问题，推荐使用渐进性损伤和失效模型（"渐进性损伤和失效"，第 4 章）或 Gurson 多孔金属塑性模型（"多孔金属塑性"，3.2.9 节）。

拉伸失效模型

在 Abaqus/Explicit 中，拉伸失效模型可以与 Mises 或 Johnson-Cook 塑性模型或者材料状态方程模型中的任何一个联合使用来定义材料的拉伸失效。

拉伸失效准则

Abaqus/Explicit 拉伸失效模型采用静水压应力作为失效度量，来模拟动态碎裂或者压力截止。拉伸失效准则假定当压应力 p 比用户指定的静水压截止应力 σ_{cutoff} 更大的时候发生失效。静水压截止应力可以是温度和预定义场变量的函数。此应力没有默认值。

拉伸失效模型可以与 Mises 或 Johnson-Cook 塑性模型或者材料模型的状态方程中的任何一个一起使用。

输入文件用法：为 Mises 或 Johnson-Cook 塑性模型同时使用以下 2 个选项：

* PLASTIC
* TENSILE FAILURE

为材料模型的状态方程同时使用以下 2 个选项：

* EOS
* TENSILE FAILURE

失效选择

当在单元积分点上满足拉伸失效准则时，材料点失效。Abaqus 为失效的材料点提供 5 个失效选择，包括作为默认选择的单元删除和 4 个不同的碎裂模型。这些失效选择描述如下。

单元删除

当在积分点上满足拉伸失效准则时，将设置所有的应力分量为零且该材料点失效。默认情况下，如果任意一个单元截面上的所有材料点失效，则从网格中去除此单元；单元中的所有材料点没有必要都失效。例如，在一个一阶缩减积分实体单元中，单元删除发生在其唯一的积分点失效的时候。然而，在一个壳单元中，从网格中删除单元前，所有贯穿厚度的积分点必须都失效。在二阶缩减积分的梁单元中，默认情况下，处在梁轴两个单元积分位置上的任意一个截面上的所有积分点失效，将导致单元的去除。相似的，在默认情况下，在修正的三角形和四面体实体单元中，任何一个积分点的失效都将导致单元的删除。

输入文件用法：* TENSILE FAILURE, ELEMENT DELETION = YES（默认）

碎裂模型

另外一个可以使用的失效选择是基于碎裂的（材料的粉碎），而不是基于单元的去除。在此范畴内，可以使用 4 种失效的组合。当在一个材料点上满足失效准则时，可以要求偏应力分量不受影响或者变成零，并且压应力受到静水压截止应力的限制，或者要求压应力变成压缩性的。这样，就有 4 种可能的失效组合（如图 3-13 所示，其中 "O" 是没有使用拉伸失效模型时存在的应力）。这些失效组合如下：

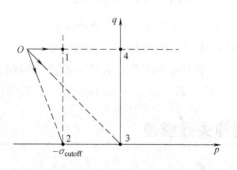

图 3-13　拉伸失效选择

• 韧性剪切和韧性压力：此选项对应于图 3-13 中的点 1，它模拟偏应力分量不受影响和压应力受到静水压截止应力限制的情况，即 $p = \max(-\sigma_{cutoff}, p)$。

输入文件用法：* TENSILE FAILURE, ELEMENT DELETION = NO,
　　　　　　　　　SHEAR = DUCTILE, PRESSURE = DUCTILE

• 脆性剪切和韧性压力：此选择对应于图 3-13 中的点 2，它模拟设置偏应力分量为零并且在接下来的计算中保持为零，以及压应力受到静水压截止应力限制的情况，即 $p = \max(-\sigma_{cutoff}, p)$。

输入文件用法：* TENSILE FAILURE, ELEMENT DELETION = NO,

SHEAR = BRITTLE，PRESSURE = DUCTILE

- 脆性剪切和脆性压力：此选择对应于图 3-13 中的点 3，它模拟设置偏应力分量为零并且在余下的计算中保持为零，以及要求压应力为压缩性的情况，即 $p = \max(0, p)$。

输入文件用法：∗TENSILE FAILURE，ELEMENT DELETION = NO，
SHEAR = BRITTLE，PRESSURE = BRITTLE

- 韧性剪切和脆性压力：此选择对应于图 3-13 中的点 4，它模拟偏应力分量不受影响以及要求压应力为压缩性的情况，即 $p = \max(0, p)$。

输入文件用法：∗TENSILE FAILURE，ELEMENT DELETION = NO，
SHEAR = DUCTILE，PRESSURE = BRITTLE

碎裂模型没有默认的失效组合。如果选择不使用单元删除模型，则必须明确指定失效组合。如果没有定义材料的偏量行为（例如使用没有偏量行为的状态方程模型），则组合的偏量部分没有意义并进行忽略。当使用平面应力、壳、膜、梁、管和杆单元时，不允许使用碎裂模型。

确定何时使用拉伸失效模型

Abaqus/Explicit 中的拉伸失效模型适用于高应变率的动态问题，问题中的惯量效应是重要的。拉伸失效模型使用不当可能导致不正确的仿真。

使用具有加强筋的失效模型

对于定义了加强筋的单元，可能需要使用剪切失效和/或拉伸失效模型。当此类单元根据失效准则失效时，基底材料对单元应力承载能力的贡献将被去除或者根据所选的失效种类进行调整，但是不会去除加强筋对单元应力的承载能力。但是，如果在加强筋材料的定义中包含了失效，则满足为加强筋指定的失效准则时，将去除加强筋对单元应力承载能力的贡献或者进行调整。

单元

在 Abaqus/Explicit 中，具有单元删除功能的剪切和拉伸失效模型可以与包含力学行为的任何单元（具有位移自由度的单元）一起使用。在 Abaqus/Explicit 中，不具有单元删除功能的剪切和失效模型只能与平面应变、轴对称和三维实体（连续）单元一起使用。

输出

除了 Abaqus/Explicit 中的标准输出标识符（"Abaqus/Explicit 输出变量标识符"，《Abaqus 分析用户手册——介绍、空间建模、执行与输出卷》的 4.2.2 节）之外，对于剪切和拉伸失效模型，下面的变量具有特殊的意义：

STATUS：单元的状态（如果单元是激活的，则状态是 1.0；如果单元未激活，则状态为 0.0）。

3.2.9 多孔金属塑性

产品：Abaqus/Standard Abaqus/Explicit Abaqus/CAE

参考

- "材料库：概览"，1.1.1节
- "非弹性行为：概览"，3.1节
- *POROUS METAL PLASTICITY
- *POROUS FAILURE CRITERIA
- *VOID NUCLEATION
- "定义塑性"中的"定义多孔金属塑性"，《Abaqus/CAE 用户手册》（在线 HTML 版本）的 12.9.2 节

概览

多孔金属塑性模型：
- 用来模拟具有稀浓度空穴的材料，其相对密度大于 0.9。
- 以空穴核的 Gurson 多孔金属塑性理论（Gurson，1977）为基础，并且在 Abaqus/Explicit 中具有失效定义。
- 基于势函数来定义多孔金属的非弹性流，此势函数以相对密度这一单独状态变量的形式表征多孔性。

弹性和塑性行为

用户需要分别指定响应的弹性部分，且只能指定线性各向同性弹性（"线弹性行为"，2.2.1节）。多孔金属塑性不能与多孔弹性一起使用（"多孔材料的弹性行为"，2.3节）。

通过定义金属塑性模型来指定完全致密的基体材料的硬化行为（"经典的金属塑性"，3.2.1节）。只能指定各向同性硬化。硬化曲线必须将基材中的屈服应力描述成基材中的塑性应变。在定义有限应变的相关性时，应当给出"真"（柯西）应力和对数应变值。可以模拟基材的率相关性效应（"率相关的屈服"，3.2.3节）。

屈服情况

将材料的相对密度 r 定义成实体材料的体积与材料总体积的比值。用来定义模型的关系以空穴体积分数 f 的形式来表达，将它定义成空穴的体积与材料总体积的比值，它符合关系式 $f=1-r$。对于含有稀浓度空穴的金属，Gurson（1977）提出了作为空穴体积分数函数的屈

服条件。此屈服条件后来由 Tvergaard（1981）进行了改进，其表达式为

$$\Phi = \left(\frac{q}{\sigma_y}\right)^2 + 2q_1 f \cosh\left(-q_2\,\frac{3p}{2\sigma_y}\right) - (1+q_3 f^2) = 0$$

式中，$q = \sqrt{\frac{3}{2}\boldsymbol{S}:\boldsymbol{S}}$ 是有效的 Mises 应力；$p = -\frac{1}{3}\boldsymbol{\sigma}:\boldsymbol{I}$ 是静水压力；$\sigma_y(\bar{\varepsilon}_m^{pl})$ 是完全致密基材的屈服应力，是基材中等效塑性应变 $\bar{\varepsilon}_m^{pl}$ 的函数；q_1、q_2、q_3 是材料参数。

柯西应力定义为"当前单位面积"上的力，包含空穴和实体（基底）材料。

$f=0(r=1)$ 意味着材料是完全致密的，则 Gurson 屈服条件简化成 Mises 屈服条件。$f=1$ $(r=0)$ 意味着材料是完全空洞的并且没有承载能力。该模型通常在 $f<0.1(r>0.9)$ 的情况下给出才具有物理意义的结果。

"多孔金属塑性"（《Abaqus 理论手册》的 4.3.6 节）对此模型进行了详细的介绍，并讨论了它的数值实现方法。

如果在多孔压力分析中使用了多孔金属塑性模型（"耦合的多孔流体扩散和应力分析"，《Abaqus 分析用户手册——分析卷》的 1.8.1 节），则独立于空穴率来跟踪相对密度 r。

指定 q_1、q_2 和 q_3

用户可直接指定多孔金属塑性模型的参数 q_1、q_2 和 q_3。对于典型的金属，相关文献中的参数范围是 $q_1 = 1.0 \sim 1.5$，$q_2 = 1.0$，$q_3 = q_1^2 = 1.0 \sim 2.25$（"圆拉伸棒的缩颈"，《Abaqus 基准手册》的 1.1.9 节）。当 $q_1 = q_2 = q_3 = 1.0$ 时，恢复成原始的 Gurson 模型。用户可以将这些参数定义成温度和/或场变量的表格函数。

输入文件用法：∗POROUS METAL PLASTICITY

Abaqus/CAE 用法：Property module：material editor：Mechanical → Plasticity → Porous Metal Plasticity

Abaqus/Explicit 中的失效准则

Abaqus/Explicit 中的多孔金属塑性模型允许失效。在此情况下，屈服条件写成

$$\Phi = \left(\frac{q}{\sigma_y}\right)^2 + 2q_1 f^* \cosh\left(-q_2\,\frac{3p}{2\sigma_y}\right) - (1+q_3 f^{*2}) = 0$$

式中，函数 $f^*(f)$ 模拟伴随空穴聚集发生的应力承载能力的快速消失。此函数以空穴体积分数的形式来定义

$$f^* \equiv \begin{cases} f & f \leq f_c \\ f_c + \dfrac{\bar{f}_F - f_c}{f_F - f_c}(f - f_c) & f_c < f < f_F \\ \bar{f}_F & f \geq f_F \end{cases}$$

其中

$$\bar{f}_F = \frac{q_1 + \sqrt{q_1^2 - q_3}}{q_3}$$

式中，f_c 是空穴体积分数的临界值；f_F 是完全丧失应力承载能力的材料中的空穴体积分数。当 $f_c < f < f_F$ 时，用户指定的参数 f_c 和 f_F 模拟材料由于微裂纹和空穴聚集机制而产生的失效。当 $f \geqslant f_F$ 时，材料点上发生完全失效。在 Abaqus/Explicit 中，一旦单元的所有材料点失效，则去除此单元。

输入文件用法：以下选项与 * POROUS METAL PLASTICITY 选项一起使用：

* POROUS FAILURE CRITERIA

Abaqus/CAE 用法：Property module：material editor：Mechanical→Plasticity→Porous Metal Plasticity：Suboptions→Porous Failure Criteria

指定初始相对密度

用户可以在材料点或者节点上指定多孔材料的初始相对密度 r_0。如果不指定初始相对密度，则 Abaqus 将赋予其值 1.0。

在材料点上

用户可以指定初始相对密度作为多孔金属塑性材料定义的一部分。

输入文件用法：* POROUS METAL PLASTICITY，RELATIVE DENSITY = r_0

Abaqus/CAE 用法：Property module：material editor：Mechanical→Plasticity→Porous Metal Plasticity：Relative density：r_0

在节点上

另外，用户可以在节点上指定初始相对密度作为初始条件（"在 Abaqus/Standard 和 Abaqus/Explicit 中的初始条件"，《Abaqus 分析用户手册——指定条件、约束与相互作用卷》的 1.2.1 节），并将这些值插值到材料点。仅当没有将相对密度指定成多孔金属塑性材料定义的一部分时才应用初始条件。当在单元的边界上存在初始相对密度场的不连续时，必须使用单独的节点来定义这些边界上的单元，同时施加多点约束使得节点位移和转动与边界相等。

输入文件用法：* INITIAL CONDITIONS，TYPE = RELATIVE DENSITY

Abaqus/CAE 用法：Abaqus/CAE 中不支持初始相对密度。

流动准则和硬化

屈服情况中存在的压力将导致无偏量的塑性应变。假定塑性流垂直于屈服面，则

$$\dot{\varepsilon}^{pl} = \dot{\lambda} \frac{\partial \Phi}{\partial \sigma}$$

完全致密基材的硬化用公式 $\sigma_y = \sigma_y(\overline{\varepsilon}_m^{pl})$ 来描述。基材中等效塑性应变的演化是由下面的等效塑性功表达式得到的

$$(1-f)\,\sigma_y\,\dot{\overline{\varepsilon}}_m^{pl} = \sigma : \dot{\varepsilon}^{pl}$$

如图 3-14 所示，在 p-q 平面上显示了具有不同空穴体积分数的屈服面。

图 3-15 比较了多孔材料行为（初始屈服应力是 σ_{y_0}）与完美塑性基材行为之间的拉伸和压缩。在压缩中，多孔材料由于空穴的闭合而"硬化"；在拉伸中，多孔材料由于空穴的成长和成核而"软化"。

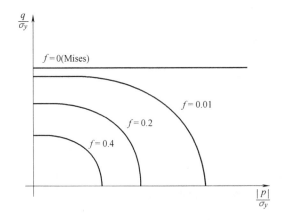

图 3-14 p-q 平面内屈服面示意图

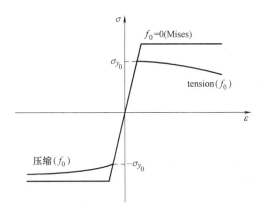

图 3-15 多孔金属（初始空穴体积分数为 f_0 的完美塑性基材）单轴行为示意图

空穴成长和成核

空穴体积分数中的总变化是

$$\dot{f} = \dot{f}_{gr} + \dot{f}_{nucl}$$

式中，$\dot{f}_{gr}$ 是由于已有空穴的成长而引起的变化；$\dot{f}_{nucl}$ 是由于新空穴的成核而引起的变化。已有空穴的成长遵循质量守恒原理并且以空穴体积分数的形式进行表达

$$\dot{f}_{gr} = (1-f)\,\dot{\varepsilon}^{pl} : \boldsymbol{I}$$

空穴的成核由应变控制的关系给出

$$\dot{f}_{nucl} = A\,\dot{\overline{\varepsilon}}_m^{pl}$$

其中

$$A = \frac{f_N}{s_N \sqrt{2\pi}} \exp\left[-\frac{1}{2}\left(\frac{\overline{\varepsilon}_m^{pl} - \varepsilon_N}{s_N} \right)^2 \right]$$

成核应变的正态分布具有平均值 ε_N 和标准偏差 s_N。f_N 是已经成核的空穴的体积分数，并且

空穴只在拉伸中成核。

假定成核方程 A/f_N 具有正态分布，不同标准偏差 s_N 的对应值如图 3-16 所示。

图 3-17 所示为对于不同的 f_N 值，多孔材料在单轴拉伸试验中的软化程度。

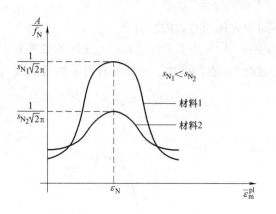

图 3-16 成核方程 A/f_N

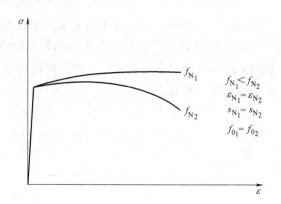

图 3-17 对应于 f_N 函数的软化（单轴拉伸中）

相关文献中典型金属的取值范围：$\varepsilon_N = 0.1 \sim 0.3$，$s_N = 0.05 \sim 0.1$，$f_N = 0.04$（"圆拉伸棒的缩颈"，《Abaqus 基准手册》的 1.1.9 节）。用户可以指定这些参数，或者将它们定义成温度和预定义场变量的函数。仅当在材料定义中包含了空穴成核时，Abaqus 才包括它。

在 Abaqus/Standard 中，通过在自动时间增量方案中指定最大允许时间增量来控制空穴成核和成长方程的隐式积分精度。

输入文件用法：* VOID NUCLEATION

Abaqus/CAE 用法：Property module：material editor：Mechanical→Plasticity→Porous Metal
Plasticity：Suboptions→Void Nucleation

初始条件

当需要研究已经承受了一些工作硬化的材料所具有的行为时，Abaqus 允许直接为等效塑性应变 $\overline{\varepsilon}^{pl}$ 指定初始条件（"Abaqus/Standard 和 Abaqus/Explicit 中的初始条件"，《Abaqus 分析用户手册——指定条件、约束与相互作用卷》的 1.2.1 节）。

输入文件用法：* INITIAL CONDITIONS，TYPE = HARDENING

Abaqus/CAE 用法：Load module：Create Predefined Field：Step：Initial，为 Category 选择
Mechanical，为 Types for Selected Step 选择 Hardening

在用户子程序中定义初始硬化条件

对于更复杂的情况，可以在 Abaqus/Standard 中通过用户子程序 HARDINI 定义初始条件。

输入文件用法：* INITIAL CONDITIONS，TYPE = HARDENING，USER

Abaqus/CAE 用法：Load module：Create Predefined Field：Step：Initial，为 Category 选择
Mechanical，为 Types for Selected Step 选择 Hardening；Definition：
User-defined

单元

多孔金属塑性模型可以与任何应力/位移单元一起使用，但不包括一维单元（梁、管和杆单元）或者假定应力状态是平面应力的单元（平面应力、壳和膜单元）。

输出

除了 Abaqus 中的标准输出标识符（"Abaqus/Standard 输出变量标识符"，《Abaqus 分析用户手册——介绍、空间建模、执行与输出卷》的 4.2.1 节，以及 "Abaqus/Explicit 输出变量标识符"，《Abaqus 分析用户手册——介绍、空间建模、执行与输出卷》的 4.2.2 节）之外，以下变量在多孔金属塑性模型中具有特别的意义：

PEEQ：等效塑性应变 $\bar{\varepsilon}^{\mathrm{pl}} = \bar{\varepsilon}^{\mathrm{pl}}\big|_0 + \int \dfrac{\sigma : \mathrm{d}\varepsilon^{\mathrm{pl}}}{(1-f)\sigma_y}$，其中 $\bar{\varepsilon}^{\mathrm{pl}}\big|_0$ 是初始等效塑性应变（零或者用户指定的，见"初始条件"）。

VVF：空穴体积分数。

VVFG：由于空穴成长的空穴体积分数。

VVFN：由于空穴成核的空穴体积分数。

3.2.10 铸铁塑性

产品：Abaqus/Standard   Abaqus/Explicit   Abaqus/CAE

参考

- "材料库：概览"，1.1.1 节
- "组合材料行为"，1.1.3 节
- "非弹性行为：概览"，3.1 节
- *CAST IRON COMPRESSION HARDENING
- *CAST IRON PLASTICITY
- *CAST IRON TENSION HARDENING
- "定义塑性"中的"定义铸铁塑性"，《Abaqus/CAE 用户手册》（在线 HTML 版本）的 12.9.2 节

概览

铸铁塑性模型：
- 适用于灰铸铁的本构模拟。

- 提供在拉伸和压缩中具有不同屈服强度、流动和硬化的弹塑性行为。
- 在拉伸载荷下，屈服函数取决于最大主应力；在压缩载荷条件下，则与压力无关（von Mises 型）。
- 在拉伸载荷条件下，允许同时非弹性膨胀和非弹性剪切。
- 在压缩载荷下只允许非弹性剪切。
- 仅适合仿真基本上单调加载的材料响应。
- 不能用来模拟率相关性。

弹性和塑性行为

铸铁塑性模型可描述灰铸铁的力学行为，灰铸铁是微观结构的钢基材中分布着石墨薄片的材料。在拉伸中，石墨薄片承受集中应力，导致在脆性行为之前，发生作为最大主应力函数的屈服。在压缩中，石墨薄片对宏观响应没有显著影响，此时灰铸铁表现出许多与钢一样的韧性行为。

用户需单独指定响应的弹性部分，且只能使用线性各向同性弹性（"线弹性行为" 2.2.1 节）。假定弹性刚度在拉伸和压缩条件下是一样的。

铸铁塑性模型可提供塑性"泊松比"的值，它是单轴拉伸情况下，横向塑性应变与纵向塑性应变的比值的绝对值。塑性泊松比可以随着塑性变形而发生变化。然而，Abaqus 中的模型假定泊松比关于塑性变形是常数，它可以取决于温度和场变量。如果没有为塑性泊松比指定值，则默认值为 0.04。此默认值来源于单轴拉伸条件下永久体积应变的试验结果（详情见"铸铁塑性"，《Abaqus 理论手册》的 4.3.7 节）。

可按以下方法指定拉伸和压缩条件下材料的独立弹性硬化（图 3-18）。拉伸硬化数据提供在单轴拉伸情况下，作为塑性应变、温度和场变量函数的

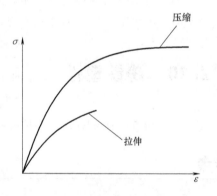

图 3-18　单轴拉伸和单轴压缩条件下灰铸铁所具有的典型应力-应变曲线

单轴拉伸屈服应力。压缩硬化数据提供在单轴压缩情况下，作为塑性应变、温度和场变量函数的单轴压缩屈服应力。

输入文件用法：＊CAST IRON PLASTICITY

Abaqus/CAE 用法：Property module：material editor：Mechanical → Plasticity → Cast Iron Plasticity

屈服条件

Abaqus 利用复合屈服面来描述拉伸和压缩中的不同行为。在拉伸中，假定屈服受最大主应力的控制；而在压缩中，假定屈服与压力无关且只受偏应力控制（Mises 屈服条件）。

铸铁塑性模型的详细内容见"铸铁塑性"，（《Abaqus 理论手册》的 4.3.7 节）。

流动准则

为了便于讨论流动和硬化行为，将子午面分成图 3-19 所示的两个区域。

单轴压缩线（标识为 UC）左边的区域称为"拉伸区域"，右边的区域称为"压缩区域"。流动势由压缩区域中的 Mises 圆柱和拉伸区域中的椭圆"帽"组成。两个面之间的过渡是平滑的。流动势在子午面的投影由压缩区域中的直线和拉伸区域中的椭圆组成。在偏量平面上的相应投影是一个圆。结果是塑性流动在拉伸区域导致非弹性体积膨胀，而在压缩区域中没有非弹性体积变化（详情见"铸铁塑性"，《Abaqus 理论手册》的 4.3.7 节）。

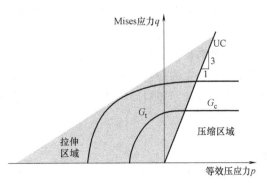

图 3-19　p-q 平面中流动势的示意图

非对应的流动

因为流动势与屈服面是不同的（"非对应的"流动），材料雅可比矩阵是非对称的。这样，为了改善收敛性，使用非对称矩阵存储和求解方案（见"定义一个分析"，《Abaqus 分析用户手册——分析卷》的 1.1.2 节）。

硬化

因为灰铸铁的硬化在轴向拉伸和轴向压缩条件下是不同的，用户需要提供两组表格形式的硬化数据：一个是基于定义 $\sigma_t = \sigma_t(\bar{\varepsilon}_t^{pl}, \theta, f^\alpha)$ 的单轴拉伸试验；另一个是基于定义 $\sigma_c = \sigma_c(\bar{\varepsilon}_c^{pl}, \theta, f^\alpha)$ 的单轴压缩试验。式中，$\bar{\varepsilon}_t^{pl}$ 和 $\bar{\varepsilon}_c^{pl}$ 分别是单轴拉伸和单轴压缩条件下的等效塑性应变。

输入文件用法：同时使用以下两个选项来与 *CAST IRON PLASTICITY 选项联合使用

　　　*CAST IRON COMPRESSION HARDENING

　　　*CAST IRON TENSION HARDENING

Abaqus/CAE 用法：Property module：material editor：Mechanical → Plasticity → Cast Iron Plasticity：Compression Hardening and Tension Hardening

材料数据的限制

塑性泊松比 ν_{pl} 应小于 0.5，因为试验数据显示当灰铸铁经单轴拉伸加载到超过屈服强度时，其体积产生永久性的增加。为了更好地定义势，ν_{pl} 必须大于 -1.0。因此，塑性泊松比必须满足 $-1 < \nu_{pl} \leqslant 0.5$。

铸铁塑性材料模型适合模拟铸铁和其他类似铸铁的材料，这些材料的单轴拉伸和单轴压缩行为与图 3-19 所示行为相符。特别是对于预期单轴拉伸的初始屈服应力比单轴压缩的初始屈服应力小的模型。即使某些不是铸铁的材料的整体应力-应变响应和单轴应力状态中的硬化行为与铸铁的行为一致，也必须确认模型的流动势（为了模拟铸铁，已经具体地构建了此流动势）对其他材料是有意义的。Abaqus 在单轴拉伸的初始屈服应力等于或者大于单轴压缩的屈服应力时，才发出一个警告信息。在此方面不进行其他的检查。

如果单轴拉伸的屈服应力比单轴压缩的屈服应力更大，则单轴拉伸中的材料点实际上在为单轴压缩指定的最初屈服应力下发生屈服。这一明显异常的行为是由应力空间中的单轴拉伸应力路径首先与屈服面的压缩（Mises）部分相遇引起的（不符合实际的用户指定材料属性的结果）。

单元

铸铁塑性模型可用于 Abaqus 中除假定应力状态是平面应力（平面应力连续、壳和膜单元）的任何应力/位移单元。它可以与一维单元（平面中的杆和梁）和 Abaqus/Standard 中的空间梁一起使用。

输出

除了 Abaqus 中可以使用的标准输出标识符（"Abaqus/Standard 输出变量标识符"，《Abaqus 分析用户手册——介绍、空间建模、执行与输出卷》的 4.2.1 节，以及 "Abaqus/Explicit 输出变量标识符"，《Abaqus 分析用户手册——介绍、空间建模、执行与输出卷》的 4.2.2 节）之外，对于铸铁塑性材料模型，下面的变量具有特殊的意义：

PEEQ：单轴压缩中的等效塑性应变 $\bar{\varepsilon}_c^{pl} = \int_0^t \dot{\bar{\varepsilon}}_c^{pl} dt$。

PEEQT：单轴拉伸中的等效塑性应变 $\bar{\varepsilon}_c^{pl} = \int_0^t \dot{\bar{\varepsilon}}_c^{pl} dt$。

3.2.11 双层黏塑性

产品：Abaqus/Standard   Abaqus/CAE

参考

- "材料库：概览"，1.1.1 节
- "组合材料行为"，1.1.3 节
- "非弹性行为：概览"，3.1 节
- * ELASTIC

- ∗ PLASTIC
- ∗ VISCOUS
- "定义塑性"中的"定义双层黏塑性模型的黏性部分",《Abaqus/CAE 用户手册》(在线 HTML 版本)的 12.9.2 节

概览

双层黏塑性模型:
- 适合模拟既观察到塑性,也观察到行为明显与时间相关的材料,典型的例子是高温金属。
- 由平行于弹黏性网络的弹塑性网络构成(相对于塑性和黏性网络是串联的耦合蠕变和塑性能力)。
- 基于弹塑性网络中的 Mises 和 Hill 屈服条件,以及 Abaqus/Standard 中任何弹黏性网络中可以使用的蠕变模型(除了双曲线蠕变规律)。
- 假定一个偏量非弹性响应(因此,不能使用与压力相关的塑性或者蠕变模型来定义这两种网络的行为)。
- 适合模拟在很广的温度范围里,材料对于波动载荷的响应。
- 可为热机械载荷提供良好的结果。

材料行为

将材料行为细分成三部分:弹性、塑性和黏性。图 3-20 所示为一维理想化材料模型,它具有弹塑性和弹黏性平行网络。下文将详细介绍弹性和非弹性行为(塑性和黏性)。

弹性行为

使用线性各向同性弹性定义来指定两个网络响应的弹性部分。可以使用 Abaqus/Standard 中任何可以使用的弹性模型来定义网络的弹性行为。参考一维理想化模型(图 3-20),弹黏性网络(K_V)的弹性模量与总(即时的)模量($K_P + K_V$)的比值为

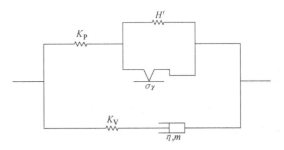

图 3-20 一维理想化双层黏塑性模型

$$f = \frac{K_V}{K_P + K_V}$$

式中,f 为用户指定的比,它作为后面讨论的黏性行为定义的一部分给出;在弹黏性和弹塑性网络中分配所指定的总模量。如果定义了各向同性的弹性属性,则泊松比在两个网络中是相同的。另一方面,如果定义了各向异性弹性,则两个网络具有相同类型的各向异性。假定为弹性行为指定的属性是即时的属性($K_P + K_V$)。

输入文件用法: ∗ ELASTIC

Abaqus/CAE 用法：Property module：material editor：Mechanical→Elasticity→Elastic

塑性行为

可以使用一个塑性定义为材料模型提供静态硬化数据。可以使用所有可用的金属塑性模型，包括定义各向异性屈服的 Hill 塑性模型（"各向异性屈服/蠕变"，3.2.6 节）。

弹塑性网络不考虑率相关的屈服。因此，不允许为塑性模型指定应变率相关性。

输入文件用法：使用下面的选项：

* PLASTIC
* POTENTIAL

Abaqus/CAE 用法：Property module：material editor：Mechanical → Plasticity → Plastic：Suboptions→Potential

黏性行为

可以通过 Abaqus/Standard 中任何可以使用的蠕变规律来控制材料的黏性行为（"率相关的塑性：蠕变和膨胀"，3.2.4 节），不包括双曲线蠕变规律。在定义黏性行为时，用户需指定黏性参数并选择特定种类的黏性行为。如果选择通过用户子程序 CREEP 来输入蠕变规律，则只需定义偏量蠕变——更具体的，在用户子程序 CREEP 中不应当定义体积膨胀行为。此外，用户还需指定分数 f，用来定义弹黏性网络的弹性模量与总（即时的）模量的比值。可以在黏性行为定义条件下指定黏性应力比，来定义各向异性黏性（见"各向异性屈服/蠕变"，3.2.6 节）。

所有的材料属性都可以定义成温度和预定义场变量的函数。

输入文件用法：使用下面的选项：

* VISCOUS，LAW＝TIME 或者 STRAIN 或者 USER
* POTENTIAL

Abaqus/CAE 用法：Property module：material editor：Mechanical→Plasticity→Viscous：Suboptions→Potential

热膨胀

可以通过提供材料的热膨胀系数（"热膨胀"，6.1.2 节）来模拟热膨胀。可以采用通常的方式来定义各向异性膨胀。在一维理想化模型中，假定膨胀组件与其余的网络串联。

材料参数的校正

在材料模型的一维理想化部分对校准过程进行了非常详细的解释。在下面的讨论中，假定通过 Norton-Hoff 率规律来控制黏性行为，Norton-Hoff 率规律的表达式为

$$\dot{\varepsilon}_V^v = A\sigma_V^n$$

式中，下标 V 仅表示弹黏性网络中的量。例如，可以为黏性行为选择一个时间-硬化的幂律并设置 $m=0$，来选择此率规律的形式。对于这一基本情况，需要校准 6 个材料参数（图3-20），即网络 K_P 和 K_V 的弹性属性、初始屈服应力 σ_y、硬化 H'、Norton·Hoff 率参数、A 和 n。

需要实施的试验是在不同的不变应变率下的单轴拉伸。静（零应变率）单轴拉伸测试确定了长期模量 K_P、初始屈服应力 σ_y 和硬化 H'。为了便于说明，将硬化假设为线性的。事实上，材料模型不局限为线性硬化，并且对于任何塑性模型都可以定义任何一般的硬化行为。即时弹性模量 $K = K_P + K_V$，可以通过测量材料对于相对大的非零应变率的初始弹性响应来度量。可以比较几个不同应变率条件下的测量结果，直到即时弹性模量不再随所施加应率的变化而变化为止。K_V 取决于 K 与 K_P 之间的差异。

为了校准参数 A 和 n，应认识到在不变应变率 $\dot{\varepsilon}_0$ 的条件下，弹黏性网络的长期（静态）行为是大小为 $\sigma_V = A^{-\frac{1}{n}} \dot{\varepsilon}_0^{\frac{1}{n}}$ 的不变应力。在硬化模量与弹性模量相比可以忽略的前提下 $(K_P \gg H')$，整体材料静态响应的表达式为

$$\sigma = A^{-\frac{1}{n}} \dot{\varepsilon}_0^{\frac{1}{n}} + \sigma_y + H'\varepsilon$$

式中，σ 是给定总应变的总应力。为了确定是否达到了稳态，可以显示作为 ε 函数的量 $\overline{\sigma} = \sigma - \sigma_y - H'\varepsilon$ 的图形，并注意何时它变成常数。$\overline{\sigma}$ 的常数值等于 $A^{-\frac{1}{n}} \dot{\varepsilon}_0^{\frac{1}{n}}$。通过进行一些具有不同常数应变率 $\dot{\varepsilon}_0$ 的测试来确定常数 A 和 n。

不同分析步中的材料响应

材料在所有应力/位移过程种类中是有效的。在静态分析步中，对于要求长期响应的地方（见"静应力分析"，《Abaqus 分析用户手册——分析卷》的 1.2.2 节），只有弹塑性网络是有效的，弹黏性网络不以任何方式做出贡献。特别的，黏性网络中的应力将在长期静态响应中变成零。如果从耦合的温度-位移过程中或者土壤固结过程中去除蠕变效应，将假设弹黏性网络的响应只有弹性。在线性摄动步中，只考虑网络的弹性响应。

一些种类的应力/位移过程（耦合的温度-位移、土壤固结和准静态）允许通过用户指定的错误容差，来人为地控制黏性本构方程的时间积分精度。在其他没有这种直接控制（静态、动态）的过程种类中，必须选择合适的时间增量。这些时间增量与典型的材料松弛时间相比必须较小。

单元

对于一维单元（梁和杆），不能使用双层黏塑性模型。它可以与 Abaqus/Standard 中的任何包括力学行为的其他单元（具有位移自由度的单元）一起使用。

输出

除了 Abaqus/Standard 中可以使用的标准输出标识符（"Abaqus/Standard 输出变量标识符"，《Abaqus 分析用户手册——介绍、空间建模、执行与输出卷》的 4.2.1 节），对于双层黏塑性材料模型，下面的变量具有特殊的意义：

EE：弹性应变，定义为 $\varepsilon^{el} = f\varepsilon_V^{el} + (1-f)\varepsilon_P^{el}$。

PE：弹塑性网络中的塑性应变 ε_P^{pl}。

VE：弹黏性网络中的黏性应变 ε_V^ν。

PS：弹塑性网络中的应力 σ_P。

VS：弹黏性网络中的应力 σ_V。

PEEQ：等效塑性应变，定义为 $\int_0^t \sqrt{\dfrac{2}{3}\dot{\varepsilon}_P^{pl} : \dot{\varepsilon}_P^{pl}}\,\mathrm{d}t$。

VEEQ：等效黏性应变，定义为 $\int_0^t \sqrt{\dfrac{2}{3}\dot{\varepsilon}_V^\nu : \dot{\varepsilon}_V^\nu}\,\mathrm{d}t$。

SENER：单位体积的弹性应变能密度，定义为 $\dfrac{1}{2}\sigma_P : \varepsilon_P^{el} + \dfrac{1}{2}\sigma_V : \varepsilon_V^{el}$。

PENER：单位体积的塑性耗散能，定义为 $\int_0^t \sigma_P : \dot{\varepsilon}_P^{pl}\mathrm{d}t$。

VENER：单位体积的黏性耗散能，定义为 $\int_0^t \sigma_V : \dot{\varepsilon}_V^\nu\mathrm{d}t$。

上面应变张量的定义指出，总应变与弹性、塑性和黏性应变的关系为

$$\varepsilon = \varepsilon^{el} + (1-f)\varepsilon^{pl} + f\varepsilon^\nu$$

根据上面给出的定义，式中，$\varepsilon^{pl} = \varepsilon_P^{pl}$，$\varepsilon^\nu = \varepsilon_V^\nu$。上面关于输出变量的定义可应用于所有过程种类。特别的，当一个静态过程要求长期响应时，弹黏性网络不承担任何应力，并且弹性应变的定义简化成 $\varepsilon^{el} = (1-f)\varepsilon_P^{el}$，这说明总应力通过即时弹性模量与弹性应变相关。

3.2.12　ORNL-Oak Ridge 国家实验室本构模型

产品：Abaqus/Standard　Abaqus/CAE

参考

- "材料库：概览"，1.1.1 节
- "非弹性行为：概览"，3.1 节
- "经典的金属塑性"，3.2.1 节
- "率相关的塑性：蠕变和膨胀"，3.2.4 节
- *ORNL
- *PLASTIC
- *CREEP
- "定义塑性"中的"在塑性和蠕变计算中使用 Oak Ridge 国家实验室（ORNL）本构模型"，《Abaqus/CAE 用户手册》（在线 HTML 版本）的 12.9.2 节
- "定义塑性"中的"指定 ORNL 模型的循环屈服应力数据"，《Abaqus/CAE 用户手册》（在线 HTML 版本）的 12.9.2 节

概览

Oak Ridge 国家实验室（ORNL）本构模型：

- 允许在塑性和蠕变计算中使用核标准 NEF 9-5T 中定义的法则"第 1 类高温和系统零部件设计指导和过程"。
- 适用于模拟相对而言温度较高的 304 和 316 型不锈钢。
- 只可以与金属塑性模型（仅包括线性随动硬化）和/或应变硬化形式的金属蠕变规律一起使用。
- 在《Abaqus 理论手册》的 4.3.8 节"ORNL 本构理论"中进行了详细的介绍。

与塑性一起使用

Abaqus/Standard 中的 ORNL 本构模型符合 1981 年 3 月制定的核标准 NEF9-5T 和广泛修订了本构模型的该标准 1986 年的版本。此模型添加了从原始材料状态到完全循环状态的塑性屈服面各向同性硬化。起初，假定材料根据原始应力-应变曲线的双线性表现来随动硬化。如果发生应力回复或者蠕变应变达到 0.2%，则屈服面各向同性扩展到用户定义的 1/10 循环应力-应变曲线。根据 1/10 循环应力-应变曲线的双线性表现来发生进一步的随动硬化。

用户必须通过塑性模型的定义来指定原始屈服应力和硬化，并通过一个线性弹性模型的定义来指定响应的弹性部分。用户应分别指定 1/10 循环屈服应力和硬化值。通过给出零塑性应变的值和另外一个非零塑性应变点上的值来定义每一温度下的屈服应力，从而给出一个常数硬化率（线性工作硬化）。

输入文件用法：在同一个材料数据块中使用以下所有选项：
* PLASTIC
* ORNL
* CYCLED PLASTIC

Abaqus/CAE 用法：Property module：material editor：Mechanical→Plasticity→Plastic；Suboptions→Ornl and Suboptions→Cycled Plastic

Abaqus/Standard 允许调用"核标准" 4.3.5 节中描述的可选的随动转移（α）重置过程。如果没有明确指定 α 的重置过程，则不使用它。

输入文件用法：* ORNL, RESET

Abaqus/CAE 用法：Property module：material editor：Suboptions→Ornl；Invoke reset procedure

与蠕变一起使用

ORNL 本构模型假定蠕变使用应变硬化公式。它在发生应变回复时引入辅助硬化规则。《Abaqus 理论手册》的 4.3.8 节"ORNL 本构理论"中介绍了详细算法。它只有在蠕变行为是通过应变-硬化幂律定义时才能使用。

输入文件用法：在同一个材料数据块中同时使用以下 2 个选项：

* CREEP, LAW = STRAIN

* ORNL

Abaqus/CAE 用法：Property module：material editor：Mechanical→Plasticity→Creep：Law：Strain-Hardening：Suboptions→Ornl

在蠕变中移动屈服面

随后的塑性应变使用的 ORNL 公式也会造成屈服面的中心在蠕变中移动；此行为通过两个可选的用户定义参数来定义。

指定随动转移的饱和率

用户可以指定 A，即"核标准"4.3.3-3 节的方程（15）定义的蠕变应变产生的随动转移饱和率，其默认值是 0.3。使用 1986 年修订版标准时，设置 $A = 0.0$。

输入文件用法：* ORNL, A = A

Abaqus/CAE 用法：Property module：material editor：Suboptions→Ornl：Saturation rates for kinematic shift：A

指定随动转移率

用户可以指定 H，即关于蠕变应变［"核标准"4.3.2-1 节的方程（7）］的随动转移率。使用 1986 年修订版标准时，设置 $H = 0.0$。如果不指定 H 的值，则根据 1981 年修订版标准的 4.3.3-3 节来确定 H。

输入文件用法：* ORNL, H = H

Abaqus/CAE 用法：Property module：material editor：Suboptions→Ornl：Rate of kinematic shift wrt creep strain：H

初始条件

当需要研究已经承受了一些工作硬化的材料行为时，可以提供初始等效塑性应变值来指定对应于工作硬化状态的屈服应力。详细内容见"非弹性行为"，3.1 节。也可以提供背应力张量 α 的初始值来包含应变产生的各向异性。详细内容见"Abaqus/Standard 和 Abaqus/Explicit 中的初始条件"（《Abaqus 分析用户手册——指定的条件、约束与相互作用卷》的 1.2.1 节）。对于更加复杂的初始条件，可以通过用户子程序 HARDINI 进行定义。

输入文件用法：使用下面的选项直接定义初始等效塑性应变：

* INITIAL CONDITIONS, TYPE = HARDENING

在 Abaqus/Standard 中使用下面的选项，在用户子程序 HARDINI 中指定初始等效塑性应变：

* INITIAL CONDITIONS, TYPE = HARDENING, USER

Abaqus/CAE 用法：用下面的选项直接指定初始等效塑性应变：

Load module：Create Predefined Field；Step：Initial，为 Category 选择
Mechanical，为 Types for Selected Step 选择 Hardening

在 Abaqus/Standard 中使用下面的选项，在用户子程序 HARDINI 中
指定初始等效塑性应变：

Load module：Create Predefined Field；Step：Initial，为 Category 选择
Mechanical，为 Types for Selected Step 选择 Hardening；Definition：
User-defined

单元

ORNL 本构模型可以与 Abaqus/Standard 中任何包括机械行为的单元（具有位移自由度
的单元）一起使用。

输出

除了 Abaqus/Standard 中可以使用的标准输出标识符（"Abaqus/Standard 输出变量标识
符"，《Abaqus 分析用户手册——介绍、空间建模、执行与输出卷》的 4.2.1 节）以外，与
蠕变相关的变量（"率相关的塑性：蠕变和膨胀"，3.2.4 节）和随动硬化塑性模型（"承受
循环载荷的金属模型"，3.2.2 节）对于 ORNL 本构模型也是可用的。

3.2.13 变形塑性

产品：Abaqus/Standard Abaqus/CAE

参考

- "材料库：概览"，1.1.1 节
- "非弹性行为：概览"，3.1 节
- *DEFORMATION PLASTICITY
- "定义其他力学模型"中的"定义变形塑性"，《Abaqus/CAE 用户手册》（在线 HTML
版本）的 12.9.4 节

概览

Ramberg-Osgood 塑性模型的变形理论：
- 主要适合在韧性金属断裂力学应用中建立完全的塑性解。
- 不能与任何其他力学响应材料模型一起使用，因为它已经完全地描述了材料的力学

响应。

一维模型

变形塑性的一维模型如下

$$E\varepsilon = \sigma + \alpha \left(\frac{|\sigma|}{\sigma^0} \right)^{n-1} \sigma$$

式中，σ 是应力；ε 是应变；E 是弹性模量（定义成零应力处的应力-应变曲线的斜率）；α 是"屈服"偏移；σ^0 是屈服应力，当 $\sigma = \sigma^0$ 时，$\varepsilon = (1+\alpha)\sigma^0/E$；$n$ 是"塑性"（非线性）项的硬化指数，且 $n>1$。

由此模型描述的材料行为在所有应力水平上是非线性的，但是对于常用的硬化指数值（n 为 5 或者更多），只有在应力大小接近或者超过 σ^0 时，非线性才变得明显。

多轴应力的推广

使用线性项的 Hook 规律和非线性项的 Mises 应力势及相关联的流动规律，可将一维模型推广到多轴应力状态

$$E\varepsilon = (1+\nu)\mathbf{S} - (1-2\nu)p\mathbf{I} + \frac{3}{2}\alpha \left(\frac{q}{\sigma^0} \right)^{n-1} \mathbf{S}$$

式中，ε 是应变张量；σ 是应力张量；$p = -\frac{1}{3}\sigma : \mathbf{I}$ 是等效静水压应力；$q = \sqrt{\frac{3}{2}\mathbf{S} : \mathbf{S}}$ 是 Mises 等效应力；$\mathbf{S} = \sigma + p\mathbf{I}$ 是应力偏量；ν 是泊松比。

行为的线性部分可以是可压缩的或者不可压缩的，这取决于泊松比的值，但是行为的非线性部分是不可压缩的（因为流动方向是 Mises 应力势的法向）。"变形塑性"，《Abaqus 理论手册》的 4.3.9 节详细介绍了该模型。

用户可以直接指定参数 E、ν、σ^0、n 和 α，也可以将它们定义成温度的表格函数。

输入文件用法：* DEFORMATION PLASTICITY

Abaqus/CAE 用法：Property module：material editor：Mechanical→Deformation Plasticity

典型应用

变形塑性模型最常应用在小位移静态加载分析中，在此分析中，完全的塑性解必须作为模型的一部分来建立。通常，载荷是直线倾斜加载的，直到区域中所有的被监控点满足"塑性应变"监控的条件，并且因而表现出完全的塑性行为，将此行为定义成

$$\frac{\alpha}{E} \left(\frac{q}{\sigma^0} \right)^{n-1} q > 10 \frac{q}{E}$$

或者

$$q > \left(\frac{10}{\alpha} \right)^{1/(n-1)} \sigma^0$$

用户可以在一个静态分析步中为完全的塑性行为指定受监控单元集的名称。若单元集中

所有本构计算点上的解是完全塑性的，则当达到为计算步指定的最大增量数时，或者当超出为静态步指定的时间段时，结束此计算步。

输入文件用法：* STATIC，FULLY PLASTIC＝单元集名称

Abaqus/CAE 用法：Step module：Create Step：General：Static，General：Other：Stop when region *region* is fully plastic

单元

变形塑性可以与 Abaqus/Standard 中的任何应力/位移单元一起使用。一般将它用于塑性变形占主导地位的情况，推荐此材料模型使用"杂交"（混合公式）或者缩减积分单元。

3.3 其他塑性模型

- "扩展的 Drucker-Prager 模型"，3.3.1 节

- "改进的 Drucker-Prager/Cap 模型"，3.3.2 节

- "Mohr-Coulomb 塑性模型"，3.3.3 节

- "临界状态（黏土）塑性模型"，3.3.4 节

- "可压碎泡沫塑性模型"，3.3.5 节

3.3.1 扩展的 Drucker-Prager 模型

产品：Abaqus/Standard Abaqus/Explicit Abaqus/CAE

参考

- "材料库：概览"，1.1.1 节
- "非弹性行为：概览"，3.1 节
- "率相关的屈服"，3.2.3 节
- "率相关的塑性：蠕变和膨胀"，3.2.4 节
- "渐进性损伤和失效"，第 4 章
- *DRUCKER PRAGER
- *DRUCKER PRAGER HARDENING
- *RATE DEPENDENT
- *DRUCKER PRAGER CREEP
- *TRIAXIAL TEST DATA
- "定义塑性"中的"定义 Durcker-Prager 塑性"，《Abaqus/CAE 用户手册》（在线 HTML 版本）的 12.9.2 节

概览

扩展的 Drucker-Prager 模型：
- 用来模拟摩擦材料，通常是粒状土壤和岩石，并且该材料表现出与压力相关的屈服（材料随着压力的增加而变得更强）。
- 用来模拟压力屈服强度比拉伸屈服强度大的材料，例如一些常见的复合材料和高分子材料。
- 允许材料各向同性地硬化和/或软化。
- 一般允许随着非弹性行为的体积改变：定义非弹性应变的流动法则，允许同时发生非弹性的膨胀（体积增加）和非弹性的剪切。
- 如果材料表现出长期非弹性变形，则可以在 Abaqus/Standard 中包含蠕变。
- 可以定义成对应变率敏感，正如高分子材料中常见的情况。
- 可以与弹性材料模型（"线弹性行为"，2.2.1 节）联合使用；在 Abaqus/Standard 中，如果没有定义蠕变，则可与多孔弹性材料模型（"多孔材料的弹性行为"，2.3 节）联合使用。
- 在 Abaqus/Explicit 中，可以与状态方程模型（"状态方程"，5.2 节）一起使用来描述材料的水力响应。
- 可以与渐进性损伤和失效模型（"韧性金属的损伤和失效：概览"，4.2.1 节）一起使

用来指定不同的损伤初始准则和损伤演化规律，允许材料刚度渐进性退化并从网格中去除单元。

- 适合仿真基本上单调加载的材料响应。

屈服准则

此类模型的屈服准则是以子午面上的屈服面形状为基础的。屈服面可以具有线性形式、双曲线形式或者通常的指数形式，如图3-21所示。3个相关联的屈服准则中的每一个应力不变量和其他项将在本节的后面进行定义。

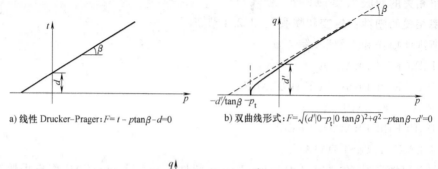

a) 线性 Drucker-Prager: $F=t-p\tan\beta-d=0$ b) 双曲线形式: $F=\sqrt{(d'|0-p_t|0\tan\beta)^2+q^2}-p\tan\beta-d'=0$

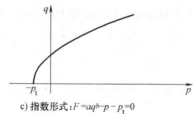

c) 指数形式: $F=aq^b-p-p_t=0$

图3-21 子午面上的屈服面

线性模型（图3-21a）在偏分量平面（Π面）中提供一个可能的非圆形屈服面，来匹配三轴拉伸和压缩中的不同屈服值、偏分量平面上的相关非弹性流动，以及分离的扩张和摩擦角。所输入数据参数定义了子午面和偏分量平面上的屈服面和流动面的形状，以及其他非弹性行为的特征，以此提供一个简单的理论范围。在此模型中，原始Drucker-Prager模型是可以使用的。然而，此模型不能提供一个对Mohr-Coulomb行为的完备匹配，如此节后面所描述的那样。

双曲线和一般指数模型在偏应力平面使用冯密塞斯（圆）截面。在子午面中，两个模型都使用双曲线流动势，通常，这意味着无关联的流动。

模型的选择在很大程度上取决于分析种类、材料的种类、模型参数校正可以使用的试验数据，以及材料可能经历的压应力值的范围。模型通常具有在不同围压水平下的三轴测试数据；或者具有已经采用内聚力和摩擦角，有时候还有三轴拉伸强度值校正过的测试数据。如果可以得到三轴测试数据，则材料参数必须首先进行校正。线性模型可以匹配这些测试数据的精度，由于假定偏应力与压应力线性相关而受到限制。虽然双线性模型在高围压下有类似的假定，但是它在低围压情况下提供偏应力和压力应力之间的非线性关系，这样可以提供对三轴试验数据更好的匹配。双线性模型对于可以使用三轴压缩和三轴拉伸数据的脆性材料是有用的，对于岩石之类的材料是常用的模型。三个屈服准则中最通用的是指数形式。此准则在匹配三轴测试数据时可提供最大的灵活性。Abaqus 从三轴测试数据中直接确定此模型要求的材料参数。使用最小二乘法来达到最小化应力相对误差的目的。

对于已经采用内聚力和摩擦角对试验数据进行过校正的情况，可以使用线性模型。如果为 Mohr-Coulomb 模型提供了这些参数，则有必要将它们转换成 Drucker-Prager 参数。线性模型主要适用于应力大部分是压力的应用。如果拉应力是显著的，则应当具有静水拉伸数据（连同内聚力和摩擦角）且应当使用双线性模型。

这些模型的校正将在此节后面进行讨论。

硬化和率相关

对于颗粒材料，这些模型通常用做失效面，这样，当应力达到屈服应力时，材料表现出不受限制的流动。将此行为称为完美塑性。模型也提供各向同性硬化。在此情况下，塑性流造成屈服面在所有的应力方向上均匀地改变尺寸。此硬化模型可用于包括总塑性应变的情况，或者在整个分析中每一点的应变在应变空间中具有相同方向的情况。虽然将模型称为各向同性的"硬化"模型，然而可以定义应变软化或者在硬化后软化。

随着硬化率的增加，许多材料表现出屈服强度的增加。此效应在许多聚合物的应变率为 $(0.1 \sim 1)/s$ 时变得重要；在应变率为 $(10 \sim 100)/s$ 时变得非常重要，此应变率范围是高能动力学事件或者制造工艺的特征。此效应在颗粒材料中通常并不重要。屈服面随着塑性变形的演化采用等效应力 $\bar{\sigma}$ 的形式加以描述，等效应力可以选择单轴压缩屈服应力、单轴拉伸屈服应力或者剪切（内聚力）屈服应力之一。

$$\bar{\sigma} = \sigma_c(\bar{\varepsilon}^{pl}, \dot{\bar{\varepsilon}}^{pl}, \theta, f_i) \quad \text{（通过单轴压缩屈服应力 } \sigma_c \text{ 定义硬化时）}$$

$$= \sigma_t(\bar{\varepsilon}^{pl}, \dot{\bar{\varepsilon}}^{pl}, \theta, f_i) \quad \text{（通过单轴拉伸屈服应力 } \sigma_t \text{ 定义硬化时）}$$

$$= d(\bar{\varepsilon}^{pl}, \dot{\bar{\varepsilon}}^{pl}, \theta, f_i) \quad \text{（通过内聚力 } d \text{ 定义硬化时）}$$

式中，$\dot{\bar{\varepsilon}}^{pl}$ 是等效塑性应变率，为 Drucker-Prager 模型定义如下

$$\dot{\bar{\varepsilon}}^{pl} = |\dot{\bar{\varepsilon}}_{11}^{pl}| \quad \text{（在单轴压缩中定义硬化时）}$$

$$= \dot{\bar{\varepsilon}}_{11}^{pl} \quad \text{（在单轴拉伸中定义硬化时）}$$

$$= \dot{\gamma}^{pl}/\sqrt{3} \quad \text{（在纯剪切中定义硬化时）}$$

为双曲线和 Drucker-Prager 指数模型定义如下

$$\dot{\bar{\varepsilon}}^{pl} = \frac{\sigma : \dot{\varepsilon}^{pl}}{\bar{\sigma}}$$

$\bar{\varepsilon}^{pl} = \int_0^t \dot{\bar{\varepsilon}}^{pl} dt$ 是等效塑性应变；θ 是温度；f_i，$i=1$，2，…是其他预定义的场变量。

起作用的相关性 $\bar{\sigma}(\bar{\varepsilon}^{pl}, \dot{\bar{\varepsilon}}^{pl}, \theta, f_i)$ 包括硬化以及率相关效应。可以直接以表格的形式输入材料数据，或者通过屈服应力比将材料数据与静态关系进行关联来输入材料数据。

此处描述的率相关性在 Abaqus/Standard 中对于中等速度到高速度的情况是非常适合的。在低变形率情况下，与时间相关的非弹性变形可以通过蠕变模型更好地得到表现。这样的非弹性变形可以和率无关的塑性变形共存，相关内容将在此节后面进行介绍。然而，Abaqus/Standard 材料定义中蠕变的存在预包含了此处所描绘的率相关性使用。

使用 Drucker-Prager 材料模型时，Abaqus 允许用户通过定义初始等效塑性应变值的方式来规定初始硬化，正如下面的讨论与其他有关使用初始条件的详细情况那样。

直接表格式数据

在不同等效塑性应变率下，采用屈服应力值对应等效塑性应变的表格形式输入测试数据；每个应变率对应一张表。压缩数据对于颗粒材料更常用，而拉伸数据通常用于聚合物材料。输入这些数据的方法见"率相关的屈服"，3.2.3 节。

输入文件用法：*DRUCKER PRAGER HARDENING，RATE=$\dot{\bar{\varepsilon}}^{\mathrm{pl}}$

Abaqus/CAE 用法：Property module：material editor：Mechanical → Plasticity → Drucker Prager：Suboptions→Drucker Prager Hardening：切换打开 Use strain-rate-dependent data

屈服应力比

另外，可以假设应变率行为是可分离的，这样应力-应变的相关性在所有应变率上是类似的，则有

$$\bar{\sigma} = \sigma^0(\bar{\varepsilon}^{\mathrm{pl}}, \theta, f_i) R(\dot{\bar{\varepsilon}}^{\mathrm{pl}}, \theta, f_i)$$

式中，$\sigma^0(\bar{\varepsilon}^{\mathrm{pl}}, \theta, f_i)$ 是静态应力-应变行为；$R(\dot{\bar{\varepsilon}}^{\mathrm{pl}}, \theta, f_i)$ 是非零应变率下的屈服应力与静态屈服应力（$R(0, \theta, f_i) = 1.0$）的比值。

Abaqus 提供两种定义 R 的方法：指定一个过应力幂律或者直接将变量 R 定义成 $\dot{\bar{\varepsilon}}^{\mathrm{pl}}$ 的表格函数。

过应力幂律

Cowper-Symonds 过应力幂律的表达式为

$$\dot{\bar{\varepsilon}}^{\mathrm{pl}} = D(R-1)^n \ \text{对于} \ \bar{\sigma} \geqslant \sigma^0$$

式中，$D(\theta, f_i)$ 和 $n(\theta, f_i)$ 是材料参数，它们可以是温度和/或其他预定义场变量的函数。

输入文件用法：同时使用以下 2 个选项：

*DRUCKER PRAGER HARDENING

*RATE DEPENDENT，TYPE=POWER LAW

Abaqus/CAE 用法：Property module：material editor：Mechanical → Plasticity → Drucker Prager：Suboptions→Drucker Prager Hardening：Suboptions→Rate Dependent：Hardening：Power Law

表格函数

直接输入 R 时，可将其定义为等效塑性应变率 $\dot{\bar{\varepsilon}}^{pl}$、温度 θ 以及预定义场变量 f_i 的表格函数。

输入文件用法：同时使用以下 2 个选项：

    * DRUCKER PRAGER HARDENING

    * RATE DEPENDENT, TYPE = YIELD RATIO

Abaqus/CAE 用法：Property module：material editor：Mechanical → Plasticity → Drucker Prager：Suboptions→Drucker Prager Hardening；Suboptions→Rate Dependent：Hardening：Yield Ratio

Johnson-Cook 率相关性

Johnson-Cook 率相关性的表达式如下

$$\dot{\bar{\varepsilon}}^{pl} = \dot{\varepsilon}_0 \exp\left[\frac{1}{C}(R-1)\right] \quad 对于 \bar{\sigma} \geqslant \sigma^0$$

式中，$\dot{\varepsilon}_0$ 和 C 是不取决于温度并假定不取决于预定义场变量的材料常数。

输入文件用法：* DRUCKER PRAGER HARDENING

    * RATE DEPENDENT, TYPE = JOHNSON COOK

Abaqus/CAE 用法：Property module：material editor：Mechanical → Plasticity → Drucker Prager：Suboptions→Drucker Prager Hardening；Suboptions→Rate Dependent：Hardening：Johnson-Cook

应力不变量

屈服应力面使用两个不变量，包括等效压应力

$$p = -\frac{1}{3}\text{trace}(\boldsymbol{\sigma})$$

和 Mises 等效应力

$$q = \sqrt{\frac{3}{2}(\boldsymbol{S} : \boldsymbol{S})}$$

式中，$\boldsymbol{S}$ 是应力偏量，定义成

$$\boldsymbol{S} = \boldsymbol{\sigma} + p\boldsymbol{I}$$

另外，线性模型也使用第三个偏应力不变量

$$r = \left(\frac{9}{2}\boldsymbol{S} \cdot \boldsymbol{S} : \boldsymbol{S}\right)^{\frac{1}{3}}$$

线性 Drucker-Prager 模型

线性模型采用三个应力不变量的形式写出。它在偏量平面上提供一个可能是非圆形的屈服面来匹配三轴拉伸和压缩中的不同屈服值、相关偏量面中的非弹性流，以及分离扩张和摩擦角。

屈服准则

线性 Drucker-Prager 准则（图 3-21a）的表达式为

$$F = t - p\tan\beta - d = 0$$

其中

$$t = \frac{1}{2}q\left[1 + \frac{1}{K} - \left(1 - \frac{1}{K}\right)\left(\frac{r}{q}\right)^3\right]$$

$\beta(\theta, f_i)$ 是在 p-t 应力面上线性屈服面的斜率，通常称之为材料的摩擦角；d 是材料的内聚力；$K(\theta, f_i)$ 是三轴拉伸中屈服应力与三轴压缩中屈服应力的比值，用于控制屈服面对中间主应力值的相关性（图 3-22）。

在单轴压缩中定义了硬化的情况下，线性屈服准则预包含了摩擦角 $\beta > 71.5°$（$\tan\beta > 3$），这对于真实材料不大可能造成限制。

当 $K = 1$，$t = q$ 时，表明屈服面在偏量主应力面（Π 平面）上是 Mises 圆，在此情况下，三轴拉伸和压缩中的屈服应力是一样的。为确保屈服面保持为凸形，要求 $0.778 \leqslant K \leqslant 1.0$。

材料的内聚力 d 与输入数据的关系为

$$d = \left(1 - \frac{1}{3}\tan\beta\right)\sigma_c \qquad \text{如果硬化是通过单轴压缩屈服力 } \sigma_c \text{ 定义的；}$$

$$= \left(\frac{1}{K} + \frac{1}{3}\tan\beta\right)\sigma_t \qquad \text{如果硬化是通过单轴拉伸屈服力 } \sigma_t \text{ 定义的；}$$

$$= d \qquad \text{如果硬化是通过内聚力 } d = \frac{\sqrt{3}}{2}\tau\left(1 + \frac{1}{K}\right) \text{ 定义的。}$$

塑性流动

G 是流动势，在此模型中其表达式为

$$G = t - p\tan\psi$$

式中，$\psi(\theta, f_i)$ 是 p-t 平面中的膨胀角。在图 3-23 p-t 图中显示了 ψ 的几何解释。在单轴压缩中定义硬化的情况下，此流动准则定义预包含了膨胀角 $\psi > 71.5°$（$\tan\psi > 3$）。并不将此约束视为一个限制，因为它对于真实材料不大可能造成限制。

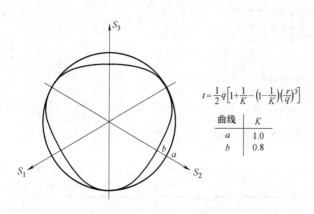

图 3-22 偏量平面中线性模型的典型屈服/流动面

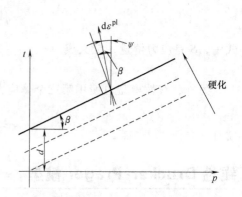

图 3-23 线性 Drucker-Prager 模型：
p-t 面上的屈服面和流动方向

对于颗粒材料，线性模型通常与 p-t 面内不相关的流动一起使用，此时，假定流动方向在 Π 平面内是屈服面的法向，但在 p-t 平面里与 t 轴成 ψ 角，通常 $\psi < \beta$，如图 3-23 所示。相关的流动来自于 $\psi = \beta$ 的设定。通过设定 $\psi = \beta$ 且 $K = 1$，来得到原始的 Drucker-Prager 模型。当模型用于聚合物材料时，通常也假设无伴生流动。如果 $\psi = 0$，则非弹性变形是不可压缩的；如果 $\psi \geqslant 0$，则材料膨胀。因此，将 ψ 称为膨胀角。

线性模型的流动势与增量的塑性应变之间的关系在《Abaqus 理论手册》的 4.4.2 节"颗粒或者聚合物行为的模型"中进行了详细的讨论。

输入文件用法： ＊DRUCKER PRAGER, SHEAR CRITERION＝LINEAR

Abaqus/CAE 用法：Property module：material editor：Mechanical → Plasticity → Drucker Prager：Shear criterion：Linear

无相关的流动

无相关的流动说明材料刚度矩阵是不对称的，这样，在 Abaqus/Standard 中，应当使用非对称的矩阵存储和求解策略（见"过程：概览"，《Abaqus 分析用户手册——分析卷》的 1.1.1 节）。如果 β 与 ψ 之间的差异不大，并且发生非弹性变形的模型区域受到限制，则材料刚度矩阵的对称近似可能给出可接受的收敛速度，并且可以不需要非对称矩阵策略。

双曲线和一般指数模型

可以使用的双曲线和一般指数模型只能以开始的两个应力不变量的形式写出。

双曲线屈服准则

双曲线屈服准则是 Rankine（拉伸截止）的最大拉伸应力条件和高围应力条件下的线性 Drucker-Prager 的连续组合。其表达式为

$$F = \sqrt{l_0^2 + q^2} - p\tan\beta - d' = 0$$

式中，$l_0 = d'|_0 - p_t|_0\tan\beta$；$p_t|_0$ 是材料的初始静水拉伸强度；$d'(\bar{\sigma})$ 是硬化参数；$d'|_0$ 是 d' 的初始值；$\beta(\theta, f_i)$ 是在高围应力下测得的摩擦角，如图 3-21b 所示。

可以如下根据测试数据得到硬化参数 $d'(\bar{\sigma})$：

$$d' = \sqrt{l_0^2 + \sigma_c^2} - \frac{\sigma_c}{3}\tan\beta \qquad \text{通过单轴压缩屈服应力 } \sigma_c \text{ 定义硬化时；}$$

$$= \sqrt{l_0^2 + \sigma_t^2} + \frac{\sigma_t}{3}\tan\beta \qquad \text{通过单轴拉伸屈服应力 } \sigma_t \text{ 定义硬化时；}$$

$$= \sqrt{l_0^2 + d^2} \qquad \text{通过内聚力 } d \text{ 定义硬化时。}$$

此模型的各向同性硬化将 β 处理成与应力有关的常数，如图 3-24 所示。

一般指数屈服准则

一般指数形式提供此类模型（见图 3-25）可以使用的最一般的屈服准则。将屈服函数写成

$$F = aq^b - p - p_t = 0$$

输入文件用法：* DRUCKER PRAGER, SHEAR CRITERION = HYPERBOLIC

Abaqus/CAE 用法：Property module：material editor：Mechanical → Plasticity → Drucker Prager：Shear criterion：Hyperbolic

式中，$a(\theta, f_i)$ 和 $b(\theta, f_i)$ 是独立于塑性变形的材料参数；$p_t(\bar{\sigma})$ 是代表材料的静水拉伸强度的硬化参数，如图 3-21c 所示。

$p_t(\bar{\sigma})$ 与所输入测试数据的关系为

$$p_t = a\sigma_c^b - \frac{\sigma_c}{3} \qquad 通过单轴压缩屈服应力 \sigma_c 定义硬化时$$

$$= a\sigma_t^b + \frac{\sigma_t}{3} \qquad 通过单轴拉伸屈服应力 \sigma_t 定义硬化时$$

$$= ad^b \qquad 通过内聚力 d 定义硬化时$$

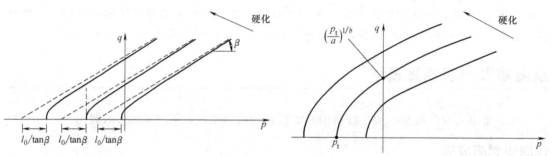

图 3-24 双曲线模型：$p\text{-}q$ 面上的屈服面和硬化   图 3-25 一般指数模型：$p\text{-}q$ 面上的屈服面和硬化

可以直接给出材料参数 a 和 b。可选择的，如果可以得到不同围压水平下的三轴测试数据，则 Abaqus 将根据三轴测试数据确定材料参数。

输入文件用法：* DRUCKER PRAGER, SHEAR CRITERION = EXPONENT FORM

Abaqus/CAE 用法：Property module：material editor：Mechanical → Plasticity → Drucker Prager：Shear criterion：Exponent Form

塑性流动

G 是流动势，在这些模型中选其为双曲线函数，其表达式为

$$G = \sqrt{(\varepsilon \bar{\sigma}|_0 \tan\psi)^2 + q^2} - p\tan\psi$$

式中，$\psi(\theta, f_i)$ 是 $p\text{-}q$ 面中在高围压下测得的膨胀角；$\bar{\sigma}|_0 = \bar{\sigma}|_{\bar{\varepsilon}^{pl}=0, \dot{\bar{\varepsilon}}^{pl}=0}$ 是初始屈服应力，取自用户指定的 Drucker-Prager 硬化数据；ε 是偏心距，用于定义方程趋近渐近线的速率（随着偏心距趋向零，流动势趋向一条直线）。

Abaqus 为 ε 提供了合适的默认值，如下文所示。ε 的值取决于所使用的屈服应力。

此流动势是连续且平滑的，以确保流动方向总是唯一的。在高围压应力情况下，函数渐进地逼近 Drucker-Prager 流动势并在 90°时与静水压轴相交。图 3-26 所示为应力子午平面上

的一系列双曲线流动势。流动势是偏应力平面（Π 平面）上的 von Mises 圆。

对于双曲线模型，如果膨胀角 ψ 和材料摩擦角 β 不相等，则 $p\text{-}q$ 平面上的流动是不相关的。仅当 $\beta = \psi$ 且 $d'\,|_0/\tan\beta - p_t\,|_0 = \varepsilon \bar{\sigma}\,|_0$ 时，双曲线模型提供 $p\text{-}q$ 平面内相关的流动。如果流动势与双曲线模型一起使用，则假定一个 $\varepsilon = (d'\,|_0 - p_t\,|_0 \tan\beta)/(\bar{\sigma}\,|_0 \tan\beta)$ 的默认值，这样，当 $\psi = \beta$ 时恢复相关的流动。

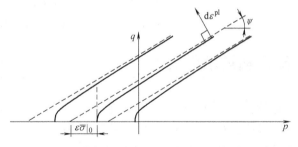

图 3-26　$p\text{-}q$ 面上的一系列双曲线流动势

对于一般的指数模型，在 $p\text{-}q$ 平面中，流动总是不相关的。默认的流动势偏心量是 $\varepsilon = 0.1$，它表明材料在围压应力值的宽泛范围里具有几乎一样的膨胀角。随着 ε 值的增大，给流动势提供更多的曲率，表明随着围压的下降，膨胀角增大得越发迅速。如果材料承受低的围压，则 ε 的值大大地小于假定值时可导致收敛问题，因为流动势与 p 轴相交处流动势的局部曲率非常小。

流动势和双曲线塑性应变增量以及一般指数模型之间的关系，在《Abaqus 理论手册》的 4.4.2 节 "颗粒或者聚合物行为的模型" 中进行了详细的讨论。

非相关的流动

非相关流动表明材料的刚度矩阵是不对称的，因此，应当在 Abaqus/Standard 中使用非对称矩阵存储和求解策略（见 "过程：概览"，《Abaqus 分析用户手册——分析卷》的 1.1.1 节）。如果双曲线模型中的 β 与 ψ 之间的差异不大，并且模型发生弹性变形的范围有限的，则材料刚度矩阵的近似对称有可能给出可接受的收敛速度。在这种情况中，可以不使用非对称矩阵策略。

渐进性损伤和失效

在 Abaqus/Explicit 中，扩展的 Drucker-Prager 模型可以与 "韧性金属的损伤和失效：概览"（4.2.1 节）中讨论的渐进性损伤和失效一起使用。此功能允许指定一个或者多个损伤初始准则，包括韧性、剪切、成形极限图（FLD）、成形极限应力图（FLSD）和 Müschenborn-Sonne 成形极限图（MSFLD）准则。损伤初始化后，材料刚度根据所指定的损伤演化响应渐进地退化。模型提供两种失效选择，包括作为结构破坏或者开裂结果从网格中去除单元。渐进性损伤模型允许材料刚度的平滑退化，以使它们适合准静态和动态情况。

输入文件用法：使用下面的选项：

* DAMAGE INITIATION
* DAMAGE EVOLUTION

Abaqus/CAE 用法：Property module：material editor：Mechanical → Damage for Ductile Metals→*damage initiation type*：指定损伤初始准则：Suboptions→ Damage Evolution：指定损伤进化参数

匹配三轴试验数据

地质材料的数据通常来自三轴试验。在三轴试验中，通过保持不变的压应力对试样进行约束。载荷是在一个方向上施加的附加拉伸应力或者压缩应力。通常的结果包括在不同约束水平下的应力-应变曲线中，如图 3-27 所示。为了校准此类模型的屈服参数，用户需要决定将使用每一条曲线上的哪一个点进行校正。例如，如果希望校正初始屈服面，则应当使用每一条应力-应变曲线上的偏离弹性行为的点；如果希望校正最终的屈服面，则应当使用每一条应力-应变曲线上的响应峰值应力的点。

在不同的约束水平下，来自每一条应力-应变曲线上的应力数据点显示在子午应力平面上（如果使用线性模型则是 p-t 面，如果使用双曲线或者一般指数模型则是 p-q 面）。此技术校正屈服面的形状和位置，如图 3-28 所示，并且如果用来定义一个失效面（完美塑性），则用来定义一个模型是足够的。各向同性硬化情况也可以使用此模型，此时要求使用硬化数据来完成校准。在各向同性硬化模型中，塑性流动造成屈服面的大小均匀地变化；换言之，只有一条图 3-27 中的曲线可以用来代表硬化。应当选择超过预期载荷条件范围的曲线来最精确地表示硬化（通常是压应力平均预期值的曲线）。

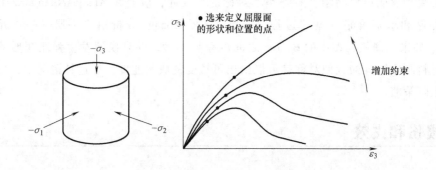

图 3-27　不同约束水平下地质材料的三轴试验应力-应变曲线

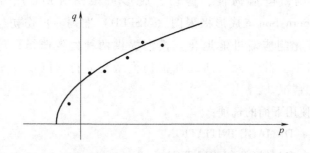

图 3-28　子午面上的屈服面

如前所述，对于地质材料通常有两种三轴试验数据可以使用。在三轴压缩试验中，试样在一个方向上被压力和附加的压缩应力重叠限制。这样，主应力都是负的，即 $0 \geqslant \sigma_1 = \sigma_2 \geqslant \sigma_3$（图 3-29a）。不等式中的 σ_1、σ_2 和 σ_3 分别是最大、中等和最小主应力。

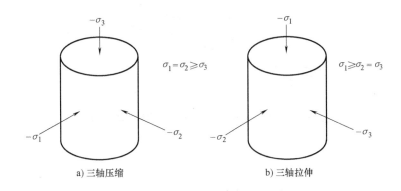

a) 三轴压缩　　　　　　　　b) 三轴拉伸

图 3-29　三轴压缩和拉伸

应力不变量的表达式为

$$p = -\frac{1}{3}(2\sigma_1 + \sigma_3)$$

$$q = \sigma_1 - \sigma_3$$

$$r^3 = -(\sigma_1 - \sigma_3)^3$$

所以

$$t = q = \sigma_1 - \sigma_3$$

这样，三轴压缩结果可以在图 3-28 所示的子午面上显示。

线性 Drucker-Prager 模型

通过最好的三轴压缩结果的直线拟合，为线性 Drucker-Prager 模型提供 β 和 d 值。

需要三轴拉伸数据来定义线性 Drucker-Prager 模型中的 K。在三轴拉伸情况下，试样仍然由压力限制，之后在一个方向上降低压力。在此情况下，主应力是 $0 \geqslant \sigma_1 \geqslant \sigma_2 = \sigma_3$（图 3-29b）。

此时应力不变量是

$$p = \frac{1}{3}(\sigma_1 + 2\sigma_3)$$

$$q = \sigma_1 - \sigma_3$$

$$r^3 = (\sigma_1 - \sigma_3)^3$$

所以

$$t = \frac{q}{K} = \frac{1}{K}(\sigma_1 - \sigma_3)$$

这样，通过将这些试验数据进行 q 对 p 显示，并且再次拟合最佳直线来发现 K。三轴压缩和拉伸性必须在 p 轴的同一点截止，并且在同一值 p 的三维拉伸与压缩的 q 值比给出 K，如图 3-30 所示。

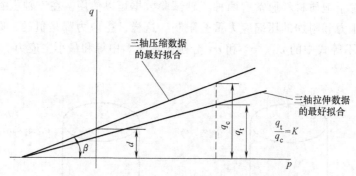

图 3-30　线性模型：拟合三轴压缩和拉伸数据

双曲线模型

最佳直线拟合高围压下的三轴压缩结果，给双曲线模型提供 β 和 d' 值。采用得到线性 Drucker-Prager 模型的 β 和 d 的相同方法进行此拟合。此外，要使用双曲线拉伸数据来完成双曲线模型的校正，这样可以定义初始双曲线拉伸强度 $p_t |_0$。

一般指数模型

在子午面上给出三轴数据，Abaqus 提供功能来确定指数模型所需的材料参数 a、b 和 p_t 的功能。通过在不同围应力水平下对三轴试验数据进行"最佳拟合"来确定这些参数。使用最小化应力相对误差的最小二乘法来得到 a、b 和 p_t 的"最佳拟合"值。此功能允许校正所有三个参数，如果有部分参数已知，则只校正未知的参数。对于只能得到一些数据的情况，此功能是有用的，此时用户可能希望通过数据点来拟合最佳的（$b=1$）直线（有效地将模型简化成线性 Drucker-Prager 模型）。在低围应力下三轴试验数据不可靠或者无法得到的情况下（黏结材料往往如此），部分校正也是有用的。在此情况下，如果指定了 p_t 的值并只校正 a 和 b，则可以进行更好的拟合。

数据必须以主应力 $\sigma_1 (=\sigma_2)$ 和 σ_3 的形式给出，其中 σ_1 是围应力，σ_3 是载荷方向上的应力。必须遵守 Abaqus 的符号约定，这样拉应力是正的而压应力是负的。必须在每个三轴试验中输入一对应力。按照需要输入来自不同围应力水平的三轴试验的数据点。

如果将指数模型用做失效面（完美塑性），则不必指定 Drucker-Prager 硬化行为。从校正中得到的静水压拉伸强度 p_t 将用做失效应力。然而，如果对 Drucker-Prager 硬化行为与三轴试验数据一起进行了指定，则忽略从校正中得到的 p_t 值。在此情况下，Abaqus 将从硬化数据中直接插值 p_t。

输入文件用法：使用以下 2 个选项：
　　　　* DRUCKER PRAGER, SHEAR CRITERION＝EXPONENT FORM,
　　　TEST DATA
　　　　* TRIAXIAL TEST DATA

Abaqus/CAE 用法：Property module：material editor：Mechanical → Plasticity → Drucker

Prager：Shear criterion：Exponent Form，切换选中 Use Suboption Tri-axial Test Data，并且选择 Suboptions→Triaxial Test Data

将 Mohr-Coulomb 参数与 Drucker-Prager 模型匹配

有时无法直接得到试验数据，作为替代，Abaqus 为用户提供 Mohr-Coulomb 模型的摩擦角和内聚力值。在这种情况下，最简单的办法是使用 Mohr-Coulomb 模型（见 "Mohr-Coulomb 塑性模型"，3.3.3 节）。在某些情况中，有必要使用 Drucker-Prager 模型代替 Mohr-Coulomb 模型（例如需要考虑率效应时），此时需要计算 Drucker-Prager 模型的参数值，从而完成与 Mohr-Coulomb 参数的合理匹配。

Mohr-Coulomb 失效模型是以最大和最小主应力平面上的失效应力状态时的摩尔圆图为基础的。失效线是与这些摩尔圆相切的直线，如图 3-31 所示。

这样，Mohr-Coulomb 模型可通过下面来定义

$$\tau = c - \sigma \tan\phi$$

式中，σ 在压缩中是负的。由摩尔圆得到

$$\tau = s \cos\phi$$

$$\sigma = \sigma_m + s \sin\phi$$

替换 τ 和 σ，两边都乘以 $\cos\phi$，可以将 Mohr-Coulomb 模型简化成

$$s + \sigma_m \sin\phi - c \cos\phi = 0$$

其中

$$s = \frac{1}{2}(\sigma_1 - \sigma_3)$$

它是最大主应力 σ_1 与最小主应力 σ_3 之差的一半（即最大切应力）；

$$\sigma_m = \frac{1}{2}(\sigma_1 + \sigma_3)$$

它是最大和最小主应力的平均值；ϕ 是摩擦角。这样，模型假设偏应力量和压应力之间的线性关系，并可以通过 Abaqus 中提供的线性或者双曲线 Drucker-Prager 模型来匹配。

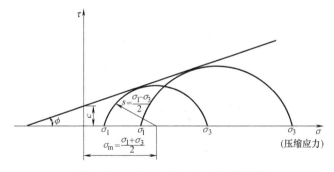

图 3-31　Mohr-Coulomb 失效模型

Mohr-Coulomb 模型假定失效是独立于主应力值的，但 Drucker-Prager 模型并非如此。典型的岩土材料失效通常包括对一些主应力值的轻微相关性，但是通常认为 Mohr-Coulomb 模型对于大多数应用是足够精确的。此模型在偏量平面上是有顶点的，如图 3-32 所示。

也就是说，无论何时，应力状态具有两个相等的主应力值，即使应力变化很小，甚至没有变化，流动方向也会发生显著的变化。在 Abaqus 中，当前还没有可以使用的模型来提供这样的行为；即使在 Mohr-Coulomb 模型中，流动势也是平滑的。此局限性在许多涉及 Coulomb 型材料的设计计算中通常不是一个关键的问题，但是它会限制计算的精度，特别是在流动局部化比较重要的情况中。

匹配平面应变响应

地质分析中经常出现平面应变问题，例如长隧道、地基和堤防。这样，经常需要匹配本构模型参数来提供平面应变中相同的流动和失效响应。

下面描述的匹配过程采用线性 Drucker-Prager 模型形式来执行，但是对于高围应力的双曲线模型也是可以应用的。

线性 Drucker-Prager 流动势将塑性应变增量定义成

$$d\varepsilon^{pl} = d\bar{\varepsilon}^{pl} \frac{1}{\left(1-\frac{1}{3}\tan\psi\right)} \frac{\partial}{\partial\sigma}(t-p\tan\psi)$$

式中，$d\bar{\varepsilon}^{pl}$ 是等效塑性应变增量。既然希望只在一个面上匹配行为，则取 $K=1$，意味着 $t=q$。这样

$$d\varepsilon^{pl} = d\bar{\varepsilon}^{pl} \frac{1}{\left(1-\frac{1}{3}\tan\psi\right)} \left(\frac{\partial}{\partial\sigma} - \tan\psi \frac{\partial p}{\partial\sigma}\right)$$

将此表达式以主应力的形式写为

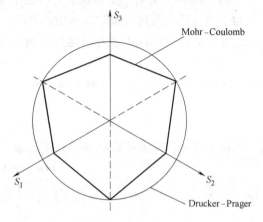

图 3-32　偏量平面中的 Mohr-Coulomb 模型

$$d\varepsilon_1^{pl} = d\bar{\varepsilon}^{pl} \frac{1}{\left(1-\frac{1}{3}\tan\psi\right)} \left[\frac{1}{2q}(2\sigma_1 - \sigma_2 - \sigma_3) + \frac{1}{3}\tan\psi\right]$$

$d\varepsilon_2^{pl}$ 和 $d\varepsilon_3^{pl}$ 具有类似的表达式。假定平面应变在方向 1 上，在极限载荷下，必须使得 $d\varepsilon_1^{pl} = 0$，这提供约束

$$\sigma_1 = \frac{1}{2}(\sigma_1 + \sigma_3) - \frac{1}{3}\tan\psi\, q$$

采用此限制，可以在变形平面内以主应力 σ_2 和 σ_3 的形式重写 q 和 p，即

$$q = \frac{3\sqrt{3}}{2\sqrt{9-\tan^2\psi}}(\sigma_2 - \sigma_3)$$

$$p = -\frac{1}{2}(\sigma_2 + \sigma_3) + \frac{\tan\psi}{2\sqrt{3(9-\tan^2\psi)}}(\sigma_2 - \sigma_3)$$

使用这些表达式，Drucker-Prager 屈服面可以采用 σ_2 和 σ_3 的形式写成

$$\frac{9-\tan\beta\tan\psi}{2\sqrt{3(9-\tan^2\psi)}}(\sigma_2 - \sigma_3) + \frac{1}{2}\tan\beta(\sigma_2 + \sigma_3) - d = 0$$

平面（2，3）中的 Mohr-Coulomb 屈服面是

$$\sigma_2 - \sigma_3 + \sin\phi(\sigma_2 + \sigma_3) - 2c\cos\phi = 0$$

通过对比，可得

$$\sin\phi = \frac{\tan\beta\sqrt{3(9-\tan^2\psi)}}{9-\tan\beta\tan\psi}$$

$$c\cos\phi = \frac{\sqrt{3(9-\tan^2\psi)}}{9-\tan\beta\tan\psi}d$$

这些关系提供了平面应变中 Mohr-Coulomb 材料参数和线性 Drucker-Prager 材料参数之间的匹配。流动有两种极端情况：$\psi = \beta$ 时的相关流动；当 $\psi = 0$ 时的非膨胀流动。对于相关流动

$$\tan\beta = \frac{\sqrt{3}\sin\phi}{\sqrt{1+\frac{1}{3}\sin^2\phi}} \quad 和 \quad \frac{d}{c} = \frac{\sqrt{3}\cos\phi}{\sqrt{1+\frac{1}{3}\sin^2\phi}}$$

对于非膨胀流动

$$\tan\beta = \sqrt{3}\sin\phi \quad 和 \quad \frac{d}{c} = \sqrt{3}\cos\phi$$

在任何一种情况中，σ_c^0 的表达式为

$$\sigma_c^0 = \frac{1}{1-\frac{1}{3}\tan\beta}d$$

这两种情况之间的差异随摩擦角的增大而增加；但对于典型的摩擦角，两种方法的结果并没有非常的不同，见表 3-3。

表 3-3 Drucker-Prager 和 Mohr-Coulomb 模型的平面应变匹配

Mohr-Coulomb 摩擦角 ϕ	相关流动		非膨胀流动	
	Drucker-Prager 摩擦角 β	d/c	Drucker-Prager 摩擦角 β	d/c
10°	16.7°	1.70	16.7°	1.70
20°	30.2°	1.60	30.6°	1.63
30°	39.8°	1.44	40.9°	1.50
40°	46.2°	1.24	48.1°	1.33
50°	50.5°	1.02	53.0°	1.11

"颗粒材料的极限载荷计算"，《Abaqus 基准手册》的 1.15.4 节，以及"弹塑性颗粒材料的有限变形"，《Abaqus 基准手册》的 1.15.5 节，对使用 Drucker-Prager 和 Mohr-Coulomb 模型的颗粒材料对于简单载荷的响应进行了比较，采用平面应变方法来匹配两种模型的参数。

匹配三轴试验响应

为小摩擦角的材料匹配 Mohr-Coulomb 和 Drucker-Prager 模型参数的另一种方法，是让两个模型在三轴压缩和拉伸试验中具有相同的失效定义。下面的匹配过程只用于线性 Drucker-Prager 模型，因为它是此类模型中唯一在三轴压缩和拉伸中允许具有不同屈服值的模型。

首先采用主应力的形式重写 Mohr-Coulomb 模型

$$\sigma_1 - \sigma_3 + (\sigma_1 + \sigma_3)\sin\phi - 2c\cos\phi = 0$$

使用上面三轴压缩和拉伸试验中应力不变量 p、q 和 r 的结果，三轴压缩的线性 Drucker-

Prager 模型可写成

$$\sigma_1 - \sigma_3 + \frac{\tan\beta}{2 + \frac{1}{3}\tan\beta}(\sigma_1 + \sigma_3) - \frac{1 - \frac{1}{3}\tan\beta}{1 + \frac{1}{6}\tan\beta}\sigma_{\mathrm{c}}^0 = 0$$

对于三轴拉伸，有

$$\sigma_1 - \sigma_3 + \frac{\tan\beta}{\frac{2}{K} - \frac{1}{3}\tan\beta}(\sigma_1 + \sigma_3) - \frac{1 - \frac{1}{3}\tan\beta}{\frac{1}{K} - \frac{1}{6}\tan\beta}\sigma_{\mathrm{c}}^0 = 0$$

希望这些表达式对于所有的 (σ_1, σ_3) 值，得到相同的 Mohr-Coulomb 模型。通过下面的设定可以实现

$$K = \frac{1}{1 + \frac{1}{3}\tan\beta}$$

将 Mohr-Coulomb 模型与线性 Drucker-Prager 进行对比，有

$$\tan\beta = \frac{6\sin\phi}{3 - \sin\phi}$$

$$\sigma_{\mathrm{c}}^0 = 2c\frac{\cos\phi}{1 - \sin\phi}$$

根据前面的公式，有

$$K = \frac{3 - \sin\phi}{3 + \sin\phi}$$

其中 β、K 和 σ_{c}^0 的结果是三轴压缩和拉伸、与 Mohr-Coulomb 模型匹配的线性 Drucker-Prager 中的相关参数。

为了保持屈服面是凸的，线性 Drucker-Prager 模型应满足 $K \geqslant 0.778$，这意味着 $\phi \leqslant 22°$。许多真实的材料具有大于此值的 Mohr-Coulomb 摩擦角。此时，一种方法是选择 $K = 0.778$，然后使用方程组来定义 β 和 σ_{c}^0。当对独立于主应力中值失效的模型提供最好的近似，而所提供的失效独立于主应力值时，则此方法仅为三轴压缩匹配模型。如果 ϕ 远大于 $22°$，则此方法将为 Mohr-Coulomb 参数提供一个不佳的 Drucker-Prager 匹配。因此，一般不推荐此匹配过程，而使用 Mohr-Coulomb 模型进行替代。

当使用单个单元测试来验证模型的校正时，应注意 Abaqus 输出变量 SP1、SP2 和 SP3 分别对应主应力 σ_3、σ_2 和 σ_1。

线性 Drucker-Prager 模型的蠕变模型

可以在 Abaqus/Standard 中定义表现出以改进的 Drucker-Prager 模型塑性为基础的经典"蠕变"行为。这种模型中的蠕变行为与塑性行为密切相关（通过蠕变流动势的定义和测试数据的定义），所以在材料的定义中必须包含 Drucker-Prager 塑性和 Drucker-Prager 硬化。

蠕变和塑性可以同时有效，此情况下产生的方程组以耦合的方式求解。为了只模拟蠕变

（没有与率无关的塑性变形），应在 Drucker-Prager 硬化定义中提供大的屈服应力值，其结果是材料在蠕变时遵从 Drucker-Prager 模型，而不产生屈服。使用此技术时，必须同时为离心率定义一个值，因为如下面所描述的那样，初始屈服应力和离心率都影响蠕变势。此功能仅局限于线性模型，它在偏应力平面（$K=1$，即不考虑第三个应力不变量的影响）上具有 von Mises（圆）截面，并且只能与线性弹性联合使用。

通过改进的 Drucker-Prager 模型定义的蠕变行为只有在土壤固结、耦合的温度-位移以及瞬态准静态过程中才有效。

蠕变公式

蠕变势是双曲线形式，类似于双曲线和一般指数塑性模型中使用的塑性流动势。如果在 Abaqus/Standard 中定义了蠕变属性，则线性 Drucker-Prager 塑性模型也使用双曲线的塑性流动势。结果是如果运行两个分析，则其中的一个蠕变未激活而另外一个指定了蠕变，但是事实上没有产生蠕变流动，所以塑性解将不会完全相同：没有激活蠕变的解使用一个线性的塑性势，而具有激活蠕变的解使用双曲线的塑性势。

等效蠕变面和等效蠕变应力

我们采用应力点蠕变等值面的概念，此应力点共享相同的蠕变"密度"，如同通过一个等效的蠕变应力进行度量那样。当材料发生塑性变形时，期望它具有与屈服面一样的等效蠕变面，这样便可以通过均匀地缩减屈服面来定义等效蠕变面。在 p-q 平面中，这样转化成屈服面的平行面如图 3-33 所示。Abaqus/Standard 要求采用与定义工作硬化属性类型相同的数据形式来描述蠕变属性，然后如下确定等效蠕变应力 $\bar{\sigma}^{cr}$

$$\bar{\sigma}^{cr} = \frac{(q-p\tan\beta)}{\left(1-\frac{1}{3}\tan\beta\right)} \qquad 以单轴压缩应力 \sigma_c 的形式定义蠕变时$$

$$= \frac{(q-p\tan\beta)}{\left(1+\frac{1}{3}\tan\beta\right)} \qquad 以单轴拉伸应力 \sigma_t 的形式定义蠕变时$$

$$= q-p\tan\beta \qquad 以内聚力 d 的形式定义蠕变时$$

图 3-33 展示了当材料属性为剪切时，具有应力 d 的等效点是如何确定的。此概念的结果是在 p-q 空间有一个锥，蠕变在其中是无效的，因为此锥中的任一点都具有负的等效蠕变应力。

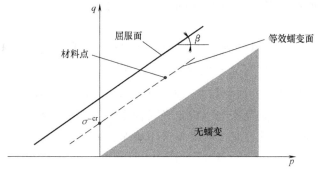

图 3-33 定义切应力的等效蠕变应力

蠕变流动

假定 Abaqus/Standard 中的蠕变应变率遵从相同的双曲线势，如塑性应变率那样（图 3-26），则有

$$G^{cr} = \sqrt{\left(\varepsilon\bar{\sigma}\,|_0 \tan\psi\right)^2 + q^2} - p\tan\psi$$

式中，$\psi\,(\theta, f_i)$ 是 p-q 平面里在高围压下测得的膨胀角；$\bar{\sigma}\,|_0 = \bar{\sigma}\,|_{\bar{\varepsilon}^{pl}=0, \dot{\bar{\varepsilon}}^{pl}=0}$ 是初始屈服应力，取自用户指定的 Drucker-Prager 硬化数据；ε 是离心率，用于定义函数逼近渐近线的速率（随着离心率趋向零，蠕变势趋向于直线）。

如下面介绍的那样为 ε 提供合适的默认值。此蠕变势是连续且平滑的，以确保蠕变流动方向总是唯一定义的。函数在高围压应力下渐进地接近线性 Drucker-Prager 流动势，并且在 90°时与静水压力轴相交。图 3-26 中显示了子午应力面上的一系列双曲线势。偏应力面（Ⅱ 面）上的蠕变势是 von Mises 圆。

默认的蠕变势离心率 $\varepsilon = 0.1$，表明材料在宽泛的围压应力值范围内具有几乎相同的膨胀角。增大 ε 的值，将得到更加凸的蠕变势，表明膨胀角随着围压的降低而增大。如果材料承受低围压力，则显著小于默认值的 ε 可能导致收敛问题，因为它与 p 轴相交处的局部蠕变势曲率非常小。这些模型行为的详细内容参考 "蠕变积分的确认"，《Abaqus 基准手册》的 3.2.6 节。

如果通过压缩测试来定义蠕变材料属性，则在应力值非常小的情况下将产生数值问题。Abaqus/Standard 对这些情况的保护，如 "颗粒或者聚合物行为的模型"，《Abaqus 理论手册》的 4.4.2 节中介绍的那样。

无相关的流动

使用不同于等效蠕变面的蠕变势表明材料刚度矩阵是不对称的，因此，应当使用非对称矩阵存储和求解策略（见 "过程：概览"，《Abaqus 分析用户手册——分析卷》的 1.1.1 节）。如果 β 与 ψ 相差不大，并且发生非弹性变形的模型区域受到限制，则材料刚度矩阵的对称可近似给出可接受的收敛率，并且可以不使用非对称矩阵策略。

蠕变规律的指定

在 Abaqus/Standard 中，通过指定等效 "单轴行为"——蠕变 "规律" 来完成对蠕变行为的定义。在许多实际情况中，通过用户子程序 CREEP 来定义蠕变 "规律"，因为拟合试验数据的蠕变规律通常具有非常复杂的形式。对于某些简单情况，Abaqus 提供两种输入数据的方法，包括幂律模型和符合 Singh-Mitchell 规律的变量。

用户子程序 CREEP

在 Abaqus/Standard 中，用户子程序 CREEP 为实现黏弹性模型提供非常通用的功能。在此用户子程序中，可以将应变率势写成等效应力和任意数量的 "解相关的状态变量" 的函数。当用户子程序 CREEP 与这些材料模型联合使用时，等效蠕变应力 $\bar{\sigma}^{cr}$ 在程序中将变得可以使用。解相关的状态变量是用来与本构定义联合使用的任何变量，并且变量的值随着解而变化，例如与模型关联的硬化变量。当需要采用更加通用的应力势形式时，可以使用用户子程序 UMAT。

输入文件用法：* DRUCKER PRAGER CREEP，LAW = USER

Abaqus/CAE 用法：Property module：material editor：Mechanical → Plasticity → Drucker Prager：Suboptions→Drucker Prager Creep：Law：User

幂律模型的"时间硬化"形式

幂律模型的"时间硬化"形式为

$$\dot{\bar{\varepsilon}}^{\mathrm{cr}} = A(\bar{\sigma}^{\mathrm{cr}})^n t^m$$

式中，$\dot{\bar{\varepsilon}}^{\mathrm{cr}}$ 是等效蠕变应变率，如果在单轴压缩中定义等效蠕变应力，则 $\dot{\bar{\varepsilon}}^{\mathrm{cr}} = |\dot{\varepsilon}_{11}^{\mathrm{cr}}|$，如果在单轴拉伸中定义等效蠕变应力，则 $\dot{\bar{\varepsilon}}^{\mathrm{cr}} = \dot{\varepsilon}_{11}^{\mathrm{cr}}$，如果在纯剪状态下定义等效蠕变应力，则 $\dot{\bar{\varepsilon}}^{\mathrm{cr}} = \dot{\gamma}^{\mathrm{cr}}/\sqrt{3}$，其中 γ^{cr} 是工程剪切蠕变应变；$\bar{\sigma}^{\mathrm{cr}}$ 是等效蠕变应力；t 是总时间；A、n 和 m 是用户定义的指定为温度和场变量函数的蠕变材料参数。

输入文件用法：＊DRUCKER PRAGER CREEP，LAW＝TIME

Abaqus/CAE 用法：Property module：material editor：Mechanical → Plasticity → Drucker Prager：Suboptions→Drucker Prager Creep：Law：Time

幂律模型的"应变硬化"形式

作为上面定义的幂律"时间硬化"形式的替代，可以使用相应的"应变硬化"形式

$$\dot{\bar{\varepsilon}}^{\mathrm{cr}} = \{A(\bar{\sigma}^{\mathrm{cr}})^n [(m+1)\bar{\varepsilon}^{\mathrm{cr}}]^m\}^{\frac{1}{m+1}}$$

为了在物理上具有实际意义，A 和 n 必须是正，且 $-1 < m \leqslant 0$。

输入文件用法：＊DRUCKER PRAGER CREEP，LAW＝STRAIN

Abaqus/CAE 用法：Property module：material editor：Mechanical → Plasticity → Drucker Prager：Suboptions→Drucker Prager Creep：Law：Strain

Singh-Mitchell 规律

蠕变规律 Singh-Mitchell 中的变量是另外一个可以使用的蠕变规律的输入数据：

$$\dot{\bar{\varepsilon}}^{\mathrm{cr}} = A e^{(\alpha\bar{\sigma}^{\mathrm{cr}})}(t_1/t)^m$$

式中，$\dot{\bar{\varepsilon}}^{\mathrm{cr}}$、$t$ 和 $\bar{\sigma}^{\mathrm{cr}}$ 同上面的定义；A、α、t_1 和 m 是用户定义的指定为温度和场变量函数的蠕变材料参数。为了在物理上具有实际意义，A 和 α 必须是正的，且 $0.0 < m \leqslant 1.0$，同时 t_1 与总时间相比应较小。

输入文件用法：＊DRUCKER PRAGER CREEP，LAW＝SINGHM

Abaqus/CAE 用法：Property module：material editor：Mechanical → Plasticity → Drucker Prager：Suboptions→Drucker Prager Creep：Law：SinghM

数值困难

A 值对于典型的蠕变应变率可能非常小，这取决于上面描述的蠕变规律所选用的单位。如果 $A < 10^{-27}$，数值困难将在材料计算中导致错误。此时，需要使用其他单位体系来避免在蠕变应变增量的计算中出现这样的数值困难。

蠕变积分

Abaqus/Standard 对蠕变和溶胀行为提供显式和隐式的时间积分。时间积分策略的选择取决于过程种类、为过程指定的参数、塑性的存在，以及是否要求了几何线性或者非线性分析，如"率相关的塑性：蠕变和膨胀"（3.2.4 节）中所讨论的那样。

初始条件

当需要研究已经承受了一些工作硬化的材料的行为时，Abaqus 允许用户直接指定条件来规定等效塑性应变 $\bar{\varepsilon}^{pl}$ 的初始条件（见 "Abaqus/Standard 和 Abaqus/Explicit 中的初始条件"，《Abaqus 分析用户手册——指定条件、约束与相互作用卷》的 1.2.1 节）。对于更加复杂的初始条件，在 Abaqus/Standard 中，可以通过用户子程序 HARDINI 来定义。

输入文件用法：使用下面的选项直接指定初始等效塑性应变：

* INITIAL CONDITIONS, TYPE = HARDENING

在 Abaqus/Standard 中使用下面的选项，在用户子程序 HARDINI 中指定初始等效塑性应变：

* INITIAL CONDITIONS, TYPE = HARDENING, USER

Abaqus/CAE 用法：使用下面的选项直接指定初始等效塑性应变：

Load module：Create Predefined Field：Step：Initial，为 Category 选择 Mechanical，为 Types for Selected Step 选择 Hardening

在 Abaqus/Standard 中使用下面的选项，在用户子程序 HARDINI 中指定初始等效塑性应变：

Load module：Create Predefined Field：Step：Initial，为 Category 选择 Mechanical，为 Types for Selected Step 选择 Hardening；Definition：User-defined

单元

Drucker-Prager 模型可以与下面的单元类型一起使用：平面应变、广义的平面应变、轴对称和三维实体（连续）单元。所有 Drucker-Prager 模型在平面应力（平面应力、壳和膜单元）状态下是可用的，不包括具有蠕变的线性 Drucker-Prager 模型。

输入

除了 Abaqus 中的标准输出标识符（"Abaqus/Standard 输出变量标识符"，《Abaqus 分析用户手册——介绍、空间建模、执行与输出卷》的 4.2.1 节，以及 "Abaqus/Explicit 输出变量标识符"，《Abaqus 分析用户手册——介绍、空间建模、执行与输出卷》的 4.2.2 节）之外，下面的选项对于 Drucker-Prager 蠕变模型具有特殊的意义：

PEEQ：等效塑性应变。

对于线性 Drucker-Prager 塑性模型，PEEQ 定义成 $\bar{\varepsilon}^{pl}\big|_0 + \int_0^t \dot{\bar{\varepsilon}}^{pl} \mathrm{d}t$。其中，$\bar{\varepsilon}^{pl}\big|_0$ 是初始等效塑性应变（零或者用户指定的，见 "初始条件"）；$\dot{\bar{\varepsilon}}^{pl}$ 是等效塑性应变率。

对于双曲线和指数的 Drucker-Prager 塑性模型，PEEQ 定义成 $\bar{\varepsilon}^{\mathrm{pl}}\Big|_0 + \int_0^t$

$\dfrac{\sigma : \mathrm{d}\varepsilon^{\mathrm{pl}}}{\sigma^0}$。其中，$\bar{\varepsilon}^{\mathrm{pl}}\Big|_0$ 是初始等效塑性应变；σ^0 是屈服应力。

CEEQ：等效蠕变应变 $\int \dot{\bar{\varepsilon}}^{\mathrm{cr}} \mathrm{d}t$。

3.3.2 改进的 Drucker-Prager/Cap 模型

产品：Abaqus/Standard　　Abaqus/Explicit　　Abaqus/CAE

参考

- "非弹性行为：概览"，3.1 节
- "材料库：概览"，1.1.1 节
- "率相关的塑性：蠕变和膨胀"，3.2.4 节
- "蠕变"，《Abaqus 用户子程序参考手册》的 1.1.1 节
- *CAP PLASTICITY
- *CAP HARDENING
- *CAP CREEP
- "定义塑性"中的"定义盖塑性"，《Abaqus/CAE 用户手册》（在线 HTML 版本）的 12.9.2 节

概览

改进的 Drucker-Prager/Cap 塑性/蠕变模型：
- 适合模拟表现出与压力相关的屈服具有凝聚力的地质材料，比如土壤和岩石。
- 基于对 Drucker-Prager 塑性模型附加的 cap 屈服面（"扩展的 Drucker-Prager 模型"，3.3.1 节），此模型提供非弹性的硬化机理来考虑塑性压紧，并有助于在材料剪切屈服时控制体积膨胀。
- 通过在剪切失效区域中的内聚力蠕变机理和盖区域中的固结蠕变机制，在 Abaqus/Standard 中可用来仿真表现出长期非弹性变形的材料蠕变。
- 可以与弹性材料模型（"线弹性行为"，2.2.1 节）一起使用；如果没有在 Abaqus/Standard 中定义蠕变，则也可与多孔弹性材料模型（"多孔材料的弹性行为"，2.3 节）一起使用。
- 提供对盖区域中大交变应力的合理响应；但在失效面区域，只对基本上单调载荷的响应是合理的。

屈服面

在 Drucker-Prager 模型上添加盖屈服面有两个主要目的：第一，它在静水压缩中限制了

屈服面，这样便提供了一个非弹性硬化机制来表现塑性压紧；第二，通过提供作为非弹性体积增加的函数的软化，来控制材料在剪切屈服时的体积膨胀，而体积增加是材料在 Drucker-Prager 剪切失效面失效时产生的。

屈服面具有两个主要片段：一个与压力相关的 Drucker-Prager 剪切失效片段和一个压缩盖片段，如图 3-34 所示。Drucker-Prager 失效片段是一个完美的塑性屈服面（没有硬化）。此片段上的塑性流动将产生造成盖软化的非弹性体积增加（膨胀）。在盖面上，塑性流动造成材料压实。此模型的详细介绍见"地质材料的 Drucker-Prager/Cap 模型"，《Abaqus 理论手册》的 4.4.4 节中。

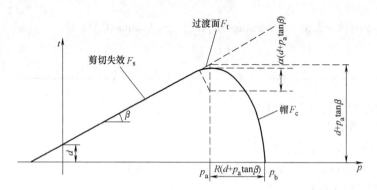

图 3-34 改进的 Drucker-Prager/Cap 模型：p-t 平面中的屈服面

失效面

Drucker-Prager 失效面写成

$$F_s = t - p\tan\beta - d = 0$$

式中，$\beta(\theta, f_i)$ 和 $d(\theta, f_i)$ 分别是材料的摩擦角和内聚力，它们取决于温度 θ 以及其他预定义的场 $f_i(i=1, 2, 3, \cdots)$。t 定义成

$$t = \frac{1}{2}q\left[1 + \frac{1}{K} - \left(1 - \frac{1}{K}\right)\left(\frac{r}{q}\right)^3\right]$$

式中，$p = -\frac{1}{3}\text{trace}(\sigma)$ 是等效压应力；$q = \sqrt{\frac{3}{2}\boldsymbol{S}:\boldsymbol{S}}$ 是 Mises 等效应力；$r = \left(\frac{9}{2}\boldsymbol{S}:\boldsymbol{S}:\boldsymbol{S}\right)^{\frac{1}{3}}$ 是第三应力不变量；$\boldsymbol{S} = \sigma + p\boldsymbol{I}$ 是偏应力。

$K(\theta, f_i)$ 是材料参数，用来控制屈服面与主应力中值的相关性，如图 3-35 所示。

定义了屈服面后，K 便是三轴拉伸中的屈服应力与三轴压缩中的屈服应力的比值。$K=1$ 表明屈服面是偏量主应力面（Π 平面）上的 von Mises 圆，此时

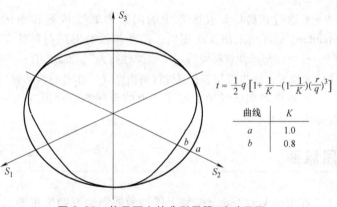

$$t = \frac{1}{2}q\left[1 + \frac{1}{K} - \left(1 - \frac{1}{K}\right)\left(\frac{r}{q}\right)^3\right]$$

曲线	K
a	1.0
b	0.8

图 3-35 偏平面上的典型屈服/流动平面

三轴拉伸和压缩中的屈服应力是一样的。这是 Abaqus/Standard 中的默认行为，并且是 Abaqus/Explicit 中唯一可以使用的行为。为确保屈服面是凸的，要求 $0.778 \leqslant K \leqslant 1.0$。

盖屈服面

在子午平面 $p\text{-}t$ 上，具有不变离心率的盖屈服面的形状是椭圆形（图 3-34），并且在偏量平面上也包含对第三应力不变量的相关性（图 3-35）。盖面硬化或者软化可作为体积非弹性应变的函数：体积塑性和/或蠕变压紧（根据固结机理在盖上屈服和/或蠕变时，如本节后面介绍的那样）造成硬化，而体积塑性和/或蠕变膨胀（根据压紧机理在剪切失效面上屈服和/或蠕变时，如本节后面介绍的那样）造成软化。盖屈服面的表达式为

$$F_c = \sqrt{\left[p - p_a\right]^2 + \left[\frac{Rt}{(1 + \alpha - \alpha/\cos\beta)}\right]^2} - R(d + p_a \tan\beta) = 0$$

式中，$R(\theta, f_i)$ 是控制盖形状的材料参数；$\alpha\ (\theta, f_i)$ 是后面将要讨论的一个小值；p_a（$\varepsilon_{vol}^{pl} + \varepsilon_{vol}^{cr}$）是代表体积非弹性应变驱动硬化/软化的演化参数。硬化/软化规律是用户定义的与静水压屈服应力 p_b 和体积非弹性应变相关的分段线性方程（图 3-36）

$$p_b = p_b\left(\varepsilon_{vol}^{in}\big|_0 + \varepsilon_{vol}^{pl} + \varepsilon_{vol}^{cr}\right)$$

图 3-36 中的体积非弹性应变轴具有任意的原点：$\varepsilon_{vol}^{in}\big|_0$（$= \varepsilon_{vol}^{ipl}\big|_0 + \varepsilon_{vol}^{cr}\big|_0$）在此轴上的位置，对应分析开始时材料的初始状态，图 3-34 中定义了计算开始时盖（p_b）的位置。演化参数 p_a 的表达式为

$$p_a = \frac{p_b - Rd}{(1 + R\tan\beta)}$$

参数 α 是用来定义屈服面平移的一个小值（通常为 0.01 ~ 0.05），这样模型的盖和失效面将平滑相交。

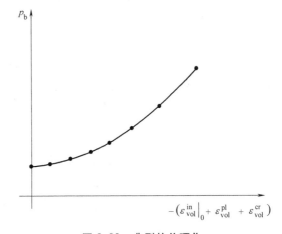

图 3-36 典型的盖硬化

$$F_t = \sqrt{(p - p_a)^2 + \left[t - \left(1 - \frac{\alpha}{\cos\beta}\right)(d + p_a \tan\beta)\right]^2} - \alpha(d + p_a \tan\beta) = 0$$

定义屈服面变量

用户需要提供变量 d、β、R、$\varepsilon_{vol}^{in}\big|_0$、$\alpha$ 和 K 的值来定义屈服面的形状。在 Abaqus/Standard 中，$0.778 \leqslant K \leqslant 1.0$；而在 Abaqus/Explicit 中，$K = 1(t = q)$。如果需要的话，这些变量的联合也可以定义成温度和其他预定义场变量的表格函数。

输入文件用法：*CAP PLASTICITY

Abaqus/CAE 用法：Property module：material editor：Mechanical→Plasticity→Cap Plasticity

定义硬化参数

为此模型指定的硬化曲线解释了静水压力中屈服的意义：将静水压屈服应力定义成体积非弹性应变的表格函数，如果需要的话，也可以定义成温度和其他预定义场变量的函数。p_b 值的范围应当涵盖分析中材料将要承受的全部有效压应力的值。

输入文件用法：＊CAP HARDENING

Abaqus/CAE 用法：Property module：material editor：Mechanical → Plasticity → Cap Plasticity：Suboptions→Cap Hardening

塑性流动

塑性流动是通过流动势定义的，此流动势与偏量平面、子午面中的盖区域相关联，但并不与失效面和子午面中的平移区域相关联。在子午面中使用的流动势如图 3-37 所示，它由一个盖域中与盖屈服面相同的椭圆部分 G_c，以及另一个在失效和平移区域中，提供模型中不相关流动组成部分的椭圆部分 G_s 组成，

$$G_c = \sqrt{(p-p_a)^2 + \left[\frac{Rt}{(1+\alpha-\alpha/\cos\beta)}\right]^2}$$

$$G_s = \sqrt{[(p_a-p)\tan\beta]^2 + \left[\frac{t}{(1+\alpha-\alpha/\cos\beta)}\right]^2}$$

这两个椭圆部分组成了一个连续光滑的势面。

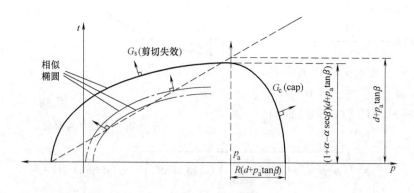

图 3-37　改进的 Drucker-Prager/Cap 模型：p-t 平面中的流动势

非相关流动

非相关流动说明材料的刚度矩阵是不对称的。因此，应在 Abaqus/Standard 中使用非对称矩阵的存储和求解策略（见"过程：概览"，《Abaqus 分析用户手册——分析卷》的 1.1.1 节）。如果发生非相关的非弹性变形的模型区域受到限制，则材料刚度矩阵的近似对称有可能给出可接受的收敛速率。在这种情况下，可以不使用非对称矩阵策略。

校正

至少需要实施三个试验来校正盖模型的最简单版本：静水压试验（也可以是固结仪试验）和两个三轴压缩试验或者一个三轴压缩试验加一个单轴压缩试验（为了更加精确地校正，推荐实施多于两个的试验）。

通过在所有方向上对试样进行相等的压缩来实施静水压试验，并记录施加的压力和体积的变化。

单轴压缩试验是在两个压盘之间压缩试样，并记录加载方向上的载荷和位移。侧面位移也应记录，这样可以通过校正得到正确的体积变化。

使用标准的三轴机进行三轴压缩试验，当施加不同的应力时，三轴机保持一固定的限制压力。通常进行几次涵盖所需限制压力范围的试验。记录加载方向上的应力和应变，并记录侧面应变，这样可以通过校正得到正确的体积变化。

这些试验中的卸载测量对于校正弹性，特别是没有很好地进行定义的初始弹性区域是有用的。

静水压试验应力-应变曲线给出了静水压屈服应力 $p_b(\varepsilon_{vol}^{pl})$ 的演化，要求定义盖硬化曲线。

定义剪切失效对静水压力相关性的摩擦角 β 和内聚力 d，是通过压力（p）对切应力（q）空间中的两个三轴压缩试验（或者三轴压缩试验和单轴压缩试验）的失效应力图计算的：通过两点的直线的斜率给出角 β，该直线与 q 轴相交给出 d。有关 β 和 d 校正的更多内容，见"扩展的 Drucker-Prager 模型"（3.3.1 节）中关于校正的讨论。

R 代表屈服面盖部分的曲率，它可以通过高围压（在盖区域）下的一些三轴试验得到校正。R 的值必须在 0.0001 ~ 1000.0。

Abaqus/Standard 蠕变模型

在 Abaqus/Standard 中，可以根据有盖的 Drucker-Prager 塑性模型来定义表现出塑性的经典"蠕变"材料行为。此种材料中的蠕变行为与塑性行为紧密相关（通过蠕变流动势的定义和测试数据的定义），这样在材料定义中必须包含盖塑性和盖硬化。如果不希望模型中存在与率无关的塑性行为，则应在塑性定义中提供大的内聚力 d 以及大的压缩屈服应力 p_b：结果是当材料蠕变时，将遵从有盖的 Drucker-Prager 模型，而从来不发生屈服。此功能仅限于第三应力不变量与屈服面不相关的情况（$K = 1$）以及屈服面没有平移区域（$\alpha = 0$）的情况。必须使用线性各向同性弹性来定义弹性行为（见"线弹性行为"中的"定义各向同性弹性"，2.2.1 节）。

为改进的 Drucker-Prager/Cap 模型定义的蠕变行为仅在土壤固结、耦合的温度-位移和瞬态准静态过程中有效。

蠕变公式

此模型在不同的加载范围中具有两种可能有效的蠕变机理：一种是内聚力机理，适用于剪切失效塑性区域中的有效塑性种类；另外一种是固结机理，适用于盖塑性区域中的有效塑性种类。图 3-38 所示为 p-q 空间中蠕变机理的有效区域。

内聚蠕变机理的等效蠕变面和等效蠕变应力

首先考虑内聚蠕变机理。我们采用存在共享相同蠕变"密度"的应力点存在等效蠕变面的说法，此等效蠕变面由等效蠕变应力度量。因为等效蠕变面最好与屈服面重合，采用以均匀的比例缩小屈服面的方法来定义等效蠕变面。在 p-q 平面中，等效的蠕变面平移进入与屈服面平行的面中，如图 3-39 所示。

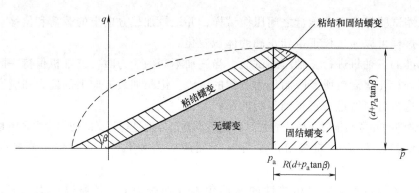

图 3-38　蠕变机理的有效区域

Abaqus/Standard 要求在单轴压缩测试中度量内聚力蠕变属性。按下式确定等效蠕变应力 $\overline{\sigma}^{cr}$

$$\overline{\sigma}^{cr} = \frac{q - p\tan\beta}{1 - \frac{1}{3}\tan\beta}$$

Abaqus/Standard 要求 $\overline{\sigma}^{cr}$ 是正的。图 3-39 中展示了这样的等效蠕变应力。其结果是在空间 p-q 中存在一个锥，在此锥内蠕变是无效的，此锥内的任意一点具有负的等效蠕变应力。

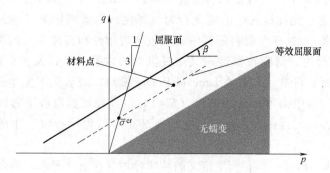

图 3-39　内聚蠕变的等效蠕变应力

固结蠕变机理的等效蠕变面和等效蠕变应力

下面考虑固结蠕变机理。在此情况中，希望取决于高于阀值 p_a 的静水压力的蠕变，具有到机理无效区域的光滑过渡（$p < p_a$）。这样，便将等效蠕变面定义成了不变的静水压力面（p-q 面上的竖直线）。Abaqus/Standard 要求在静水压缩试验中度量固结蠕变属性。则有效蠕

变压力 $\bar{p}^{cr}$ 是具有相对压力 $\bar{p}^{cr}=p-p_a$ 的 p 轴上的点，在单轴蠕变规律中使用此值。这种规律提供的等效体积蠕变应变率，对于正的等效压力定义成正的。Abaqus/Standard 中的内部张量计算考虑了正压力将产生负（即压缩）体积蠕变分量的情况。

蠕变流动

假定内聚机理产生的蠕变应变率所遵循的势，与 Drucker-Prager 蠕变模型中的蠕变应变率的势相似（"扩展的 Drucker-Prager 模型"，3.3.1 节），即为双曲线函数

$$G_s^{cr} = \sqrt{\left(0.1 \frac{d}{1-\frac{1}{3}\tan\beta}\tan\beta\right)^2 + q^2} - p\tan\beta$$

此连续且光滑的蠕变流动势可保证流动方向总是唯一定义的。函数在高围压应力下渐进地逼近一个与剪切失效屈服面平行的面，并且与静水压轴相交成 90°角。图 3-40 所示为子午应力平面上的一系列双曲线势。内聚蠕变势在偏应力面（Ⅱ 面）上是 von Mises 圆。

Abaqus/Standard 保护因为非常小的应力值而产生的数值问题。详细内容见 "地质材料的 Drucker-Prager/Cap 模型"，《Abaqus 理论手册》的 4.4.4 节。

假定固结机理产生的蠕变应变率所遵循的势，类似于盖屈服面中塑性应变率的势（图 3-41），则有

$$G_c^{cr} = \sqrt{(p-p_a)^2 + (Rq)^2}$$

固结蠕变势在偏应力平面（Ⅱ 面）上是 von Mises 圆。来自两种机理的蠕变应变的体积分量都对盖的硬化/软化有贡献，如前面介绍的那样。有关这些模型行为的详细内容可参考 "蠕变积分的验证"，《Abaqus 基准手册》的 3.2.6 节。

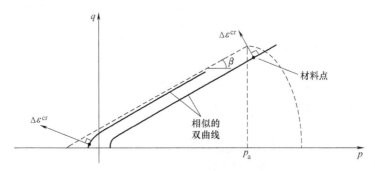

图 3-40 p-q 面上的内聚力蠕变势

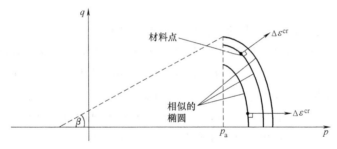

图 3-41 p-q 面上的固结蠕变势

非相关的流动

内聚机理蠕变势的使用与等效蠕变面的差异表明材料刚度是不对称的，应当在 Abaqus/Standard 中使用非对称矩阵的存储和求解方案（见"定义一个分析"，《Abaqus 分析用户手册——分析卷》的 1.1.2 节）。如果发生内聚非弹性变形的模型区域受到限制，则材料刚度矩阵的近似对称可能给出可接受的收敛速率，这种情况下可以不使用非对称矩阵策略。

指定蠕变规律

通过指定等效的"单轴行为"——蠕变"规律"来完成对蠕变行为的定义。在许多实际情况中，通过用户子程序 CREEP 定义蠕变规律，因为拟合试验数据的蠕变规律通常是复杂的。Abaqus 为一些简单的情况提供数据输入的方法。

用户子程序 CREEP

用户子程序 CREEP 提供实现黏塑性模型的一个通用能力，在其中可以将应变率势写成等效应力和其他"解相关状态变量"的函数。当与这些材料联合使用时，等效内聚蠕变应力 $\overline{\sigma}^{cr}$ 和有效蠕变压力 $\overline{p}^{cr}$ 在程序中是可以使用的。解相关的状态变量可以是与本构定义联合使用的任何变量，并且它们的值随着求解而变化。比如与模型相关的硬化变量。当需要使用应力势的更加一般的形式时，可以使用用户子程序 UMAT。

输入文件用法：使用一个或者同时使用以下两个选项：

    * CAP CREEP, MECHANISM = COHESION, LAW = USER

    * CAP CREEP, MECHANISM = CONSOLIDATION, LAW = USER

Abaqus/CAE 用法：定义下面的一个或者两个选项：

    Property module：material editor：Mechanical→Plasticity→Cap Plasticity：

    Suboptions→Cap Creep Cohesion：Law：User

    Suboptions→Cap Creep Consolidation：Law：User

幂律模型的"时间硬化"形式。

对于内聚力机理，可以使用幂律形式

$$\dot{\overline{\varepsilon}}^{cr} = A(\overline{\sigma}^{cr})^n t^m$$

式中，$\dot{\overline{\varepsilon}}^{cr}$ 是等效蠕变应变率；$\overline{\sigma}^{cr}$ 是等效内聚蠕变应力；t 是总时间；A、n 和 m 是指定成温度和场变量函数的用户定义的蠕变材料参数。

在与固结机理一起使用的幂率模型的形式中，可以用 $\overline{p}^{cr}$ 替代 $\overline{\sigma}^{cr}$，$\overline{p}^{cr}$ 是上面关系中的有效压力。

输入文件用法：使用一个或者同时使用以下两个选项：

    * CAP CREEP, MECHANISM = COHESION, LAW = TIME

    * CAP CREEP, MECHANISM = CONSOLIDATION, LAW = TIME

Abaqus/CAE 用法：定义下面的一个或者两个选项：

    Property module：material editor：Mechanical→Plasticity→Cap Plasticity：

    Suboptions→Cap Creep Cohesion：Law：Time

    Suboptions→Cap Creep Consolidation：Law：Time

幂律模型的"应变硬化"形式

作为对于幂律的"时间硬化"形式的可选择形式，如上面所定义的，可以使用相应的"应变硬化"形式。对于内聚机理，此规律具有以下形式

$$\dot{\overline{\varepsilon}}^{\mathrm{cr}} = \left\{ A(\overline{\sigma}^{\mathrm{cr}})^{n} \left[(m+1) \overline{\varepsilon}^{\mathrm{cr}} \right]^{m} \right\}^{\frac{1}{m+1}}$$

在与固结机理一起使用此形式的幂律模型中，$\overline{p}^{\mathrm{cr}}$ 可以替代 $\overline{\sigma}^{\mathrm{cr}}$，$\overline{p}^{\mathrm{cr}}$ 是上面关系中的有效蠕变压力。

为了物理上的合理性，A 和 n 必须是正的，并且 $-1<m\leqslant 0$。

输入文件用法：使用以下一个或者同时使用两个选项：

     * CAP CREEP, MECHANISM = COHESION, LAW = STRAIN

     * CAP CREEP, MECHANISM = CONSOLIDATION, LAW = STRAIN

Abaqus/CAE 用法：定义以下一个或者两个选项：

     Property module：material editor：Mechanical→Plasticity→Cap Plasticity：

     Suboptions→Cap Creep Cohesion：Law：Strain

     Suboptions→Cap Creep Consolidation：Law：Strain

Singh-Mitchell 规律

可作为数据输入的另外一个内聚蠕变规律是 Singh-Mitchell 规律的变量，其表达式为

$$\dot{\overline{\varepsilon}}^{\mathrm{cr}} = A e^{(\alpha \overline{\sigma}^{\mathrm{cr}})} (t_1/t)^{m}$$

式中，$\dot{\overline{\varepsilon}}^{\mathrm{cr}}$、$t$ 和 $\overline{\sigma}^{\mathrm{cr}}$ 同上面的定义；A、α、t_1 和 m 是用户定义的指定为温度和场变量函数的蠕变材料参数。为了物理上的合理性，A 和 α 必须是正的，且 $-1<m\leqslant 0$，同时 t_1 与总时间相比应当是小值。

在与固结机理一起使用的 Singh-Mitchell 规律的变量中，$\overline{p}^{\mathrm{cr}}$ 可以取代 $\overline{\sigma}^{\mathrm{cr}}$，$\overline{p}^{\mathrm{cr}}$ 是上面关系中的有效蠕变压力。

输入文件用法：使用以下一个或者两个选项：

     * CAP CREEP, MECHANISM = COHESION, LAW = SINGHM

     * CAP CREEP, MECHANISM = CONSOLIDATION, LAW = SINGHM

Abaqus/CAE 用法：定义以下一个或者两个选项：

     Property module：material editor：Mechanical→Plasticity→Cap Plasticity：

     Suboptions→Cap Creep Cohesion：Law：SinghM

     Suboptions→Cap Creep Consolidation：Law：SinghM

数值困难

对于典型的蠕变应变率，A 的值可能非常小，这取决于上面描述的蠕变规律单位的选择。如果 $A<10^{-27}$，则数值困难在材料计算中可能导致错误。因此，需要采用其他单位体系来避免蠕变应变增量计算中的这种困难。

蠕变积分

Abaqus/Standard 对蠕变和膨胀行为都提供显式的和隐式的时间积分。时间积分策略的

选择取决于过程种类、为过程所指定的参数、塑性的存在，以及是否要求进行几何线性或者非线性分析，如"率相关的塑性：蠕变和膨胀"（3.2.4节）中讨论的那样。

初始条件

可以定义一点上的初始应力（"Abaqus/Standard 和 Abaqus/Explicit 中的初始条件"中的"定义初始应力"，《Abaqus 分析用户手册——指定条件、约束与相互作用卷》的 1.2.1 节）。如果这样的应力点位于初始定义的盖或者过渡屈服面之外，并且在 $p\text{-}t$ 面上位于剪切失效面的投影之下（图 3-24），则 Abaqus 将试图调整盖的初始位置来使得应力点位于屈服面上，并发出一个警告信息。如果应力点位于 Drucker-Prager 失效面之外（或在它的投影之上），则 Abaqus 将发出一个错误信息并终止运行。

单元

改进的 Drucker-Prager/Cap 材料行为可以与平面应变、广义平面应变、轴对称和三维实体（连续的）单元一起使用。此模型不可以与假定应力状态是平面应力的单元（平面应力、壳和膜单元）一起使用。

输出

除了 Abaqus 中的标准输出标识符（"Abaqus/Standard 输出变量标识符"，《Abaqus 分析用户手册——介绍、空间建模、执行与输出卷》的 4.2.1 节，以及 "Abaqus/Explicit 输出变量标识符"，《Abaqus 分析用户手册——介绍、空间建模、执行与输出卷》的 4.2.2 节）之外，下面的选项对于盖塑性/蠕变模型具有特殊的意义：

PEEQ：盖位置 p_b。

PEQC：所有三种可能的屈服/失效面的等效应变（Drucker-Prager 失效面 PEQC1、盖面 PEQC2 以及过渡面 PEQC3）和总体积非弹性应变（PEQC4）。对于每一个屈服/失效面，等效塑性应变是 $\overline{\varepsilon}^{pl} = \int_0^t \sqrt{\dfrac{2}{3}\dot{\varepsilon}^{pl} : \dot{\varepsilon}^{pl}}\, dt$，其中 $\dot{\varepsilon}^{pl}$ 是对应的塑性流动率。总体积非弹性应变定义为 $\varepsilon_{vol}^{in} = \int_0^t \dot{\varepsilon}_{kk}^{pl} dt + \int_0^t \dot{\varepsilon}_{kk}^{cr} dt$。

CEEQ：由内聚力蠕变机理产生的等效蠕变应变，定义为 $\int \dfrac{\sigma : d\varepsilon^{cr}}{\overline{\sigma}^{cr}}$，其中 $\overline{\sigma}^{cr} = \dfrac{(q - p\tan\beta)}{\left(1 - \dfrac{1}{3}\tan\beta\right)}$ 是等效蠕变应力。

CESW：由固结蠕变机理产生的等效蠕变应变，定义为 $\int \dfrac{\sigma : d\varepsilon^{cr}}{\overline{p}}$，其中 $\overline{p} =$

$$\dfrac{R^2q^2+p\left(p-p_{\mathrm{a}}\right)}{G_{\mathrm{c}}^{\mathrm{cr}}}$$ 是等效蠕变压力。

3.3.3　Mohr-Coulomb 塑性模型

产品：Abaqus/Standard　Abaqus/Explicit　Abaqus/CAE

参考

- "材料库：概览"，1.1.1 节
- "非弹性行为：概览"，3.1 节
- MOHR COULOMB
- MOHR COULOMB HARDENING
- TENSION CUTOFF
- "定义塑性"中的"定义 Mohr-Coulomb 塑性"，《Abaqus/CAE 用户手册》（在线 HTML 版本）的 12.9.2 节

概览

Mohr-Coulomb 塑性模型：
- 用来模拟使用经典的 Mohr-Coulomb 屈服准则的材料。
- 允许材料各向同性硬化和/或软化。
- 使用在子午应力平面上具有双曲线形状，并且在偏应力平面上具有分段椭圆形状的光顺流动势。
- 与线性弹性材料模型一起使用（"线弹性行为"，2.2.1 节）。
- 可以与 Rankine 面（拉伸截止）一起使用，来限制靠近拉伸区域的载荷承载能力。
- 可以用于岩土工程领域的设计应用来仿真基本上单调加载的材料响应。

弹性的行为

响应的弹性部分如"线弹性行为"（2.2.1 节）中描述的那样进行指定。假设是线性各向同性的弹性。

塑性行为：屈服准则

屈服面是两个不同准则的复合：剪切准则，被称为 Mohr-Coulomb 表面；可选的拉力截止准则，采用 Rankine 表面进行模拟。

Mohr-Coulomb 表面

Mohr-Coulomb 准则假定在材料中的任意点上，当切应力达到与相同平面内法向应力线性相关的值时，就发生屈服。Mohr-Coulomb 模型以最大主应力和最小主应力平面上屈服处应力状态的莫尔圆图为基础。屈服线是与这些莫尔圆相切的直线，如图 3-42 所示。

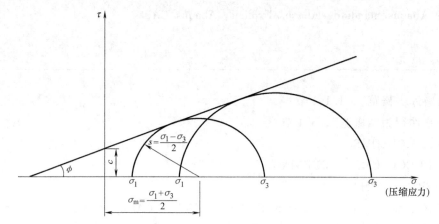

图 3-42　Mohr-Coulomb 屈服模型

这样，Mohr-Coulomb 模型的表达式为

$$\tau = c - \sigma \tan\phi$$

式中，σ 在压缩中是负的，ϕ 是摩擦角。从莫尔圆得到

$$\tau = s\cos\phi$$

$$\sigma = \sigma_m + s\sin\phi$$

替换 τ 和 σ，两边同时乘以 $\cos\phi$ 并进行简化，则 Mohr-Coulomb 模型表达式可以写成

$$s + \sigma_m \sin\phi - c\cos\phi = 0$$

式中，s 是最大主应力 σ_1 与最小主应力 σ_3 之差的一半（最大切应力），即

$$s = \frac{1}{2}(\sigma_1 - \sigma_3)$$

σ_m 是最大主应力和最小主应力的平均值，即

$$\sigma_m = \frac{1}{2}(\sigma_1 + \sigma_3)$$

对于一般的应力状态，模型可以更加简便地写成 3 个应力不变量的形式，即

$$F = R_{mc}q - p\tan\phi - c = 0$$

其中

$$R_{mc}(\Theta, \phi) = \frac{1}{\sqrt{3}\cos\phi}\sin\left(\Theta + \frac{\pi}{3}\right) + \frac{1}{3}\cos\left(\Theta + \frac{\pi}{3}\right)\tan\phi$$

式中，ϕ 是 Mohr-Coulomb 屈服面在 $p\text{-}R_{mc}q$ 应力平面上的斜率（图 3-43），通常称之为材料的摩擦角，它与温度和预定义场变量相关；c 是材料的内聚力；Θ 是偏极角，定义为

$$\cos(3\Theta) = \left(\frac{r}{q}\right)^3$$

其中，$p = -\frac{1}{3}\text{trace}(\sigma)$ 是等效压应力；$q = \sqrt{\frac{3}{2}(S:S)}$ 是 Mises 等效应力；$r = \left(\frac{9}{2}S \cdot S : S\right)^{\frac{1}{3}}$ 是偏应力的第三不变量；$S = \sigma + pI$ 是偏应力。

摩擦角 ϕ 控制偏量平面上屈服面的形状，如图 3-43 所示。图中所示为 $\Theta = 0$ 时子午角的拉伸截止面。摩擦角的范围是 $0° \leqslant \phi < 90°$。在 $\phi = 0°$ 的情况下，Mohr-Coulomb 模型简化成具有完美六边形偏量平面的与压力无关的 Tresca 模型。在 $\phi = 90°$ 的情况下，Mohr-Coulomb 模型简化成具有三角形偏量平面和 $R_{mc} = \infty$ （此限制情况在此处描述的 Mohr-Coulomb 模型中是不允许的）的"拉力截止" Rankine 模型。

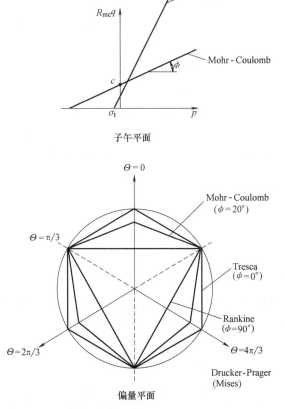

图 3-43 子午面和偏量平面上的 Mohr-Coulomb 模型和拉伸截止面

当使用单个单元测试来确认模型的校正时，输出变量 SP1、SP2 和 SP3 分别对应主应力 σ_3、σ_2 和 σ_1。

为 Mohr-Coulomb 屈服面的硬化行为假定各向同性内聚硬化。硬化曲线必须将内聚屈服应力描述成塑性应变以及温度及预定义场变量（可能的情况下）的函数。在有限应变情况下定义此相关性时，应当给出"真"（柯西）应力和对数应变率值。可以指定一个可选的拉伸截止硬化（或软化）曲线。

在此塑性模型中不考虑率相关效应。

输入文件用法：使用以下选项指定 Mohr-Coulomb 屈服面和内聚硬化：

      * MOHR COULOMB

      * MOHR COULOMB HARDENING

Abaqus/CAE 用法：使用以下选项指定 Mohr-Coulomb 屈服面和内聚硬化：

      Property module：material editor：Mechanical → Plasticity → Mohr Coulomb Plasticity

      Property module：material editor：Mechanical → Plasticity → Mohr Coulomb Plasticity：Cohesion

Rankine 表面

在 Abaqus 中，拉伸截止是采用 Rankine 面来模拟的，将它写成

$$F_t = R_r(\Theta)q - p - \sigma_t(\overline{\varepsilon}_t^{pl}) = 0$$

式中，$R_r(\Theta) = (2/3)\cos\Theta$；$\sigma_t$ 是代表 Rankine 面的软化（或者硬化）的拉伸截止值，此值是拉伸等效塑性应变 $\overline{\varepsilon}_t^{pl}$ 的函数。

输入文件用法：使用以下选项为 Rankine 面指定硬化或者软化：

      * TENSION CUTOFF

Abaqus/CAE 用法：使用以下选项为 Rankine 面指定硬化或者软化：

      Property module：material editor：Mechanical → Plasticity → Mohr Coulomb Plasticity：切换选中 Specify tension cutoff；Tension Cutoff

塑性行为：流动势

用于 Mohr-Coulomb 屈服面和拉伸截止面的流动势，介绍如下。

Mohr-Coulomb 屈服面上的塑性流

选择 Mohr-Coulomb 屈服面的流动势 G，作为子午应力平面中的双曲线函数和偏应力平面中由 Menétrey 和 Willam（1995）提出的光滑椭圆函数

$$G = \sqrt{(\varepsilon c \mid_0 \tan\psi)^2 + (R_{mw}q)^2} - p\tan\psi$$

其中

$$R_{mw}(\Theta, e) = \frac{4(1-e^2)\cos^2\Theta + (2e-1)^2}{2(1-e^2)\cos\Theta + (2e-1)\sqrt{4(1-e^2)\cos^2\Theta + 5e^2 - 4e}} R_{mc}\left(\frac{\pi}{3}, \phi\right)$$

$$R_{mc}\left(\frac{\pi}{3}, \phi\right) = \frac{3 - \sin\phi}{6\cos\phi}$$

式中，ψ 是 $p - R_{mw}q$ 平面中在高围压下测得的膨胀角，它可定义为温度和预定义场变量的函数；$c \mid_0$ 是初始内聚屈服应力 $c \mid_0 = c \mid_{\overline{\varepsilon}^{pl}=0}$；$\Theta$ 是前面定义过的偏极角；ε 是子午偏心率，用于定义双曲线函数逼近渐近线的速率（当子午偏心率趋向于零时，流动势在子午应力面趋向于一条直线）；e 是偏量离心率，它等于沿着延伸子午面（$\Theta = 0$）的切应力与沿着压缩子

午面$\left(\Theta=\dfrac{\pi}{3}\right)$的切应力的比值，用于描述偏量平面的"外圆角"。

Abaqus 中子午偏心率 ε 的默认值为 0.1。

默认情况下，将偏量离心率 e 计算成

$$e=\frac{3-\sin\phi}{3+\sin\phi}$$

式中，ϕ 是 Mohr-Coulomb 摩擦角。此计算公式对应于将流动势与偏量平面中的三轴拉伸和压缩中的屈服面进行匹配。另外，Abaqus 允许用户将此偏量离心率考虑成一个独立的材料参数，在此情况下，用户直接提供它的值。椭圆函数的凸性和光滑性要求 $1/2<\phi\leqslant1$。上限为 $e=1$（或者 $\phi=0°$，没有指定 e 值时），此时 $R_{mw}(\Theta,e=1)=R_{mc}\left(\dfrac{\pi}{3},\phi\right)$，这描述了偏量面上的 Mises 圆。下限为 $e=1/2$（或者 $\phi=90°$，没有指定 e 值时），此时 $R_{mw}(\Theta,e=1/2)=2R_{mc}\left(\dfrac{\pi}{3},\phi\right)\cos\Theta$，这描述了偏量面上的 Rankine 三角形（此处描述的 Mohr-Coulomb 模型中不允许出现此极限情况）。

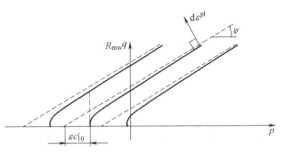

图 3-44 子午应力面中的双曲线流动势族

此连续且光滑的流动势，可确保流动方向总是唯一定义的。图 3-44 所示为子午应力面中的一系列双曲线势，图 3-45 所示为偏应力面中的流动势。

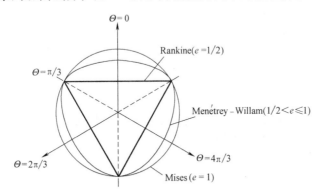

图 3-45 偏应力面中的 Menétrey-Willam 流动势

当摩擦角 ϕ 等于膨胀角 ψ，并且子午离心率 ε 非常小时，子午应力平面中的流动近似相关；然而，此平面中的流动通常是不相关的。偏应力平面中的流动总是不相关的。

输入文件用法：使用下面的选项允许 Abaqus 计算 e 的值（默认）：

        *MOHR COULOMB

使用下面的选项直接指定 e 的值：

        *MOHR COULOMB, DEVIATORIC ECCENTRICITY $=e$

Abaqus/CAE 用法：使用下面的选项允许 Abaqus 计算 e 的值（默认）：

        Property module：material editor：Mechanical → Plasticity → Mohr

Coulomb Plasticity：Plasticity：Deviatoric eccentricity：Calculated default

使用下面的选项直接指定 e 的值：

Property module：material editor：Mechanical → Plasticity → Mohr Coulomb Plasticity：Plasticity：Deviatoric eccentricity：Specify：e

Rankine 面上的塑性流动

为 Rankine 面选择产生一个接近相关流的流动势，并且通过改进前面描述的 Menétrey-Willam 势进行构建：

$$G_t = \sqrt{(\varepsilon_t \sigma_t \mid_0)^2 + (R_t q)^2} - p$$

其中

$$R_t(\Theta, e_t) = \frac{1}{3} \frac{4(1-e_t^2)\cos^2\Theta + (2e_t-1)^2}{2(1-e_t^2)\cos\Theta + (2e_t-1)\sqrt{4(1-e_t^2)\cos^2\Theta + 5e_t^2 - 4e_t}}$$

式中，$\sigma_t \mid_0$ 是拉力截止的初始值；ε_t 是子午偏心率，与前面定义的 ε 相似；e_t 是偏量离心率，与前面定义的 e 相似。

在 Abaqus 中，ε_t 和 e_t 分别取值 0.1 和 0.6。

非相关流动

因为塑性流动通常是非相关的，在 Abaqus/Standard 中，Mohr-Coulomb 模型的使用通常要求非对称矩阵的存储和求解策略（见"定义一个分析"，《Abaqus 分析用户手册——分析卷》的 1.1.2 节）。

单元

Mohr-Coulomb 塑性模型可以与任何应力/位移单元一起使用，不包括一维单元（梁、管和杆单元），它也可以与假设应力状态是平面应力的单元（平面应力、壳和膜单元）一起使用。

输出

除了 Abaqus 中的标准输出标识符（"Abaqus/Standard 输出变量标识符"，《Abaqus 分析用户手册——介绍、空间建模、执行与输出卷》的 4.2.1 节，以及"Abaqus/Explicit 输出变量标识符"，《Abaqus 分析用户手册——介绍、空间建模、执行与输出卷》的 4.2.2 节）之外，Mohr-Coulomb 塑性模型还可以使用以下变量：

PEEQ：等效塑性应变 $\overline{\varepsilon}^{pl} = \int \frac{1}{c} \sigma : d\varepsilon^{pl}$，其中 c 是内聚屈服应力。

PEEQT：拉伸截止屈服面上的拉伸等效塑性应变 $\overline{\varepsilon}_t^{pl}$。

3.3.4 临界状态（黏土）塑性模型

产品：Abaqus/Standard Abaqus/Explicit Abaqus/CAE

参考

- "材料库：概览"，1.1.1 节
- "非弹性行为：概览"，3.1 节
- * CLAY PLASTICITY
- * CLAY HARDENING
- "定义塑性"中的"定义黏土塑性"，《Abaqus/CAE 用户手册》（在线 HTML 版本）的 12.9.2 节
- "临界状态模型"，《Abaqus 理论手册》的 4.4.3 节

概览

Abaqus 中提供的黏土塑性模型：

- 屈服函数通过基于三个应力不变量、一个定义塑性应变率的相关流动假设，以及一个根据非弹性应变来改变屈服面尺寸的应变硬化理论，来描述材料的非弹性行为。

- 要求通过使用线性弹性材料模型（"线弹性行为"，2.2.1 节），或者在 Abaqus/Standard 中，使用相同材料定义中的多孔弹性材料模型（"多孔材料的弹性行为"，2.3 节）来定义变形的弹性部分。

- 允许通过分段线性形式，或者在 Abaqus/Standard 中通过指数形式来定义硬化规律。

屈服面

模型是基于屈服面的，其表达式为

$$\frac{1}{\beta^2}\left(\frac{p}{a}-1\right)^2+\left(\frac{t}{Ma}\right)^2-1=0$$

式中

$p=-\dfrac{1}{3}\mathrm{trace}\boldsymbol{\sigma}$ 是等效压应力；

$t=\dfrac{1}{2}q\left[1+\dfrac{1}{K}-\left(1-\dfrac{1}{K}\left(\dfrac{r}{q}\right)^3\right)\right]$ 是偏应力度量；

$q=\sqrt{\dfrac{3}{2}\boldsymbol{S}:\boldsymbol{S}}$ 是 Mises 等效应力；

$r = \left(\dfrac{9}{2} \boldsymbol{S} : \boldsymbol{S} : \boldsymbol{S} \right)^{\frac{1}{3}}$ 是第三应力不变量；

M 是定义临界状态线斜率的常数；

β 是临界状态线（$t > Mp$）"干"侧等于 1.0 的常数，其在临界状态线"湿"侧可能不等于 1.0（$\beta \neq 1.0$ 时，将在临界状态线湿侧产生不同的椭圆，即如果 $\beta < 1.0$，将得到更紧的"盖"，如图 3-46 所示）；

a 是屈服面的大小（图 3-46）；

K 是三轴拉伸中流动应力与三轴压缩中流动应力的比值，它确定了主偏应力平面（"Π面"，如图 3-47 所示）中屈服面的形状；Abaqus 要求 $0.778 \leqslant K \leqslant 1.0$，以确保屈服面保持凸形。

用户定义的参数 M、β 和 K 可以与温度 θ 以及其他预定义场变量 f_i 相关。该模型的详细内容见"临界状态模型"，《Abaqus 理论手册》的 4.4.3 节。

输入文件用法：* CLAY PLASTICITY

Abaqus/CAE 用法：Property module：material editor：Mechanical→Plasticity→Clay Plasticity

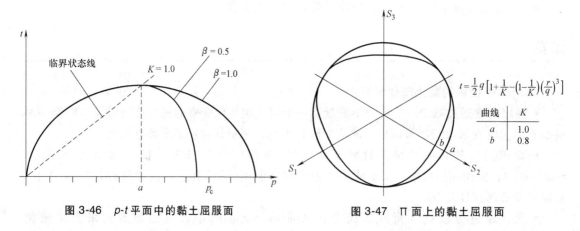

图 3-46　p-t 平面中的黏土屈服面　　　　图 3-47　Π 面上的黏土屈服面

硬化规律

硬化规律可以具有指数形式（只适用于 Abaqus/Standard）或者分段线性形式。

Abaqus/Standard 中的指数形式

硬化规律的指数形式采用一些多孔弹性参数的方式写成，因此，此形式仅可以与 Abaqus/Standard 多孔弹性材料模型一起使用。屈服面在任意时间的大小通过硬化参数的初始值 a_0 来确定，并且按下式计算非弹性体积变化的量

$$a = a_0 \exp\left[(1 + e_0) \frac{1 - J^{\mathrm{pl}}}{\lambda - \kappa J^{\mathrm{pl}}} \right]$$

式中，J^{pl} 是非弹性的体积变化（它是 J 的一部分，等于当前体积与初始体积的比值，归结为非弹性变形）；$\kappa(\theta, f_i)$ 是为多孔弹性材料行为定义的材料对数体积模量；$\lambda(\theta, f_i)$ 是

为黏土塑性材料行为定义的对数硬化常数；e_0 是用户定义的初始空穴比（"Abaqus/Standard 和 Abaqus/Explicit 中的初始条件"中的"在多孔介质中定义初始空穴比"，《Abaqus 分析用户手册——指定条件、约束与相互作用卷》的 1.2.1 节）。

直接指定屈服面的初始大小

通过将硬化参数 a_0 指定成表格化的函数或者解析地定义它，为黏土塑性定义屈服面的初始大小。

a_0 可以与 λ、M、β 和 K 一起定义成温度和其他预定义场变量的函数。然而，a_0 只是初始条件的函数；如果分析中温度和场变量发生变化，a_0 将不会发生变化。

输入文件用法：使用下面的所有选项：

     * INITIAL CONDITIONS, TYPE = RATIO

     * POROUS ELASTIC

     * CLAY PLASTICITY, HARDENING = EXPONENTIAL

Abaqus/CAE 用法：使用下面的所有选项：

     Property module：material editor：

     Mechanical→Elasticity→Porous Elastic

     Mechanical→Plasticity→Clay Plasticity：Hardening：Exponential

     Load module：Create Predefined Field：Step：Initial：为 Category 选择 Other，为 Types for Selected Step 选择 Void ratio

间接指定屈服面的初始大小

可以通过指定 e_1 来间接定义硬化参数 a_0，e_1 是孔隙率 e 与有效压应力对数 $\ln p$ 的关系图中，原始固结线与空隙率轴的截距（图 3-48）。如果采用此方法，则 a_0 的表达式为

$$a_0 = \frac{1}{2}\exp\left(\frac{e_1 - e_0 - \kappa \ln p_0}{\lambda - \kappa}\right)$$

式中，p_0 是用户定义的等效静水压应力的初始值（见"Abaqus/Standard 和 Abaqus /Explicit 中的初始值"中的"定义初始应力"，《Abaqus 分析用户手册——指定条件、约束与相互作用卷》的 1.2.1 节）。用户定义 e_1、λ、M、β 和 K；除了 e_1 外，其他参数均可以与温度和其他预定义场变量相关。然而，a_0 仅是初始条件的函数；如果在分析中温度和场变量发生变化，a_0 不会改变。

输入文件用法：使用下面所有的选项：

     * INITIAL CONDITIONS, TYPE = RATIO

     * INITIAL CONDITIONS, TYPE = STRESS

     * POROUS ELASTIC

     * CLAY PLASTICITY, HARDENING = EXPONENTIAL, INTERCEPT = e_1

Abaqus/CAE 用法：使用下面所有的选项：

     Property module：material editor：

     Mechanical→Elasticity→Porous Elastic

Mechanical→Plasticity→Clay Plasticity：Hardening：

Exponential，Intercept：e_1

Load module：Create Predefined Field：Step：Initial：为 Category 选择 Other 并为 Types for Selected Step 选择 Void ratio

Load module：Create Predefined Field：Step：Initial：为 Category 选择 Other 并为 Types for Selected Step 选择 Stress

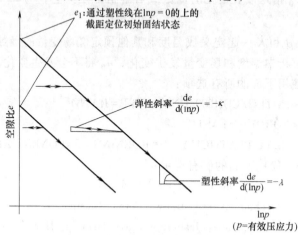

图 3-48 黏土模型的纯压缩行为

分段线性形式

如果使用了硬化规律的分段线性形式，则用户定义的关系会将静水压缩中的屈服应力 p_c 与对应的体积塑性应变 ε_{vol}^{pl} 关联起来（图 3-49）：

$$p_c = p_c(\varepsilon_{vol}^{pl})$$

演化参数 a 通过下式给出

$$a = \frac{p_c}{(1+\beta)}$$

体积塑性应变轴具有任意的原点：$\varepsilon_{vol}^{pl}\big|_0$ 是此轴上对应于材料初始状态的位置，这样定义了初始静水压力 $p_c\big|_0$，并因此得到初始屈服面的大小 a_0。以表格的形式将此关系定义成黏土硬化数据。所定义的 p_c 值的范围应当足够大，以包括材料在分析中将要承受的所有等效压应力。

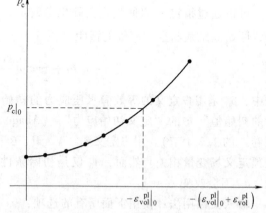

图 3-49 典型的分段线性黏土硬化/软化曲线

此形式的硬化规律可以与线弹性联合使用，在 Abaqus/Standard 中，也可与多孔弹性材料模型联合使用。这是 Abaqus/Explicit 中唯一支持的硬化规律形式。

输入文件用法：使用以下两个选项：

    * CLAY PLASTICITY，HARDENING＝TABULAR

* CLAY HARDENING

Abaqus/CAE 用法：Property module：material editor：Mechanical → Plasticity → Clay Plasticity：Hardening：Tabular，Suboptions→Clay Hardening

校正

校正最简单版本的 Cam-clay 模型至少需要两个试验：静水压试验（也可以接受固结仪试验）和三轴压缩试验（更精确的校正可进行多个三轴试验）。

静水压试验

通过在所有方向上对试样进行相等的压缩来实施静水压试验，并记录施加的压力和体积的变化。

静水压试验中屈服开始的时刻，即为屈服面的初始位置 a_0。通过对数压力-孔隙率图，从静水压试验数据中得到。对数体积模量 κ 和 λ 孔隙率 e 与测得的体积改变量的关系为

$$J = \exp(\varepsilon_{\mathrm{vol}}) = \frac{1+e}{1+e_0}$$

弹性范围中得到的线的斜率是 $-\kappa$，非弹性范围中线的斜率是 $-\lambda$。对于一个有效的模型，$\lambda > \kappa$。

三轴试验

三轴试验使用标准的三轴试验机来实施，当施加不同的压力时，保持一个固定的围压。通常在需要的围压范围中实施几次试验。此外，需要记录加载方向上的应力和应变，其与侧向应变一起可以校正出正确的体积变化。

三轴压缩试验允许屈服参数 M 和 β 的校正。M 是切应力 q 与压应力 p 在临界状态下的比值，并且当材料达到完美塑性（临界状态）时可以根据应力值得到。β 代表屈服面盖部分的凸性，并且可以在高围压下的几个三轴试验中得到校正（临界状态的"湿"面）。β 必须在 0.0~1.0 之间。

为了校正参数 K（它控制对第三应力不变量的屈服相关性），应采用从真三轴（立体）试验中得到的试验结果。但通常不能得到这些结果，所以用户需要猜测 K 值（K 值通常为 0.8~1.0）或者忽略此影响。

卸载测量

静水压和三轴压缩试验中的卸载测量对于校正弹性是有用的，特别是在没有明确定义初始弹性区域的情况下。根据这些数据，可以判断出是否应当使用常数剪切模量或者常数泊松比，并且判别它们的值。

初始条件

如果在一点给出了初始应力（见"Abaqus/Standard 和 Abaqus/Explicit 中的初始条件"

中的"定义初始应力"，《Abaqus 分析用户手册——指定条件、约束与相互作用卷》的
1.2.1 节），使得应力点位于初始定义的屈服面之外，则 Abaqus 将试图调整面的位置来使得
应力点位于其上，并且发出一个警告。然而，如果应力点使得等效压应力 p 是负值，则会发
出一个错误信息并终止运行。

单元

在 Abaqus 中，黏土塑性模型可以与平面应变、广义平面应变、轴对称和三维实体（连
续）单元一起使用。此模型不能与假定应力状态是平面应力的单元（平面应力、壳和膜单
元）一起使用。

输出

除了 Abaqus 中的标准输出标识符（"Abaqus/Standard 标准输出变量标识符"，《Abaqus
分析用户手册——介绍、空间建模、执行与输出卷》的 4.2.1 节，以及 "Abaqus/Explicit 输
出变量标识符"，《Abaqus 分析用户手册——介绍、空间建模、执行与输出卷》的 4.2.2 节）
之外，下面的变量对于黏土塑性模型中的材料点具有特殊意义：

PEEQ：屈服面的中心 a。

3.3.5　可压碎泡沫塑性模型

产品：Abaqus/Standard　　Abaqus/Explicit　　Abaqus/CAE

参考

- "材料库：概览"，1.1.1 节
- "非弹性行为：概览"，3.1 节
- "率相关的屈服"，3.2.3 节
- ∗ CRUSHABLE FOAM
- ∗ CRUSHABLE FOAM HARDENING
- ∗ RATE DEPENDENT
- "定义塑性"中的"定义可压碎的泡沫塑性"，《Abaqus/CAE 用户手册》（在线 HTML
版本）的 12.9.2 节

概览

可压碎的泡沫塑性模型：

- 适用于可压碎泡沫的分析，通常用于能量吸收结构。
- 可以用来模拟泡沫之外的可压碎材料（如轻木）。
- 用来模拟泡沫材料由于单元壁的屈服而在压缩变形中增强的性能（假设产生的变形是不可即时恢复的，并且因此对于短期事件能够理想化成发生了塑性变形）。
- 可以用来模拟泡沫材料的压缩强度与拉伸承受能力之间的差别，由单元壁拉伸中的断裂而产生的非常小的拉伸承载能力。
- 必须与线弹性材料模型一起使用（"线弹性行为"，2.2.1 节）。
- 适用于率相关效应重要的情况。
- 适合仿真基本上单调加载的材料响应。

弹性和塑性行为

响应的弹性部分如"线弹性行为"（2.2.1 节）中所描述的那样进行指定。只能使用线性各向同性弹性。

对于行为的塑性部分，屈服面在偏应力面上是 Mises 圆和子午应力面 $p\text{-}q$ 上的椭圆。可以使用两个硬化模型：体积硬化模型，子午面上代表静水拉伸载荷的屈服椭圆上的点是固定的，并且屈服面的演变是通过体积压实塑性应变来驱动的；各向同性硬化模型，屈服椭圆关于 $p\text{-}q$ 应力面的原点对称并以几何相似的方式演化。此唯相的各向同性模型最初是由 Deshpande 和 Fleck（2000）为金属泡沫开发的。

硬化曲线必须将单轴压缩屈服应力描述成对应塑性应变的函数。在有限应变上定义此相关性时，必须给出"真"（柯西）应力和对数应变值。两个模型为压缩主导的载荷预测相似的行为。然而，对于静水拉伸载荷，体积硬化模型假设一个完美的塑性行为；而各向同性硬化模型在静水拉伸和静水压缩中预测相同的行为。

具有体积硬化的可压碎的泡沫模型

具有体积硬化的可压碎泡沫模型所使用的屈服面，在压应力上具有偏应力的椭圆相关性。它假定屈服面的演化是通过材料经历的体积压实塑性应变来控制的。

屈服面

体积硬化模型的屈服面定义成

$$F = \sqrt{q^2 + \alpha^2(p - p_0)^2} - B = 0$$

式中，$p = -\dfrac{1}{3}\text{trace}\,\sigma$ 是压应力；$q = \sqrt{\dfrac{3}{2}\boldsymbol{S} : \boldsymbol{S}}$ 是 Mises 应力；$\boldsymbol{S} = \sigma + p\boldsymbol{I}$ 是偏应力；A 是屈服椭圆 p 轴的大小（水平）；$B = \alpha A = \alpha \dfrac{p_c + p_t}{2}$ 是屈服椭圆 q 轴的大小（竖直）；$\alpha = B/A$ 是定义轴相

对大小的屈服椭圆形状因子；$p_0 = \dfrac{p_c - p_t}{2}$ 是屈服椭圆在 p 轴上的中心；p_t 是静水拉伸中的材料强度；p_c 是静水压缩中的屈服应力（p_c 总是正的）。

屈服面代表偏应力面中的 Mises 圆，并且其在子午应力面上是一个椭圆，如图 3-50 所示。

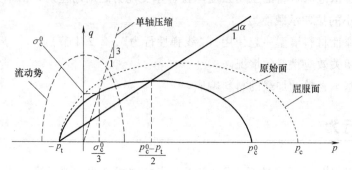

图 3-50　具有体积硬化的可压碎泡沫模型
p-q 应力面中的屈服面和流动势

屈服面以相似的方式（常数 α）演化，并且可以使用单轴压缩中的初始屈服应力 σ_c^0、静水压缩中的初始屈服应力 p_c^0（p_c 的初始值），以及静水拉伸中的屈服强度 p_t 来计算形状因子

$$\alpha = \frac{3k}{\sqrt{(3k_t + k)(3 - k)}}$$

其中

$$k = \frac{\sigma_c^0}{p_c^0} \text{和} \ k_t = \frac{p_t}{p_c^0}$$

对于有效的屈服面，强度比必须为 $0 < k < 0$ 和 $k_t \geqslant 0$。否则，Abaqus 将发出一个错误信息并终止运行。

为定义屈服面的形状，用户需提供 k 和 k_t 的值。如果需要，可以将这些变量定义成温度和其他预定义场变量的表格函数。

输入文件用法：* CRUSHABLE FOAM, HARDENING = VOLUMETRIC

Abaqus/CAE 用法：Property module: material editor: Mechanical → Plasticity → Crushable Foam: Hardening: Volumetric

校正

为使用此模型，需要知道单轴压缩中的初始屈服应力 σ_c^0、静水压缩中的初始屈服应力 p_c^0，以及静水拉伸中的屈服强度 p_t。因为极少测试泡沫材料的拉伸，通常需要猜测泡沫在静水拉伸中的屈服强度大小 p_t。拉伸强度的选择应当对数值结果没有强烈的影响，除非泡沫在静水拉伸中受到应力。通常近似设置 p_t 等于静水压缩中初始屈服应力 p_c^0 的 5% ~ 10%；这样，$k_t = 0.05 \sim 0.10$。

流动势

将体积硬化模型的塑性应变率假定为

$$\dot{\varepsilon}^{\mathrm{pl}} = \bar{\dot{\varepsilon}}^{\mathrm{pl}} \frac{\partial G}{\partial \sigma}$$

式中，G 是流动势，在此模型中其表达式为

$$G = \sqrt{q^2 + \frac{9}{2} p^2}$$

$\bar{\dot{\varepsilon}}^{\mathrm{pl}}$ 是等效塑性应变率，定义为

$$\bar{\dot{\varepsilon}}^{\mathrm{pl}} = \frac{\sigma : \dot{\varepsilon}^{\mathrm{pl}}}{G}$$

等效塑性应变率通过下式与单轴压缩中的轴向塑性应变 $\dot{\varepsilon}^{\mathrm{pl}}_{\mathrm{axial}}$ 相关联

$$\bar{\dot{\varepsilon}}^{\mathrm{pl}} = \sqrt{\frac{2}{3}} \, \dot{\varepsilon}^{\mathrm{pl}}_{\mathrm{axial}}$$

p-q 应力面中流动势的几何表示如图 3-50 所示。此势给出了一个流动方向，与辐射路径的应力方向一致。这是简单的实验室试验，表明任意主方向上的载荷将导致其他方向上产生微小的变形。结果是塑性流动与体积硬化模型没有相关性。有关塑性流动的更多内容见"塑性模型：一般讨论"，《Abaqus 理论手册》的 4.2.1 节。

非相关的流动

非相关的塑性流动法则使得材料刚度矩阵是非对称的；因此，Abaqus/Standard 中应使用非对称矩阵存储和求解策略（见"定义一个分析"，《Abaqus 分析用户手册——分析卷》的 1.1.2 节）。预期模型的大部分区域是塑性流动时，使用此策略是特别重要的。

硬化

屈服面与 p 轴相交于 $-p_{\mathrm{t}}$ 和 p_{c}。假定 p_{t} 在任何塑性变形的整个过程中均保持固定。与此相反，压缩强度 p_{c} 随着材料的压实（密度的增加）或者膨胀（密度的减少）的结果而改变。屈服面的演化可以通过屈服面尺寸在静水应力轴上的演化 $p_{\mathrm{c}} + p_{\mathrm{t}}$，作为体积压实塑性应变 $-\varepsilon^{\mathrm{pl}}_{\mathrm{vol}}$ 的函数来表达。如果 p_{t} 是常数，则可以根据用户提供的单轴压缩试验数据，按下面的关系式

$$p_{\mathrm{c}}(\varepsilon^{\mathrm{pl}}_{\mathrm{vol}}) = \frac{\sigma_{\mathrm{c}}(\varepsilon^{\mathrm{pl}}_{\mathrm{axial}}) \left[\sigma_{\mathrm{c}}(\varepsilon^{\mathrm{pl}}_{\mathrm{axial}}) \left(\frac{1}{\alpha^2} + \frac{1}{9} \right) + \frac{p_{\mathrm{t}}}{3} \right]}{p_{\mathrm{t}} + \dfrac{\sigma_{\mathrm{c}}(\varepsilon^{\mathrm{pl}}_{\mathrm{axial}})}{3}}$$

以及单轴压缩中 $\varepsilon^{\mathrm{pl}}_{\mathrm{axial}} = \varepsilon^{\mathrm{pl}}_{\mathrm{vol}}$，得到体积硬化模型。这样，用户只需指定单轴压缩中的屈服应力值为轴塑性应变绝对值的函数，便可以表格形式为硬化规律提供输入。数据表必须从零塑性应变开始（对应于材料的原始状态），并且数据表输入必须以 $\varepsilon^{\mathrm{pl}}_{\mathrm{axial}}$ 的升序给出。如果需要的话，屈服应力也可以是温度和其他预定义场变量的函数。

输入文件用法：＊CRUSHABLE FOAM HARDENING

Abaqus/CAE 用法：Property module：material editor：Mechanical → Plasticity → Crushable Foam：Suboptions→Foam Hardening

率相关

随着应变率的增加，许多材料表现出屈服应力的增加。对于许多可压碎泡沫材料，当应变率为（0.1~1）/s 时，屈服应力的增加变得重要；当应变率为（10~100)/s 时，应变率变得非常重要，如在高能动态事件中通常发生的那样。

如下面所讨论的那样，在 Abaqus 中，可以使用两种方法来指定应变率相关的材料行为。这两种方法都假设在不同的应变率下，硬化曲线的形状是相似的，并且可以在静态或者动态过程中使用任何一种方法。当包括率相关性时，必须如上面所描述的那样为可压碎泡沫指定静态应力-应变硬化行为。

过应力幂律

用户可以指定一个定义应变率相关性的 Cowper-Symonds 过应力幂律。此规律具有以下形式

$$\dot{\bar{\varepsilon}}^{pl} = D(R-1)^n \quad 对于 \ R \geqslant 1$$

其中

$$R \equiv \frac{\overline{B}}{B}$$

式中，B 是静态屈服面的大小；$\overline{B}$ 是屈服面在非零应变率下的大小。比值 R 可以写成

$$R-1 = (r-1)\frac{3k_t + r[k + k_t(3-k)]}{(1+k_t)(3k_t + rk)}$$

式中，r 是单轴压缩屈服应力比，其表达式为

$$r \equiv \frac{\overline{\sigma}_c}{\sigma_c}$$

式中，σ_c 是可压缩泡沫硬化定义的一部分，对于具有最低应变率的试验，其在给定的 ε_{axial}^{pl} 值下是单轴压缩屈服应力，并且可以与温度和预定义场变量相关；D 和 n 是材料参数，它们可以是温度和/或其他预定义场变量的函数。

输入文件用法：同时使用以下两个选项：

＊CRUSHABLE FOAM HARDENING

＊RATE DEPENDENT, TYPE＝POWER LAW

Abaqus/CAE 用法：Property module：material editor：Mechanical → Plasticity → Crushable Foam：Suboptions → Foam Hardening；Suboptions → Rate Dependent：Hardening：Power Law

幂律率相关性可以写成下面的形式

$$\ln(R-1) = \frac{1}{n}\ln\dot{\bar{\varepsilon}}^{pl} - \frac{1}{n}\ln D$$

可以按以下步骤得到基于单轴压缩试验数据的材料参数 D 和 n。

1）根据单轴压缩屈服应力比 r 计算 R。

2）将轴塑性应变率 $\dot{\varepsilon}^{pl}_{axial}$ 转换为对应的等效塑性应变率 $\dot{\varepsilon}^{pl}$。

3）绘制 $\ln(R-1)$-$\ln(\dot{\varepsilon}^{pl})$ 图。如果曲线可以使用图 3-51 所示的直线来近似，则过应力幂律是合适的。直线斜率是 $1/n$，并且直线与 $\ln(R-1)$ 轴的交点是 $-(1/n)\ln D$。

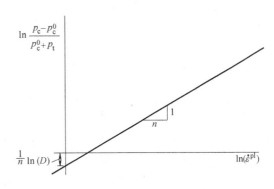

图 3-51 过应力幂律数据的校正

屈服比的表格输入

另外，可以通过给出作为轴向塑性应变率绝对值的函数比 $r=\overline{\sigma}_c/\sigma_c$ 来指定率相关的行为，并且此比值可以作为温度和预定义场变量的函数。

输入文件用法：同时使用以下两个选项：

      * CRUSHABLE FOAM HARDENING

      * RATE DEPENDENT，TYPE = YIELD RATIO

Abaqus/CAE 用法：Property module：material editor：Mechanical → Plasticity → Crushable Foam：Suboptions → Foam Hardening；Suboptions → Rate Dependent：Hardening：Yield Ratio

初始条件

当需要研究已经承受了一些硬化的材料行为时，Abaqus 允许为体积压实塑性应变 $-\varepsilon^{pl}_{vol}$ 指定初始条件（见"Abaqus/Standard 和 Abaqus/Explicit 的初始条件"中的"为塑性硬化定义状态变量的初始值"，《Abaqus 分析用户手册——指定条件、约束与相互作用卷》的 1.2.1 节）。

输入文件用法： * INITIAL CONDITIONS，TYPE = HARDENING

Abaqus/CAE 用法：Load module：Create Predefined Field：Step：Initial，为 Category 选择 Mechanical 并为 Types for Selected Step 选择 Hardening

具有各向同性硬化的可压碎泡沫模型

各向同性硬化模型使用椭圆中心位于应力平面 p-q 原点的屈服面。该屈服面采用自相似的方式演化，并且该演化由等效的塑性应变（定义见下文）来控制。

屈服面

各向同性硬化模型的屈服面定义成

$$F = \sqrt{q^2 + \alpha^2 p^2} - B = 0$$

式中，$p = -\dfrac{1}{3}\mathrm{trace}\boldsymbol{\sigma}$ 是压应力；$q = \sqrt{\dfrac{3}{2}\boldsymbol{S}:\boldsymbol{S}}$ 是 Mises 应力；$\boldsymbol{S} = \boldsymbol{\sigma} + P\boldsymbol{I}$ 是偏应力；$B = ap_c = \sigma_c$

$\sqrt{1+\left(\dfrac{\alpha}{3}\right)^2}$ 是屈服椭圆 q 轴的大小（竖直）；α 是定义两轴相对大小的屈服椭圆形状因子；p_c
是在静水压缩中的屈服应力；σ_c 是单轴压缩中屈服应力的绝对值。

屈服面在偏应力平面中表现为 Mises 圆。子午应力平面中屈服面的形状如图 3-52 所示。形状因子 α 可以根据单轴压缩中的初始屈服应力 σ_c^0 和静水压缩中的初始屈服应力 p_c^0（p_c 的初始值）计算得到，计算公式为

$$\alpha = \frac{3k}{\sqrt{9-k^2}}$$

其中

$$k = \frac{\sigma_c^0}{p_c^0}$$

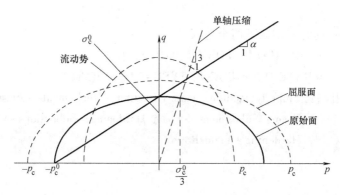

图 3-52　具有各向同性硬化的可压碎泡沫模型：
应力平面 p-q 中的屈服面和流动势

为定义屈服椭圆的形状，用户需要提供 k 的值。对于一个有效的屈服面，强度比必须满足 $0 \leqslant k < 3$。特殊情况 $k = 0$ 对应 Mises 塑性。通常，可以使用单轴压缩和静水压缩中的初始屈服强度 σ_c^0 和 p_c^0 计算 k 的值。然而，在许多具体情况中，可压碎泡沫材料的应力-应变曲线不显示清晰的屈服点，并且不能明确地确定初始屈服应力值。许多这样的响应曲线具有一个水平平台——屈服应力对于一个相当大范围内的塑性应变值近似为一个常数。如果有从单轴压缩和静水压缩试验中得到的数据，则可以使用两条试验曲线的平台值计算 k 值。

输入文件用法：∗ CRUSHABLE FOAM, HARDENING = ISOTROPIC

Abaqus/CAE 用法：Property module：material editor：Mechanical → Plasticity → Crushable
Foam：Hardening：Isotropic

流动势

将各向同性硬化模型的流动势定义成

$$G = \sqrt{q^2 + \beta^2 p^2}$$

式中，β 代表应力平面 p-q 上流动势椭圆的形状。它与塑性泊松比 ν_p 的关系为

$$\beta = \frac{3}{\sqrt{2}}\sqrt{\frac{1-2\nu_p}{1+\nu_p}}$$

塑性泊松比是单轴压缩情况下横向与纵向塑性应变的比值，必须在 $-1 \sim 0.5$ 之间；并且其上限（$\nu_p = 0.5$）对应不可压缩（$\beta = 0$）的塑性流动情况。对于许多低密度泡沫，其泊松比接近零，对应于 $\beta \approx 2.12$ 的值。

当 $\alpha = \beta$ 时，塑性流是相关联的。默认情况下，塑性流动是相关联的，以允许屈服面形状和塑性泊松比的独立校正。如果只有关于塑性泊松比的信息并且选择使用相关联的流动，则可按下式计算屈服应力比 k

$$k = \sqrt{3(1-2\nu_p)}$$

另外，如果只知道屈服面的形状，并且选择使用相关联的塑性流动，则塑性泊松比可以按下式得到

$$\nu_p = \frac{3-k^2}{6}$$

用户提供 ν_p 的值。

输入文件用法：＊CRUSHABLE FOAM，HARDENING＝ISOTROPIC

Abaqus/CAE 用法：Property module：material editor：Mechanical → Plasticity → Crushable Foam：Hardening：Isotropic

硬化

一个简单的单轴压缩试验足够定义屈服面的演化。硬化规律定义单轴压缩中的屈服应力值作为轴向塑性应变绝对值的函数。分段线性关系以表格的形式输入。表格必须从零塑性应变（对应于材料的原始状态）开始，并且表格输入必须以 $\varepsilon_{\mathrm{axial}}^{\mathrm{pl}}$ 的升序给出。若塑性应变值大于最后用户定义的值，将基于从数据计算得到的最后的斜率来外推应力-应变的关系。如果需要的话，屈服应力也可以是温度和其他预定义场变量的函数。

输入文件用法：＊CRUSHABLE FOAM HARDENING

Abaqus/CAE 用法：Property module：material editor：Mechanical → Plasticity → Crushable Foam：Suboptions → Foam Hardening

率相关

随着应变率的增加，许多材料表现出屈服应力的增加。对于许多可压碎泡沫材料，当应变率为（$0.1 \sim 1$）/s 时，屈服应力的增加变得重要；当应变率为（$10 \sim 100$）/s 时，如通常在高能动态事件中发生的那样，应变率将变得非常重要。

如下文讨论的那样，在 Abaqus 中，可以使用两种方法来指定应变率相关的材料行为。这两种方法都假设在不同的应变率下，硬化曲线的形状是相似的，并且可以在静态或者动态过程中使用任何一种。当包括率相关性时，对于可压碎泡沫，必须如上面所描述的那样为其指定静态应力-应变硬化行为。

过应力幂律

用户可以指定一个定义应变率相关性的 Cowper-Symonds 过应力幂律。此规律具有以下形式

$$\dot{\bar{\varepsilon}}^{\mathrm{pl}} = D(R-1)^n \quad (\text{对于 } R \geqslant 1)$$

其中

$$R \equiv \frac{\overline{\sigma}_c}{\sigma_c}$$

式中，σ_c 是可压碎泡沫硬化定义的一部分，对于具有最低应变率的试验，它是给定 $\varepsilon^{\mathrm{pl}}_{\mathrm{axial}}$ 值下的静态单轴压缩屈服应力；$\overline{\sigma}_c$ 是零应变率时的屈服应力；$\dot{\bar{\varepsilon}}^{\mathrm{pl}}$ 是等效塑性应变率，它等于各向同性硬化模型的单轴压缩中的轴向塑性应变率。

幂律率相关性可以写成下面的形式

$$\ln(R-1) = \frac{1}{n}\ln\dot{\bar{\varepsilon}}^{\mathrm{pl}} - \frac{1}{n}\ln D$$

绘制 $\ln(R-1)$-$\ln(\dot{\varepsilon}^{\mathrm{pl}}_{\mathrm{axial}})$ 曲线，如果该曲线可以像图 3-51 所示那样通过一条直线来拟合，则过应力幂律是合适的。线的斜率是 $1/n$，并且其与 $\ln(R-1)$ 轴的交点是$-(1/n)\ln D$。材料参数 D 和 n 可以是温度和/或其他预定义场变量的函数。

输入文件用法：使用下面两个选项：

    * CRUSHABLE FOAM HARDENING

    * RATE DEPENDENT, TYPE = POWER LAW

Abaqus/CAE 用法：Property module：material editor：Mechanical → Plasticity → Crushable Foam：Suboptions → Foam Hardening；Suboptions → Rate Dependent：Hardening：Power Law

屈服比的表格输入

另外，率相关的行为也可以通过给出屈服比 R 的表格来指定，R 作为轴塑性应变率绝对值的函数，可选择的，它也可以作为温度和预定义场变量的函数。

输入文件用法：同时使用下面两个选项：

    * CRUSHABLE FOAM HARDENING

    * RATE DEPENDENT, TYPE = YIELD RATIO

Abaqus/CAE 用法：Property module：material editor：Mechanical → Plasticity → Crushable Foam：Suboptions → Foam Hardening；Suboptions → Rate Dependent：Hardening：Yield Ratio

单元

可压碎泡沫塑性模型可以与平面应变、广义的平面应变、轴对称以及三维实体（连续）单元一起使用。此模型不能与假定应力状态是平面应力的单元（平面应力、壳和膜单元）

或者梁、管或者杆单元一起使用。

输出

除了 Abaqus 中的标准输出标识符（"Abaqus/Standard 输出变量标识符"，《Abaqus 分析用户手册——介绍、空间建模、执行与输出卷》的 4.2.1 节，以及 "Abaqus/Explicit 输出变量标识符"，《Abaqus 分析用户手册——介绍、空间建模、执行与输出卷》的 4.2.2 节）之外，下面的变量对于可压碎泡沫塑性模型具有特殊的意义：

PEEQ：对于体积硬化模型，PEEQ 是定义成 $-\varepsilon_{\mathrm{vol}}^{\mathrm{pl}}$ 的体积压实塑性应变。对于各向同性硬化模型，PEEQ 是定义成 $\bar{\varepsilon}^{\mathrm{pl}} \equiv \int \dfrac{\sigma : \mathrm{d}\varepsilon^{\mathrm{pl}}}{\sigma_{\mathrm{c}}}$ 的等效塑性应变，其中 σ_{c} 是单轴压缩屈服应力。

体积塑性应变 $\varepsilon_{\mathrm{vol}}^{\mathrm{pl}}$ 是塑性应变张量的迹；用户也可以将它计算成塑性应变对角单元的和。

对于体积硬化模型，可以如前文所述，为可压碎泡沫材料模型指定体积压实塑性应变的初始值。Abaqus 提供的体积压实塑性应变（输出变量 PEEQ）包含体积压实塑性应变的初始值加上任何额外的体积压实塑性应变，它由分析中的塑性应变产生。然而，塑性应变张量（输出变量 PE）只包括由分析中的变形造成的应变量。

3.4　织物材料

产品：Abaqus/Explicit

参考

- "材料库：概览"，1.1.1 节
- "弹性行为：概览"，2.1 节
- "VFABRIC"，《Abaqus 用户子程序参考手册》的 1.2.3 节
- ∗FABRIC
- ∗UNIAXIAL
- ∗LOADING DATA
- ∗UNLOADING DATA
- ∗EXPANSION
- ∗DENSITY
- ∗INITIAL CONDITIONS

概览

织物材料模型：
- 是各向异性的，并且是非线性的。
- 是唯相模型，捕捉纱线制成的织物在填充和经方向上的力学响应。
- 对随着变形表现出两个"结构"方向的材料是有效的，"结构"方向彼此间可以不垂直。
- 将局部织物应力定义成纤维（剪切应变）与沿着纱线方向的名义应变之间夹角的函数。
- 允许基于测试数据或者通过用户子程序 VFABRIC 来计算织物的局部应力，使用用户子程序 VFABRIC 来定义复杂的本构模型。
- 要求在分析步中考虑几何非线性（"通用和线性摄动过程"，《Abaqus 分析用户手册——分析卷》的 1.1.2 节），因为它适用于有限应变的应用。

基于测试数据定义的织物材料模型：
- 假定沿着填充和经方向的响应是相互独立的，并且剪切响应独立于沿着纱线的直接响应。
- 可以包括分离的载荷和卸载响应。
- 可以表现出非线弹性行为、损伤的弹性行为，或者具有完全卸载后的永久变形的弹塑性类行为。
- 可以弹性变形到大拉伸和切应变。
- 可以具有与温度和/或其他场变量相关的属性。

织物材料行为

织物被广泛应用于各个行业的工程实际中，包括汽车气囊，像帆船和降落伞那样的柔性

结构，复合材料的加强物，建造屋顶结构中的建筑外观，军用、警用和其他安全用防护背心，以及飞机机身周围的保护层之类的产品。

织物由填充和经方向上的编织纱线组成。当纱线在横纱线上进行上下编织时，它会起皱或者弯曲。织物的非线性力学行为来自不同的原因：单个纱线的非线性响应；纱线延伸时，填充和经纱之间的卷曲变换；以及纱线在交叉方向上和相同方向上纱线之间的接触和摩擦。通常，织物在拉伸情况下，只沿纱线方向表现出显著的刚性。填充和经方向上的拉伸响应由于上面描述的卷曲变换而耦合。在平面剪切变形情况下，填充和经方向上的纱线相对于彼此而转动。由于在每一个方向上的纱线之间形

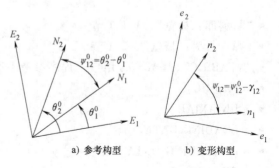

a) 参考构型　　　b) 变形构型

图 3-53　织物移动

成了侧面接触，阻抗随着剪切变形而增加。在弯曲和平面压缩中，通常可以忽略织物的刚性。

在 Abaqus/Explicit 中，唯相地对织物的行为进行模拟，来捕捉织物的非线性各向异性行为。采用沿着织物平面的填充和经方向上的名义应变，以及两个纱线方向之间的夹角，来描述给定织物的平面运动状态。材料正交基和纱线局部方向如图 3-53 所示，图中展示了参考构型和变形构型。

将工程名义剪切应变 γ_{12} 定义成两个纱线方向的夹角 ψ_{12} 从参考构型到变形构型的变化。在变形后的构型中，沿着纱线方向 n_1 和 n_2 的名义应变，是由各自的纱线伸长值 λ_1 和 λ_2 计算得到的。相应的名义应力分量 T_{11}、T_{22} 和 T_{12} 定义成上面名义应变的共轭积分。织物名义应力 $\mathbf{T}$ 由 Abaqus 转变成 Cauchy（柯西）应力 σ，并且计算得到源自织物变形的后续内力。用户可以得到织物名义应变、织物名义应力以及正则应力的输出。柯西应力 σ 和名义应力 $\mathbf{T}$ 之间的关系是

$$J\sigma = \lambda_1 T_{11} n_1 n_1 + \lambda_2 T_{22} n_2 n_2 + T_{12} \csc(\psi_{12})(n_1 n_2 + n_2 n_1) - T_{12} \cot(n_1 n_1 + n_2 n_2)$$

式中，J 是体积雅可比。

提供作为织物应变函数的名义织物应力，即可以使用试验数据或者用户子程序 VFABRIC 来表征 Abaqus/Explicit 织物材料模型。用户子程序允许建立考虑诸如纱线间距、纱线截面形状等织物结构参数和纱线材料属性的复杂材料模型。基于测试数据的织物模型做了一些简化假设，但是允许包括能量损失的非线性响应。这两个模型将在下文中详细介绍。两个模型都只在后续方式中捕捉了织物在压力下的起皱。

织物材料在碰撞仿真中的应用见《Abaqus 例题手册》3.3.2 节 "侧帘气囊碰撞试验"。

基于试验数据的织物材料

基于试验数据的织物材料模型假设沿着填充和经方向的响应是彼此独立的，并且剪切响应独立于沿着纱线的直接响应。每一个织物分量方式的应力响应仅与那个分量中的织物应变相关。这样，织物的整体行为由三个独立的分量响应构成：对填充纱中名义应变的沿着填充

纱方向的直接响应，对经纱中名义应变的沿着经纱方向的直接响应，以及对两纱之间夹角变化的剪切响应。

在每一种分量中，用户必须提供定义织物响应的试验数据。为了完全定义织物响应，试验数据必须涵盖下面所有的属性：

- 在一个分量中，可以分别定义在拉伸方向和压缩方向上的织物响应试验数据。
- 在变形方向上（拉伸或者压缩），必须同时提供加载和卸载试验数据。
- 加载和卸载试验数据可以根据三种可以使用的行为来分类：非线弹性行为、损伤弹性行为、具有永久变形的弹塑性类行为。行为类型确定织物如何从其加载响应转变成卸载响应。

发生弹性行为时，一个具体分量中的试验数据也可以是率相关的。当要求不同的加载和卸载路径时，必须分别给出两个变形方向上的（拉伸和压缩）试验数据。否则，拉伸和压缩数据将在一个单独的表格同时给出。

输入文件用法：使用下面的选项定义采用试验数据的织物材料：

　　　　　*FABRIC
　　　　　*UNIAXIAL, COMPONENT=分量
　　　　　*LOADING DATA, DIRECTION=变形方向
　　　　TYPE=行为类型
　　　　定义载荷类型的数据行
　　　　　*UNLOADING DATA
　　　　定义卸载数据的数据行
　　　　根据需求重复*FABRIC下面的所有选项来考虑每一个分量和变形方向。

在分量方向上指定单轴行为

可以在三个分量方向的每一个方向上提供独立的加载和卸载试验数据。分量对应于沿着填充纱线的响应、沿着经纱的响应以及剪切响应分量。

输入文件用法：使用下面的选项定义沿着填充纱方向的响应：

　　　　　*UNIAXIAL, COMPONENT=1
　　　　使用下面的选项定义沿着经纱方向的响应：
　　　　　*UNIAXIAL, COMPONENT=2
　　　　使用下面的选项定义剪切响应：
　　　　　*UNIAXIAL, COMPONENT=SHEAR

定义变形方向

通过指定变形方向，可以分别定义拉伸和压缩的试验数据。如果定义了变形方向（拉伸或者压缩），则应使用指定分量上的应力和正应变值来指定定义拉伸或者压缩行为的表格值，载荷数据必须从原点开始。如果行为不是定义在加载方向上，则应力响应在那个方向上将是零（织物在那个方向上没有抗力）。

如果没有定义变形方向，则数据应用于拉伸和压缩两个方向。此时，应将行为考虑成非

线弹性的，并且不能指定卸载响应。如果省略了拉伸或者压缩数据之一，则将试验数据考虑成关于原点对称。

输入文件用法：使用下面的选项定义拉伸行为：

        ∗ LOADING DATA，DIRECTION＝TENSION

使用下面的选项定义压缩行为：

        ∗ LOADING DATA，DIRECTION＝COMPRESSION

使用下面的选项在一个表格中定义拉伸和压缩两个行为：

        ∗ LOADING DATA

压缩行为

通常，织物材料在压缩载荷下没有明显的刚度。为了防止压缩载荷下褶皱单元的坍塌，所指定的应力-应变曲线应当在零后面的范围中恢复压缩刚度或者具有一个非常小的抗力。

定义一个织物材料的加载/卸载分量方式的响应

要定义载荷响应，用户需将织物应力定义成织物应变的非线性函数。此函数也可以与温度和场变量相关。有关将数据定义成温度和场变量函数的详细内容见"输入语法规则"，《Abaqus 分析用户手册——介绍、空间建模、执行与输出卷》的 1.2.1 节的。

卸载响应可以采用以下途径来定义：

● 指定一些将织物应力表达成织物应变的非线性函数卸载曲线，Abaqus 在这些曲线中内插一个分析中卸载点的卸载曲线。

● 指定一个能量耗散因子（以及具有永久变形的模型的永久变形因子），Abaqus 从中计算出一个二次卸载函数。

● 将织物应力指定成织物应变和转换斜率的非线性函数，织物沿着指定的转换斜率卸载，直到它与指定的卸载函数相交，在此交点上，它依据函数卸载（将此卸载定义称为联合卸载）。

● 将织物应力指定成织物应变的非线性函数，Abaqus 沿着应变轴平移指定的卸载函数，使它通过分析中的卸载点。

织物行为类型可以使用的卸载定义，见表 3-4。不同的行为类型以及相关的加载和卸载曲线，将在接下来的章节中进行详细的讨论。

定义非线弹性行为

弹性行为可以是非线性的，并且可以是率相关的。当载荷响应是率相关的时候，必须指定一条单独的卸载曲线。然而，不要求卸载响应是率相关的。

定义与率无关的弹性

当载荷响应与率无关时，卸载响应也是率无关的，并且如图 3-54 所示，响应沿着相同的用户指定载荷曲线发生。此时，不需要指定卸载曲线。

输入文件用法：∗ LOADING DATA，TYPE＝ELASTIC

表 3-4　织物行为类型可以使用的卸载定义

材料行为类型	卸载定义				
	内插的	二次的	指数的	联合的	转换的
非线弹性(只是率相关)	√				
损伤的弹性	√	√	√	√	
永久的变形	√	√	√		√

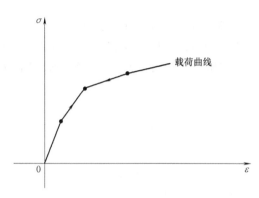

图 3-54　非线弹性与率无关的加载

定义率相关的弹性

　　当弹性响应是率相关的时候，加载和卸载曲线都需要进行指定。如果没有指定卸载数据，则卸载将沿着所指定的具有最小变形率的加载曲线发生。

　　通过使用基于黏塑性规律的技术，来避免由于变形率的突然变化而发生的没有物理意义的应力跳跃。此技术也使用定义为 $\tau = \mu_0 + \mu_1 |\lambda - 1|^{\alpha}$ 的松弛时间，以非常单纯的方式帮助模型达到松弛效果，其中 μ_0、μ_1 和 α 是材料参数，λ 是伸长量。当 $\lambda \approx 1$ 时，μ_0 控制松弛时间的线性黏性参数。应当使用此参数的小值，建议值是 0.0001s。μ_1 是非线性黏性参数，用来控制在更大 λ 值时的松弛时间。此值越小，松弛时间越短，建议值是 0.005s。α 控制松弛速度对织物应变分量的敏感性。图 3-55 所示为当分量以率 $\dot{\varepsilon}_2^{l}$ 加载，然后以率 $\dot{\varepsilon}_2^{u}$ 卸载时的加载/卸载行为。

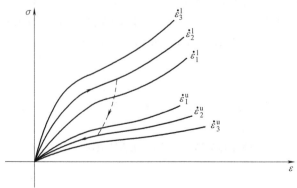

图 3-55　率相关的加载/卸载行为

通过内插指定的卸载曲线来确定卸载路径。卸载不需要是率相关的，即使加载响应是率相关的。当卸载是率相关的时候，任何给定分量应变和应变率上的卸载路径，通过内插指定的卸载曲线来确定。

输入文件用法：当卸载也是率相关时，使用下面的选项：

     * LOADING DATA, TYPE = ELASTIC, RATE DEPENDENT, DIRECTION

     * UNLOADING DATA, DEFINITION = INTERPOLATED CURVE, RATE DEPENDENT

    当卸载与率无关时，使用下面的选项

     * LOADING DATA, TYPE = ELASTIC, RATE DEPENDENT, DIRECTION

     * UNLOADING DATA, DEFINITION = INTERPOLATED CURVE

定义具有损伤的模型

损伤模型在卸载时耗散能量，并且完全卸载后不存在永久变形。用户可以定义一个应变，通过在此应变之上卸载的材料响应不与加载曲线重合的方法指定损伤的发生。

卸载行为通过损伤机理控制所耗散能量的大小，并且可通过下面的途径之一来指定：

● 分析型的卸载曲线（指数的/二次的）。

● 从多个用户指定的卸载曲线内插得到一个卸载曲线。

● 沿着平移卸载曲线（用户指定的常数斜率）得到的用户指定的卸载曲线（联合卸载）来卸载。

输入文件用法：使用下面的选项定义具有二次卸载行为的损伤：

     * LOADING DATA, TYPE = DAMAGE, DIRECTION

     * UNLOADING DATA, DEFINITION = QUADRATIC

    使用下面的选项定义具有指数卸载行为的损伤：

     * LOADING DATA, TYPE = DAMAGE, DIRECTION

     * UNLOADING DATA, DEFINITION = EXPONENTIAL

    使用下面的选项定义具有内插卸载曲线的损伤：

     * LOADING DATA, TYPE = DAMAGE, DIRECTION

     * UNLOADING DATA, DEFINITION = INTERPOLATED CURVE

    使用下面的选项指定具有联合卸载行为的损伤：

     * LOADING DATA, TYPE = DAMAGE, DIRECTION

     * UNLOADING DATA, DEFINITION = COMBINED

定义损伤的发生

用户可以定义应变，通过在此应变以上，材料在卸载中的响应不与加载曲线重合的方式来指定损伤的发生。

输入文件用法： * LOADING DATA, TYPE = DAMAGE, DAMAGE ONSET = 值

指定指数/二次卸载

图 3-56 所示损伤模型是以一条由能量耗散因子 H（在任何应变水平耗散的能量比）推

导得到的分析卸载曲线为基础的。随着织物分量的加载，应力遵从加载曲线给出的路径。如果织物分量卸载（例如在 B 点），则应力遵从卸载曲线 BCO。卸载后再加载时，遵从卸载曲线 BCO，直到加载应变大于 ε_B^{max}，在此之后，加载路径遵从加载曲线。图 3-56 中的箭头方向说明了此模型的加载/卸载路径。

当计算得到的卸载曲线位于加载曲线之上时，卸载响应遵从加载曲线来防止产生能量，并且当卸载曲线产生一个负的响应时，遵从零应力响应。在此情况下，耗散能量通常小于能量耗散因子指定的值。

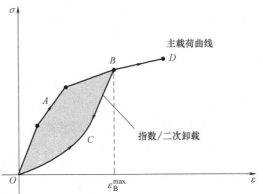

图 3-56 指数／二次卸载

内插卸载曲线的指定

图 3-57 所示的损伤模型说明了一个内插的卸载响应，图中是在递增的应力/应变值上与主加载曲线相交的多条卸载曲线。用户可以根据需要指定许多卸载曲线来定义卸载响应。每一条曲线总是从点 O 开始，即零应力和零应变的点，因为损伤模型不允许存在任何永久变形。卸载曲线以名义方式储存，这样它们与加载曲线相交于单位应变的单位应力，并且在这些名义曲线之间进行内插。如果卸载从一个没有指定卸载曲线的最大应变处发生，则卸载从邻近的卸载曲线进行内插。随着织物分量的加载，则应力遵从由载荷曲线给出的路径。如果织物卸载（例如在点 B 卸载），则应力遵从卸载曲线 BCO。卸载后的再加载遵从卸载路径 OCB，直到加载应变大于 ε_B^{max}，其后的加载路径遵从加载曲线。

卸载曲线也具有与加载曲线相同的温度和场变量相关性。

指定组合卸载

如图 3-58 所示，除了加载曲线 OABD 和一个连接加载曲线到卸载曲线的不变的转换斜率，用户还可以指定一条卸载曲线 OCE。随着织物的加载，应力遵从加载曲线给出的路径。如果织物卸载（例如在点 B），则应力遵从卸载曲线 BCO。路径 BC 通过常数转换斜率以及位于指定卸载曲线上的 CO 来定义。卸载后的再加载遵从卸载路径 OCB，直到加载的应变大于 ε_B^{max}，其后的加载路径遵从加载曲线。

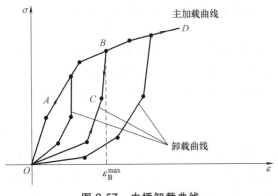

图 3-57 内插卸载曲线

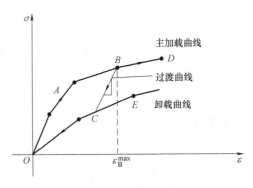

图 3-58 组合卸载

卸载曲线也具有与加载曲线相同的温度和场变量相关性。

定义具有永久变形的模型

永久变形的模型在卸载时耗散能量，并且在完全卸载时表现出永久变形。用户可以通过定义应变来指定永久变形的开始，在此应变之下，卸载沿着加载曲线发生。

卸载行为控制能量耗散的大小以及永久变形的大小。卸载行为可以通过以下途径之一来指定：

- 分析的卸载曲线（指数的/二次的）。
- 从多个用户指定的卸载曲线中内插得到的卸载曲线。
- 通过将用户指定的卸载曲线平移到卸载点而得到的卸载曲线。

输入文件用法：使用下面的选项定义具有二次卸载行为的永久变形：

*LOADING DATA, TYPE=PERMANENT DEFORMATION, DIRECTION

*UNLOADING DATA, DEFINITION=QUADRATIC

使用下面的选项定义具有指数卸载行为的永久变形：

*LOADING DATA, TYPE=PERMANENT DEFORMATION, DIRECTION

*UNLOADING DATA, DEFINITION=EXPONENTIAL

使用下面的选项定义具有内插卸载曲线的永久损伤：

*LOADING DATA, TYPE=PERMANENT DEFORMATION, DIRECTION

*UNLOADING DATA, DEFINITION=INTERPOLATED CURVE

使用下面的选项指定具有平移后的卸载曲线的永久损伤：

*LOADING DATA, TYPE=PERMANENT DEFORMATION, DIRECTION

*UNLOADING DATA, DEFINITION=SHIFTED CURVE

定义永久变形的发生

默认情况下，在沿着加载曲线加载时，若加载曲线的斜率比记录得到的最大斜率减小10%，将发生屈服。用户可以指定一个不等于默认值10%（斜率降低=0.1）的载荷曲线斜率降低值，或者通过定义沿着加载曲线低于其就发生屈服的应变值，来重新考虑优先于默认值的确定屈服发生的方法。如果指定了斜率降低值，则一旦加载曲线的斜率比过程中所记录的最大斜率低指定的因子，就发生屈服。

输入文件用法：使用下面的选项定义应变，沿着卸载曲线产生的应变低于此应变时将发生屈服：

*LOADING DATA, TYPE=PERMANENT DEFORMATION, YIELD ONSET=值

使用下面的选项，通过定义加载曲线斜率的下降来指定屈服的发生：

*LOADING DATA, TYPE=PERMANENT DEFORMATION, SLOPE DROP=值

指定指数/二次卸载

图 3-59 所示为一条由能量耗散因子 H（在任何应变水平上耗散掉的能量分数）以及永久变形因子 D_p 推导得到的分析卸载曲线。随着织物分量的加载，织物的应力遵从加载曲线给出的路径。如果卸载了分量（例如在点 B 卸载），则应力遵从卸载曲线 BCD。点 D 对应于

永久变形 $D_\mathrm{p}\varepsilon_\mathrm{B}^{\max}$。卸载后的再加载遵从卸载曲线 DCB，直到应变成为大于 $\varepsilon_\mathrm{B}^{\max}$ 的载荷，在此应变之后，加载路径遵从加载曲线。图 3-59 中的箭头方向为此模型的加载/卸载路径。

当计算得到的卸载曲线位于加载曲线之上时，卸载响应将遵从加载曲线以防止能量的产生，并且当卸载曲线产生一个负响应时，遵从零应力响应。在此情况中，耗散能量将小于由能量耗散因子指定的值。

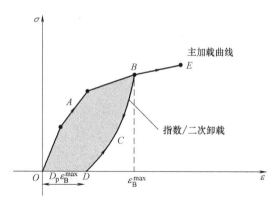

图 3-59　指数/二次卸载

指定内插的卸载曲线

图 3-60 所示为以应力/应变值的升序与主加载曲线相交的，多个卸载曲线的内插卸载响应。

用户可以按照需要指定尽可能多的卸载曲线来定义卸载响应。如果织物分量是完全卸载的，则每一条卸载曲线的第一点定义了永久变形。卸载曲线以名义形式存储，这样它们以单位应变的单位应力与加载曲线相交，并且在这些名义曲线之间进行插值。如果没有在发生卸载的最大应变处指定卸载曲线，则卸载从附近的卸载曲线插值得到。随着织物的加载，应力遵从通过加载曲线给出的路径。如果织物卸载（例如在点 B 卸载），则应力遵从卸载

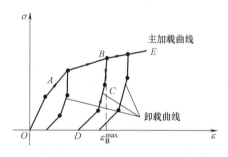

图 3-60　内插的卸载曲线

线 BCD。卸载后的再加载遵从卸载路径 DCB，直到应变成为大于 $\varepsilon_\mathrm{B}^{\max}$ 的载荷，其后的加载路径遵从加载曲线。

卸载曲线具有与加载曲线一样的温度和场变量相关性。

指定平移的卸载曲线

除了加载曲线，用户还可以指定一条通过原点的卸载曲线。通过水平移动用户指定的卸载曲线使其通过卸载点的方式，得到实际的卸载曲线，如图 3-61 所示。完全卸载时的永久变形是施加给卸载曲线的水平移动量。

卸载曲线也具有与加载曲线相同的温度和场变量相关性。

在拉伸和压缩中使用不同的单轴模型

在适当的时候，在拉伸和压缩中可以使用不同的单轴行为模型。例如，拉伸中的响应可以是使用指数卸载的塑性，而压缩中的响应可以是非

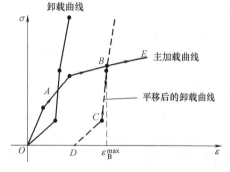

图 3-61　移动后的卸载曲线

线弹性（图 3-62）。

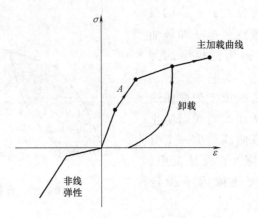

图 3-62　拉伸和压缩中不同的单轴模型

用户定义的织物材料

织物材料的力学响应以覆盖许多织物结构及作为纤维束的各个纱线所具有的微观和中等微观尺度的参数为基础。通常，追踪织物的状态和其对加载的响应时，需要使用多尺度模型。Abaqus 提供一个专门的用户子程序 VFABRIC，来捕捉复杂的织物响应，给出变形的纱线方向和沿着这些方向的应变。

当使用织物材料时，要求指定密度（"通用属性：密度"，1.2 节）。

输入文件用法：使用下面的选项通过用户子程序 VFABRIC 定义织物材料：

　　　　　　*MATERIAL, NAME=名称
　　　　　　*FABRIC, USER
　　　　　　*DENSITY

用户定义的织物材料属性

任何用户子程序 VFABRIC 中需要的材料常数，必须指定为用户定义的织物材料定义的一部分。即使剩余的力学响应是通过用户子程序定义的，依然可以使用 Abaqus 来计算热负载下的各向同性热膨胀响应。另外，用户可以在用户子程序 VFABRIC 的力学响应定义中包含热膨胀。

输入文件用法：　　使用下面的选项为用户定义的织物材料行为定义属性：

　　　　　　*FABRIC, USER, PROPERTIES=常数编号

材料状态

许多力学本构模型要求存储解相关的状态变量（率本构形式或者以积分形式书写的理论历史数据中的塑性应变、"背应力"饱和值等）。用户应当在相关的材料定义中为这些变量分配存储空间（见"用户子程序：概览"中的"分配空间"，《Abaqus 分析用户手册——分析卷》的 13.1.1 节）。对与用户定义的织物材料相关联的状态变量的数量不作限制。

与 VFABRIC 相关联的状态变量可以采用输出标识符 SDV 和 SDVn 输出到输出数据库（.odb）文件和结果（.fil）文件中（见"Abaqus/Explicit 输出变量标识符"，《Abaqus 分析用户手册——介绍、空间建模、执行与输出卷》的 4.2.2 节）。

在每个增量上为材料点块调用用户子程序 VFABRIC。调用子程序时，它在增量开始的时候提供状态（局部坐标系中的织物应力、解相关的状态变量）。也提供在增量结束时的名义织物应变和整个增量上增加的名义织物应变，二者都在局部坐标系中。VFABRIC 用户材料界面在每一次调用中传递材料点的块到子程序，允许材料子程序的向量化。

在增量的开始和末尾，需要给用户子程序 VFABRIC 提供温度。温度仅作为信息输入且不能进行编辑，即使在完全耦合的热-应力分析中也是这样。然而，如果在一个完全耦合的热-应力分析中定义了与比热容和导热系数联合的非弹性热分数，则 Abaqus 将自动计算由非弹性能量耗散产生的热流。如果在显示动态过程中使用用户子程序 VFABRIC 定义一个绝热材料的行为（塑性功到热的转变），则必须存储温度并作为用户定义的状态变量进行积分。大多数情况下，通过指定初始条件（"Abaqus/Standard 和 Abaqus/Explicit 中的初始条件"，《Abaqus 分析用户手册——指定条件、约束与相互作用卷》的 1.2.1 节）来提供温度，并且温度在整个分析中为常数。

网格使用状态变量，从 Abaqus/Explicit 中删除单元

可以通过使用用户子程序 VFABRIC，对 Abaqus/Explicit 分析过程中从网格中删除单元进行控制。被删除的单元没有承应力的能力，因此，对模型的刚度没有贡献。用户指定控制单元删除标识的状态变量数字。例如，指定为 4 的状态变量数字意味着在 VFABRIC 中，第 4 个状态变量是删除标识。在 VFABRIC 中，删除状态变量应当设置为 1 或者为 0。1 意味着材料点是有效的，而 0 意味着 Abaqus/Explicit 应通过设置应力为 0 来从模型中删除材料点。传递到用户子程序 VFABRIC 中的材料点块的结构在分析中保持不变；被删除的材料点没有从块中去除。Abaqus/Explicit 将为所有删除掉的材料点传递零应力和应变增量。一旦一个材料点被标识为删除，它将不能再重生。只有在单元中的所有材料点都被删除后，才能从网格中删除此单元。可以通过要求变量 STATUS 的输出来确定单元的状态。如果单元是有效的，则此变量等于 1；如果单元是被删除的，则此变量等于 0。

输入文件用法：　　　*DEPVAR，DELETE=变量数字

热膨胀

用户可以为膜和厚度方向的行为定义各向同性的热膨胀来指定相同的热膨胀系数。

膜热应变 ε^{th} 按"热膨胀"（6.1.2 节）中介绍的那样得到。

给定方向上的弹性伸展 λ^{el} 与总伸展 λ 和热伸展 λ^{th} 的关系为

$$\lambda^{el} = \frac{\lambda}{\lambda^{th}}$$

λ^{th} 通过下式给出

$$\lambda^{th} = 1 + \varepsilon^{th}$$

式中，ε^{th} 是给定方向上的线性热膨胀应变。

织物厚度

对织物的厚度进行试验测量是比较困难的。幸运的是，由于使用名义应力度量来表征平面内的响应，并非总是要求得到厚度的精确值，将名义应力定义成参考构型中单位面积上的力，便可以在截面定义中指定初始厚度。只有在材料使用了壳单元并且需要精确捕捉弯曲响应时，才有必要根据变形精确地追踪厚度。当通过用户子程序 VFABRIC 定义织物时，用户可以计算厚度方向的应变增量。对于一个以试验数据为基础的织物定义，用户为了将试验载荷数据转变为应力，而必须使用在截面定义中指定的厚度值（通常可以使用对单位宽度的织物所施加的力）。

定义参考网格（初始矩阵）

Abaqus/Explicit 允许指定使用膜单元模拟的织物参考网格（初始矩阵）。例如，参考网格可在气囊仿真中模拟起皱和由于气囊折叠引起的纱线方向变化。对于无应力的参考构型，适合使用平坦的网格，但是初始状态可能要求一个定义折叠状态的折叠网格。更新纱线在参考构型中的角度方向来得到初始构型中的新方向。

输入文件用法：使用下面的选项来定义给出单元编号的参考构型和参考构型中的节点坐标：

* INITIAL CONDITIONS，TYPE = REF COORDINATE

使用下面的选项来定义给出节点编号的参考构型和参考构型中的节点坐标：

* INITIAL CONDITIONS，TYPE = NODE REF COORDINATE

初始压缩应变下的纱线行为

定义一个不同于初始构型的参考构型，基于材料定义，通常在初始构型中产生非零的应力和应变。默认情况下，纱线方向上的压缩初始应变产生零应力。随着应变连续地从初始压缩值朝着无应变状态恢复，应力保持为零。一旦初始松弛得到恢复，所产生的任何压缩/拉伸应变根据材料定义产生应力。

输入文件用法：使用下面的选项指定初始压缩应变为无应力的恢复（默认的）：

* FABRIC，STRESS FREE INITIAL SLACK = YES

使用下面的选项指定初始压缩应变产生非零的初始应力：

* FABRIC，STRESS FREE INITIAL SLACK = NO

在参考构型中定义纱线方向

通常情况下，参考构型中的纱线方向可以不彼此垂直。用户可以在材料点上指定这些参考正交方向坐标系平面轴的局部方向。局部方向和正交坐标系一起定义成一个单独的方向定义。更多内容见"方向"，《Abaqus 分析用户手册——介绍、空间建模、执行与输出卷》的 2.2.5 节。

如果没有指定局部方向，则默认这些方向与所定义的正交坐标系的平面轴吻合。局部方向随着变形可以不保持正交。Abaqus 随着变形更新局部方向，并且计算沿着这些方向的名义应变和它们之间的角度（织物切应变）。织物的本构行为以织物应变的形式定义局部坐标系中的名义应力。

局部纱线方向可以如下文"输出"中所描述的那样输出到输出数据库。

织物的图框剪切试验

通常采用图框剪切试验研究织物的剪切响应。力 F 作用下的图框剪切试验的参考构型和变形构型如图 3-63 所示，图中 L_0 是图框的尺寸，ψ_{12}^0 是纱线方向之间的初始角。图框约束试样的四边，即使框伸长并且纱线方向之间的夹角 ψ_{12} 随着变形而减小，试样四边的长度也不发生变化。名义切应力 T_{12} 和施加的力 F 之间的关系是

$$T_{12} = \left(\frac{FL_0}{V_0}\right)\sin\left(\frac{\psi_{12}}{2}\right)$$

式中，V_0 是试样的初始体积。织物工程切应变 γ_{12} 与纱线方向之间角度变化的关系为

$$\gamma_{12} = \psi_{12}^0 - \psi_{12}$$

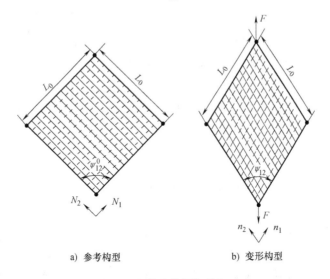

a) 参考构型　　　　b) 变形构型

图 3-63　织物上的图框剪切试验

使用其他材料模型

织物材料模型可以单独使用，或者与各向同性热膨胀联合使用以引入热体积变化（"热膨胀"，6.1.2 节）。更多内容见"组合材料行为"，1.1.3 节。热膨胀可以选择性地成为用户定义的织物材料 VFABRIC 中执行的本构模型的积分部分。

对于一个基于试验数据的织物材料，可以指定质量属性和刚度比例阻尼（见"材料阻尼"，6.1.1 节）。如果指定了刚度比例阻尼，Abaqus 将基于材料当前弹性刚度来计算阻尼

应力，并且在积分点上报告的应力输出中包含所产生的阻尼应力。

对于一个通过用户子程序 VFABRIC 定义的织物材料，可以指定质量比例阻尼，但是必须在用户子程序中对刚度比例阻尼进行定义。

单元

织物材料模型可以使用平面单元（平面应力实体单元、有限应变的壳和膜）。推荐织物材料模型使用完全积分或者三角膜单元。当织物材料模型使用壳单元时，Abaqus 不计算默认的横向剪切刚度，用户必须直接指定其值（见"使用在分析中积分的壳截面来定义截面行为"中的"定义横向剪切刚度"，《Abaqus 分析用户手册——单元卷》的 3.6.5 节）。

过程

织物材料必须总是与几何非线性分析一起使用（"通用和线性摄动过程"，《Abaqus 分析用户手册——分析卷》的 6.1.2 节）。

输出

除了 Abaqus 中的标准输出标识符（"Abaqus/Explicit 输出变量标识符"，《Abaqus 分析用户手册——介绍、空间建模、执行与输出卷》的 4.2.2 节）外，下面的变量对于织物材料模型具有特殊的意义：

EFABRIC：名义织物应变所使用的分量与 LE 的分量相似，但是具有沿着纱线方向度量的名义应变的主分量，以及度量两个纱线方向之间角度变化的工程剪切分量。

SFABRIC：名义的织物应力使用的分量与规则柯西应力 S 的分量相似，但是具有沿着纱线方向度量的名义应力，以及度量两个纱线方向之间角度变化响应的剪切分量。

默认情况下，无论何时要求单元场输出到织物模型输出数据库，Abaqus 都输出局部材料方向。局部方向输出成代表纱线方向余弦的场变量（LOCALDIR1、LOCALDIR2、LOCALDIR3），这些变量可以在 Abaqus/CAE（Abaqus/Viewer）的显示模块中以向量图的方式进行表达。

如果没有要求单元场输出，或者用户指定了不要将单元材料方向写入输出数据库（见"输出到输出数据库"中的"Abaqus/Standard 和 Abaqus/Explicit 中单元输出的指定方向"，《Abaqus 分析用户手册——介绍、空间建模、执行与输出卷》的 4.1.3 节），则将抑制局部材料方向的输出。

3.5 节理材料

产品：Abaqus/Standard

参考

- "方向"，《Abaqus 分析用户手册——介绍、空间建模、执行与输出卷》的 2.2.5 节
- "材料库：概览"，1.1.1 节
- "非弹性行为：概览"，3.1 节
- * JOINTED MATERIAL

概览

节理材料模型：

- 适合为包含高密度平行节理面的材料提供一个简单的连续模型，每一个平行节理面上的坐标系与一个特定的方向关联，这样的材料有沉积岩等。
- 假定与模型区域的特征尺寸相比，特定方向上的节理间距足够小，则节理可以均匀地分散在连续的滑动坐标系中。
- 在这些坐标系的每一个中提供节理的打开或者有摩擦的滑动（此处的"坐标系"是指材料计算点上特定方向上的节理方向）。
- 当一点处的所有节理均闭合时，假定材料的弹性行为是各向同性的和线性的（各向同性线弹性行为必须包含在材料定义中，见"线弹性行为"中的"定义各向同性弹性"，2.2.1 节）。

节理打开/闭合

节理材料模型适用于主要承受压缩应力的应用。当应力与节理垂直并试图成为拉应力时，模型提供节理打开功能。在此情况下，垂直节理平面的材料刚度立刻变成零。Abaqus/Standard 使用基于应力的打开准则，但节理闭合是基于应变监控的。当估计的穿过节理（法向于节理面）的压应力不再是正值时，节理系统 a 打开

$$p_a \leqslant 0$$

在此情况下，假定材料没有关于贯穿节理系统直接应变的弹性刚度。这样，打开节理在节点处创建了各向异性的弹性响应。只要符合以下条件，节理系统便保持打开

$$\varepsilon_{an(ps)}^{el} \leqslant \varepsilon_{an}^{el}$$

式中，ε_{an}^{el} 是贯穿节理的直接弹性应变分量；$\varepsilon_{an(ps)}^{el}$ 是贯穿节理的直接弹性应变分量，其在平面应力中计算成

$$\varepsilon_{an(ps)}^{el} = -\frac{\nu}{E}(\sigma_{a1} + \sigma_{a2})$$

式中，E 是材料的弹性模量；ν 是泊松比；σ_{a1}、σ_{a2} 是节理平面里的主应力。

打开节理的剪切响应通过剪切保留参数 f_{sr} 来控制，它代表了节理打开时保留的弹性剪切模量分数（$f_{sr}=0$ 意味着没有与打开节理相关的剪切刚度；当 $f_{sr}=1$ 时，对应打开节理中的弹性剪切刚度；可以使用这两个极限之间的任意值）。当一个节理打开时，剪切行为可能是脆性的，这取决于所使用的打开节理的保留因子。此外，垂直节理平面的材料刚度在此时突然变成零。因为这些原因，在围应力比较低或者显著的区域经受拉行为的情况下，节理系统可能经历一序列交替的从打开到闭合的迭代状态。通常这样的行为体现为振荡的全局残余力。与这样的不连续行为关联的收敛速率可能会非常低，并且因此得不到解。在模拟多个节理系统的情况下，更可能发生此种失效。

改进节理反复打开和闭合时的收敛性

当节理反复打开和闭合使得收敛困难时，可以通过防止节理打开来改善收敛性。在此情况中，总是将节理与一个弹性刚度进行关联。当节理的打开和闭合局限于模型的小区域时，它是非常有用的。只有在指定了节理方向时，才能防止节理打开，如下文描述的那样。

输入文件用法： *JOINTED MATERIAL, NO SEPARATION, JOINT DIRECTION

在打开的节理中指定非零的剪切保留

用户必须在打开的节理中直接的指定非零的剪切保留力。参数 f_{sr} 可以定义成温度和预定义场变量的表格函数。

输入文件用法： *JOINTED MATERIAL, SHEAR RETENTION

压缩性的节理滑动

通过下式定义节理系统上滑动的失效面 a

$$f_a = \tau_a - p_a \tan\beta_a - d_a = 0$$

式中，τ_a 是在节理面上解出的切应力的大小；p_a 是贯穿作用在节理面上的法向压应力；β_a 是系统的摩擦角；d_a 是系统 a 的内聚力。只要 $f_a<0$，节理系统 a 便不会滑动。当 $f_a=0$ 时，节理系统 a 将滑动。系统中的非弹性（"塑性"）应变通过下式给出

$$d\gamma_{a\alpha}^{pl} = d\bar{\varepsilon}_a^{pl} \frac{\tau_{a\alpha}}{\tau_a}\cos\psi_a$$

$$d\varepsilon_{an}^{pl} = d\bar{\varepsilon}_a^{pl}\sin\psi_a$$

式中，$d\gamma_{a\alpha}^{pl}$ 是节理面中方向 α 上的非弹性切应变率（$\alpha=1$、2 是节理面中的正交方向）；$d\bar{\varepsilon}_a^{pl}$ 是非弹性应变率的大小；$\tau_{a\alpha}$ 是节理面上的切应力分量；ψ_a 是此节理系统的膨胀角（当 $\psi_a=0$ 时，在节理上提供纯剪切流；当 $\psi_a>0$ 时，造成节理滑动时的膨胀）；$d\varepsilon_{an}^{pl}$ 是垂直节理面的非弹性应变。

一点处不同节理系统的滑动是相互独立的，在这个意义上，一个节理系统中的滑动不改

变同一个点处任何其他节理系统的失效准则或者膨胀角。

材料的描述中可以包括至多3个节理方向。节理方向的取向，通过参考用户定义的局部方向的名称（"方向"，《Abaqus分析用户手册——介绍、空间建模、执行与输出卷》的2.2.5节）给出，此局部方向定义原始构型中的节理方向。应力和应变分量是在全局方向上输出的，除非在材料的截面定义中也使用了局部方向。

对于每一个节理方向，可以将参数 β_a、ψ_a 和 d_a 指定成温度和（或）预定义场变量的表格函数。

输入文件用法：同时使用下面两个选项：

　　　　* ORIENTATION, NAME = 名称

　　　　* JOINTED MATERIAL, JOINT DIRECTION = 名称

对于每一个指定的方向最多可以重复使用 * JOINTED MATERIAL 选项3次。

节理方向和有限旋转

在几何非线性分析步中，节理方向在空间中总是保持固定。

块失效

除了节理系统，节理材料模型还包含一个块材料失效机理，它以 Drucker-Prager 失效准则为基础

$$q - p\tan\beta_b - d_b = 0$$

式中，$q \overset{\text{def}}{=} \sqrt{\dfrac{3}{2}\boldsymbol{S} : \boldsymbol{S}}$，是 Mises 等效偏量应力；$\boldsymbol{S} \overset{\text{def}}{=} \boldsymbol{\sigma} + p\boldsymbol{I}$，是偏量应力；$p \overset{\text{def}}{=} -\dfrac{1}{3}\boldsymbol{I} : \boldsymbol{\sigma}$，是等效压应力；$\beta_b$ 是块材料的膨胀角；d_b 是块材料的内聚力。

如果达到此失效准则，则通过下式定义块非弹性流动

$$\mathrm{d}\boldsymbol{\varepsilon}_b^{pl} = \mathrm{d}\bar{\varepsilon}_b^{pl} \frac{1}{1 - \dfrac{1}{3}\tan\psi_b} \frac{\partial g_b}{\partial \boldsymbol{\sigma}}$$

式中，$g_b = q - p\tan\psi_b$ 是流动势；$\mathrm{d}\bar{\varepsilon}_b^{pl}$ 是非弹性流动速率的大小（选择成 $\mathrm{d}\bar{\varepsilon}_b^{pl} = |(\mathrm{d}\boldsymbol{\varepsilon}_b^{pl})_{11}|$ 在方向1上的单轴压缩）；ψ_b 是块材料的膨胀角。此块失效模型是扩展的 Drucker-Prager 模型的简化版本（"扩展的 Drucker-Prager 模型"，3.3.1节）。此块失效系统独立于节理系统，因为块非线性流动不改变任何节理系统的行为。

如果模拟了块材料失效，则必须指定节理的材料行为，以定义与块材料失效行为相关的参数。这样，在同一个材料定义中会出现至多5个节理材料行为：3个节理方向，打开节理中的剪切保留和块材料失效。

可以将参数 β_b、ψ_b 和 d_b 指定成温度和（或）预定义场变量的函数。

输入文件用法：* JOINTED MATERIAL（必须省去 JOINT DIRECTION 参数）

非关联的流动

如果在任何节理系统中 $\psi \neq \beta$，则无论它是否与节理面或体材料相关联，那个节理系统中的流动都是"非关联的"。其含义是材料的刚度矩阵是非对称的。这样，应当对分析步使用非对称矩阵的求解策略（见"过程：概览"，《Abaqus 分析用户手册——分析卷》的 1.1.1 节），特别是在预计模型大部分区域是塑性流动，并且 ψ 与 β 相差较大时。如果 ψ 与 β 相差不大，则对矩阵的对称近似即能提供可接受的平衡方程的收敛速率，从而具有较低的整体解决成本。然而，在定义节理材料行为时，并没有自动调用非对称矩阵的求解策略。

单元

在 Abaqus/Standard 中，节理材料模型可以与平面应变、广义的平面应变、轴对称和三维实体（连续的）单元一起使用。此模型不能与假定应力状态是平面应力的单元（平面应力、壳和膜单元）一起使用。

3.6 混凝土

- "混凝土弥散开裂"，3.6.1节
- "混凝土的开裂模型"，3.6.2节
- "混凝土损伤塑性"，3.6.3节

3.6.1 混凝土弥散开裂

产品：Abaqus/Standard Abaqus/CAE

参考

- "材料库：概览"，1.1.1 节
- "非弹性行为：概览"，3.1 节
- ∗CONCRETE
- ∗TENSION STIFFENING
- ∗SHEAR RETENTION
- ∗FAILURE RATIOS
- "定义塑性"中的"定义混凝土弥散开裂"，《Abaqus/CAE 用户手册》（在线 HTML 版本）的 12.9.2 节

概览

Abaqus/Standard 中的弥散开裂混凝土模型：
- 为所有类型结构中的混凝土提供通用的模拟能力，包括梁、杆、壳和实体。
- 可以用于无筋混凝土，虽然它主要适用于钢筋加强混凝土结构的分析。
- 可以与螺纹钢一起模拟混凝土加强。
- 适用于低围压情况下，混凝土基本上承受单调应变的应用。
- 由应力以压缩为主时的有效各向同性硬化屈服面，以及确定一点是否因为开裂而失效的独立"开裂检测表面"组成。
- 使用定向受损的弹性概念（弥散的开裂）描述开裂失效后，材料响应的可逆部分。
- 要求使用线性弹性材料模型（见"线弹性行为"，2.2.1 节）定义弹性属性。
- 不能与局部方向一起使用（见"方向"，《Abaqus 分析用户手册——介绍、空间建模、执行与输出卷》的 2.2.5 节）。
Abaqus 中可以使用的混凝土模型的相关内容见"非弹性行为：概览"（3.1 节）。

加强

通过使用螺纹钢来加强混凝土结构，它是可以单独定义的或者嵌入方向面中的一维应变理论单元（杆）。通常螺纹钢与金属塑性模型一起使用，来描述螺纹钢材料的行为，并且叠加在用来模拟混凝土的标准单元类型的网格上。

使用这种模拟方法，可将混凝土行为考虑成独立于螺纹钢。通过在混凝土模拟中引入一——

些"张力补强"来近似模拟与螺纹钢/混凝土界面有关的效应,如粘接滑动和销栓作用,使用此效应来仿真通过螺纹钢传递的穿过裂纹的载荷。有关张力补强的详细内容见下文。

在复杂问题中定义螺纹钢是冗长的,但是精确地完成定义是重要的,因为在模型的关键区域,会因为缺少加强而造成分析失败。有关螺纹钢的更多内容见"定义加强",《Abaqus分析用户手册——介绍、空间建模、执行与输出卷》的 2.2.3 节。

开裂

此模型适合模拟在相当低的围压下(小于单轴压缩中混凝土可承载最大应力的 4 ~ 5 倍),承受相对单调载荷的混凝土行为模型。

裂纹探测

假定开裂是行为最重要的方面,并且开裂和后开裂行为的表现占模拟的主导地位。假定当应力达到被称为"开裂探测面"的失效面时,发生开裂。此失效表面与等效压应力 p 和 Mises 等效偏量应力 q 之间存在线性关系,将在图 3-68 中加以说明。当探测到裂纹时,为后续的计算储存裂纹的方向。将同一个点的后续开裂限制在此方向的正交方向上,因为用于探测额外开裂的失效面定义中没有包含与张开裂纹相关的应力分量。

开裂是不可恢复的:它们保留在剩下的计算中(但是可以打开和闭合)。在任何点上不超过三条裂纹(两条在平面应力情况下,一条在单轴应力情况下)。随后的裂纹探测,因为使用了受损的弹性模型,裂纹会对计算有影响。在"混凝土的非弹性本构",《Abaqus 理论手册》的 4.5.1 节中,对定向、受损的弹性有更加详细的讨论。

弥散的开裂

混凝土模型是一个弥散开裂的模型,即它不跟踪单独的"宏观"裂纹。在有限元模型的每一个积分点上独立地进行本构计算。通过裂纹影响与积分点关联的应力和材料刚度的办法,在这些计算中考虑裂纹的存在。

拉伸加劲

使用拉伸加劲来模拟贯穿裂纹的直接加劲的后失效行为,它允许用户定义开裂的混凝土的应变-软化行为。此行为也允许以简单的方式仿真增强钢筋与混凝土之间的相互影响。在混凝土弥散开裂模型中要求拉伸加劲。用户可以通过后失效应力-应变关系的办法,或者通过指定断裂能开裂准则来指定拉伸加劲。

后失效应力-应变关系

加强混凝土中应变软化的指定通常意味着将后失效应力指定成贯穿裂纹的应变的函数。在具有很少的或者没有加强的情况下,此指定通常在分析结果中产生网格敏感性,即随着网格的细化,有限单元预测并不能收敛到唯一的结果,因为网格细化将导致更窄的开裂带出现。如果结构中只有一些离散的裂纹形成，则通常会发生此问题，并且网格加密不会导致额外的裂纹产生。如果裂纹均匀地分布（在平板弯曲的情况中，无论是由于加强的影响或者是由于存在稳定弹性材料），则较少考虑网格的敏感性。

在加强混凝土的实际计算中，通常网格的每个单元均包含螺纹钢。螺纹钢和混凝土之间的相互作用趋向于降低网格的敏感性，前提是在混凝土模型中引入了合适量的拉伸加劲来仿真此相互作用（图3-64）。

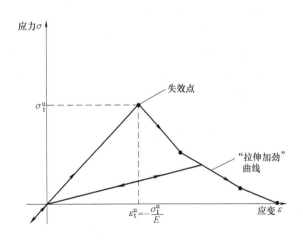

图 3-64　"拉伸加劲"模型

必须估计拉伸加劲效应，它取决于螺纹钢的密度、螺纹钢与混凝土之间的结合质量、与螺纹钢直径相比混凝土骨料的相对尺寸，以及网格等因素。采用相当详细的网格模拟大量加强混凝土的合适起点是，假定失效后的应变软化线性地将应力降低到零的总应变是失效时应变的 10 倍。标准混凝土失效时的应变通常是 10^{-4}，也就是说，拉伸加劲降低到零应力时，总应变大约为 10^{-3} 是合理的。对于具体的情况，应当对此参数进行校正。

在 Abaqus/Standard 中，拉伸加劲参数的选择是重要的，因为更多的拉伸加劲通常更容易得到数值解。太少的拉伸加劲将在混凝土中产生局部开裂失效，在整个模型的响应中产生暂时不稳定的行为。一些实际的设计表现出了这样的行为，所以若分析模型中存在此类型响应，则通常说明拉伸加劲低得不合理。

输入文件用法：同时使用下面的两个选项：
* CONCRETE
* TENSION STIFFENING，TYPE = STRAIN（默认的）

Abaqus/CAE 用法：Property module：material editor：Mechanical → Plasticity → Concrete Smeared Cracking：Suboptions→Tension Stiffening：Type：Strain

断裂能开裂准则

如前文讨论的那样，当混凝土模型的相当大的区域中没有螺纹钢时，定义拉伸加劲的应变软化方法可能在结果中产生不合理的网格敏感性。Crisfield（1986）讨论了此问题并得出结论，Hillerborg（1976）的提议足以消除对许多实际用途的担忧。Hillerborg 采用脆性断裂概念，将打开单位开裂面积的能量定义成材料的参数。采用此方法，混凝土的脆性行为通过应力-位移响应来表征，而不是应力-应变响应来表征。在张力情况下，一个混凝土试样将在某截面贯穿开裂。在充分地拉开试样后，因为去除了大部分的应力（这样弹性应变是小的），它的长度将主要通过开裂处的打开来确定。打开不取决于试样的长度（图3-65）。

执行

在有限元模型中执行此应力-位移概念时，要求定义与积分点关联的特征长度。特征开裂长度取决于单元的几何形状和公式：对于一阶单元，它是贯穿一个单元的线的典型长度；对于二阶单元，它是贯穿一个单元的线长度的一半。对于梁和杆，它是沿着单元轴的特征长度。对于膜和壳，它是参考面中的特征长度。对于轴对称单元，它只是 r-z 平面中的特征长度。对于胶单元，它等于本构厚度。使用此特征开裂长度的定义，是因为事先并不知道将要发生开裂的方向。这样，具有大长宽比的单元将基于它们开裂的方向而具有相当不同的行为：因为此效应保留了一些网格敏感性，建议尽可能靠近正方形单元。

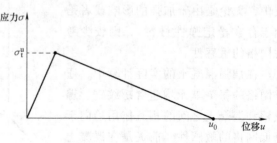

图 3-65　断裂能量开裂模型

模拟混凝土脆性响应的方法要求指定位移 u_0，在此位移上，对后失效应变软化的线性近似给出零应力（图 3-65）。

在失效应变（定义为失效应力除以弹性模量）下发生失效应力 σ_t^u；然而，应力在一个最终位移 u_0 处变成零，此位移独立于试样的长度。其含义是仅当试样足够短时，位移加载的试样在失效后保持静态平衡，这样失效时的应变 ε_t^u 足够小，小于此位移值时的应变，即

$$\varepsilon_t^u < u_0 / L$$

式中，L 是试样的长度。

输入文件用法：同时使用下面的两个选项：

* CONCRETE
* TENSION STIFFENING, TYPE = DISPLACEMENT

Abaqus/CAE 用法：Property module：material editor：Mechanical → Plasticity → Concrete Smeared Cracking：Suboptions→Tension Stiffening：Type：Displacement

得到最终位移

可以通过单位面积上的断裂能 G_f 来估计最终位移 u_0，公式为 $u_0 = 2G_f / \sigma_t^u$，式中 σ_t^u 是混凝土可以承受的最大拉伸应力。u_0 的典型值对于普通混凝土是 0.05mm（$2\times10^{-3}\text{in}$），对于高强度混凝土是 0.08mm（$3\times10^{-3}\text{in}$）。ε_t^u 的典型值约为 10^{-4}，这样要求 $L < 500\text{mm}$（20in）。

临界长度

如果试样的长度比临界长度 L 长，则当它在固定位移下开裂时，试样中储藏的能量比通过开裂过程耗散的能量多。因此，应变能的一部分转换成动能，并且即使是在指定的位移载荷下，失效事件也必定是动态的。这说明，当在有限元中使用此方法时，特征单元尺寸必须小于临界长度，或者必须包括额外的（动态的）考虑。分析输入文件处理器检查使用此混凝土模型的每一个单元的特征长度，并且不允许任何单元具有超出 u_0/ε_t^u 的特征长度。用户必须在必要的地方或者使用拉伸加劲的应力-应变定义的地方使用更小的单元。因为断裂能方法通常只用于普通混凝土，所以在网格上很少有任何限制。

开裂后的剪切残留

随着混凝土开裂，其剪切刚度降低。此效应通过将剪切模量的降低指定成贯穿裂纹的应变函数来定义。用户也可以为闭合裂纹指定一个降低的剪切模量。当贯穿裂纹的法向应力变成压缩应力的时候，此降低的剪切模量也具有影响。新的剪切刚度将由于裂纹的存在而退化。

将裂纹的剪切模量定义成 ρG，其中 G 是无裂纹混凝土的弹性剪切模量，ρ 是乘数因子。剪切残留模型假设打开裂纹的剪切刚度随着裂纹打开的增加而线性地降低到零，即

$$\rho = (1 - \varepsilon / \varepsilon^{\max}) \quad \text{对于 } \varepsilon < \varepsilon^{\max}$$

$$\rho = 0 \quad \text{对于 } \varepsilon \geq \varepsilon^{\max}$$

式中，ε 是贯穿裂纹的直接应变；$\varepsilon^{\max}$ 是用户定义的值。此模型也假设随后闭合的裂纹也降低了剪切模量

$$\rho = \rho^{\text{close}} \quad \text{对于 } \varepsilon < 0$$

用户需要指定 ρ^{close} 的值。

ρ^{close} 和 $\varepsilon^{\max}$ 可以选择性地定义成与温度和（或）预定义场变量相关。如果在混凝土弥散开裂模型的材料定义中没有包含剪切残留，则 Abaqus/Standard 将自动调用剪切残留的默认行为，这样剪切响应将不受开裂（完全的剪切保持）的影响。此假设通常是合理的：在许多情况中，整体响应并非强烈地取决于剪切残留的大小。

输入文件用法：同时使用下面的两个选项：

        * CONCRETE

        * SHEAR RETENTION

Abaqus/CAE 用法：Property module：material editor：Mechanical → Plasticity → Concrete Smeared Cracking：Suboptions→Shear Retention

压缩行为

当主应力分量主要是压缩应力时，通过使用简单屈服面（图 3-68）形式的弹塑性理论来模拟混凝土的响应，此弹塑性理论使用等效压应力 p 和 Mises 等效偏量应力 q 的形式表达。这种形式使用了相关的流动和各向同性硬化。此模型显著简化了实际行为。相关的流动假设通常过度预测了非弹性体积应变。屈服面不能与三轴拉伸和三轴压缩试验中的数据精确吻合，因为忽略了第三不变量的相关性。当混凝土应变超出极限应力点时，弹性响应不受非弹性变形影响的假设将不再成立。此外，当混凝土承受非常高的压应力时，它表现出非弹性响应：到目前为止，还没有试图在模型中构建此行为。

为提高计算效率而引入了与压缩行为有关的简化。在具体情况中，当相关流动的假设没有通过试验数据进行证明时，它可以提供可接受的接近测量值的结果，前提是问题中的压应力范围并不大。从计算的角度来看，相关的流动假设导致积分后本构模型的雅可比矩阵（"材料刚度矩阵"）足够对称，这样整个平衡方程中的求解通常不要求对非对称方程求解。

如果不计较计算成本，则可排除所有限制。

用户可以定义普通混凝土在弹性区域之外的单轴压缩应力-应变行为。以塑性应变的表格函数来提供压缩应力数据，如果需要，也可定义为温度和场变量的表格函数。压缩应力和应变应当以正（绝对值）值给出。应力-应变曲线可以在极限应力之外定义，进入应变软化区域。

输入文件用法：＊CONCRETE

Abaqus/CAE 用法：Property module：material editor：Mechanical → Plasticity → Concrete Smeared Cracking

单轴和多轴行为

纳入混凝土模型的混凝土开裂和压缩响应通过图 3-66 所示的试样的单轴响应来说明。

当混凝土承受压缩时，它最初表现出弹性响应。随着应力的增加，发生一些不可恢复的（非弹性的）应变和材料软化响应。达到极限应力后，材料强度损失到不能再承受应力。当在发生非弹性应变后的某个点去除载荷时，卸载响应比最初的弹性响应要软：弹性已经被破坏。在模型中忽略此效应，因为假定应用主要包含单调应变，只有在偶然情况下，才有较小的卸载。当单轴混凝土试样承受拉伸载荷时，它通常弹性地响应到极限压缩应力的 7% ~ 10%，形成裂纹。裂纹形成得特别快，即使采用最强大的测试仪器，要观察到实际的行为也是非常困难的。模型假定开裂造成损伤，就此而言，开裂可以通过弹性刚度的缺失来体现。也假定没有与开裂相关的永久应变。这样，当贯彻裂纹的应力变成压缩性时，允许裂纹完全闭合。

在多轴应力状态下，通常通过失效面及其在应力空间中的流动来归纳观察结果。这些面（图 3-67 和图 3-68）用试验数据来拟合。

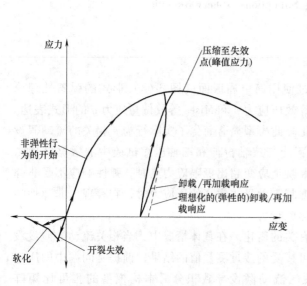

图 3-66　普通混凝土的单轴行为

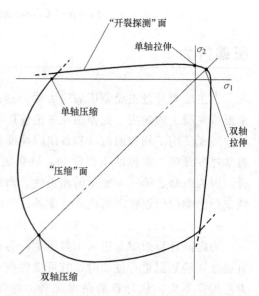

图 3-67　平面应力中的屈服和失效面

失效面

用户可以指定失效比来定义失效面的形状（可能的话，可作为温度和预定义场变量的函数）。可以指定以下 4 个失效比：

- 极限双轴压缩应力与极限单轴压缩应力的比值。

- 失效时的单轴拉伸应力与极限单轴压缩应力之比的绝对值。

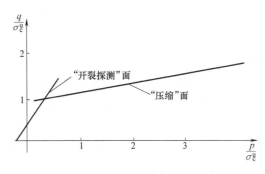

图 3-68 *p-q* 平面中的屈服和失效面

- 双轴压缩中极限应力处的塑性应变主分量与单轴压缩中极限应力处的塑性应变的比值。

- 开裂时，在其他主应力为极限压缩值的情况下，平面应力的拉伸主应力与单轴拉伸情况下拉伸开裂应力的比值。

如果用户没有指定上述比值，则 Abaqus 将使用它们的默认值。

输入文件用法：　　* FAILURE RATIOS

Abaqus/CAE 用法：Property module：material editor：Mechanical → Plasticity → Concrete Smeared Cracking：Suboptions→Failure Ratios

应变逆转的响应

因为该模型适用于涉及相对单调应变问题的应用，所以不尝试包括循环响应的预测，或者预测在主要是压应力的情况下由于非弹性应变而造成的弹性刚度的降低。尽管如此，这些预测仍是可能的，因为即使在那些已经设计好了的模型的应用中，应变轨迹也并非是完全径向的，这样，模型应当预测偶尔的应变逆转响应以及以合理方式改变应变轨迹方向的响应。当主应力主要是压缩应力时，"压缩的"屈服面的各向同性硬化构成了模型的非弹性响应预测的此方面。

校正

要求最少进行两个试验——单轴压缩和单轴拉伸，来校正最简单的混凝土模型（采用所有的默认值并假设与温度和场变量的不相关）。可以进行其他测试来得到后失效行为中的精确性。

单轴压缩和拉伸试验

单轴压缩试验使用在两个刚性盘之间的压缩试样，记录加载方向上的载荷和位移。用户可以从中直接抽取混凝土模型要求的应力-应变曲线。实施单轴拉伸试验要困难得多，因为需要使用一个强大的试验仪器，此仪器应能够记录后失效响应。通常此试验不可实施，用户需要对混凝土的拉伸失效强度做出一个假设（通常是压缩强度的 7%～10%）。拉伸开裂应力的选择是重要的，如果使用了非常低的开裂应力（小于压缩强度的 1/100 或者 1/1000），则将产生数值问题。

后开裂拉伸行为

后失效响应的校正取决于混凝土的加强方式。对于普通混凝土仿真，应当使用应力-位移拉伸加劲模型。对于普通混凝土，u_0 的典型值是的 0.05mm（$2×10^{-3}$inch）；对于高强度混凝土，u_0 的典型值是 0.08mm（$3×10^{-3}$inch）。对于加劲混凝土的仿真，应当使用应力-应变的拉伸加劲模型。对于使用相当详细的网格划分的相对大量加劲的混凝土模型，一个合理的出发点是假定失效后应变软化使得应力线性地降低到零时所具有的总应变，是失效时应变的 10 倍。因为标准混凝土失效时应变通常是 10^{-4}，这说明拉伸加劲应力降低到零的总应变大约是 10^{-3} 是合理的。应当根据具体情况校正此参数。

后开裂剪切行为

在 Abaqus/Standard 中，使用联合的拉伸和剪切试验来校正后开裂剪切行为。实施这些试验十分困难。如果不能得到试验数据，则一个合理的出发点是假设剪切残留因子 ρ 在拉伸加劲模型使用的相同开裂应变上，线性地变成零。

双轴屈服和流动参数

要求采用双轴试验来校正指定失效比的双轴屈服和流动参数。如果不能得到试验数据，可以使用默认值。

温度相关性

温度相关性的校正，要求在需要的范围内，对以上所有试验进行重复。

与试验结果进行比较

采用合适的校正方法后，混凝土模型应当对绝大部分的单调载荷产生合理的结果。使用 Kupfer 和 Gerstle（1973）试验结果的模型预测比较如图 3-69 和图 3-70 所示。

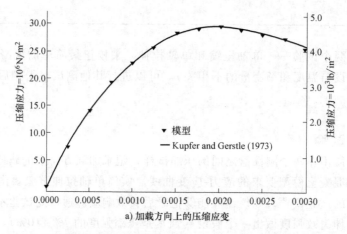

图 3-69　模型预测和 Kupfer 及 Gerstle 单轴压缩试验数据的对比

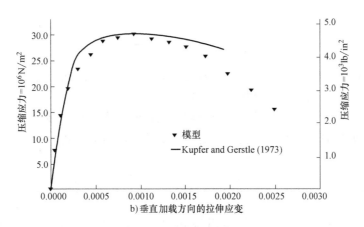

b) 垂直加载方向的拉伸应变

图 3-69 模型预测和 Kupfer 及 Gerstle 单轴压缩试验数据的对比 （续）

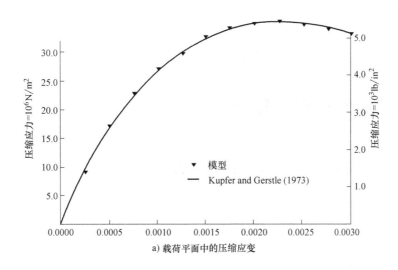

a) 载荷平面中的压缩应变

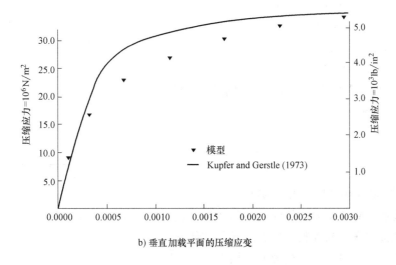

b) 垂直加载平面的压缩应变

图 3-70 模型预测与 Kupfer 和 Gerstle 双轴压缩试验数据的对比

单元

Abaqus/Standard 为使用弥散开裂的混凝土模型提供了不同的单元：梁、壳、平面应力、平面应变、广义的平面应变、轴对称和三维单元。

对于一般的壳分析，贯穿壳厚度上应使用比默认的 5 个积分点多的积分点。通常使用 9 个厚度积分点来模拟混凝土在厚度上具有的可接受精度的渐进失效。

输出

除了 Abaqus/Standard 中的标准输出标识符（"Abaqus/Standard 输出变量标识符"，《Abaqus 分析用户手册——介绍、空间建模、执行与输出卷》的 4.2.1 节）外，下面的变量具体涉及弥散开裂混凝土模型中的材料点：

CRACK：混凝土中裂纹的单位法向。

CONF：混凝土材料点上的开裂数量。

3.6.2 混凝土的开裂模型

产品： Abaqus/Explicit   Abaqus/CAE

参考

- "材料库：概览"，1.1.1 节
- "非弹性行为：概览"，3.1 节
- * BRITTLE CRACKING
- * BRITTLE FAILURE
- * BRITTLE SHEAR
- "定义其他力学模型"中的"定义脆性开裂"，《Abaqus/CAE 用户手册》（在线 HTML 版本）的 12.9.4 节

概览

Abaqus/Explicit 中的脆性开裂模型：

- 提供模拟所有结构形式的混凝土的功能，包括梁、杆、壳和实体。
- 也可模拟像陶瓷或者脆性岩石那样的其他材料。
- 用于以拉伸开裂为主要行为的应用中。
- 假定压缩行为总是线弹性的。

- 必须与线弹性材料模型（"线弹性行为"，2.2.1节）一起使用，线弹性材料模型也完全定义了开裂之前的材料行为。
- 在以脆性行为为主的应用中是最精确的，这样，假定材料在压缩中的线弹性是足够的。
- 可以用于普通混凝土，即使它主要适用于加强混凝土结构的分析。
- 允许基于脆性失效准则来去除单元。
- 在"混凝土和其他脆性材料的开裂模型"，《Abaqus理论手册》的4.5.3节中有详细的定义。

关于Abaqus中使用的混凝土模型的讨论见"非弹性行为：概览"（3.1节）。

加强

混凝土中通常通过加螺纹钢的方法进行加强。螺纹钢是可以单独定义的或者嵌入取向面中的一维应变理论单元（杆）。螺纹钢的内容见"将螺纹钢定义成一个单元属性"，《Abaqus分析用户手册——介绍、空间建模、执行与输出卷》的2.2.4节。它们通常与弹塑性材料行为一起使用，并且叠加在用来模拟普通混凝土的标准类型单元的网格上。使用此模拟方法，将混凝土开裂行为考虑成独立于螺纹钢的行为。通过在混凝土模拟中引入一些"张力补强"来近似模拟与螺纹钢/混凝土界面有关的效应，如粘接滑移和销栓作用，使用此效应来仿真通过螺纹钢传递的穿过裂纹的载荷。

开裂

Abaqus/Explicit使用弥散开裂模型表现混凝土中的不连续脆性行为。它并不跟踪"宏观"裂纹，而是在有限元模型的每一个材料点处独立进行本构计算。裂纹的存在通过裂纹影响与材料点相关联的应力和材料刚度的方法，进入这些计算中。

为了简化此节中的讨论，术语"裂纹"用来表达在一个方向上已经在问题中的单个材料计算点上发现了开裂：最接近的物理概念是，在与此点相邻处存在一个微裂纹的连续体，通过模型来确定其方向。假定由开裂引入的各向异性在模型适用的仿真中是重要的。

裂纹方向

Abaqus/Explicit开裂模型假定固定的、正交的裂纹在一个材料点上所具有的最大裂纹数量，受有限元模型材料点处所存在的直接应力分量数量的限制（三维、平面应变和轴对称问题中最多3个裂纹；平面应力和壳问题中最多2个裂纹；梁或者杆问题中有1个裂纹）。在内部，一旦一个点处存在裂纹，则所有向量值和张量值的分量形式得到旋转，这样它们将位于裂纹方向向量（裂纹面的法向）定义的局部坐标系中。模型确保这些裂纹面是正交的，这样，此局部裂纹坐标系是直角笛卡儿坐标系。为了输出的目的，在整体和（或）局部裂纹坐标系中为用户提供应力和应变的结果。

裂纹侦测

Abaqus 使用简单的 Rankine 准则来侦测裂纹初始化。此准则声明当最大主拉伸应力超出脆性材料的拉伸强度时形成裂纹。虽然裂纹的侦测纯粹是基于第 I 类断裂模式的考虑，随之而来的同时包括模式 I（拉伸软化/加强）和模式 II（剪切软化/保留）二者行为的开裂行为描述如下。

一旦满足了裂纹形成的 Rankine 准则，就假设形成了第一个裂纹。裂纹面取为最大拉伸主应力方向的法向。后续的裂纹可以在最大主拉伸应力方向上的裂纹面法向上形成，最大主拉伸应力方向与相同点处存在的裂纹面的法向正交。

开裂是不可逆的，即一个点上一旦产生了裂纹，则裂纹将存在于整个剩下的计算中。然而，可以沿着裂纹面法向方向发生裂纹闭合和再打开。模型忽略了任何与裂纹相关联的永久应变；即当贯穿裂纹的应力变成压缩性时，假定裂纹可以完全闭合。

拉伸加劲

用户可以通过后失效应力-应变关系或者应用断裂能开裂准则，为直接应变贯穿裂纹指定后失效行为。

后失效应力-应变曲线

在加强混凝土中，后失效行为的指定通常意味着给出作为贯穿裂纹应变函数的后失效应力（图 3-71）。在只有一点加强或者没有加强的情况下，这样在结果中引入了网格敏感性，即有限元预测随着网格的加密不会收敛到唯一的解，因为网格加密导致了更窄的开裂带。

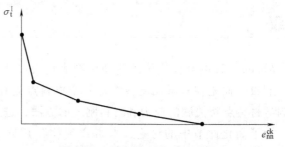

图 3-71　后失效应力-应变曲线

在加强混凝土的实际计算中，通常网格的每一个单元均包含螺纹钢。在此情况下，螺纹钢和混凝土之间的相互作用趋向于减轻这种效应，前提是在开裂模型中引入一个大小合理的"拉伸加劲"来仿真此相互作用。这要求估计一个拉伸加劲效应，它取决于加强密度、螺纹钢与混凝土之间的结合质量、与螺纹钢直径相比的混凝土骨料相对尺寸以及网格等因素。使用相当详细网格的相对大量加强的混凝土模型的一个合理出发点是，假设失效后的应变软化线性地降低应力到零时的总应变是失效时应变的 10 倍。因为在标准混凝土中失效应变通常是 10^{-4}，所以在 10^{-3} 的总应变处将应力降低到零的拉伸加劲是合理的。此参数应当针对每个具体情况进行校正。在静态应用中，太小的拉伸加劲将造成混凝土中局部的开裂失效，从而在模型的整个响应中引起临时的不稳定行为。实际设计中很少表现出这样的行为，这样，若分析模型中存在这种响应，则通常表明拉伸加劲低得不合理。

输入文件用法：　　　* BRITTLE CRACKING, TYPE = STRAIN

Abaqus/CAE 用法：Property module：material editor：Mechanical → Brittle Cracking：Type：Strain

断裂能量开裂准则

当在模型的显著区域中没有加强时，上面描述的拉伸加劲方法将在结果中引入不合理的网格敏感性。Hillerborg 使用脆性断裂概念，将打开单位面积的模式 I（G_f^I）裂纹所要求的能量定义成材料参数。使用此方法，混凝土的脆性行为是通过应力-位移响应来表征的，而不是通过应力-应变响应来表征的。在拉伸情况下，一个混凝土试样将在某个截面断裂贯穿；并且在它被充分拉断后，去除了绝大部分的应力（这样，弹性应变是小的），它的长度将主要由裂纹处的打开来确定，而并不取决于试样的长度。

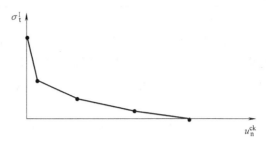

图 3-72　后失效应力-位移曲线

执行

在 Abaqus/Explicit 中，可以通过将后失效应力指定成贯穿裂纹位移的表格函数，来调用此断裂能开裂模型，如图 3-72 所示。

另外，可以将模式 I 的断裂能 G_f^I 直接指定成一个材料属性，在此情况中，将失效应力 σ_{tu}^I 定义成相关的模式 I 断裂能的表格函数。此模型假设一个开裂后强度的线性损失（图3-73）。因此，完全丧失强度的裂纹法向位移是 $u_{n0} = 2G_f^I / \sigma_{tu}^I$。$G_f^I$ 的典型值范围通常是从典型建筑混凝土（具有大约 20MPa，即 2850lb/in^2 的压缩强度）的 40N/m（0.22lb/in）到高强度混凝土（具有大约 40MPa，即 5700lb/in^2 的压缩强度）的 120N/m（0.67lb/in）。

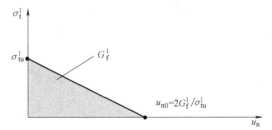

图 3-73　后失效应力-断裂能量曲线

输入文件用法：使用下面的选项将后失效应力指定成位移的表格函数：
$*$ BRITTLE CRACKING，TYPE = DISPLACEMENT
使用下面的选项将后失效应力指定成断裂能的表格函数：
$*$ BRITTLE CRACKING，TYPE = GFI

Abaqus/CAE 用法：Property module：material editor：Mechanical → Brittle Cracking：Type：Displacement 或者 GFI

特征裂纹长度

在有限元模型中执行应力-位移概念时，要求定义与材料点相关的特征长度。特征裂纹长度取决于单元几何形状和公式：对于一阶单元，它是一个贯穿单元线的典型长度；对于二阶单元，它是同样的贯穿单元线典型长度的一半。对于梁和杆，它是沿着单元轴的特征长度。对于膜和壳，它是参考面中的特征长度。对于轴对称单元，它只是 r-z 平面中的特征长度。对于胶粘剂单元，它等于本构厚度。之所以使用特征裂纹长度的定义，是因为事先无法知道将要产生裂纹的方向。这样，具有大长宽比的单元将具有取决于其开裂方向的相当不同的行为；因为此效应而保留某些网格敏感性。因此，推荐采用尽可能接近正方形的单元，除非能够预测将形成裂纹的方向。

剪切保留模型

开裂模型的一个重要特征是，尽管裂纹初始化只基于模式 I 断裂，但是后开裂行为除了包含模式 I ，也包含模式 II 。模式 II 剪切行为的基础是剪切行为是基于裂纹开裂程度这一常见现象。更具体的，开裂后的剪切模量随着裂纹的打开而降低。因此，Abaqus /Explicit 提供一个剪切保留模型，在其中，将后开裂剪切刚度定义成贯穿裂纹的打开应变的函数；必须在开裂模型中定义剪切保留模型，并且不应当使用零剪切保留。

在这些模型中，相关性是通过将后开裂剪切模量 G_c 表达成未开裂剪切模量的一部分来定义的

$$G_c = \rho(e_{nn}^{ck}) G$$

式中，G 是未开裂材料的剪切模量；剪切保留因子 $\rho(e_{nn}^{ck})$ 取决于裂纹打开应变 e_{nn}^{ck}。用户可以采用分段线性的形式指定此相关性，如图 3-74 所示。可选择的，剪切保留可以定义成幂律的形式

$$\rho(e_{nn}^{ck}) = \left(1 - \frac{e_{nn}^{ck}}{e_{max}^{ck}}\right)^p$$

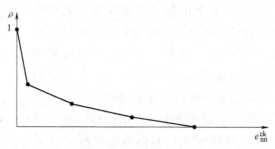

图 3-74　剪切保持模型的分段线性形式

式中，p 和 e_{max}^{ck} 是材料参数。图 3-75 所示的幂律形式，满足 $e_{nn}^{ck} \rightarrow 0$ 时 $\rho \rightarrow 1$ 的要求（对应裂纹初始化之前的状态）和 $e_{nn}^{ck} \rightarrow e_{max}^{ck}$ 时 $\rho \rightarrow 0$ 的要求（对应完全丧失骨料咬合）。在两个或更多裂纹的情况下计算剪切保留的内容，见"混凝土和其他脆性材料的开裂模型"，《Abaqus 理论手册》的 4.5.3 节。

输入文件用法：使用下面的选项指定剪切保留模型的分段线性形式：

*BRITTLE SHEAR，TYPE＝RETENTION FACTOR

使用下面的选项指定剪切保留模型的幂律形式：

*BRITTLE SHEAR，TYPE＝POWER LAW

Abaqus/CAE 用法：Property module：material editor：Mechanical→Brittle Cracking：Suboptions→Brittle Shear Type：Retention Factor 或者 Power Law

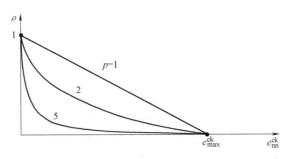

图 3-75　剪切保留模型的幂律形式

校正

要求采用一个单轴拉伸试验来校正脆性开裂模型的最简单版本。可以进行其他试验来获得后精确的失效行为中的精确性。

单轴拉伸试验

很难实施此试验，因为必须有一台非常强大的试验仪器来记录后开裂响应。但通常没有这样的设备；在此情况下，用户必须对材料的拉伸失效和后开裂响应做一个假设。对于混凝土，通常假设拉伸强度是压缩强度的 7% ～ 10%。单轴压缩试验非常容易实施，所以通常可以知道混凝土的压缩强度。

后开裂拉伸行为

给出的拉伸加劲值对于使用 Abaqus/Explicit 脆性开裂模型的仿真是一个非常重要的方面。后开裂拉伸响应在很大程度上取决于混凝土中存在的加强。在未加强混凝土的仿真中，应当利用基于断裂能量概念的拉伸加劲模型。如果不能得到可靠的试验数据，则可以使用前面讨论的典型值：G_f^I 的常用取值范围是从典型建筑混凝土（具有大约 20MPa，即 2850lb/in² 的压缩强度）的 40N/m（0.22lb/in）到高强度混凝土（具有大约 40MPa，即 5700lb/in² 的压缩强度）的 120N/m（0.67lb/in）。在加强混凝土的仿真中，应当使用应力-应变拉伸加劲模型，如前面讨论的那样，拉伸加劲的量取决于存在的加强。使用相当详细的网格模拟的相对大量加强的混凝土模型的一个合理出发点是，假设失效后的应变软化线性地将应力降低到零时的总应变是失效时应变的 10 倍。因为标准混凝土的失效应变通常是 10^{-4}，则在 10^{-3} 的总应变处将应力降低到零的拉伸加劲是合理的。应当针对每个具体情况校正此参数。

后开裂剪切行为

校正后开裂剪切行为要求拉伸和剪切试验的组合，但是实施起来很困难。如果不能得到这种试验数据，则在拉伸加劲模型中，一个合理的出发点是假设剪切保留因子 ρ 线性地在相同的裂纹打开应变上趋向于零。

脆性失效准则

用户可以定义材料的脆性失效。当一个材料点上的 1 个、2 个或者所有 3 个局部直接开裂应变（位移）分量达到失效应变（位移）的定义值时，材料点失效并且所有的应力分量设置成零。如果一个单元中的所有材料点失效，则从网格中删除该单元。例如，一旦一阶退化积分实体单元的积分点失效，就发生单元删除。然而，将一个壳单元从网格中删除之前，所有厚度上的积分点必须都失效。

如果后失效关系是以应力-应变方式定义的，则失效准则必须以失效应变的形式给出。如果后失效关系是以应力-应变或者应力-断裂能的方式定义的，则失效准则必须以失效位移的形式给出。失效应变（位移）可以指定成温度和（或）预定义场变量的函数。

用户可以控制在认为材料已经失效之前，材料点上的裂纹必须失效多少；默认值是一个裂纹。裂纹必须失效的数量对于梁和杆单元可以只有一个；对于平面应力和壳单元，不能大于 2 个；其他单元则不能大于 3 个。

输入文件用法： * BRITTLE FAILURE, CRACKS = n

Abaqus/CAE 用法：Property module：material editor：Mechanical→Brittle Cracking：Suboptions→Brittle Failure 并且选择 Failure Criteria：Unidirectional，Bidirectional 或者 Tridirectional 来说明材料点达到失效所必须失效的裂纹数。

确定何时使用脆性失效准则

在 Abaqus/Explicit 中，脆性失效准则是模拟失效的一个粗略方法，应谨慎使用。包含此功能的主要目的是在计算中提供帮助，在此计算中保留不再承载的单元可能导致这些单元的极度扭曲，并且发生仿真的过早终止。例如，在单调加载的结构中，它的失效机理预期主要为一个单一的拉伸微破裂（模式Ⅰ的开裂），使用脆性失效准则来删除单元是合理的。另一方面，脆性材料丧失承受拉伸应力能力的事实不排斥它承受压缩应力；这样，如果预期材料在拉伸失效后承受压缩性载荷，则去除单元是不合适的。一个例子是地震机理的结果使得剪切墙承受循环载荷，在此情况中，完全在拉伸应力下建立的裂纹，将在发生载荷反向的时候能够承受压缩应力。

这样，脆性失效的有效利用取决于用户是否已经具备结构行为和潜在失效机理的知识。若失效机理不正确，则用户假设的脆性失效准则通常将导致不正确的仿真。

选取考虑材料失效前必须已经失效的裂纹数量

用户定义脆性失效时，可以控制将材料点考虑成失效之前，必须超出失效值的裂纹数。对于失效主要是模式 Ⅰ 形式开裂的绝大部分结构应用，应当使用默认的裂纹数（1 条）。然而，存在这样的情况，用户应当指定更大的数量，因为需要形成多开裂来建立最终的失效机理。一个未增强的混凝土深梁便是一个例子，其失效机理主要是剪切。在此情况下，为了建立剪切失效机理，在每一个材料点可能需要形成 2 条裂纹。

此外，合理选择必须失效裂纹数量取决于用户所具备的结构和失效行为的知识。

使用具有螺纹钢的脆性失效

有可能在也定义了螺纹钢脆性开裂的单元中使用脆性失效准则；明显的应用是加强混凝土的模拟。当这样的单元根据脆性失效准则失效时，删除了脆性裂纹对单元应力承载能力的贡献，但没有删除螺纹钢对单元应力承载能力的贡献。然而，如果用户在螺纹钢材料定义中也包含了剪切失效，而为螺纹钢所指定的剪切失效准则得到满足，则也将删除螺纹钢对单元应力承载能力的贡献。这允许具有增强物的混凝土结构的渐进失效模拟，具有增强物的混凝土先失效，然后增强物的韧性失效。

单元

Abaqus/Explicit 为使用开裂模型提供不同的单元：杆、壳、二维梁、平面应力、平面应变、轴对称，以及三维连续单元。模型不能与管和三维梁单元一起使用。不推荐在加强混凝土分析中使用平面三角三棱柱，以及四面体单元，因为这些单元不支持使用螺纹钢。

输出

除了 Abaqus/Explicit 中可用的标准输出标识符（见"Abaqus/Explicit 输出变量标识符"《Abaqus 分析用户手册——介绍、空间建模、执行与输出卷》的 4.2.2 节）外，下面的输出变量与使用脆性开裂模型的材料点直接相关：

CKE：所有的开裂应变分量。

CKLE：局部开裂轴上的所有开裂应变分量。

CKEMAG：开裂应变大小。

CKLS：局部开裂轴上的所有应力分量。

CRACK：开裂走向。

CKSTAT：每一个裂纹的开裂状态。

STATUS：单元的状态（脆性失效模型）。如果单元是有效的，则单元的状态是 1.0；如果单元是失效的，则单元状态是 0.0。

3.6.3 混凝土损伤塑性

产品：Abaqus/Standard　　　Abaqus/Explicit　　　Abaqus/CAE

参考

- "材料库：概览"，1.1.1 节

- "非弹性行为：概览"，3.1 节
- * CONCRETE DAMAGED PLASTICITY
- * CONCRETE TENSION STIFFENING
- * CONCRETE COMPRESSION HARDENING
- * CONCRETE TENSION DAMAGE
- * CONCRETE COMPRESSION DAMAGE
- "定义塑性"中的"定义混凝土损伤塑性"，《Abaqus/CAE 用户手册》（在线 HTML 版本）的 12.9.2 节

概览

Abaqus 中的混凝土损伤塑性模型：

- 提供在所有类型的结构中（梁、杆、壳和实体）模拟混凝土和其他准脆性材料的通用能力。
- 将各向同性损伤弹性的概念与各向同性拉伸和各向同性压缩塑性一起使用，来表达混凝土的非弹性行为。
- 可以用于普通混凝土，即使它主要适用于加强混凝土结构的分析。
- 可以与螺纹钢一起使用来模拟混凝土加强。
- 在低围压下，混凝土承受单调的、循环的和（或）动态载荷的应用中使用。
- 由非相关的多硬化塑性和标量（各向同性的）损伤弹性联合组成，来描述断裂过程中发生的不可恢复的损伤。
- 允许循环载荷回复中刚度恢复的用户控制。
- 可以定义成对应变率敏感。
- 在 Abaqus/Standard 中，可以用来与本构方程的黏塑性规则结合，来提高软化法则的收敛性速率。
- 要求材料的弹性行为是各向同性和线性的（见"线弹性行为"中的"定义各向同性弹性"，2.2.1 节）。
- 在"混凝土和其他准脆性材料的损伤塑性模型"，《Abaqus 理论手册》的 4.5.2 节中有详细的定义。

对于 Abaqus 中可用的混凝土模型的讨论，见"非弹性行为：概览"，3.1 节。

力学行为

模型对于混凝土是连续的、基于塑性的损伤模型。假设两个主要的失效机理是混凝土材料的拉伸开裂和压缩压碎。屈服（或者失效）面的演化通过在拉伸和压缩载荷下的两个与失效机理链接的硬化变量 $\widetilde{\varepsilon}_t^{pl}$ 和 $\widetilde{\varepsilon}_c^{pl}$ 来控制，分别称 $\widetilde{\varepsilon}_t^{pl}$ 和 $\widetilde{\varepsilon}_c^{pl}$ 为拉伸和压缩等效塑性应变。以下将讨论有关混凝土力学行为的主要假设。

单轴拉伸和压缩应力行为

模型假设混凝土的单轴拉伸和压缩响应是通过损伤塑性来表征的，如图 3-76 所示。在单轴拉伸情况下，应力-应变响应遵循线弹性关系，直到达到失效应力 σ_{t0}。失效应力对应于混凝土材料中微观裂纹的发生。超出失效应力后，微观开裂的公式采用软化应力-应变响应来宏观地表示，这样在混凝土结构中产生应变局部化。在单轴压缩情况下，响应是线性的，直到达到初始屈服值 σ_{c0}。在塑性变形范围中，响应通常是通过应力硬化来表征的，在超出极限应力 σ_{cu} 的情况下，应变随之软化。这样表示虽然进行了简化，但抓住了混凝土响应的主要特征。

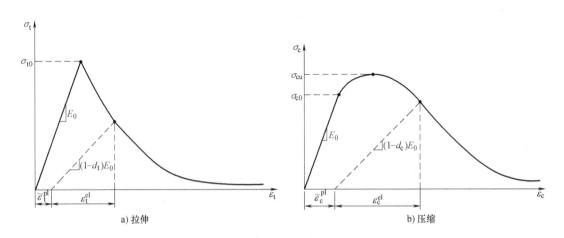

图 3-76　混凝土对拉伸和压缩中单轴载荷的响应

假设单轴应力-应变曲线可以转化成应力-塑性应变曲线（如下文所介绍的那样，Abaqus 根据用户提供的应力-"非弹性"应变数据自动实施此转化）。则有

$$\sigma_t = \sigma_t\ (\widetilde{\varepsilon}_t^{\,pl},\ \dot{\widetilde{\varepsilon}}_t^{\,pl},\ \theta,\ f_i),$$

$$\sigma_c = \sigma_c\ (\widetilde{\varepsilon}_c^{\,pl},\ \dot{\widetilde{\varepsilon}}_c^{\,pl},\ \theta,\ f_i),$$

式中，下角标 t 和 c 分别代表拉伸和压缩；$\widetilde{\varepsilon}_t^{\,pl}$ 和 $\widetilde{\varepsilon}_c^{\,pl}$ 是等效塑性应变，$\dot{\widetilde{\varepsilon}}_t^{\,pl}$ 和 $\dot{\widetilde{\varepsilon}}_c^{\,pl}$ 是等效塑性应变率；θ 是温度；$f_i(i=1,\ 2,...)$ 是其他预定义场变量。

如图 3-76 所示，当混凝土样件从应力-应变曲线的应变软化支脉上的任一点卸载时，卸载响应被削弱：材料的弹性刚度表现为受损（或者退化）。弹性刚度的退化通过损伤变量 d_t 和 d_c 来表征，假设它们是塑性应变温度和场变量的函数，即

$$d_t = d_t\ (\widetilde{\varepsilon}_t^{\,pl},\ \theta,\ f_i) \qquad\quad 0 \leqslant d_t \leqslant 1$$

$$d_c = d_c\ (\widetilde{\varepsilon}_c^{\,pl},\ \theta,\ f_i) \qquad\quad 0 \leqslant d_c \leqslant 1$$

损伤变量可以从 0 开始取值，表示没有受损的材料；其最大值为 1，代表材料完全丧失

强度。

如果 E_0 是材料的初始（未受损）弹性刚度，则单轴拉伸和压缩载荷下的应力-应变关系分别是

$$\sigma_t = (1-d_t) E_0 (\varepsilon_t - \widetilde{\varepsilon}_t^{pl})$$

$$\sigma_c = (1-d_c) E_0 (\varepsilon_c - \widetilde{\varepsilon}_c^{pl})$$

"有效"拉伸和压缩内聚应力定义为

$$\overline{\sigma}_t = \frac{\sigma_t}{1-d_t} = E_0 (\varepsilon_t - \widetilde{\varepsilon}_t^{pl})$$

$$\overline{\sigma}_c = \frac{\sigma_c}{1-d_c} = E_0 (\varepsilon_c - \widetilde{\varepsilon}_c^{pl})$$

有效内聚应力确定屈服（或失效）面的大小。

单轴循环行为

在单轴循环载荷作用下，退化机理是非常复杂的，除了先前形成的微裂纹的交互作用，还涉及它们的打开和关闭。试验观察到在单轴循环试验中，随着载荷变号，弹性刚度有部分恢复。刚度恢复效应也被称为"单边效应"，是混凝土在循环载荷下的一个重要行为。此效应通常在载荷从拉伸变为压缩时更加明显，它造成拉伸开裂闭合，从而导致了压缩刚度的恢复。

混凝土损伤塑性模型假设弹性模量的降低是通过标量退化变量 d 以下面的形式给出的

$$E = (1-d) E_0$$

式中，E_0 是材料的初始（未受损的）弹性模量。

此表达式同时把握循环的拉伸（$\sigma_{11} > 0$）和压缩（$\sigma_{11} < 0$）侧。刚度退化变量 d 是应力状态和单轴损伤变量 d_t 和 d_c 的函数。Abaqus 假设

$$(1-d) = (1-s_t d_c)(1-s_c d_t)$$

式中，s_t 和 s_c 是应力状态的函数，引入应用状态来模拟与应力回复相关的刚度恢复效应。它们根据下式来定义

$$s_t = 1 - \omega_t r^* (\sigma_{11}) \qquad 0 \leqslant \omega_t \leqslant 1$$

$$s_c = 1 - \omega_c [1 - r^* (\sigma_{11})] \qquad 0 \leqslant \omega_c \leqslant 1$$

其中

$$r^* (\sigma_{11}) = H(\sigma_{11}) = \begin{cases} 1 & \sigma_{11} > 0 \\ 0 & \sigma_{11} < 0 \end{cases}$$

假定权重因子 ω_t 和 ω_c 为材料属性，分别控制拉伸和压缩刚度在载荷回复时的恢复。下面以图 3-77 为例进行说明，图中载荷从拉伸变为压缩。假设材料中没有先前的压缩（压碎）损伤，即 $\widetilde{\varepsilon}_c^{pl} = 0$ 和 $d_c = 0$，则

$$(1-d) = (1-s_c d_t) = \{ 1 - [1 - \omega_c (1 - r^*)] d_t \}$$

- 在拉伸中（$\sigma_{11}>0$），$r^*=1$。这样，如所期望的那样，$d=d_\mathrm{t}$。

- 在压缩中（$\sigma_{11}<0$），$r^*=0$，$d=(1-\omega_\mathrm{c})d_\mathrm{t}$。如果 $\omega_\mathrm{c}=1$，则 $d=0$，这样，材料完全恢复了压缩刚度（此时是初始未受损刚度，$E=E_0$）。如果 $\omega_\mathrm{c}=0$，则 $d=d_\mathrm{t}$，即没有刚度恢复。ω_c 的中间值产生刚度的部分恢复。

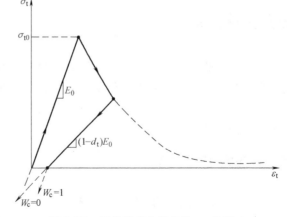

图 3-77 压缩刚度恢复参数 ω_c 的影响

多轴行为

通常三维多轴情况下的应力-应变关系通过标量损伤弹性方程给出

$$\sigma=(1-d)\boldsymbol{D}_0^{\mathrm{el}}:(\varepsilon-\varepsilon^{\mathrm{pl}})$$

式中，$\boldsymbol{D}_0^{\mathrm{el}}$ 是初始（未受损的）弹性矩阵。

前面的标量刚度退化变量 d 的公式，可通过将单位阶跃函数 $r^*(\sigma_{11})$ 替换成多轴应力权重因子 $r(\hat{\sigma})$ 来广义化成多轴应力情况，$r(\hat{\sigma})$ 定义为

$$r(\hat{\sigma})=\frac{\sum_{i=1}^{3}\langle\hat{\sigma}_i\rangle}{\sum_{i=1}^{3}|\hat{\sigma}_i|}\qquad 0\leqslant r(\hat{\sigma})\leqslant 1$$

式中，$\hat{\sigma}_i(i=1,2,3)$ 是主应力分量。Macauley 括号 $\langle\bullet\rangle$ 是由 $\langle x\rangle=\dfrac{1}{2}(|x|+x)$ 来定义的。

本构模型的详细内容，见"混凝土和其他准脆性材料的损伤塑性模型"，《Abaqus 理论手册》的 4.5.2 节。

加强

在 Abaqus 中，混凝土结构的加强通常是通过螺纹钢的方式实现的，它是一维的棒，可以单独定义或者嵌入方向面中。螺纹钢通常与金属塑性模型一起使用，来描述螺纹钢材料的行为，并且叠加在用来模拟混凝土的标准单元类型的网格上。

使用此模拟方法，将混凝土考虑成与螺纹钢不相关。与螺纹钢/混凝土相互作用有关的效应，例如粘结滑移和销栓作用，通过在混凝土模型中引入某种"拉伸加劲"来近似模拟，用来仿真通过螺纹钢的横跨裂纹的载荷。下面是有关拉伸加劲的详细内容。

在复杂问题中定义螺纹钢是冗长的，但是精确地完成定义是重要的，因为会由于在模型的关键区域缺少加强而造成分析失败。更多有关螺纹钢的内容见"定义螺纹钢为单元属性"《Abaqus 分析用户手册——介绍、空间建模、执行与输出卷》的 2.2.4 节。

定义拉伸加劲

直接硬化的后失效行为是采用拉伸加劲来模拟的，允许用户为开裂的混凝土定义应变软化行为。此行为也允许采用一种简单的方式来仿真与混凝土的增强相互作用效应。混凝土损伤塑性模型中要求拉伸加劲。用户可以通过后失效应力-应变关系或者应用断裂能开裂准则来指定拉伸加劲。

后失效应力-应变关系

在加强混凝土中，指定后失效行为通常意味着将后失效应力定义为开裂应变 $\widetilde{\varepsilon}_t^{ck}$ 的函数。

将开裂应变定义为总应变减去未受损材料的弹性应变，即 $\widetilde{\varepsilon}_t^{ck} = \varepsilon_t - \varepsilon_{0t}^{el}$，其中 $\varepsilon_{0t}^{el} = \sigma_t / E_0$，如

图 3-78 所示。为了避免出现潜在的数值问题，Abaqus 规定了一个更低的后失效应力限，等于初始失效应力的 1%，即 $\sigma_t \geqslant \sigma_{t0} / 100$。

拉伸加劲数据以开裂应变 $\widetilde{\varepsilon}_t^{ck}$ 的形式给出。当可以得到卸载数据时，以拉伸损伤曲线 $d - \widetilde{\varepsilon}_t^{ck}$ 的形式将数据提供给 Abaqus，如下文讨论的那样。Abaqus 自动将开裂应变值通过下面的关系转换成塑性应变值

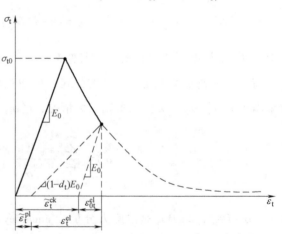

图 3-78 用来定义拉伸加劲数据的开裂应变 $\widetilde{\varepsilon}_t^{ck}$ 的定义

$$\widetilde{\varepsilon}_t^{pl} = \widetilde{\varepsilon}_t^{ck} - \frac{d_t}{(1-d_t)} \frac{\sigma_t}{E_0}$$

如果计算得到的塑性应变值是负的，并且/或者随着裂纹应变的增大而降低，则说明拉伸损伤曲线是不正确的，Abaqus 将发出一个错误信息。不存在拉伸损伤时，$\widetilde{\varepsilon}_t^{pl} = \widetilde{\varepsilon}_t^{ck}$。

在加强很少或者没有加强的情况下，后失效应力-应变关系的指定在结果中引入了网格敏感性，也就是说，有限元预测随着网格的加密并不收敛到一个唯一的解，因为网格的加密将导致出现窄的开裂带。如果裂纹失效只在结构中的局部区域发生，并且网格加密不产生附加裂纹，则通常将发生此问题。如果裂纹开裂均匀地分布（由于螺纹钢的影响或者由于存在稳定的弹性材料，如在平板弯曲中），将不过多地考虑网格敏感性。

在加强混凝土的实际计算中，通常网格的每一个单元均包含螺纹钢。螺纹钢和混凝土之间的相互作用趋向于降低网格敏感性，前提是在混凝土模型中引入合理数量的拉伸加劲来仿真此相互作用。这要求对拉伸加劲效应进行估计，它取决于加强密度，螺纹钢和混凝土之间的结合质量，与螺纹钢直径相比混凝土骨料的相对大小，以及网格等因子。使用相当详细网格的相对大量加强的混凝土模型的一个合理出发点是，假定失效后的应变软化将应力线性地降低到零处的总应变是失效时应变的 10 倍。标准混凝土失效时的应变通常是 10^{-4}，这说明

拉伸加劲在总应变大约为 10^{-3} 处将应力降低到零是合理的。此参数应根据具体情况进行校正。

拉伸加劲参数的选择是重要的，因为通常更多的拉伸加劲容易得到数值解。太小的拉伸加劲将造成混凝土中的局部开裂失效，从而在整个模型响应中引入暂时的不稳定行为。很少有实际设计表现出这种行为，所以在分析模型中存在此种类型的响应时，通常表明拉伸加劲低得不合理。

输入文件用法： ∗CONCRETE TENSION STIFFENING，TYPE＝STRAIN（默认）

Abaqus/CAE 用法：Property module：material editor：Mechanical → Plasticity → Concrete Damaged Plasticity：Tensile Behavior：Type：Strain

断裂能量开裂准则

当模型的显著区域中没有加强时，上面描述的拉伸加劲方法将在结果中引入不合理的网格敏感性。然而，通常接受 Hillerborg（1976）的断裂能量假设能够足够缓解对许多实用目的的担忧。Hillerborg 将打开单位面积开裂所需要的能量 G_f 定义成一个材料参数，采用脆性断裂概念。采用此方法，混凝土的脆性行为是通过应力-位移响应来表征的，而不是通过应力-应变响应来表征的。在拉伸情况下，一个混凝土试样将通过某个截面裂开。在充分地拉开试样后，去除了绝大部分的应力（这样，未损伤的弹性应变是小的），它的长度将主要通过裂纹处的打开来决定，而不取决于试样的长度。

此断裂能量开裂模型可以通过将后失效应力指定成开裂位移的表格函数来调用，如图3-79所示。

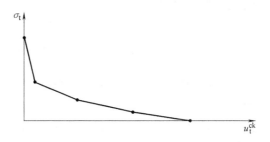

图 3-79 后失效应力-位移曲线

另外，可以将断裂能量 G_f 直接指定成一个材料属性。在此情况下，将失效应力 σ_{t0} 定义成与断裂能量相关的表格函数。此模型假设开裂后强度线性丧失，如图 3-80 所示。因此，发生完全强度丧失的开裂位移是 $u_{t0}=2G_f/\sigma_{t0}$。典型的 G_f 值范围是从典型建筑混凝土（具有大约 20MPa，即 2850lb/in² 的压缩强度）的 40N/m（0.22lb/in）到高强度混凝土（具有大约 40MPa，即 5700lb/in² 的压缩强度）的 120N/m（0.67lb/in）。

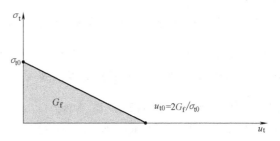

图 3-80 后失效应力-断裂能量曲线

如果指定了拉伸损伤 d_t，则 Abaqus 自动采用下式将开裂位移值转换成"塑性"位移值

$$u_t^{pl} = u_t^{ck} - \frac{d_t}{(1-d_t)} \frac{\sigma_t l_0}{E_0}$$

式中，将试样长度 l_0 假设成一个单位长度，即 $l_0=1$。

执行

有限元模型中执行此应力-位移概念要求与一个积分点有关的特征长度定义。特征裂纹长度取决于单元形状和公式：对于一阶单元，它是贯穿单元的线的典型长度；对于二阶单元，它是相同典型长度的一半。对于梁和杆，它是沿着单元轴的特征长度。对于膜和壳，它是参考面中的特征长度。对于轴对称单元，它只是 r-z 平面中的特征长度。对于粘结单元，它等于本构厚度。之所以要使用此特征裂纹长度的定义，是因为发生开裂的方向事先是未知的。这样，具有大长宽比的单元将基于它们开裂的方向具有相当不同的行为；因为此影响而具有一些网格敏感性，并且推荐使用长宽比接近 1 的单元。

输入文件用法：　使用下面的选项将后失效应力指定成位移的表格函数：

　　　　　　　　　∗ CONCRETE TENSION STIFFENING, TYPE＝DISPLACEMENT

　　　　　　　　使用下面的选项将后失效应力指定成断裂能量的表格函数：

　　　　　　　　　∗ CONCRETE TENSION STIFFENING, TYPE＝GFI

Abaqus/CAE 用法：Property module：material editor：Mechanical → Plasticity → Concrete Damaged Plasticity：Tensile Behavior：Type：Displacement 或者 GFI

定义压缩行为

用户可以在弹性范围之外定义普通混凝土单轴压缩中的应力-应变行为。将压缩应力数据提供成非弹性（或者压碎）应变 $\widetilde{\varepsilon}_c^{in}$ 的表格函数，如果需要，也可以指定成应变率、温度和场变量的表格函数。应当为压缩应力和应变给出正的值（绝对值）。应力-应变曲线可以超出极限应力进行定义，进入应变软化区域。

应变数据以非弹性应变 $\widetilde{\varepsilon}_c^{in}$ 的形式给出，代替塑性应变 $\widetilde{\varepsilon}_c^{pl}$。将压缩的非弹性应变定义成总应变减去响应未损伤材料的弹性应变，即 $\widetilde{\varepsilon}_c^{in}=\varepsilon_c-\varepsilon_{0c}^{el}$，其中 $\varepsilon_{0c}^{el}=\sigma_0/E_0$，如图 3-81 所示。卸载数据以压缩损伤曲线 d_c-$\widetilde{\varepsilon}_c^{in}$ 的形式提供给 Abaqus，如下面讨论的那样。Abaqus 使用下面的关系自动将非弹性应变值转换成塑性应变值

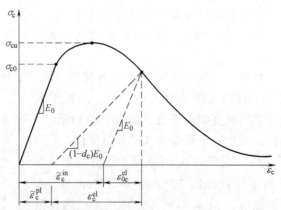

图 3-81　用于压缩硬化数据定义的压缩非弹性

（或压碎）应变 $\widetilde{\varepsilon}_c^{in}$ 的定义

$$\widetilde{\varepsilon}_c^{pl}=\widetilde{\varepsilon}_c^{in}-\frac{d_c}{(1-d_c)}\frac{\sigma_c}{E_0}$$

如果计算得到的塑性应变是负的并且/或者随着非弹性应变的增加而降低，则 Abaqus 发出一个错误信息，通常说明压缩损伤曲线是错误的。没有压缩损伤时，$\widetilde{\varepsilon}_c^{pl}=\widetilde{\varepsilon}_c^{in}$。

输入文件用法： ＊CONCRETE COMPRESSION HARDENING

Abaqus/CAE 用法：Property module：material editor：Mechanical → Plasticity → Concrete Damaged Plasticity：Compressive Behavior

定义损伤和刚度恢复

损伤 d_t 和（或）d_c 可以采用表格的形式进行指定。如果没有指定损伤，则模型行为如同塑性模型；因此，$\widetilde{\varepsilon}_t^{pl} = \widetilde{\varepsilon}_t^{ck}$ 和 $\widetilde{\varepsilon}_c^{pl} = \widetilde{\varepsilon}_c^{in}$。

在 Abaqus 中，将损伤变量处理成非减少的材料点量。在分析中的任意增量上，每一个损伤变量的新值作为前面增量的末值与对应当前状态的值（对用户定义的表格数据进行插值）之间的最大值来得到。即，

$$d_t|_{t+\Delta t} = \max\{d_t|_t, \, d_t(\widetilde{\varepsilon}_t^{pl}|_{t+\Delta t}, \, \theta|_{t+\Delta t}, \, f_i|_{t+\Delta t})\}$$

$$d_c|_{t+\Delta t} = \max\{d_c|_t, \, d_c(\widetilde{\varepsilon}_c^{pl}|_{t+\Delta t}, \, \theta|_{t+\Delta t}, \, f_i|_{t+\Delta t})\}$$

损伤属性的选择是重要的，因为过度损伤通常对收敛速率具有关键的影响。推荐避免使用大于 0.99 的损伤变量，它对应于 99%的刚度下降。

拉伸损伤

用户可以将单轴拉伸损伤变量 d_t 定义成开裂应变或者开裂位移的表格函数。

输入文件用法： 使用下面的选项将拉伸损伤指定成开裂应变的函数：

＊CONCRETE TENSION DAMAGE，TYPE＝STRAIN（默认）

使用下面的选项将拉伸损伤指定成开裂位移的函数：

＊CONCRETE TENSION DAMAGE，TYPE＝DISPLACEMENT

Abaqus/CAE 用法：Property module：material editor：Mechanical → Plasticity → Concrete Damaged Plasticity：Tensile Behavior：Suboptions → Tension Damage：Type：Strain 或者 Displacement

压缩损伤

用户可以将单轴压缩损伤变量 d_c 定义成非弹性（压碎）应变的函数。

输入文件用法： ＊CONCRETE COMPRESSION DAMAGE

Abaqus/CAE Usage：Property module：material editor：Mechanical → Plasticity → Concrete Damaged Plasticity：Compressive Behavior：Suboptions → Compression Damage

刚度恢复

如上文讨论的那样，刚度恢复是循环载荷作用下混凝土的一个重要的力学响应。Abaqus 允许用户直接定义刚度恢复因子 ω_t 和 ω_c。

绝大部分准脆性材料，包括对混凝土测试发现，当载荷从拉伸变化到压缩时，压缩刚度在裂纹闭合时恢复。另一方面，一旦产生了破碎微观裂纹，当载荷从压缩变化到拉伸的时候，拉伸刚度没有得到恢复。此行为对应于 $\omega_t = 0$ 和 $\omega_c = 1$，是 Abaqus 默认使用的。图 3-82 所示为假定默认行为的一个单轴载荷循环。

输入文件用法：　使用下面的选项指定压缩刚性恢复因子 ω_c：

　　　　　　　　*CONCRETE TENSION DAMAGE, COMPRESSION RECOVERY = ω_c

　　　　　　　使用下面的选项指定拉伸刚度恢复因子 ω_t：

　　　　　　　　*CONCRETE COMPRESSION DAMAGE, TENSION RECOVERY = ω_t

Abaqus/CAE 用法：Property module：material editor：Mechanical → Plasticity → Concrete Damaged Plasticity：

Tensile Behavior：Suboptions→Tension Damage：ompression recovery：ω_c

Compressive Behavior：Suboptions→Compression Damage：Tension recovery：ω_t

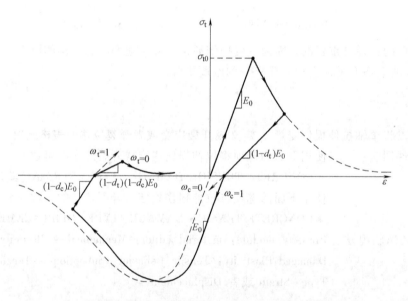

图 3-82　刚度恢复因子 $\omega_t = 0$ 和 $\omega_c = 1$ 的单轴载荷循环

（拉伸-压缩-拉伸）假设的默认值

率相关性

准脆性材料的率敏感行为主要与延迟效应相联合，高应变率的微观裂纹成长具有此延迟效应。在拉伸载荷下，此影响通常更加明显。当应变率增加时，应力-应变曲线表现出非线性下降，以及峰值强度的升高。用户可以将拉伸刚度指定成开裂应变率（或者位移）的表格函数，并且可以将压缩硬化数据指定成非弹性应变率的表格函数。

输入文件用法：　使用下面的选项：

* CONCRETE TENSION STIFFENING

   * CONCRETE COMPRESSION HARDENING

Abaqus/CAE 用法：Property module：material editor：Mechanical → Plasticity → Concrete Damaged Plasticity：

      Tensile Behavior：Use strain-rate-dependent data Compressive Behavior：

      Use strain-rate-dependent data

混凝土塑性

  用户可以为混凝土损伤塑性材料模型定义流动势、屈服面，以及 Abaqsu/Standard 中的黏性参数。

  输入文件用法：* CONCRETE DAMAGED PLASTICITY

  Abaqus/CAE 用法：Property module：material editor：Mechanical → Plasticity → Concrete Damaged Plasticity：Plasticity

有效应力不变量

  有效应力定义为

$$\overline{\sigma} = D_0^{el} : (\varepsilon - \varepsilon^{pl})$$

塑性流动势函数和屈服面使用有效应力张量的两个应力不变量，即静水压力

$$\overline{p} = -\frac{1}{3} \text{trace}(\overline{\sigma})$$

以及 Mises 等效有效应力

$$\overline{q} = \sqrt{\frac{3}{2}(\overline{S} : \overline{S})}$$

式中 $\overline{S}$——有效应力偏量，定义为

$$\overline{S} = \overline{\sigma} + \overline{p}I$$

塑性流

  混凝土损伤塑性模型假设非相关的势塑性流动。用于此模型的流动势 G 是 Drucker-Prager 静水方程：

$$G = \sqrt{(\varepsilon \sigma_{t0} \tan\psi)^2 + \overline{q}^2} - \overline{p} \tan\psi$$

式中 $\psi(\theta, f_i)$——在高围压下，平面 p-q 中测得的扩张角；

$\sigma_{t0}(\theta, f_i) = \sigma_t |_{\overline{\varepsilon}_t^{pl} = 0, \, \dot{\overline{\varepsilon}}_t^{pl} = 0}$——失效时的单轴拉伸应力，取自用户指定的拉伸加劲数据；

      $\varepsilon(\theta, f_i)$——偏心率，它定义函数接近渐进线的速度（随着偏心率趋向于零，流动势趋向于一条直线）。

流动势是连续且光顺的，以确保流动方向总是唯一定义的。在高围压应力下，函数渐进地逼近线性 Drucker-Prager 流动势函数，并且在 90°处与静水压力轴相交。关于此势的进一步讨论见"颗粒模型或者聚合物行为"，《Abaqus 理论手册》的 4.4.2 节。

默认的流动势离心率 $\varepsilon = 0.1$，这意味着在范围广泛的围压应力值下，材料具有几乎一样的扩展角。增加 ε 的值，为流动势提供更多的曲率，意味着随着围压的降低，扩展角的增加更加迅速。如果材料用于低围压应力，则显著小于默认值的 ε 可能导致收敛问题，因为交于 p 轴处的流动势的局部曲率非常大。

屈服函数

模型利用 Lubliner 等人（1989）的屈服函数，使用 Lee 和 Fenves（1998）提出的改进形式，来考虑拉伸和压缩下不同的强度演变。屈服面的演化通过硬化变量 $\widetilde{\varepsilon}_t^{pl}$ 和 $\widetilde{\varepsilon}_c^{pl}$ 进行控制。就有效应力而言，屈服函数采用以下形式

$$F = \frac{1}{1-\alpha}(\bar{q} - 3\alpha\,\bar{p} + \beta(\widetilde{\varepsilon}^{pl})\langle\hat{\bar{\sigma}}_{max}\rangle - \gamma\langle -\hat{\bar{\sigma}}_{max}\rangle) - \bar{\sigma}_c(\widetilde{\varepsilon}_c^{pl}) = 0$$

其中

$$\alpha = \frac{(\sigma_{b0}/\sigma_{c0}) - 1}{2(\sigma_{b0}/\sigma_{c0}) - 1} \qquad 0 \leqslant \alpha \leqslant 0.5$$

$$\beta = \frac{\bar{\sigma}_c(\widetilde{\varepsilon}_c^{pl})}{\bar{\sigma}_t(\widetilde{\varepsilon}_t^{pl})}(1-\alpha) - (1+\alpha)$$

$$\gamma = \frac{3(1-K_c)}{2K_c - 1}$$

式中　$\hat{\bar{\sigma}}_{max}$——最大有效主应力；

σ_{b0}/σ_{c0}——初始等轴压缩屈服应力与初始单轴压缩屈服应力的比值（默认值是 1.16）；

K_c——在最大主应力为负值，即 $\hat{\bar{\sigma}}_{max} < 0$ 时，对于任意给定压力不变量 p 值的初始屈服处，拉伸子午线上的第二应力不变量 $q_{(TM)}$ 与压缩子午线上的 $q_{(CM)}$ 的比值（图 3-83）；它必须满足 $0.5 < K_c \leqslant 1.0$（默认值是 2/3）；

$\bar{\sigma}_t(\widetilde{\varepsilon}_t^{pl})$——有效拉伸内聚应力；

$\bar{\sigma}_c(\widetilde{\varepsilon}_c^{pl})$——有效压缩内聚应力。

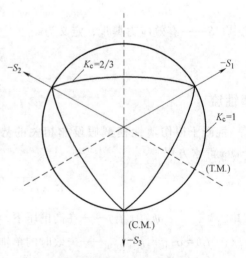

图 3-83　偏平面中的屈服面
（对应于不同的 K_c 值）

偏平面中的典型屈服面如图 3-83 所示，平面应力状态下的屈服面如图 3-84 所示。

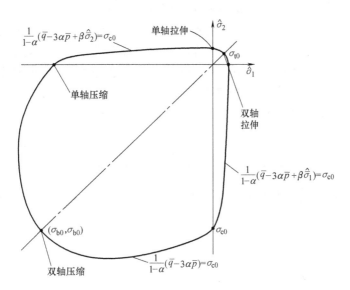

图 3-84　平面应力中的屈服面

非相关流

因为塑性流是非相关的，使用混凝土损伤塑性时会产生非对称的材料刚度矩阵。这样，为了在 Abaqus/Standard 中得到可接受的收敛速率，应当使用非对称矩阵存储和求解策略。如果在分析中使用了混凝土损伤塑性，则 Abaqus/Standard 将自动激活非对称求解策略。如果需要，对于具体的步，用户可以关闭非对称求解策略（见"定义一个分析"，《Abaqus 分析用户手册——分析卷》的 6.1.2 节）。

黏塑性调整

表现出软化行为和刚度退化的材料模型，经常在隐式分析程序中导致一些严重的收敛困难，例如在 Abaqus/Standard 中。克服这些收敛困难的一种常用技术是使用本构方程的黏塑性来进行调整，对于足够小的时间增量，它可使软化材料的连贯切线刚度变成正值。

通过允许应力超出屈服面的方式，混凝土损伤塑性模型可以在使用黏塑性的 Abaqus/Standard 中进行调整。使用推广的 Duvaut-Lions，根据下面定义的黏塑性应变率张力 $\dot{\varepsilon}_v^{\mathrm{pl}}$ 进行调整

$$\dot{\varepsilon}_v^{\mathrm{pl}} = \frac{1}{\mu}(\varepsilon^{\mathrm{pl}} - \varepsilon_v^{\mathrm{pl}})$$

式中　μ——代表黏塑性系统松弛时间的参数；

$\varepsilon^{\mathrm{pl}}$——在非黏性主干模型中评估得到的塑性应变。

类似的，将黏塑性系统的黏度刚度退化变量 d_v 定义成

$$\dot{d}_v = \frac{1}{\mu}(d - d_v)$$

式中　d——在非黏性主干模型中评估得到的退化变量。

黏塑性模型的应力-应变关系如下

$$\sigma = (1-d_\nu)\boldsymbol{D}_0^{el} : (\varepsilon-\varepsilon_\nu^{pl})$$

使用小的参数值 μ（与特征时间增量相比为小）进行黏塑性调整，通常有助于改进模型在软化区域的收敛速度，并不影响结果。基本思想是黏塑性系统的解随着 $t/\mu\to\infty$，松弛到无黏性的情况，其中 t 代表时间。用户可以将 μ 的值指定成混凝土损伤塑性材料行为定义的一部分。如果 μ 不等于零，则塑性应变和刚度退化的输出结果称为黏塑性值 ε_ν^{pl} 和 d_ν。在 Abaqus/Standard 中，μ 的默认值是零，即不实施黏塑性调整。

材料阻尼

混凝土损伤塑性模型可与材料阻尼一起使用（见"材料阻尼"，6.1.1 节）。如果指定了刚度比例阻尼，则 Abaqus 将基于未损伤的弹性刚度计算阻尼应力。在高应变率下，这可能在遭受严重损伤的单元中引入大的人工阻尼应力。

"开裂方向" 的显示

与基于弥散裂纹方法的混凝土模型不同，混凝土损伤塑性模型不具有在材料积分点上发展裂纹的概念。然而，为了达到显示混凝土结构中开裂样式图示的目的，可以引入有效开裂方向的概念。对于开裂方向的定义，在比例损伤塑性的框架中采用不同的准则。遵循 Lubliner 等人的函数（1989），可以假设在拉伸等效塑性应变大于零，即 $\widetilde{\varepsilon}_t^{pl}>0$，并且最大主塑性应变是正的点上产生初始裂纹。假定垂直于裂纹平面的向量方向是平行于最大主塑性应变的方向，此方向可以在 Abaqus/CAE 的显示模块中显示出来。

Abaqus/CAE 用法：Visualization module：

                Result→Field Output：PE，Max. Principal

                Plot→Symbols

单元

Abaqus 为使用混凝土塑性模型提供不同的单元：杆、壳、平面应力、平面应变、广义的平面应变、轴对称和三维单元。大部分的梁单元可以使用，但不能使用空间中包含扭转产生的切应力而不包含箍应力（例如 B31、B31H、B32、B32H、B33 和 B33H）的梁单元。在 Abaqus/Standard 中，薄壁的、开截面的梁单元和 PIPE 单元可以与混凝土损伤塑性模型一起使用。

对于通常的壳分析，通过厚度的积分点数应当大于默认的 5 个积分点数。通常在厚度方向上使用 9 个厚度积分点来模拟具有可接受精度的混凝土渐进失效。

输出

除了 Abaqus 中可以使用的标准输出标识符（"Abaqus/Standard 标准输出变量标识符"，

《Abaqus 分析用户手册——介绍、空间建模、执行与输出卷》的 4.2.1 节，以及"Abaqus/Explicit 输出变量标识符"，《Abaqus 分析用户手册——介绍、空间建模、执行与输出卷》的 4.2.2 节）外，下面的变量与混凝土损伤塑性模型中的材料点有特殊关系：

DAMAGEC：压缩损伤变量 d_c。

DAMAGET：拉伸损伤变量 d_t。

PEEQ：压缩等效塑性应变 $\widetilde{\varepsilon}_c^{pl}$。

PEEQT：拉伸等效塑性应变 $\widetilde{\varepsilon}_t^{pl}$。

SDEG：刚度退化变量 d。

DMENER：由损伤产生的单位体积的能量耗散。

ELDMD：由损伤产生的单元中的总能量耗散。

ALLDMD：在整个（或者部分）模型中由于损伤耗散的能量。ALLDMD 的贡献包含在总应变能 ALLIE 之中。

EDMDDEN：由于损伤产生的单元中单位体积的能量耗散。

SENER：单位体积的能量可恢复部分。

ELSE：单元中能量的可恢复部分。

ALLSE：整个（部分）模型中能量的可恢复部分。

ESEDEN：单元中单位体积的能量可恢复部分。

3.7 橡胶型材料中的永久变形

产品：Abaqus/Standard Abaqus/Explicit Abaqus/CAE

参考

- "组合材料行为"，1.1.3 节
- "橡胶型材料的超弹性行为"，2.5.1 节
- "经典的金属塑性"，3.2.1 节
- *HYPERELASTIC
- *MULLINS EFFECT
- *PLASTIC

概览

此特征：

- 适合模拟在填充弹性体和热塑性塑料中观察到的永久变形。
- 是以变形梯度的乘法拆分为基础的。
- 是以不可压缩各向同性硬化塑性理论为基础的。
- 可以与任何各向同性的超弹性模型一起使用。
- 可以与 Mullins 效应一起使用。
- 不能用来模拟黏弹性或者滞后效应，或者不能与稳态运行过程一起使用。

材料行为

如图 3-85 所示，填充橡胶弹性体在循环载荷作用下的实际行为是非常复杂的。观察到的力学行为是渐进性损伤的，导致随着每一次循环，材料承受载荷的能力降低，是应力软化的（也称为 Mullins 效应），从之前达到的最大应变水平开始的第一次卸载后的再加载开始，是能量迟滞耗散的和永久变形的。此部分关注模拟参数的设定；因此，永久变形的理想化表示描述如下。

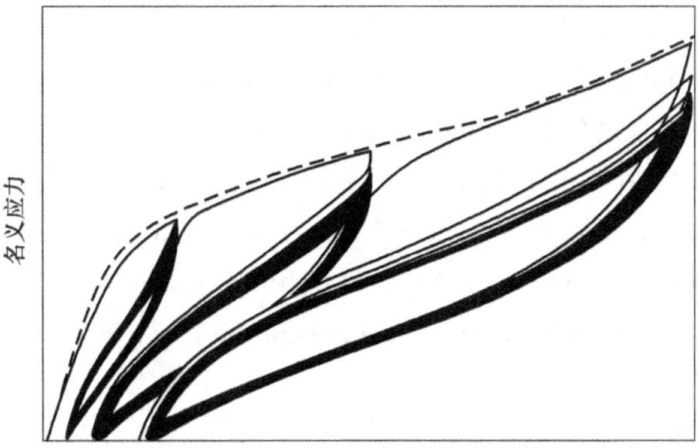

图 3-85 填充弹性体的典型行为

理想的材料行为

从图 3-85 中可以清晰地观察到对于每一次循环，永久变形是不同的，但是在零应力和给定水平应变之间的若干循环后，材

料具有稳定的趋势。对于一个沿着图 3-85 中虚线所示的主加载路径给出的载荷水平，永久变形的理想化表示发生卸载后的一个单独的应变值。因为在此模型中忽略了率和时间的影响，所以无论是否包含 Mullins 效应，理想加载和卸载均沿着相同的路径发生。

永久变形行为是通过使用相关流动法则的各向同性硬化 Mises 塑性来捕捉的。在与底层橡胶型材料相关联的有限弹性应变的情况下，塑性是采用将变形梯度拆分成弹性和塑性分量的乘法来模拟的：

$$\boldsymbol{F} = \boldsymbol{F}^{e} \cdot \boldsymbol{F}^{p}$$

式中　$\boldsymbol{F}^{e}$——变形梯度的弹性部分（代表超弹性行为）；

　　　$\boldsymbol{F}^{p}$——变形梯度的塑性部分（代表无应力的中间构型）。

与橡胶型材料的 Mullins 效应一起模拟永久变形的例子见"具有 Mullins 效应和永久变形的实体盘分析"（《Abaqus 例题手册》的 3.1.7 节）。

指定永久变形

主要的超弹性行为可以通过使用任意超弹性材料模型来定义（见"橡胶型材料的超弹性行为"，2.5.1 节）。如果采用输入试验数据的方法定义材料的超弹性响应，则必须根据发生卸载后的无应力中间构型来指定数据。

永久变形可以通过一个各向同性的硬化方程，以屈服应力和等效塑性应变的形式来定义。在此情况下，屈服应力是（有效的）主加载路径上的 Kirchoff 应力，在此加载路径上发生卸载，并且等效塑性应变是在材料中观察到的对应的对数永久变形。如果 σ 是真（柯西）应力，则将 Kirchoff 应力定义成 $J\sigma$，其中 J 是 $\boldsymbol{F}$ 的行列式。

可以将永久变形定义成材料在黏弹性应变恢复后的永久变形，或者可以包含黏弹性应变，这取决于要模拟什么。在任何一种情况下，要求一个初始屈服应力，在其作用下将无永久变形，并且材料的行为将是完全弹性的。在填充橡胶的情况中，此初始屈服应力可以对应于小的非零应力；而对于热塑性材料，初始屈服应力可以是一个更为显著的值。

输入文件用法：　　＊PLASTIC, HARDENING = ISOTROPIC

Abaqus/CAE 用法：Property module：material editor：Mechanical→Plasticity→Plastic

如果用户有单轴和（或）双轴试验数据，如图 3-85 所示，则可以使用互动的 Abaqus/CAE 插件来得到超弹性、塑性和 Mullins 效应数据。有关插件及其使用说明，见 www.3ds.com/support/knowledge-base 上 Dassault Systemes 知识库中的"填充弹性体和热塑性过程试验数据的 Abaqus/CAE 插件应用""Abaqus/CAE plug-in application for processing cyclic test data of filled elastomers and thermoplastics"。

限 制

该模型适合捕捉多轴应力状态下和轻微反向加载条件下的永久变形，如 Govindarajan、Hurtado 和 Mars（2007）提出的那样。此模型不适合捕捉完全反向载荷下的变形。任何率效应只应用于材料定义的塑性部分。

单元

永久变形可以采用支持使用超弹性材料模型的所有单元类型来建模。

过程

永久变形建模可以在所有支持使用超弹性材料模型的过程中实施，除了静态传输过程。在 Abaqus/Standard 中的线弹性摄动步中，用当前对应于材料弹性部分的切线刚度来确定响应，期间忽略任何塑性效应。

输出

Abaqus 中可以使用的对应于其他各向同性硬化塑性模型的标准输出标识符（"Abaqus/Standard 输出变量标识符"，《Abaqus 分析用户手册——介绍、空间建模、执行与输出卷》的 4.2.1 节，以及 "Abaqus/Explicit 输出变量标识符"，《Abaqus 分析用户手册——介绍、空间建模、执行与输出卷》的 4.2.2 节）对于永久变形模型是可以得到的。

第4章 渐进性损伤和失效

4.1 渐进性损伤和失效：概览

Abaqus 提供下面的模型来预测渐进性损伤和失效：

• 韧性金属的渐进性损伤和失效：Abaqus 具有模拟韧性金属渐进性损伤和失效的基本功能。该模型可以与 Mises、Johnson-Cook、Hill 和 Drucker-Prager 塑性模型一起使用（"韧性金属的损伤和失效：概览"，4.2.1 节），支持指定一个或者多个损伤初始化准则，包括韧性、剪切、成形极限图（FLD）、成形极限应力图（FLSD）、Müschenborn-Sonne 成形极限图（MSFLD）和 Marciniak-Kuczynski（M-K）准则。指定损伤初始化准则后，材料刚度根据指定的损伤演化响应渐进地退化。渐进性损伤模型允许材料刚度的平滑退化，这样可使它们同时适用于准静态和动态情形，对于动态失效模型（"动态失效模型"，3.2.8 节）具有很大的优势。

在 Abaqus/Standard 中不能使用 Johnson-Cook 和 M-K 损伤初始化准则。

• 纤维增强材料的渐进性损伤和失效模型：Abaqus 具有模拟纤维增强材料的各向异性损伤的功能（"纤维增强复合材料的损伤和失效：概览"，4.3.1 节）。假设未损伤材料的响应为线弹性，该模型适合预测不需要大量塑性变形就能产生初始化损伤的纤维增强材料的力学行为。使用 Hashin 的初始化准则来预测损伤的发生，并且损伤演化规律是基于损伤过程和线性材料软化过程中的能量耗散。

• 低周疲劳分析中韧性金属的渐进性损伤和失效模型：在使用直接循环方法的低周疲劳分析中，Abaqus/Standard 具有模拟由于交变应力和非弹性应变累积的原因而产生的渐进性损伤和失效的功能（见"使用直接循环方法的低周疲劳分析"，《Abaqus 分析用户手册——分析卷》的 1.2.7 节）。损伤初始化准则和损伤演化是通过每个稳定循环累积的非弹性滞后能量来表征的（见"低周疲劳分析中韧性材料的损伤和失效：概览"，4.4.1 节）。损伤初始化后，弹性材料刚度根据所指定的损伤演化响应渐进地退化。

此外，Abaqus 提供混凝土损伤模型（"混凝土损伤塑性"，3.6.3 节）、动态失效模型（"动态失效模型"，3.2.8 节），以及模拟在胶黏单元（"定义使用牵引-分离描述的胶黏单元的本构响应"，《Abaqus 分析用户手册——单元卷》的 6.5.6 节）和连接器（"连接器损伤行为"，《Abaqus 分析用户手册——单元卷》的 5.2.7 节）损伤和失效的特殊功能。

本节内容为渐进性损伤和失效模拟功能概览，以及损伤初始化和演化概念的简要描述。本节中的讨论局限于韧性金属和纤维增强材料的损伤模型。

模拟损伤和失效的一般架构

Abaqus 提供在同一种材料上，允许多种失效机理同时联合作用的材料失效模拟的通用架构。材料失效是指源自材料刚度渐进退化而产生的载荷承受能力的完全丧失。刚度退化过程采用损伤力学来模拟。

为了帮助理解 Abaqus 中模拟失效的功能，现以典型的金属试样在简单拉伸试验中的响应为例进行说明。应力-应变响应如图 4-1 所示，图中显示了明确不同的阶段。材料响应初始是线弹性阶段 a—b，之后是具有应变硬化的塑性屈服阶段 b—c。超出点 c 后，存在一个明显的载荷承受能力下降，直到破坏阶段 c—d。最后阶段中的变形位于试样的缩颈区域。点 c 确定了损伤发生时的材料状态，称此点为损伤初始化准则。超过此点后，应力-应变响应阶段 c—d 是由应变局部化区域中刚度退化的演化来控制的。在损伤力学后，可以将 c—d

看作在没有损伤的情况下，材料将遵循的曲线 $c—d'$ 的退化响应。

这样，在 Abaqus 中，失效机理的指定由 4 个完全不同的部分组成：

- 有效（或者未受损的）材料响应的定义（例如图 4-1 中的 $a—b—c—d'$）。

- 损伤初始化准则（例如图 4-1 中的点 c）。

- 损伤演化规律（例如图 4-1 中的 $c—d$）。

- 单元删除的选择。据此，一旦材料刚度完全退化，便可以从计算中删除单元（例如图 4-1 中的点 d）。

本部分将分别讨论韧性金属（"韧性金属的损伤和失效：概览"，4.2.1 节）和纤维增强材料（"纤维增强复合材料的损伤和失效：概览"，4.3.1 节）。

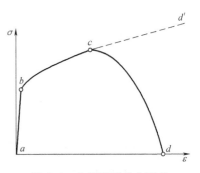

图 4-1　金属试样的典型单轴应力-应变响应

网格相关性

在连续力学中，本构模型通常是以应力-应变关系的形式表达的。当材料表现出应变软化行为时，导致应变局部化，这将导致有限元结果的强烈网格相关性，在此情况中，能量耗散随着网格的细化而降低。在 Abaqus 中，所有可用的损伤演化模型使用一个旨在缓解网格相关性的公式。通过在公式中引入一个特征长度来实现此目的，这在 Abaqus 中与单元大小相关，并且将本构规律的软化部分表达成应力-应变关系。在此情况下，破坏过程中的能量耗散是按照单位面积来指定的，而不是按照单位体积来指定的。将此能量处理成一个附加的材料参数，并且用它来计算发生完全材料破坏时的位移。这与断裂力学中将材料的临界能量释放率作为材料参数的概念一致。此公式确保耗散的总量正确，并且极大地降低了网格相关性。

4.2 韧性金属的损伤和失效

- "韧性金属的损伤和失效：概览"，4.2.1 节
- "韧性金属的损伤初始化"，4.2.2 节
- "韧性金属的损伤演化和单元删除"，4.2.3 节

4.2.1 韧性金属的损伤和失效：概览

产品：Abaqus/Standard　　Abaqus/Explicit　　Abaqus/CAE

参考

- "渐进性损伤和失效：概览"，4.1 节
- "韧性金属的损伤初始化"，4.2.2 节
- "韧性金属的损伤演化和单元删除"，4.2.3 节
- ＊DAMAGE INITIATION
- ＊DAMAGE EVOLUTION
- "定义损伤"，《Abaqus/CAE 用户手册》（在线 HTML 版本）的 12.9.3 节

概览

Abaqus/Standard 和 Abaqus/Explicit 具有预测韧性金属失效发生的功能及模拟渐进性损伤和失效的通用功能。通常情况下，要求进行以下指定：

- 材料未失效的弹塑性响应（"经典的金属塑性"，3.2.1 节）。
- 损伤初始化准则（"韧性金属的损伤初始化"，4.2.2 节）。
- 损伤演化响应，包括单元删除的选择（"韧性金属的损伤演化和单元删除"，4.2.3 节）。

Abaqus 中渐进性损伤和失效的一般架构总结见"渐进性损伤和失效：概览"，4.1 节。此节简要介绍韧性金属损伤初始化准则和损伤演化规律。此外，Abaqus/Explicit 提供动态失效模型，适用于高应变率动态问题（"动态失效模型"，3.2.8 节）。

损伤初始化准则

Abaqus 为韧性金属提供不同的损伤初始化准则以供选择，每一种准则与特定不同类型的金属失效相关联。它们可以分为以下类型：

- 金属裂纹的损伤初始化准则，包括韧性和剪切准则。
- 金属板的缩颈不稳定损伤初始化准则。它们包括成形极限图（FLD、FLSD 和 MSFLD），适合评估金属板料的可成形性；Marciniak-Kuczynski（M-K）准则（仅在 Abaqus/Explicit 中可用），以数值预测考虑变形历史的金属板料中的缩颈不稳定性。

这些准则在"韧性金属的损伤初始化"，4.2.2 节中进行了讨论。每一种损伤初始化准则具有相关联的输出变量，来表明在分析中准则是否得到满足。1.0 或者更高的值表明已经满足初始化准则。

对于一种给定的材料，可以指定多个的损伤初始化化准则。如果为同一种材料指定了多

个损伤初始化准则，则对它们进行独立的处理。一旦一个具体的初始化准则得到满足，则材料刚度根据那个准则所指定的损伤演化规律进行退化；在没有损伤演化规律的情况下，材料刚度不会退化。没有指定损伤演化响应的失效机理是无效的。Abaqus仅为了输出而对无效的机理评估初始化准则，但是该机理对于材料响应没有影响。

输出文件用法：使用下面的选项定义每一个损伤初始化准则（定义了多个准则时，按需要重复）：

* DAMAGE INITIATION，CRITERION=准则 1

Abaqus/CAE 用法：Property module：material editor：Mechanical → Damage for Ductile Metals→准则

损伤演化

一旦达到相应的初始化准则，损伤演化规律便描述了材料刚度的退化比例。对于韧性金属中的损伤，Abaqus 假设可以使用一个标量损伤变量 $d_i(i \in N_{act})$，来模拟与每一个有效失效机理相关联的刚度退化，其中 N_{act} 是设定的有效机理。分析过程中，在任意给定的时间上，材料中的应力张量是通过标量损伤方程给出的。

$$\boldsymbol{\sigma} = (1-D)\overline{\boldsymbol{\sigma}}$$

式中　D——总损伤变量；

$\overline{\boldsymbol{\sigma}}$——当前增量中计算得到的有效（或者未受损的）应力张量。$\overline{\boldsymbol{\sigma}}$ 是没有损伤的情况下，在材料中存在的应力。当 $D=1$ 时，材料将丧失其载荷承受能力。默认情况下，如果在任意一个积分位置，所有截面上的点都丧失了它们的载荷承受能力，则从网格中删除单元。

总损伤变量 D 捕捉所有有效机理的联合影响，并且根据用户指定的规则，以一个标量损伤变量 d_i 的形式计算得到。

在韧性金属中，Abaqus 支持不同的损伤演化模型，并且提供与因为材料失效而产生的单元删除有关控制，如"韧性金属的损伤演化和单元删除"4.2.3 节中描述的那样。所有可用的模型采用适用于降低结果的强烈网格相关性的公式，网格相关性可以产生于渐进性损伤中的应变局部化效应。

输入文件用法：在 * DAMAGE INITIATION 选项之后使用下面的选项，来指定损伤演化行为：

* DAMAGE EVOLUTION

Abaqus/CAE 用法：Property module：material editor：Mechanical → Damage for Ductile Metals→准则：Suboptions→Damage Evolution

单元

韧性金属的失效模拟技术可以与 Abaqus 中任何包括力学行为的单元（具有位移自由度的单元）一起使用。

对于耦合的温度-位移单元，材料的热属性不受材料刚度渐进性损伤的影响，直到达到单元删除的条件；删除此点后，也删除了单元的热贡献。

金属板材缩颈不稳定性的损伤初始化准则（FLD、FLSD、MSFLD 和 M-K）只对包含力学行为和使用平面应力公式的单元（即平面应力、壳、连续壳和膜单元）可用。

4.2.2 韧性金属的损伤初始化

产品：Abaqus/Standard   Abaqus/Explicit   Abaqus/CAE

参考

- "渐进性损伤和失效：概览"，4.1 节
- ＊DAMAGE INITIATION
- "定义损伤"《Abaqus/CAE 用户手册》（在线 HTML 版本）的 12.9.3 节

概览

韧性金属的材料损伤初始化能力：
- 是指预测金属中损伤初始化的通用能力，包括金属薄板、挤压和浇注金属及其他材料。
- 可以与韧性金属的损伤演化模型联合使用，损伤演化模型的内容见"韧性金属的损伤演化和单元删除" 4.2.3 节。
- 允许指定多种的损伤初始化。
- 损伤初始化包括韧性、剪切、成形极限图（FLD）、成形极限应力图（FLSD）和 Müschenborn-Sonne 成形极限图（MSFLD）。
- 在 Abaqus/Explicit 中，包括损伤初始化的 Marciniak-Kuczynski（M-K）和 Johnson-Cook 准则。
- 在 Abaqus/Standard 中，可以与 Mises、Johnson-Cook、Hill 和 Drucker-Prager 塑性模型（韧性、剪切、FLD、FLSD 和 MSFLD 准则）联合使用。
- 在 Abaqus/Explicit 中，可以与 Mises 和 Johnson-Cook 塑性（韧性、剪切、FLD、FLSD、MSFLD、Johnson-Cook 和 M-K 准则）一起使用，并且与 Hill 和 Drucker-Prager 塑性模型（韧性、剪切、FLD、FLSD、MSFLD 和 Johnson-Cook 准则）一起使用。

金属开裂的损伤初始化准则

有两种主要机理可以造成韧性金属的开裂：由于成核、生长和空隙的聚集产生的韧性断裂；由于剪切带局部化而产生的剪切断裂。基于唯相观察，这两种机理调用损伤发生的不同形式准则（Hooputra 等，2004）。Abaqus 为这些准则提供的功能形式在下文中进行讨论。这些准则可以与"韧性金属的损伤演化和单元删除" 4.2.3 节中讨论的韧性金属的损伤演化模型一起使用，来模拟韧性金属的断裂（见"准静态和动态载荷下薄壁铝拉深的渐进失效分

析",《Abaqus 例题手册》2.1.16 节中的一个例子）。

韧性准则

韧性准则是用来预测由于成核、生长和空隙聚集而产生的损伤开始的唯相模型。此模型假定损伤发生时的等效塑性应变 $\overline{\varepsilon}_{D}^{pl}$ 是三轴应力和应变率的函数

$$\overline{\varepsilon}_{D}^{pl}(\eta,\dot{\overline{\varepsilon}}^{pl})$$

式中，$\eta = -p/q$ 是三轴应力；p 是压应力；q 是 Mises 等效应力；$\dot{\overline{\varepsilon}}^{pl}$ 是等效塑性应变率。当满足下面的条件时，损伤初始化准则得到满足

$$\omega_{D} = \int \frac{d\overline{\varepsilon}^{pl}}{\overline{\varepsilon}_{D}^{pl}(\eta,\dot{\overline{\varepsilon}}^{pl})} = 1$$

式中，ω_{D} 是随着塑性变形单调递增的状态变量。在分析中的每一个增量上，ω_{D} 的增量额公式为

$$\Delta\omega_{D} = \frac{\Delta\overline{\varepsilon}^{pl}}{\overline{\varepsilon}_{D}^{pl}(\eta,\dot{\overline{\varepsilon}}^{pl})} \geq 0$$

在 Abaqus/Standard 中，韧性准则可以与 Miese、Johnson-Cook、Hill 以及 Drucker-Prager 塑性模型联合使用；在 Abaqus/Explicit 中，它可与 Mises、Johnson-Cook、Hill 和 Drucker-Prager 塑性模型包括与状态方程联合使用。

输入文件用法：使用下面的选项将损伤发生时的等效塑性应变指定成三轴应力、应变率以及温度和预定义场变量（可选择）的表格函数：

*DAMAGE INITIATION，CRITERION = DUCTILE，DEPENDENCIES = n

Abaqus/CAE 用法：Property module：material editor：Mechanical → Damage for Ductile Metals→Ductile Damage

在 Abaqus/Explicit 中定义 Lode 角上韧性准则的相关性

铝合金和其他金属的试验结果（Bai 和 Wierzbicki，2008）揭示，除了三轴应力和应变率，韧性断裂也取决于偏量应力的第三不变量，偏量应力的第三不变量与 Lode 角（或者偏量极角）相关联。Abaqus/Explicit 允许通过以下形式，将韧性断裂开始时的等效塑性应变定义成 Lode 角 Θ 的函数

$$\overline{\varepsilon}_{D}^{pl}(\eta,\xi(\Theta),\dot{\overline{\varepsilon}}^{pl})$$

其中

$$\xi(\Theta) = \cos(3\Theta) = \left(\frac{r}{q}\right)^{3}$$

式中，q 是 Mises 等效应力；r 是偏量应力的第三不变量，$r = \left(\frac{9}{2}S \cdot S : S\right)^{\frac{1}{3}}$。函数 $\xi(\Theta)$ 的值可以从 $\xi = -1$（压缩子午线上的应力状态）取到 $\xi = 1$（拉伸子午线上的应力状态）。

输入文件用法：使用下面的选项来说明韧性损伤开始时的等效塑性应变是 Lode 角的函数：

*DAMAGE INITIATION，CRITERION = DUCTILE，LODE DEPENDENT

Abaqus/CAE 用法：Abaqus/CAE 中不支持定义韧性准则与 Lode 角的相关性。

Johnson-Cook 准则

Johnson-Cook 准则（仅在 Abaqus/Explicit 中可用）是韧性准则的特殊情况，在其中，假定损伤发生时的等效塑性应变 $\overline{\varepsilon}_D^{pl}$ 具有以下形式

$$\overline{\varepsilon}_D^{pl} = \left[\, d_1 + d_2 \exp(-d_3\eta)\,\right] \left[\, 1 + d_4 \ln\!\left(\frac{\dot{\overline{\varepsilon}}^{pl}}{\dot{\varepsilon}_0}\right)\right] (1 + d_5 \hat{\theta})$$

式中，$d_1 \sim d_5$ 是失效参数；$\dot{\varepsilon}_0$ 是参考应变率。此表达式与 Johnson 和 Cook（1985）发布的原始公式在参数 d_3 的符号上有所不同。之所以存在这种差异，是由于大部分材料的 $\overline{\varepsilon}_D^{pl}$ 随着三轴应力的增加而减小。这样，上面表达式中的 d_3 通常取正值。$\hat{\theta}$ 是无量纲的温度，定义成

$$\hat{\theta} \equiv \begin{cases} 0 & \text{对于 } \theta < \theta_{\text{transition}} \\ (\theta - \theta_{\text{transition}})/(\theta_{\text{melt}} - \theta_{\text{transition}}) & \text{对于 } \theta_{\text{transition}} \leq \theta \leq \theta_{\text{melt}} \\ 1 & \text{对于 } \theta > \theta_{\text{melt}} \end{cases}$$

式中，θ 是当前的温度；θ_{melt} 是熔化温度；$\theta_{\text{transition}}$ 是过渡温度，在此温度或以下，等效塑性应变 $\overline{\varepsilon}_D^{pl}$ 的表达式不具有温度相关性。必须在过渡温度或以下测量材料参数。

Johnson-Cook 准则可以与 Mises、Johnson-Cook、Hill 和 Drucker-Prager 塑性模型，包括状态方程联合使用。当与 Johnson-Cook 塑性模型联合使用时，指定的熔化温度值和过渡温度值应当与塑性定义中指定的值一致。Johnson-Cook 损伤初始化准则也可以与其他初始化准则一起指定，包括韧性准则。每一种初始化准则都是独立处理的。

输入文件用法：使用下面的选项来指定 Johnson-Cook 初始化准则的参数：

*DAMAGE INITIATION，CRITERION=JOHNSON COOK

Abaqus/CAE 用法：Property module：material editor：Mechanical → Damage for Ductile Metals→Johnson-Cook Damage

剪切准则

剪切准则是用来预测由于剪切带局部化而产生的损伤的一个唯相模型。模型假定损伤发生时的等效塑性应变 $\overline{\varepsilon}_D^{pl}$ 是切应力比和应变率的函数：

$$\overline{\varepsilon}_D^{pl}(\theta_s, \dot{\overline{\varepsilon}}^{pl})$$

式中，$\theta_s = (q + k_s p)/\tau_{\max}$ 是切应力比，$\tau_{\max}$ 是最大切应力，k_s 是一个材料参数。对于铝，k_s 的一个典型值是 0.3（Hooputra 等，2004）。当满足下面的条件时，损伤初始化准则得到满足。

$$\omega_S = \int \frac{d\overline{\varepsilon}^{pl}}{\overline{\varepsilon}_S^{pl}(\theta_s, \dot{\overline{\varepsilon}}^{pl})} = 1$$

式中，ω_S 是状态变量，它随着与等效塑性应变增量变化成比例的塑性变形单调地增加。在分析中的每一个增量上，ω_S 的增量计算式为

$$\Delta\omega_S = \frac{\Delta\overline{\varepsilon}^{pl}}{\overline{\varepsilon}_S^{pl}(\theta_s, \dot{\overline{\varepsilon}}^{pl})} \geq 0$$

在 Abaqus/Explicit 中，剪切准则可以用来与 Mises、Johnson-Cook、Hill 和 Drucker-

Prager 塑性模型，包括状态方程联合使用。在 Abaqus/Standard 中，它可以与 Mises、Hill 和 Drucker-Prager 模型联合使用。

>输入文件用法：使用下面的选项指定 k_s，并将损伤发生时的等效塑性应变指定成切应力
>比、应变率，以及温度和预定义场变量（可选择）的表格函数：
>
>　　*DAMAGE INITIATION，CRITERION＝SHEAR，KS＝k_s
>　　DEPENDENCIES＝n

>Abaqus/CAE 用法：Property module：material editor：Mechanical → Damage for Ductile
>Metals→Shear Damage

初始条件

另外，用户可以通过提供初始等效塑性应变值的方法来指定材料的初始工作硬化状态（见"Abaqus/Standard 和 Abaqus/Explicit 中的初始条件"中的"为塑性硬化定义状态变量的初始值"，《Abaqus 分析用户手册——指定条件、约束与相互作用卷》的 1.2.1 节），如果同时提供了残余应力，则也指定了初始应力值（见"Abaqus/Standard 和 Abaqus/Explicit 中的初始条件"中的"定义初始应力"，《Abaqus 分析用户手册——指定条件、约束与相互作用卷》的 1.2.1 节）。Abaqus 使用此信息来初始韧性和剪切损伤初始化准则 ω_D 和 ω_S 的值，假定三轴应力和切应力比是常数（线性应力路径）。

>输入文件用法：使用下面的选项来指定当前分析之前已经发生的材料硬化和残余应力：
>
>　　*INITIAL CONDITIONS，TYPE＝HARDENING
>　　*INITIAL CONDITIONS，TYPE＝STRESS

>Abaqus/CAE 用法：使用下面的选项来指定当前分析之前已经发生的材料硬化和残余
>应力：
>
>Load module：Create Predefined Field：Step：Initial，为 Category 和
>Hardening 选择 Mechanical 并且为 Types for Selected Step 选择 Stress

金属板材不稳定性的损伤初始化准则

缩颈不稳定性在金属板材成形过程中是判定因子：局部缩颈区域的大小通常与板厚度具有相同数量级，并且局部缩颈可以迅速导致开裂。故局部缩颈不能采用传统的用于金属板料成形仿真中的壳来模拟。Abaqus 支持 4 种金属板料中发生缩颈不稳定性的准则：成形极限图（FLD）、成形极限应力图（FLSD）、Müschenborn-Sonne 成形极限图（MSFLD），以及仅在 Abaqus/Explicit 中可以使用的 Marciniak-Kuczynski（M-K）准则。这些准则仅应用于使用平面应力公式的单元（平面应力、壳、连续壳和膜单元）；Abaqus 对其他单元忽略这些准则。缩颈不稳定性的初始化准则可以与"韧性金属的损伤演化和单元删除"（4.2.3 节）中讨论的损伤演化模型联合使用，来考虑由缩颈引起的损伤。

经典的基于应变的成形极限图已知与应变路径相关。变形模式的改变（例如，等轴载荷之后变成单轴拉伸应变）可能导致极限应变水平的重大改变。因此，如果分析中的应变路径是非线性的，则应小心地使用 FLD 损伤初始化准则。在具体的工业应用中，应变路径的显著变化可能由多步成形操作、模具的复杂几何形状、界面摩擦及其他因素引起。对于具有高度非线

应变路径的问题，Abaqus 提供 3 个额外的损伤初始化准则：成形极限应力图（FLSD）准则、Müschenborn-Sonne 成形极限图（MSFLD）准则和 Abaqus/Explicit 中的 Marciniak-Kuczynski（M-K）准则。这些对 FLD 损伤初始化准则的替代适用于最小化载荷路径相关性。

Abaqus 中可用来预测金属板料中损伤初始化的如下准则的特征。

成形极限图（FLD）准则

成形极限图（FLD）是由 Keeler 和 Backofen（1964）引入的非常有用的概念，用来确定在缩颈不稳定发生前，材料能够承受的变形量。金属板材在缩颈发生前可承受的最大应变称为成形极限应变。FLD 是在主平面对数应变的范畴中的成形极限应变图。后文中的主要和次要极限应变分别指的是平面中的最大和最小极限应变。主要极限应变（主应变）通常表示在纵轴上，次要极限应变在（次应变）则表示在横轴上，如图 4-2所示。连接变形变得不稳定的点获得的曲线，称为成形极限曲线（FLC）。

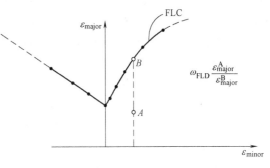

图 4-2 成形极限图（FLD）

FLC 给出金属板材的可成形性意义。由 Abaqus 数值计算得到的应变可以通过与 FLC 的对比，来确定分析情况下成形过程的可行性。

FLD 损伤初始化准则要求通过给出损伤初始化时，作为次应变表格函数的主应变的方法，来指定表格形式的 FLC，并且可以选择的，FLC 可以是温度和预定义场变量的表格函数 $\varepsilon_{major}^{FLD}$（$\varepsilon_{minor}$, θ, f_i）。FLD 的损伤初始化准则通过条件 $\omega_{FLD} = 1$ 给定，其中变量 ω_{FLD} 是当前变形状态的函数，并且定义成当前主应变 ε_{major} 与 FLC 上的主应变之比，主应变在次应变 ε_{minor}、温度 θ 和预定义场变量 f_i 的当前值上进行评估：

$$\omega_{FLD} = \frac{\varepsilon_{major}}{\varepsilon_{major}^{FLD}(\varepsilon_{minor}, \theta, f_i)}$$

例如，由图 4-2 中的 A 点给定的变形状态，损伤初始化准则估计为 $\omega_{FLD} = \varepsilon_{major}^{A} / \varepsilon_{major}^{B}$。

如果次应变的值位于所指定的表格值范围之外，则 Abaqus 将通过假设曲线末点的斜率保持不变的方法，外插在 FLC 上的主应变值。有关温度和场变量的外插遵从标准约定：在指定的温度和场变量之外，假定属性是不变的（见"材料数据定义"，1.1.2 节）。

试验方面，在板料双轴拉伸的情况下测量 FLD，没有弯曲载荷的影响。然而，在弯曲载荷下，大部分材料可以达到比 FLC 上的大得多的极限应变。为了避免在弯曲变形下过早的失效预测，Abaqus 通过单元厚度中性层的应变来评估 FLD。对于具有几个层的复合壳，准则在指定了 FLD 曲线的每个层的中性层上进行评估，这样可保证只考虑了双轴拉伸效应。这样，FLD 准则对于模拟弯曲载荷下的失效是不适合的，其他失效模型（比如韧性和剪切失效）更加适合此种载荷。一旦 FLD 损伤初始化准则得到满足，损伤的演化在单元厚度上的每一个测量点上，基于每一个点处的局部变形得到独立的驱动。这样，虽然弯曲效应不影响 FLD 准则的评估，但它们可能影响损伤演化的速率。

输入文件用法：使用下面的选项将主应变指定成次应变的表格函数：

* DAMAGE INITIATION，CRITERION＝FLD

Abaqus/CAE 用法：Property module：material editor：Mechanical → Damage for Ductile Metals→FLD Damage

成形极限应力图（FLSD）准则

当将基于应变的多个 FLC 转换成基于应力的多个 FLC 时，产生的基于应力的曲线显示出最低限度的因应变路径改变而受到的影响（Stoughton，2000）。即对应不同应变路径的基于应变的不同 FLC，映射到一个单独的基于应力的 FLC 上。此属性使得成形极限应力图（FLSD）在任意载荷下，对 FLD 预测缩颈不稳定性做了一个有吸引力的调整。然而，基于应力的极限曲线对应变路径的表面独立性或许简单地表达了屈服应力对塑性变形的轻微敏感性。学术界仍然在讨论此主题。

FLSD 是 FLD 的应力对应，使用主要和次要主应力，分别对应纵轴和横轴上显示的缩颈局部化的发生。在 Abaqus 中，FLSD 损伤初始化准则要求将损伤初始化时的主要主应力指定成主要主应力，以及温度和预定义场变量（可选择）的表格函数 $\sigma_{major}^{FLSD}(\sigma_{minor}, \theta, f_i)$。当满足条件 $\omega_{FLSD} = 1$ 时，满足 FLSD 的损伤初始化准则，其中 ω_{FLSD} 是当前应力状态的函数，并且定义成在当前主要主应力 σ_{major} 与 FLSD 上的主要主应力 σ_{major} 的比，主要主应力在次要主应力、温度 θ 和预定义场变量 f_i 的当前值上进行评估：

$$\omega_{FLSD} = \frac{\sigma_{major}}{\sigma_{major}^{FLSD}(\sigma_{minor}, \theta, f_i)}$$

如果次要主应力的值位于所指定表格值范围之外，则 Abaqus 将通过假设曲线末端的斜率保持不变的方法，外插主要极限应力。温度和场变量的外插遵从标准约定：假定指定温度和场变量之外的属性是不变的（见“材料数据定义”，1.1.2 节）。

因为与之前对于 FLD 准则的讨论相似的原因，Abaqus 采用通过单元厚度（在具有几个层的复合壳情况中）进行应力平均的方法评估 FLSD 准则，忽略弯曲效应。这样，FLSD 准则不能用来模拟弯曲载荷下的失效，其他失效模型（例如韧性和剪切失效）更适用于此种载荷。一旦 FLSD 损伤初始化准则得到满足，损伤的演化就基于单元厚度上每一个材料点处的局部变形，且在这些点上是独立驱动的。这样，虽然弯曲效应不影响 FLSD 准则的评估，但它们可能影响损伤演化的速度。

输入文件用法：使用下面的选项将极限主应力指定成次应力的表格函数：

* DAMAGE INITIATION，CRITERION＝FLSD

Abaqus/CAE 用法：Property module：material editor：Mechanical → Damage for Ductile Metals→FLSD Damage

Marciniak-Kuczynski（M-K）准则

在 Abaqus/Explicit 中，对于精确地预测任意载荷路径的成形极限，其他可用的方法是基于由 Marciniak 和 Kuczynski（1967）提出的局部化分析。此方法可以与 Mises 和 Johnson-Cook 塑性模型，包括运动硬化一起使用。在 M-K 分析中，将虚拟的不完美厚度作为凹槽引入，模拟在其他均匀金属板材中预先存在的缺陷。作为在凹槽外施加载荷的结果，计算得到每一个凹槽内部的变形场。当凹槽内的变形与正常变形（凹槽外面的）的比值大于临界值时，就认为发生缩颈。

图 4-3 所示为 M-K 分析考虑的
凹槽几何形状。图中，a 表示缺陷
外壳单元中的正常区域，b 表示薄
弱凹槽区域。缺陷的初始厚度相对
于名义厚度通过比值 $f_0 = t_0^b/t_0^a$ 来给
定，下标 0 表示初始的量，即无应
变状态。凹槽相对于局部材料方向
的 1 方向具有零角度的取向。

Abaqus/Explicit 允许将缺陷厚
度的各向异性分布指定成关于局部

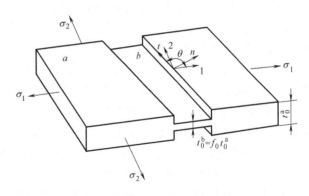

图 4-3 M-K 分析的缺陷模型

材料受力方向的角度函数 $f_0(\theta)$。Abaqus/Explicit 首先计算忽略缺陷的名义区域中的应力-应
变场，然后单独考虑每一个凹槽的影响。每一个凹槽内部的变形场通过施加应变协调条件

$$\varepsilon_{tt}^b = \varepsilon_{tt}^a$$

和力平衡方程

$$F_{nn}^b = F_{nn}^a$$

$$F_{nt}^b = f_{nt}^a$$

来执行。下标 n 和 t 分别代别槽的法向和切向。在上面的力平衡方程中，F_{nn} 和 F_{nt} 是法向和
切向上单位长度上的力。

当凹槽内部的应变与不存在凹槽的应变的比值大于一个临界值时，默认发生缩颈不稳
定。此外，一旦在一个特定的槽上发生局部化，便可能无法找到一个满足平衡和协调性条件
的解，结果是无法找到一个收敛的解也预示着将发生局部缩颈。对于损伤初始化准则的评
估，Abaqus/Explicit 采用下面的变形严重程度进行度量

$$f_{eq} = \frac{\Delta \overline{\varepsilon}_b^{pl}}{\Delta \overline{\varepsilon}_a^{pl}}$$

$$f_{nn} = \frac{\Delta \varepsilon_{nn}^b}{\Delta \varepsilon_{nn}^a}$$

$$f_{nt} = \frac{\Delta \varepsilon_{nt}^b}{\Delta \varepsilon_{nt}^a}$$

这些变形严重程度因子是在每一个指定的凹槽方向上评估的，并且与临界值进行对比
（仅当增加的变形主要是塑性时，才实施评估；如果增量的变形是弹性的，则 M-K 准则将不
会预测损伤初始化）。最不利凹槽的方向用来对损伤初始化准则进行评估，表达式为

$$\omega_{MK} = \max\left(\frac{f_{eq}}{f_{eq}^{crit}}, \frac{f_{nn}}{f_{nn}^{crit}}, \frac{f_{nt}}{f_{nt}^{crit}}\right)$$

式中，f_{eq}^{crit}、f_{nn}^{crit} 和 f_{nt}^{crit} 是变形严重程度指数的临界值。当 $\omega_{MK} = 1$ 时，或者当不能找到平衡方
程和协调方程组的收敛解时，初始化损伤发生。默认情况下，Abaqus/Explicit 假设 $f_{eq}^{crit} =
f_{nn}^{crit} = f_{nt}^{crit} = 10$；用户也可以指定不同的值。如果设置这些参数中的一个为零，则损伤初始化
准则的评估中将不包含与它相对应的变形严重程度因子。如果将所有这些参数设置为零，则

M-K准则将仅仅基于平衡和协调方程组的不收敛性。

用户必须指定f_0（图4-3）等于虚拟缺陷的初始厚度除以名义厚度，以及M-K损伤初始化准则评估使用的缺陷数量。假定这些方向是等角度空间排布的。在默认情况下，Abaqus/Explicit使用对于材料的局部1方向位于0°、45°、90°和135°的4个缺陷。初始缺陷可以定义成角度方向的表格函数$f_0(\theta)$，这允许模拟材料中缺陷的各向异性分布。Abaqus/Explicit将使用此表格来评估每一个缺陷的厚度，这些厚度将用于M-K分析方法的评估。此外，初始缺陷也可以是初始温度和场变量的函数；这允许定义缺陷的非均匀空间分布。Abaqus/Explicit将在分析开始时，基于温度和场变量来计算初始缺陷的大小。初始缺陷的大小在剩下的分析中作为一个不变的属性进行保留。

通常推荐这样选择f_0值，使得数字预测的单轴应变载荷条件（$\varepsilon_{\text{minor}}=0$）的成形极限与试验结果吻合。

引入虚拟凹槽来评估缩颈不稳定性的发生，它们不影响基底单元中的结果。一旦缩颈不稳定性准则得到满足，单元中的材料属性就根据指定的损伤演化规律退化。

输入文件用法：使用下面的选项将初始缺陷厚度相对于名义厚度，指定成关于局部材料1方向的角度，以及初始温度和场变量（可选择）的函数：

    * DAMAGE INITIATION，CRITERION = MK，DEPENDENCIES = n

    使用下面的选项来指定临界变形严重程度因子：

    * DAMAGE INITIATION，CRITERION = MK，FEQ = $f_{\text{eq}}^{\text{crit}}$，FNN = $f_{\text{nn}}^{\text{crit}}$，FNT = $f_{\text{nt}}^{\text{crit}}$

Abaqus/CAE用法：Property module：material editor：Mechanical → Damage for Ductile Metals→M-K Damage

M-K准则的性能考虑

当使用M-K准则时，将导致整个计算成本大幅增加。例如，处理整个厚度上具有3个截面点以及4个缺陷的壳单元成本，在采用M-K准则的默认情况，与处理没有M-K准则的成本相比约增加了两个数量级。用户可以通过降低所考虑缺陷方向的数量或者增加M-K计算中增量的大小，来降低评估此损伤初始化准则的成本，如下面所解释的那样。当然，对整个分析成本的影响取决于模型中使用此损伤初始化准则的单元分数。采用M-K准则的每个单元的计算成本大约增加的因子为

$$1+0.25\,\frac{n_{\text{imp}}}{N_{\text{incr}}}$$

式中，n_{imp}是为M-K准则的评估所指定的缺陷数量；N_{incr}是频率，即增量的大小，它是进行M-K计算的频率。上面公式中的系数0.25在大多数情况下可给出一个合理的成本增加估计，但是实际成本的增加可能偏离此估计。默认情况下，Abaqus/Explicit在每一个时间增量对每一个缺陷实施M-K计算，$N_{\text{incr}}=1$。必须注意确保M-K计算实施得足够频繁，以确保每一个缺陷上的变形场的精确积分。

输入文件用法：使用下面的选项指定缺陷的数量和M-K分析的频率：

    * DAMAGE INITIATION，CRITERION = MK，

    NUMBER IMPERFECTIONS = n_{imp}，FREQUENCY = N_{incr}

Abaqus/CAE 用法：Property module：material editor：Mechanical → Damage for Ductile Metals→M-K Damage：Number of imperfections 和 Frequency

Müschenborn-Sonne 成形极限图（MSFLD）准则

Müschenborn 和 Sonne（1975）提出一个基于等效塑性应变，通过假设成形极限曲线代表最高可达到的等效塑性应变总和的方法，来预测变形路径对板材金属成形极限的影响。Abaqus 利用此概念的推广来建立任意变形路径的金属板材缩颈不稳定的准则。此方法要求将原始的成形极限曲线（没有预变形的影响）从主应变空间转换到次应变空间，转换到等效塑性应变 $\overline{\varepsilon}^{pl}$ 对主应变率比 α 的空间。

对于线性应变路径，假定塑性不可压缩性并忽略弹性应变，则

$$\alpha = \varepsilon_{\text{minor}} / \varepsilon_{\text{major}}$$

$$\overline{\varepsilon}^{pl} = \varepsilon_{\text{major}} \sqrt{\frac{4}{3}(1+\alpha+\alpha^2)}$$

如图 4-4 所示，FLD 中的线性变形路径转换到了 $\overline{\varepsilon}^{pl}$-$\alpha$ 图中的垂直路径上（α 的值不变）。

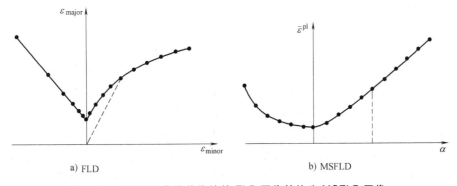

a) FLD b) MSFLD

图 4-4 成形极限曲线从传统的 FLD 图像转换为 MSFLD 图像

（线性变形路径转换到垂直路径上）

根据 MSFLD 准则，当 $\overline{\varepsilon}^{pl}$-$\alpha$ 图中的变形状态序列与成形极限曲线相交时，局部缩颈开始出现，如下面将讨论的那样。需要强调的是，对于线性变形路径，FLD 和 MSFLD 的图像是相同的并产生相同的预测。然而，对于任意加载，MSFLD 图像通过使用积累的等效塑性应变来考虑变形的历史影响。

对于 Abaqus 中 MSFLD 损伤初始化准则的指定，用户可以直接用损伤初始化时的等效塑性应变作为 α，以及等效塑性应变率、温度和预定义场变量（可选择）的表格函数 $\overline{\varepsilon}^{pl}_{\text{MSFLD}}$（$\alpha$，$\dot{\overline{\varepsilon}}^{pl}$，$\theta$，$f_i$）。另外，用户可以通过提供表格函数形式的 $\varepsilon_{\text{major}}$（$\varepsilon_{\text{minor}}$，$\dot{\overline{\varepsilon}}^{pl}$，$\theta$，$f_i$）来指定传统 FLD 格式的曲线（主要和次要应变空间中）。在此情况中，Abaqus 将自动将数据转换成 $\overline{\varepsilon}^{pl}$-$\alpha$ 格式。

令 ω_{MSFLD} 代表当前等效塑性应变 $\overline{\varepsilon}^{pl}$ 与等效塑性应变的比值，此等效塑性应变是在当前 α 值、应变率 $\dot{\overline{\varepsilon}}^{pl}$、温度 θ 和预定义场变量 f_i 下评估得到的：

$$\omega_{\text{MSFLD}} = \frac{\overline{\varepsilon}^{pl}}{\overline{\varepsilon}^{pl}_{\text{MSFLD}}(\alpha, \dot{\overline{\varepsilon}}^{pl}, \theta, f_i)}$$

当 $\omega_{MSFLD} = 1$ 时，缩颈不稳定的 MSFLD 准则得到满足。如果由于应变方向的突然改变，变形状态的序列在 $\overline{\varepsilon}^{pl}-\alpha$ 图中与极限曲线相交，则也会发生缩颈不稳定，如图 4-5 所示。随着 α 从 α_t 变化到 $\alpha_{t+\Delta t}$，在 $\overline{\varepsilon}^{pl}-\alpha$ 图中连接相应点所得的线与成形极限曲线相交。当发生此情况时，即使 $\overline{\varepsilon}^{pl}_{t+\Delta t} < \overline{\varepsilon}^{pl}_{MSFLD}(\alpha_{t+\Delta t})$，MSFLD 准则依然能够得到满足。为了达到输出的目的，Abaqus 设置 $\omega_{MSFLD} = 1$ 来表明准则已经得到满足。

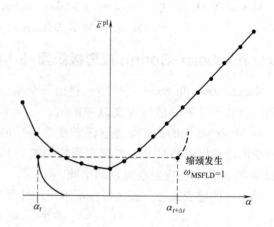

图 4-5 应变方向的突然改变（从 α_t 到 $\alpha_{t+\Delta t}$），产生的与极限曲线水平相交并导致缩颈发生的图像

Abaqus 中用于 MSFLD 准则评估的等效塑性应变 $\overline{\varepsilon}^{pl}$ 只是对增量累积的，这将导致单元面积的增加。与单元面积的减少相关的应变增量不能产生缩颈，并且对 MSFLD 准则的评估没有贡献。

如果 α 的值位于指定的表格值之外，则 Abaqus 假定曲线末端的斜率保持常数，为缩颈初始化外插等效塑性应变的值。应变率、温度和场变量的外插遵从标准约定：指定区域外的应变率、温度和场变量属性假定是常数（见"材料数据定义"，1.1.2 节）。

如在"韧性金属的渐进性损伤和失效"（《Abaqus 验证手册》的 2.2.21 节）中讨论的那样，基于 MSFLD 准则的缩颈不稳定预测与基于 M-K 准则的预测吻合得非常好，并比 M-K 准则极大地降低了计算成本。然而，在一些情况中，MSFLD 准则可能过度预测了留在材料中的可成形量。当材料达到非常接近缩颈不稳定点的状态，并且后续的应变沿着可以承受进一步变形的方向时，在加载历史中，有时会出现过度预测留在材料中的可成形量的情况。在此情况下，MSFLD 准则在新方向上可以预测的额外成形性，要大于用 M-K 准则预测的结果。然而，在实际成形应用中通常不需要担忧这一情况，因为成形极限图中的安全因子通常可确保材料状态足够多地远离缩颈点。这两种准则的分析对比参考"韧性金属的渐进性损伤和失效"（《Abaqus 验证手册》的 2.2.21 节）。

类似于前文中关于 FLD 准则的讨论，Abaqus 采用通过单元厚度中性层上的应变来评估 MSFLD 准则（在具有几个层的复合材料中采用层），忽略弯曲效应。这样，不能使用 MSFLD 准则来模拟弯曲载荷下的失效，其他失效模式（例如韧性和剪切失效）更适用于此种载荷。一旦满足了 MSFLD 损伤初始化准则，基于单元厚度上每一个材料点的局部变形，损伤的演化在那些材料点上独立驱动。这样，虽然弯曲效应不影响 MSFLD 准则的评估，但它们会影响损伤演化速度。

输入文件用法：使用下面的选项，通过提供作为 α（默认的）的表格函数的极限等效塑性应变，来指定 MSFLD 损伤初始化准则：

*DAMAGE INITIATION, CRITERION = MSFLD, DEFINITION = MSFLD

使用下面的选项，通过提供次应变作为主应变的表格函数，来指定 MS-FLD 损伤初始化准则：

*DAMAGE INITIATION, CRITERION = MSFLD, DEFINITION = FLD

Abaqus/CAE 用法：Property module：material editor：Mechanical → Damage for Ductile Metals→MSFLD Damage

主应变率比的数值评估

主应变率比 $\alpha = \dot{\varepsilon}_{\text{minor}}/\dot{\varepsilon}_{\text{major}}$，会因为变形路径的突然改变而发生值跳变。在显式动态仿真中，要特别注意避免由数值噪声产生的无物理意义的 α 跳变，这样可能造成变形状态曲线与成形极限曲线的水平相交，并导致过早地预测缩颈不稳定。

为了克服此问题，基于等效塑性应变中小的但是显著的变化之后，Abaqus /Explicit 周期性地更新 α，而不是将 α 计算成即时应变率的比。触发 α 更新的等效塑性应变变化阈值表示成 $(\Delta\overline{\varepsilon}^{\text{pl}})^{*}$，并且 α 近似为

$$\alpha = \frac{(\Delta\varepsilon)_{\text{minor}}^{*}}{(\Delta\varepsilon)_{\text{major}}^{*}}$$

式中，$(\Delta\varepsilon)_{\text{minor}}^{*}$ 和 $(\Delta\varepsilon)_{\text{major}}^{*}$ 是自上次 α 更新后累积的塑性应变主值；$(\Delta\overline{\varepsilon}^{\text{pl}})^{*}$ 的默认值是 0.002（0.2%）。

此外，Abaqus/Explicit 支持以下计算 α 的滤波方法：

$$\alpha_{t+(\Delta t)^{*}} = (1-\omega)\alpha_{t} + \omega\frac{(\Delta\varepsilon)_{\text{minor}}^{*}}{(\Delta\varepsilon)_{\text{major}}^{*}}$$

式中，$(\Delta t)^{*}$ 是分析增量上的累积时间，此分析增量要求等效塑性应变中的增量至少有 $(\Delta\overline{\varepsilon}^{\text{pl}})^{*}$。因子 ω（$0<\omega\leqslant1$）有利于过滤高频振荡，但通常没有必要提供此过滤方法，使用一个近似的 $(\Delta\overline{\varepsilon}^{\text{pl}})^{*}$ 值即可。用户可以直接指定 ω 的值，默认值是 $\omega=1.0$（无过滤）。

在 Abaqus/Standard 中，α 在每个分析增量上计算成 $\alpha_{t+\Delta t} = \Delta\varepsilon_{\text{minor}}/\Delta\varepsilon_{\text{major}}$，没有使用上面任何一种过滤方法。然而，用户仍然可以为 $(\Delta\overline{\varepsilon}^{\text{pl}})^{*}$ 和 ω 指定值，并且这些值可以引入到 Abaqus/Explicit 中的任何后续分析中。

输入文件用法：＊DAMAGE INITIATION，CRITERION＝MSFLD，PEINC＝$(\Delta\overline{\varepsilon}^{\text{pl}})^{*}$，

OMEGA＝ω

Abaqus/CAE 用法：Property module：material editor：Mechanical → Damage for Ductile Metals→MSFLD Damage：Omega：ω

Abaqus/CAE 中不能直接指定 $(\Delta\overline{\varepsilon}^{\text{pl}})^{*}$ 的值。

初始条件

当需要研究之前已经承受变形的材料的行为时，例如那些来自制造过程的材料，可以提供初始等效塑性的应变值来指定材料的初始工作硬化状态（见"Abaqus/Standard 和 Abaqus/Explicit 中的初始条件"中的"为塑性硬化定义状态变量的初始值"，《Abaqus 分析用户手册——指定条件、约束与相互作用卷》的 1.2.1 节）。

此外，当初始等效塑性应变大于成形极限曲线上的最小值时，在确定后续变形时，MSFLD 损伤初始化准则是否将得到满足中，α 的初始值扮演非常重要的角色。因此，在这些情况下指定 α 的初始值是重要的。为此，用户可以指定塑性应变张量的初始值（见"Abaqus/Standard 和 Abaqus/Explicit 中的初始条件"中的"定义塑性应变的初始值"，

《Abaqus 分析用户手册——指定条件、约束与相互作用卷》的 1.2.1 节）。Abaqus 使用此信息将 α 的初始值定义成次要和主要主塑性应变的比值，即忽略变形的弹性部分并假定一个线性的变形路径。

输入文件用法：同时使用下面的选项来指定当前分析之前发生的材料硬化和塑性应变：

> *INITIAL CONDITIONS，TYPE=HARDENING
> *INITIAL CONDITIONS，TYPE=PLASTIC STRAIN

Abaqus/CAE 用法：Load module：Create Predefined Field：Step：Initial，为 Category 选择 Mechanical 并为 Types for Selected Step 选择 Hardening
Abaqus/CAE 中不支持初始塑性应变条件。

单元

韧性金属的损伤初始化准则可以与 Abaqus 中任何包含力学行为的单元（具有位移自由度的单元）一起使用，除了 Abaqus/Explicit 中的管单元。

金属板材缩颈不稳定性模型（FLD、FLSD、MSFLD 和 M-K）只对包含力学行为并采用平面应力公式的单元才可以使用（例如平面应力、壳、连续壳和膜单元）。

输出

除了 Abaqus 中可以使用的标准输出标识符（"输出变量"，《Abaqus 分析用户手册——介绍、空间建模、执行与输出卷》的 4.2 节）外，当指定了损伤初始化准则时，下面的变量具有特殊的意义：

ERPRATIO：主应变率比 α，用于 MSFLD 损伤初始化准则。

SHRRATIO：切应力比 $\theta_s=(q+k_s p)/\tau_{\max}$，用于剪切损伤初始化准则的评估。

TRIAX：三轴应力 $\eta=-p/q$（与损伤初始化联合使用，仅在 Abaqus/Standard 中可用）。

DMICRT：所有损伤初始化准则分量如下所列。

DUCTCRT：韧性损伤初始化准则 ω_D。

JCCRT：Johnson-Cook 损伤初始化准则（仅在 Abaqus/Explicit 中可用）。

SHRCRT：剪切损伤初始化准则 ω_S。

FLDCRT：分析中 FLD 损伤初始化准则 ω_{FLD} 的最大值。

FLSDCRT：分析中 FLSD 损伤初始化准则 ω_{MSFLD} 的最大值。

MSFLDCRT：分析中 MSFLD 损伤初始化准则 ω_{MSFLD} 的最大值。

MKCRT：M-K 损伤初始化准则 ω_{MK}（仅在 Abaqus/Explicit 中可用）。

与损伤初始化准则相关联的输出变量值为 1 或者更大时，说明准则得到满足。如果已经为此准则指定了一个损伤演化规律，Abaqus 将限制输出变量的最大值为 1（见"韧性金属的损伤演化和单元删除"，4.2.3 节）。如果没有指定损伤演化，则将在超出损伤初始化的点外继续计算损伤初始化的准则。在此情况中，输出变量可以取大于 1 的值，表明初始化准则已经超出的程度。

4.2.3　韧性金属的损伤演化和单元删除

产品：Abaqus/Standard　　Abaqus/Explicit　　Abaqus/CAE

参考

- "渐进性损伤和失效：概览"，4.1 节
- ＊DAMAGE EVOLUTION
- "定义损伤"中的"损伤演化"，《Abaqus/CAE 用户手册》（在线 HTML 版本）的 12.9.3 节

概览

韧性金属的损伤演化能力：

- 假设导致材料失效的损伤是通过材料刚度的渐进退化来表征的。
- 必须与韧性金属的损伤初始化准则相结合（"韧性金属的损伤初始化"，4.2.2 节）。
- 采用独立于网格的度量（塑性位移或者物理能量耗散）来驱动损伤初始化后的损伤演化。
- 考虑同时作用在同一种材料上的不同损伤机理的联合作用，并且包含指定每一种机理如何对整个材料的退化产生影响的选项。
- 提供失效时发生什么问题的选项，包括从网格中删除单元。

损伤演化

图 4-6 所示为承受损伤的材料的特征应力-应变行为。在具有各向同性硬化的弹塑性材料中，损伤以两种方式得以体现：屈服应力的软化和弹性的退化。图 4-6 中的实线代表受损伤的应力-应变曲线，而虚线是没有损伤的曲线。如后面讨论的那样，损伤响应取决于单元的特征尺寸，这样可以使结果的网格相关性最小化。

在图 4-6 中，σ_{y0} 和 $\bar{\varepsilon}_0^{pl}$ 是损伤发生时的屈服应力和等效塑性应变；$\bar{\varepsilon}_f^{pl}$ 是失效时，即整体损伤变量达到 $D=1$ 时的等效塑性应变。整体损伤变量 D 捕捉所有有效失效机理的组合影响，并以计算单个损伤变量 d_i 的形式得到，如此节后面所讨论的那样

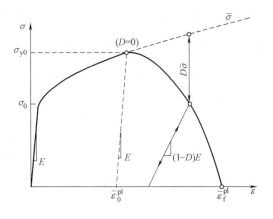

图 4-6　具有渐进性损伤退化的应力-应变曲线

（见"多准则有效时如何评估总体损伤"）。

等效塑性应变在失效时的值 $\overline{\varepsilon}_{\mathrm{f}}^{\mathrm{pl}}$ 取决于单元的特征长度，并且对于损伤演化规律的指定，不能作为一个材料参数。

作为替代，损伤演化规律以等效塑性位移 $\overline{u}^{\mathrm{pl}}$ 的形式来指定，或者以断裂能耗散 G_{f} 的形式来指定。

网格相关性和特征长度

当材料发生损伤时，应力-应变曲线不再精确地表示材料的行为。继续使用应力-应变曲线将产生基于应变局部化的强烈网格相关性，这样耗散的能量随着网格的细化而降低。要求不同的方法遵从应力-应变曲线的应变软化分支。通过在损伤初始化后创建应力-位移曲线，使用 Hillerborg（1976）的断裂能量假设来降低网格相关性。使用脆性断裂概念，Hillerborg 定义打开一单位面积的裂纹所要求的能量 G_{f} 为材料参数。使用此方法，损伤初始化后的软化情况是通过应力-位移曲线来表征的，而不是通过应力-应变曲线来表征的。

此应力-位移概念在有限元模型中的执行，要求定义与积分点相关联的特征长度 L。则断裂能表达式为

$$G_{\mathrm{f}} = \int_{\overline{\varepsilon}_0^{\mathrm{pl}}}^{\overline{\varepsilon}_{\mathrm{f}}^{\mathrm{pl}}} L\sigma_{\mathrm{y}} \, \mathrm{d}\overline{\varepsilon}^{\mathrm{pl}} = \int_0^{\overline{u}_{\mathrm{f}}^{\mathrm{pl}}} \sigma_{\mathrm{y}} \, \mathrm{d}\overline{u}^{\mathrm{pl}}$$

此表达式引入等效塑性位移 $\overline{u}^{\mathrm{pl}}$ 的定义，作为损伤开始后屈服应力的断裂功共轭（单位裂纹面积上的功）。在损伤初始化前，$\dot{\overline{u}}^{\mathrm{pl}} = 0$；损伤初始化后，$\dot{\overline{u}}^{\mathrm{pl}} = L\,\dot{\overline{\varepsilon}}^{\mathrm{pl}}$。

特征长度的定义取决于单元的几何形状和公式：对于一阶单元，它是通过单元的线的典型长度；对于二阶单元，它是相同典型长度的一半；对于梁和杆，它是沿着单元轴的特征长度；对于膜和壳，它是参考面中的特征长度；对于轴对称单元，它只是 r-z 平面中的特征长度；对于胶黏单元，它等于本构厚度。使用特征长度的定义，是因为事先并不知道裂纹产生时的方向。因此，长宽比大的单元具有取决于其开裂方向的不同行为：因为此效应而保留一些网格敏感性，并且推荐采用接近单位长宽比的单元。

"韧性金属的损伤初始化"（4.2.2 节）中描述的每一种损伤初始化准则，可以具有一个相关联的损伤演化规律。损伤演化规律可以用等效塑性位移 $\overline{u}^{\mathrm{pl}}$ 的形式或者以断裂能耗散 G_{f} 的形式来指定。这两个选项都考虑了单元的特征长度，以降低结果的网格相关性。

多准则有效时如何评估整体损伤

整体损伤变量 D 捕捉所有有效机理的联合影响，并且通过计算以每一种机理的单独损伤变量 d_i 的形式来衡量。用户可以采用连乘积的形式来选择组合某些损伤变量，从而形成一个中间变量 d_{mult}，即

$$d_{\mathrm{mult}} = 1 - \prod_{k \in N_{\mathrm{mult}}} (1 - d_k)$$

这样，整体损伤变量 D 即为 d_{mult} 加上剩余损伤变量的最大值

$$D = \max\left\{ d_{\mathrm{mult}}, \max_{j \in N_{\mathrm{max}}} (d_j) \right\}$$

式中，N_{mult} 和 N_{max} 分别代表有效机理的设定，表示连乘积和最大值使用 $N_{\mathrm{act}} = N_{\mathrm{mult}} \cup N_{\mathrm{max}}$ 影

响整体损伤。

输入文件用法：使用下面的选项指定与一个具体准则相关联的损伤，以最大值（默认的）的形式影响整个损伤变量：

*DAMAGE EVOLUTION，DEGRADATION＝MAXIMUM

使用下面的选项指定与一个具体准则相关联的损伤，以连乘积的形式影响整个损伤变量：

*DAMAGE EVOLUTION，DEGRADATION＝MULTIPLICATIVE

Abaqus/CAE 用法：使用下面的选项分别指定与一个具体准则相关联的损伤，以最大值（默认的）或者连乘积的形式影响整个损伤变量：

Property module：material editor：Mechanical → Damage for Ductile Metals→criterion：Suboptions→Damage Evolution：Degradation：Maximum 或者 Multiplicative

定义取决于有效塑性位移的损伤演化

如之前讨论的那样，若满足损伤初始化准则，则采用下面的演化方程来定义有效塑性位移 $\bar{u}^{\mathrm{pl}}$

$$\dot{\bar{u}}^{\mathrm{pl}} = L \dot{\bar{\varepsilon}}^{\mathrm{pl}}$$

式中，L 是单元的特征长度。

相对塑性位移的损伤变量演化可以采用表格、线性或者指数的形式来指定。如果将失效时的塑性位移 $\bar{u}_{\mathrm{f}}^{\mathrm{pl}}$ 指定成 0，则将发生即时失效；然而，不推荐使用此选项或应当谨慎使用，因为它将导致应力在材料点的突然下降，而这样将造成动态不稳定。

表格形式

用户可以直接将损伤变量指定成等效塑性位移的表格函数 $d = d(\bar{u}^{\mathrm{pl}})$，如图 4-7a 所示。

输入文件用法：*DAMAGE EVOLUTION，TYPE＝DISPLACEMENT，SOFTENING＝TABULAR

Abaqus/CAE 用法：Property module：material editor：Mechanical → Damage for Ductile Metals→criterion：Suboptions→Damage Evolution：Type：Displacement：Softening：Tabular

线性形式

假定有效塑性位移的损伤变量是线性演化的，如图 4-7b 所示。用户可以指定在失效点（完全退化）处的有效塑性位移 $\bar{u}_{\mathrm{f}}^{\mathrm{pl}}$。然后，损伤变量根据下面的公式增加

$$\dot{d} = \frac{L \dot{\bar{\varepsilon}}^{\mathrm{pl}}}{\bar{u}_{\mathrm{f}}^{\mathrm{pl}}} = \frac{\dot{\bar{u}}^{\mathrm{pl}}}{\bar{u}_{\mathrm{f}}^{\mathrm{pl}}}$$

此定义可确保当有效塑性位移达到值 $\bar{u}^{\mathrm{pl}} = \bar{u}_{\mathrm{f}}^{\mathrm{pl}}$ 时，材料刚度将完全退化（$d = 1$）。当材料的有效响应在损伤初始化后是完美塑性（屈服应力为常数）的时候，线性损伤演化规律才能定义一个真正的线性应力-应变的软化响应。

输入文件用法：＊DAMAGE EVOLUTION，TYPE＝DISPLACEMENT，SOFTENING＝LINEAR

Abaqus/CAE 用法：Property module：material editor：Mechanical → Damage for Ductile Metals→criterion：Suboptions→Damage Evolution：Type：Displacement：Softening：Linear

指数形式

假设一个使用塑性位移的损伤变量是指数演化的，如图 4-7c 所示。用户可以指定失效时的相对塑性位移 $\overline{u}_{\mathrm{f}}^{\mathrm{pl}}$ 和指数 α。损伤变量的表达式为

$$d = \frac{1 - e^{-\alpha(\overline{u}^{\mathrm{pl}}/\overline{u}_{\mathrm{f}}^{\mathrm{pl}})}}{1 - e^{-\alpha}}$$

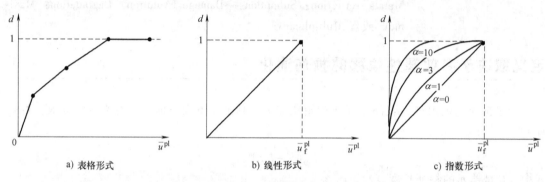

a) 表格形式　　　　b) 线性形式　　　　c) 指数形式

图 4-7　基于塑性位移的损伤演化的不同定义

输入文件用法：＊DAMAGE EVOLUTION，TYPE＝DISPLACEMENT，SOFTENING＝EXPONENTIAL

Abaqus/CAE 用法：Property module：material editor：Mechanical → Damage for Ductile Metals→criterion：Suboptions→Damage Evolution：Type：Displacement：Softening：Exponential

以损伤过程中耗散的能量为基础来定义损伤演化

用户可以直接指定损伤过程中单位面积上耗散的断裂耗散能 G_{f}。如果指定 $G_{\mathrm{f}}=0$，则失效将立即发生。然而，不推荐使用此选项或应当谨慎使用，因为它会造成材料点处应力的突然下降，而这样可导致动态不稳定性。

损伤中的演化可以采用线性形式或者指数形式来指定。

线性形式

假定使用塑性位移的损伤变量是线性演化的。用户可以指定单位面积上的断裂耗散能 G_{f}。然后，一旦满足了损伤初始化准则，则损伤变量根据下式增加

$$\dot{d} = \frac{L\dot{\overline{\varepsilon}}^{\mathrm{pl}}}{\overline{u}_{\mathrm{f}}^{\mathrm{pl}}} = \frac{\dot{\overline{u}}^{\mathrm{pl}}}{\overline{u}_{\mathrm{f}}^{\mathrm{pl}}}$$

失效时的等效塑性位移的计算式为

$$\overline{u}_{\mathrm{f}}^{\mathrm{pl}} = \frac{2G_{\mathrm{f}}}{\sigma_{\mathrm{y0}}}$$

式中，σ_{y0} 是满足失效准则时的屈服应力值。这样，模型将变得与图 4-7b 所示的那样等效。当超出损伤开始的材料等效响应是完全塑性（屈服应力为常数）的时候，可以确保损伤演化过程中模型的能量耗散等于 G_{f}。

输入文件用法：＊DAMAGE EVOLUTION，TYPE＝ENERGY，SOFTENING＝LINEAR

Abaqus/CAE 用法：Property module：material editor：Mechanical → Damage for Ductile Metals → criterion：Suboptions → Damage Evolution：Type：Energy：Softening：Linear

指数形式

假定损伤变量的指数演化给定为

$$d = 1 - \exp\left(- \int_0^{\overline{u}^{\mathrm{pl}}} \frac{\overline{\sigma}_{\mathrm{y}} \dot{\overline{u}}^{\mathrm{pl}}}{G_{\mathrm{f}}} \right)$$

模型的公式可确保损伤演化过程中的能量耗散等于 G_{f}，如图 4-8a 所示。理论上，损伤变量达到 1 时，只是渐进地无限接近等效塑性位移（图 4-8b）。在实际中，当耗散能量达到 $0.99G_{\mathrm{f}}$ 时，Abaqus/Explicit 将设置 $d=1$。

输入文件用法：＊DAMAGE EVOLUTION，TYPE＝ENERGY，SOFTENING＝EXPONENTIAL

Abaqus/CAE 用法：Property module：material editor：Mechanical → Damage for Ductile Metals → criterion：Suboptions → Damage Evolution：Type：Energy：Softening：Exponential

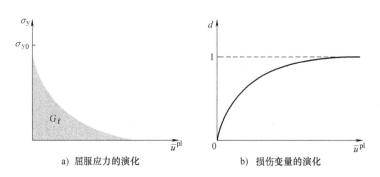

a) 屈服应力的演化　　　　　b) 损伤变量的演化

图 4-8　基于能量的使用指数规律的损伤演化

最大退化值和单元删除的选择

用户可以控制 Abaqus 如何处理具有严重损伤的单元。可以对整体损伤变量 D 指定一个上限 D_{max}，并且可以选择达到最大退化值时是否删除单元，这会影响哪一个刚度分量受到损伤。

指定最大退化值

D_{max}的默认设置取决于在达到最大退化值时是否删除单元。对于默认的单元删除情况，以及胶黏单元的所有情况，$D_{max}=1.0$；其他情况下，$D_{max}=0.99$。输出变量 SDEG 包含 D 的值。一旦 D 达到 D_{max} 时，在积分点上没有进一步的损伤积累（除了因为单元删除而丧失了剩余刚度）。

输入文件用法：使用下面的选项指定 D_{max}：

$$* \text{SECTION CONTROLS, MAX DEGRADATION} = D_{max}$$

从网格中删除单元

默认情况下，达到最大退化值时系统将删除单元。除了使用张力分离响应的胶黏单元（见"定义使用张力分量描述的胶黏单元的本构响应"，《Abaqus 分析用户手册——单元卷》的 6.5.6 节），Abaqus 对最后可能被删除的单元的所有刚度分量均等地施加损伤，即

$$\boldsymbol{\sigma} = (1-D)\overline{\boldsymbol{\sigma}}$$

在 Abaqus/Standard 中，在一个单元的所有积分点的所有截面上，如果 D 达到 D_{max}，则从网格中删除此单元，除了胶黏单元（对于胶黏单元，单元的删除条件是在所有积分点上 D 达到 D_{max}，并且对于张力分量的响应，没有处于压缩状态的积分点）。

在 Abaqus/Explicit 中，在一个单元的所有积分点的所有截面上，如果 D 达到 D_{max}，则从网格中删除此单元，除了胶黏单元（对于胶黏单元，单元的删除条件是在所有积分点上 D 达到 D_{max}，并且对于张力分离的响应，没有处于压缩状态的积分点）。例如，默认情况下，当在任何一个积分点上达到最大退化值的时候，发生实体单元删除。然而，在一个壳单元中，从网格中删除单元之前，一个单元的所有积分位置的整个厚度截面上的点必须都失效。在二阶退化-积分梁单元中，在沿着梁轴线的两个单元积分位置的任何一个中，当整个厚度截面上的所有点达到最大退化值时，默认情况下将导致单元的删除。类似的，在改进的三角形和四面体实体单元和完全积分的膜单元中，任何一个积分点上 D 达到 D_{max}，默认情况下即删除单元。

在热传导分析中，材料的热属性不受材料刚度的渐进性损伤的影响，直到达到单元删除的条件。在此点，也删除了单元的热贡献。

输入文件用法：使用下面的选项从网格中删除单元（默认的）：

$$* \text{SECTION CONTROLS, ELEMENT DELETION} = \text{YES}$$

在计算中保留单元

为可选择项，用户可以选择不从网格中删除单元，除了三维梁单元的情况。取消了单元删除选项，则强制整体损伤变量 $D < D_{max}$，默认值是 $D_{max}=0.99$，即为确保单元在仿真中保持有效，应剩余至少 1% 的原始刚度。单元应力状态的维度影响哪个刚度分量是可以变成受损的，如下面讨论的那样。

在热传导分析中，材料的热属性不受材料刚度损伤的影响。

输入文件用法：使用下面的选项在计算中保留单元：

* SECTION CONTROLS, ELEMENT DELETION = NO

Abaqus/Explicit 中具有三维应力状态的单元

对于具有三维应力状态的单元（包括广义的平面应变单元），剪切刚度将退化至最大值 D_{max}，导致偏量应力分量的软化。然而，体刚度只在材料承受负压力（即静水压力）时才退化；在正压力下没有体退化。这对应于流体型行为。这样，退化偏量 S 和压力 p 的计算式为

$$S = (1 - D_{dev})\overline{S}$$
$$p = (1 - D_{vol})\overline{p}$$

其中，偏量和体积损伤变量的公式为

$$D_{dev} = D$$
$$D_{vol} = \begin{cases} D(\overline{p} \leqslant 0) \\ 0(\overline{p} > 0) \end{cases}$$

在此情况下，输出变量 SDEG 包含 D_{dev} 的值。

Abaqus/Standard 中具有三维应力状态的单元

对于具有三维应力状态的单元（包括广义的平面应变单元），刚度将均匀地退化，直到达到最大退化值 D_{max}。输出变量 SDEG 包含 D 的值。

具有平面应力状态的单元

对于具有平面应力状态的单元（平面应力、壳、连续的壳和膜单元），刚度将均匀地退化，直到达到最大退化值 D_{max}。输出变量 SDEG 包含 D 的值。

具有一维应力状态的单元

对于具有一维应力状态的单元（即杆单元、螺纹钢和具有垫片行为的胶黏单元），若其唯一应力组成部分是正的（张力），则将进行退化。材料刚度在压力载荷作用下保持不变。这样，通过 $\sigma = (1 - D_{uni})\overline{\sigma}$ 给出此应力，其中单轴损伤变量的计算公式为

$$D_{uni} = \begin{cases} D & (\overline{\sigma} \geqslant 0) \\ 0 & (\overline{\sigma} < 0) \end{cases}$$

在此情况下，D_{max} 确定了单轴拉伸的最大允许退化值（$D \leqslant D_{max}$）。输出变量 SDEG 包含 D_{uni} 的值。

Abaqus/Standard 中的收敛困难

表现出软化行为和刚度退化的材料模型，通常在隐式分析程序（如 Abaqus/Standard）中，导致严重的收敛困难。Abaqus/Standard 中有一些改进涉及这些材料的分析收敛性技术。

Abaqus/Standard 中的黏性调整

用户可以通过使用黏性调整策略来克服某些有关软化和刚度退化的收敛性困难，这将导

致软化材料的剪切刚度矩阵对于足够小的时间增量变成正的。

在此调整策略中，通过演化方程定义了一个黏性损伤变量

$$\dot{d}_v = \frac{1}{\eta}(d - d_v)$$

式中，η 是表征黏性系统松弛时间的系数；d 是在无黏性基础模型中评估得到的损伤变量。黏性材料的损伤响应是采用损伤变量的黏度计算得到的。使用具有小 η 值（与增量特征时间相比要小）的黏性调整策略，通常有助于改善模型在软化区域中的收敛速度，且不影响结果。基本思想是，当 $t/\eta \to \infty$ 时，黏性系统的解松弛到无黏性的情况，其中 t 代表时间。

在 Abaqus/Standard 中，用户可以将 η 值指定成截面控制定义的一部分。更多内容见"截面控制"中"与胶黏单元、连接单元和可以与韧性金属和纤维增强复合材料的损伤演化模型一起使用的单元，一起使用黏性调整"（《Abaqus 分析用户手册——单元卷》的 1.1.4 节）。

非对称方程求解器

通常，如果使用了韧性演化模型，则材料的雅可比矩阵将是非对称的。为改善收敛性，建议在这种情况下使用非对称方程求解器。

使用具有螺纹钢的损伤模型

有可能在定义了螺纹钢的单元中使用材料损伤模型。基材材料对单元应力承载能力的贡献，根据前文所述会减弱。螺纹钢对单元应力承载能力的贡献将不受影响，除非在螺纹钢材料定义中包含了损伤；在这种情况下，螺纹钢对单元应力承载能力的贡献，将在为螺纹钢指定的损伤初始化准则得到满足后退化。因为默认的单元删除选择，当在任意一个积分点位置，所有基材材料和螺纹钢中的截面点完全退化后，将从网格中删除单元。

单元

任何可以与 Abaqus 中的韧性金属损伤初始化准则一起使用的单元（"韧性金属的损伤初始化"，4.2.2 节），都可以定义韧性金属的损伤演化。

输出

除了 Abaqus 中可以使用的标准输出标识符（"Abaqus/Standard 输出变量标识符"，《Abaqus 分析用户手册——介绍、空间建模、执行与输出卷》的 4.2.1 节，以及"Abaqus/Explicit 输出变量标识符"，《Abaqus 分析用户手册——介绍、空间建模、执行与输出卷》的 4.2.2 节）外，当指定了损伤演化时，以下变量具有特别的意义：

STATUS：单元的状态（如果单元是有效的，则单元的状态是 1.0；如果单元是无效的，则单元的状态是 0.0）。

SDEG：整体标量刚度退化系数 D。

4.3　纤维增强复合材料的损伤和失效

- "纤维增强复合材料的损伤和失效：概览"，4.3.1 节

- "纤维增强复合材料的损伤初始化"，4.3.2 节

- "纤维增强复合材料的损伤演化和单元删除"，4.3.3 节

4.3.1 纤维增强复合材料的损伤和失效：概览

产品：Abaqus/Standard   Abaqus/Explicit   Abaqus/CAE

参考

- "渐进性损伤和失效：概览"，4.1 节
- "纤维增强复合材料的损伤初始化"，4.3.2 节
- "纤维增强复合材料的损伤演化和单元删除"，4.3.3 节
- *DAMAGE INITIATION
- *DAMAGE EVOLUTION
- *DAMAGE STABILIZATION
- "定义损伤"中的"Hashin 损伤"，《Abaqus/CAE 用户手册》（在线 HTML 版本）的
12.9.3 节

概览

Abaqus 提供一个损伤模型，用户可以据此预测损伤的发生并模拟具有各向异性行为的弹性-脆性材料的损伤演化。模型主要适合与纤维增强的材料一起使用，因为它们通常表现出此种行为。

此损伤模型要求进行下面的指定：

- 材料的未受损响应，它必须是线弹性的（见"线弹性行为"，2.2.1 节）。
- 损伤初始化准则（见"渐进性损伤和失效"，4.1 节，以及"纤维增强复合材料的损伤初始化"，4.3.2 节）。
- 一个损伤演化响应，包括单元删除的选择（见"渐进性损伤和失效：概览"，4.1 节，以及"纤维增强复合材料的损伤演化和单元删除"，4.3.3 节）。

单向层合板中损伤的一般概念

损伤是通过材料的刚性退化来表征的。它在纤维增强复合材料分析中扮演重要的角色。许多这样的材料表现出弹性-脆性的行为，即初始这些材料中的损伤不需要明显的塑性变形。结果是当模拟此类材料的行为时，可以忽略塑性。

假定纤维增强材料中的纤维是平行的，如图 4-9 所示。用户必须在由用户定义的局部坐标系中指定材料属性。层合板是在 1-2 平面中，并且局部 1 方向对应纤维方向。用户必须采用定义一个各向异性线弹性材料的方法来指定未受损材料的响应（"线弹性行为"，2.2.1 节），最便捷的方法是在平面应力中定义一种各向异性的材料（"线弹性行为"中的"在平面应力中定义各向异性的弹性"，2.2.1 节）。另外，也可以采用工程常数的方式或者直接指

定弹性刚度矩阵的方法来定义材料响应。

Abaqus 各向异性损伤模型是以 Matzen-miller 等人（1995）、Hashin 和 Rotem（1973），Hashine（1980）、Camanho 和 Davila（2002）的工作为基础的。

考虑 4 种不同的失效模型：

- 拉伸中的纤维断裂。
- 压缩中的纤维屈曲和扭结。
- 横向拉伸和剪切下的基材开裂。
- 横向压缩和剪切下的基材压碎。

在 Abaqus 中，损伤的开始是由 Hashin 和 Rotem（1973）以及 Hashin（1980）提出

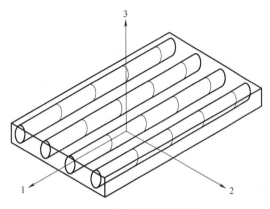

图 4-9 均一方向的层合板

的初始准则来确定的，其中，失效面是采用有效应力空间来表达的（有效抵抗力区域上作用的应力）。"纤维增强复合材料的损伤初始化"（4.3.2 节）中对这些准则进行了详细的讨论。

材料的响应按下式计算得到

$$\sigma = \boldsymbol{C}_{\mathrm{d}}\varepsilon$$

式中，ε 是应变；$\boldsymbol{C}_{\mathrm{d}}$ 是弹性矩阵，它可体现任何损伤并具有下面的形式

$$\boldsymbol{C}_{\mathrm{d}} = \frac{1}{D}\begin{bmatrix} (1-d_{\mathrm{f}})E_1 & (1-d_{\mathrm{f}})(1-d_{\mathrm{m}})\nu_{21}E_1 & 0 \\ (1-d_{\mathrm{f}})(1-d_{\mathrm{m}})\nu_{12}E_2 & (1-d_{\mathrm{m}})E_2 & 0 \\ 0 & 0 & (1-d_{\mathrm{s}})GD \end{bmatrix}$$

式中，$D = 1-(1-d_{\mathrm{f}})(1-d_{\mathrm{m}})\nu_{12}\nu_{21}$；$d_{\mathrm{f}}$ 体现纤维损伤的当前状态；d_{m} 体现基材损伤的当前状态；d_{s} 体现剪切损伤的当前状态；E_1 是纤维方向上的弹性模量；E_2 是与纤维垂直方向上的弹性模量；G 是剪切模量；ν_{12} 和 ν_{21} 是泊松比。

由于损伤产生的弹性基材的演化在"纤维增强复合材料的损伤演化和单元删除"（4.3.3 节）中有更详细的讨论。那一节也讨论了以下内容：

- 处理严重损伤的选项（"纤维增强复合材料的损伤演化和单元删除"中的"最大退化值和单元删除的选择"，4.3.3 节）。
- 黏性调整（"纤维增强复合材料的损伤演化和单元删除"中的"黏性调整"，4.3.3 节）。

单元

纤维增强复合材料的损伤模型必须与使用平面应力公式的单元一起使用，包括平面应力、壳、连续壳和膜单元。

4.3.2 纤维增强复合材料的损伤初始化

产品：Abaqus/Standard　　Abaqus/Explicit　　Abaqus/CAE

参考

- "渐进性损伤和失效：概览"，4.1 节
- "纤维增强复合材料的损伤演化和单元删除"，4.3.3 节
- * DAMAGE INITIATION
- "定义损伤"中的"Hashin 损伤"，《Abaqus/CAE 用户手册》（在线 HTML 版本）的 12.9.3 节

概览

纤维增强材料的损伤初始化能力：
- 要求未受损材料的行为是线性弹性的（见"线弹性行为"，2.2.1 节）。
- 是以 Hashin 理论为基础的（Hashin 和 Rotem（1973）Hashin（1980））。
- 考虑 4 种不同的失效模式：纤维拉伸、纤维压缩、基材拉伸和基材压缩。
- 可以与"纤维增强复合材料的损伤演化和单元删除"（4.3.3 节）中描述的损伤演化模型联合使用（见"钝缺口的纤维金属层合板的失效"，《Abaqus 例题手册》的 1.4.6 节）。

损伤初始化

损伤初始化是指一个材料点上的退化开始。在 Abaqus 中，纤维增强复合材料的损伤初始化准则是以 Hashin 的理论为基础的。这些准则考虑 4 种不同的损伤初始化机理：纤维拉伸、纤维压缩、基材拉伸和基材压缩。

初始准则具有以下一般形式：

纤维拉伸（$\hat{\sigma}_{11} \geqslant 0$）

$$F_{\mathrm{f}}^{\mathrm{t}} = \left(\frac{\hat{\sigma}_{11}}{X^{\mathrm{T}}}\right)^2 + \alpha\left(\frac{\hat{\tau}_{12}}{S^{\mathrm{L}}}\right)^2$$

纤维拉伸（$\hat{\sigma}_{11} < 0$）

$$F_{\mathrm{f}}^{\mathrm{c}} = \left(\frac{\hat{\sigma}_{11}}{X^{\mathrm{C}}}\right)^2$$

基材拉伸（$\hat{\sigma}_{22} \geqslant 0$）

$$F_{\mathrm{m}}^{\mathrm{t}} = \left(\frac{\hat{\sigma}_{22}}{Y^{\mathrm{T}}}\right)^2 + \alpha\left(\frac{\hat{\tau}_{12}}{S^{\mathrm{L}}}\right)^2$$

基材压缩（$\hat{\sigma}_{22} < 0$）

$$F_{\mathrm{m}}^{\mathrm{c}} = \left(\frac{\hat{\sigma}_{22}}{2S^{\mathrm{T}}}\right)^2 + \left[\left(\frac{Y^{\mathrm{C}}}{2S^{\mathrm{T}}}\right)^2 - 1\right]\frac{\hat{\sigma}_{22}}{Y^{\mathrm{C}}} + \left(\frac{\hat{\tau}_{12}}{S^{\mathrm{L}}}\right)^2$$

式中 X^{T}——纵向抗拉强度；

        X^{C}——纵向抗压强度；

        Y^{T}——横向抗拉强度；

        Y^{C}——横向抗压强度；

        S^{L}——纵向抗剪强度；

S^{T}——横向抗剪强度；

α——确定切应力对纤维拉伸初始化准则贡献的系数；

$\hat{\sigma}_{11}$、$\hat{\sigma}_{22}$、$\hat{\tau}_{12}$——有效应力张量 $\hat{\sigma}$ 的分量，用来评估初始化准则并由下式计算得到

$$\hat{\sigma} = M\sigma$$

其中，σ 是真应力；M 是损伤运算符，其表达式为

$$M = \begin{bmatrix} \dfrac{1}{(1-d_{\mathrm{f}})} & 0 & 0 \\[3mm] 0 & \dfrac{1}{(1-d_{\mathrm{m}})} & 0 \\[3mm] 0 & 0 & \dfrac{1}{(1-d_{\mathrm{s}})} \end{bmatrix}$$

d_{f}、d_{m}、d_{s}——内部（损伤）变量，用来表征纤维、基材和剪切损伤，它们对应于之前讨论
模型的损伤变量 $d_{\mathrm{f}}^{\mathrm{t}}$、$d_{\mathrm{f}}^{\mathrm{c}}$、$d_{\mathrm{m}}^{\mathrm{t}}$ 和 $d_{\mathrm{m}}^{\mathrm{c}}$

$$d_{\mathrm{f}} = \begin{cases} d_{\mathrm{f}}^{\mathrm{t}} & \hat{\sigma}_{11} \geqslant 0 \\ d_{\mathrm{f}}^{\mathrm{c}} & \hat{\sigma}_{11} < 0 \end{cases}$$

$$d_{\mathrm{m}} = \begin{cases} d_{\mathrm{m}}^{\mathrm{t}} & \hat{\sigma}_{22} \geqslant 0 \\ d_{\mathrm{m}}^{\mathrm{c}} & \hat{\sigma}_{22} < 0 \end{cases}$$

$$d_{\mathrm{s}} = 1 - (1 - d_{\mathrm{f}}^{\mathrm{t}})(1 - d_{\mathrm{f}}^{\mathrm{c}})(1 - d_{\mathrm{m}}^{\mathrm{t}})(1 - d_{\mathrm{m}}^{\mathrm{c}})$$

在任何损伤初始化和演化之前，损伤算子 M 等于单位矩阵，所以 $\hat{\sigma} = \sigma$。一旦至少为一个损伤模型发生了损伤初始化和演化，损伤算子将在其他模型的损伤初始化准则中变得显著（损伤演化的讨论见“纤维增强复合材料的损伤演化和单元删除”，4.3.3 节）。有效应力 $\hat{\sigma}$ 适合表示作用在受损区域上的应力，此区域有效地抵抗内力。

上面介绍的初始化准则，可以通过设置 $\alpha = 0.0$ 和 $S^{\mathrm{T}} = Y^{C}/2$ 进行指定，得到 Hashin 和 Rotem（1973）提出的模型；或者通过设置 $\alpha = 1.0$，得到 Hashin（1980）提出的模型。

与每一个初始化准则（纤维拉伸、纤维压缩、基材拉伸、基材压缩）相关联的输出变量，均可表明准则是否得到满足。1.0 或者更高的值表明初始化准则得到满足（详细内容见“输出”）。如果用户定义了一个损伤初始化模型，但是没有定义一个相关的演化规律，则初始化准则将只影响输出。这样，用户可以使用这些准则来评估材料承受损伤的倾向，而没有模拟损伤过程。

输出文件用法：使用下面的选项定义 Hashin 损伤初始化准则：

　　　　* DAMAGE INITIATION，CRITERION＝HASHIN，ALPHA＝α

　　　　X^{T}，X^{C}，Y^{T}，Y^{C}，S^{L}，S^{T}

Abaqus/CAE 用法：Property module：material editor：Mechanical→Damage for Fiber- Reinforced Composites→Hashin Damage

单元

损伤初始化准则必须与使用平面应力公式的单元一起使用，包括平面应力、壳、连续壳

和膜单元。

输出

除了 Abaqus 中可以使用的标准输出标识符（"Abaqus/Standard 标准输出变量标识符"，《Abaqus 分析用户手册——介绍、空间建模、执行与输出卷》的 4.2.1 节，以及 "Abaqus/Explicit 输出变量标识符"，《Abaqus 分析用户手册——介绍、空间建模、执行与输出卷》的 4.2.2 节）外，以下变量在纤维增强复合材料的损伤模型中与材料点处的损伤初始化密切相关：

DMICRT：所有损伤初始化准则分量。

HSNFTCRT：分析中纤维拉伸初始化准则经历的最大值。

HSNFCCRT：分析中纤维压缩初始化准则经历的最大值。

HSNMTCRT：分析中基材拉伸初始化准则经历的最大值。

HSNMCCRT：分析中基材压缩初始化准则经历的最大值。

以上表明在一个损伤模型中，初始准则作为是否已经得到满足的变量，小于 1.0 的值表明准则未得到满足；1.0 或者更高的值，表明准则已经得到满足。如果用户定义一个损伤演化模型，则此值的最大值为 1.0。如果没有定义损伤演化模型，则此值可以大于 1.0，用以说明已经超出准则多少。

4.3.3 纤维增强复合材料的损伤演化和单元删除

产品：Abaqus/Standard　　　Abaqus/Explicit　　　Abaqus/CAE

参考

- "渐进性损伤和失效：概览"，4.1 节
- "纤维增强复合材料的损伤初始化"，4.3.2 节
- * DAMAGE EVOLUTION
- "定义损伤"中的"损伤演化"，《Abaqus/CAE 用户手册》（在线 HTML 版本）的 12.9.3 节

概览

Abaqus 中纤维增强材料的损伤演化能力：

- 假设损伤是通过材料刚度的渐进退化来表征的，导致材料失效。
- 要求未受损材料的线性弹性行为（见"线弹性行为"，2.2.1 节）。
- 考虑 4 种不同的失效模式：纤维拉伸、纤维压缩、基材拉伸和基材压缩。
- 使用 4 种损伤变量来描述每一种失效模式的损伤。
- 必须与 Hashin 损伤初始化准则联合使用（"纤维增强复合材料的损伤初始化"，4.3.2 节）。

- 在损伤过程中以能量耗散为基础。
- 提供一旦发生失效将发生什么的选项，包括从网格中去除单元。
- 可以与本构方程的黏性调整联合使用，来改善软化区域中的收敛速度。

损伤演化

前面的章节（"纤维增强复合材料的损伤初始化"，4.3.2 节）讨论了平面应力纤维增强复合材料中的损伤初始化。本节将讨论已经指定了损伤演化模型的后损伤初始化行为。在损伤初始化前，材料是线性弹性的，使用一个平面应力正交材料的刚度矩阵。此后，材料的响应按下式计算得到

$$\sigma = C_d \varepsilon$$

式中，ε 是应变；C_d 是损伤弹性矩阵，其表达式为

$$C_d = \frac{1}{D} \begin{bmatrix} (1-d_f) E_1 & (1-d_f)(1-d_m) \nu_{21} E_1 & 0 \\ (1-d_f)(1-d_m) \nu_{12} E_2 & (1-d_m) E_2 & 0 \\ 0 & 0 & (1-d_s) GD \end{bmatrix}$$

其中，$D = 1 - (1-d_f)(1-d_m)\nu_{12}\nu_{21}$；$d_f$ 体现了纤维损伤的当前状态；d_m 体现了基材损伤的当前状态；d_s 体现了剪切损伤的当前状态；E_1 是纤维方向上的弹性模量；E_2 是基材方向上的弹性模量；G 是剪切模量；ν_{12} 和 ν_{21} 是泊松比。

损伤变量 d_f、d_m 和 d_s 对应于先前讨论的 4 种失效模式的变量 d_f^t、d_f^c、d_m^t 和 d_m^c，即

$$d_f = \begin{cases} d_f^t & \hat{\sigma}_{11} \geq 0 \\ d_f^c & \hat{\sigma}_{11} < 0 \end{cases}$$

$$d_m = \begin{cases} d_m^t & \hat{\sigma}_{22} \geq 0 \\ d_m^c & \hat{\sigma}_{22} < 0 \end{cases}$$

$$d_s = 1 - (1-d_f^t)(1-d_f^c)(1-d_m^t)(1-d_m^c)$$

$\hat{\sigma}_{11}$ 和 $\hat{\sigma}_{22}$ 是有效应力张量的组成部分。有效应力张量主要用来评估损伤初始化准则，其计算方法见"纤维增强复合材料的损伤初始化"（4.3.2 节）。

每一种模式的损伤变量演化

为了缓解材料软化中的网格相关性，Abaqus 在公式中引入一个特征长度，这样将本构规律表达成应力-位移的关系。4 种失效模式中每一种的损伤变量将演化，使得应力-位移关系如图 4-10 所示。损伤初始化之前的应力-位移曲线的正斜率对应于线性弹性材料行为；损伤初始化后的负斜率根据下面的方程，由各自损伤变量的演化来达到。

4 种损伤模式中每一种的等效位移和应力定义如下：

纤维拉伸（$\hat{\sigma}_{11} \geq 0$）

$$\delta_{eq}^{ft} = L^c \sqrt{\langle \varepsilon_{11} \rangle^2 + \alpha \varepsilon_{12}^2}$$

$$\sigma_{eq}^{ft} = \frac{\langle \sigma_{11} \rangle \langle \varepsilon_{11} \rangle + \alpha \tau_{12} \varepsilon_{12}}{\delta_{eq}^{ft} / L^c}$$

纤维压缩（$\hat{\sigma}_{11} < 0$）

$$\delta_{eq}^{ft} = L^c \langle -\varepsilon_{11} \rangle$$

$$\sigma_{eq}^{ft} = \frac{\langle -\sigma_{11} \rangle \langle -\varepsilon_{11} \rangle}{\delta_{eq}^{ft}/L^c}$$

基材拉伸（$\hat{\sigma}_{22} \geqslant 0$）

$$\delta_{eq}^{mt} = L^c \sqrt{\langle \varepsilon_{22} \rangle^2 + \varepsilon_{12}^2}$$

$$\sigma_{eq}^{mt} = \frac{\langle \sigma_{22} \rangle \langle \varepsilon_{22} \rangle + \tau_{12}\varepsilon_{12}}{\delta_{eq}^{mt}/L^c}$$

基材压缩（$\hat{\sigma}_{22} < 0$）

$$\delta_{eq}^{mc} = L^c \sqrt{\langle -\varepsilon_{22} \rangle^2 + \varepsilon_{12}^2}$$

$$\sigma_{eq}^{mc} = \frac{\langle -\sigma_{22} \rangle \langle -\varepsilon_{22} \rangle + \tau_{12}\varepsilon_{12}}{\delta_{eq}^{mc}/L^c}$$

特征长度 L^c 取决于单元的几何形状和公式：对于一阶单元，它是贯穿一个单元的线的典型长度；对于二阶单元，它是相同典型长度的一半。对于膜和壳，它是参考面中的特征长度，即面积的平方根。上面方程中的符号〈〉代表 Macaulay 符号算子，定义成对于每一个 $\alpha \in \mathcal{R}$，$\langle \alpha \rangle = (\alpha + |\alpha|)/2$。

损伤初始化后（即 $\delta_{eq} \geqslant \delta_{eq}^0$）的行为如图 4-10 所示，具体模型的损伤变量通过下面的表达式给出

$$d = \frac{\delta_{eq}^f (\delta_{eq} - \delta_{eq}^0)}{\delta_{eq}(\delta_{eq}^f - \delta_{eq}^0)}$$

式中，δ_{eq}^0 是初始等效位移，在此位移上，满足相应模式的初始化准则；δ_{eq}^0 是此失效模式中材料完全损伤时的位移。上面的关系的图形化表示如图 4-11 所示。

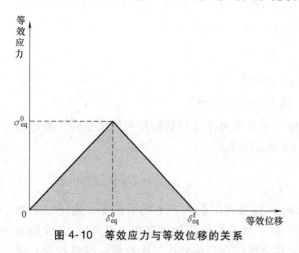

图 4-10　等效应力与等效位移的关系

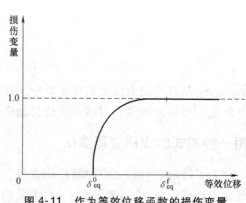

图 4-11　作为等效位移函数的损伤变量

不同模式下的 δ_{eq}^0 值，取决于弹性刚度和指定成损伤初始化定义一部分的强度参数（见"纤维增强复合材料的损伤初始化"，4.3.2 节）。对于每一种失效模式，用户必须指定由于失效产生的能量耗散 G^c，它对应于图 4-12 中三角形 OAC 的面积。不同模式下的 δ_{eq}^f 值取决于各自的 G^c 值。

沿着一条朝向等效应力-等效位移图原点的线性路径，在一个特定的损伤状态（图 4-12 中的点 B）下发生卸载，再加载此相同路径回到点 B，如图 4-12 所示。

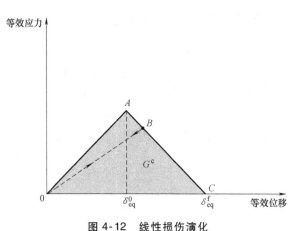

图 4-12 线性损伤演化

输入文件用法：使用下面的选项定义损伤演化规律：

          * DAMAGE EVOLUTION，TYPE = ENERGY，SOFTENING = LINEAR

          G_{ft}^c，G_{fc}^c，G_{mt}^c，G_{mc}^c

          其中，G_{ft}^c、G_{fc}^c、G_{mt}^c 和 G_{mc}^c 分别是纤维拉伸、纤维压缩、基材拉伸和基材压缩失效模式下，损伤过程中耗散的能量。

Abaqus/CAE 用法：Property module：material editor：Mechanical→Damage for Fiber-Reinforced Composites → Hashin Damage：Suboptions → Damage Evolution：Type：Energy：Softening：Linear

最大退化值和单元删除的选择

用户可以控制 Abaqus 如何处理具有严重损伤的单元。默认情况下，一个材料点处所有损伤变量的上限是 $d_{max} = 1.0$。用户可以如"截面控制"中的"具有损伤演化材料的单元删除控制和最大退化值"（《Abaqus 分析用户手册——单元卷》的 1.1.4 节）中讨论的那样降低此上限。

默认情况下，在 Abaqus/Standard 中，一旦所有失效模式的损伤变量在所有材料点处达到 d_{max}（见"截面控制"中的"具有损伤演化材料的单元删除控制和最大退化值"，《Abaqus 分析用户手册——单元卷》的 1.1.4 节），则去除（删除）单元。在 Abaqus/Explicit 中，当与纤维失效模式（拉伸或者压缩）相关联的任意损伤变量达到 d_{max} 时，假定材料点失效，并且当一个单元任意积分位置上的所有截面点均满足此条件时，从网格上删除单元。例如，在壳单元中，在从网格中删除单元之前，单元任意一个积分位置整个厚度上的所有截面点必须失效。如果删除了一个单元，则设置此单元的输出变量 STATUS 为零，并且它对后续的变形不提供阻抗。当在 Abaqus/CAE（Abaqus/View）的 Visualization 模块中显示变形后的模型时，不显示已经删除的单元。用户可以通过抑制 STATUS 变量的使用来显示已经删除的单元。

另外，用户可以设定即使在所有损伤变量达到 d_{max} 后，仍然在模型中保留单元。在此情况下，一旦所有损伤变量达到了最大值，刚性 $\boldsymbol{C_d}$ 便保持不变（见本节前文中 $\boldsymbol{C_d}$ 的表达式）。

Abaqus/Standard 中与单元删除有关的困难

从模型中删除单元后，依然在模型中保留它们的节点，即使它们不与任何有效的单元相关联。求解时，由于 Abaqus/Standard 中的用于加速求解的外推策略，这些节点可能承受无物理意义的变形（见"非线性问题的收敛准则"，《Abaqus 分析用户手册——分析卷》的2.2.3节）。这些无物理意义的位移可以通过关闭外插来避免。此外，在一个不附属于有效单元的节点上施加一个点载荷时，将产生收敛困难，因为没有刚度来抵抗载荷。由用户负责防止出现此种情况。

黏性调整

表现出软化行为和刚度退化的材料模型在隐式分析程序中常常会导致严重的收敛困难，例如在 Abaqus/Standard 中。用户可以通过使用黏性调整策略来克服这样的收敛困难，对于足够小的时间增量，这使得软化材料的切线刚度矩阵是正的。

在此调整策略中，通过演化方程来定义黏性损伤变量

$$\dot{d}_v = \frac{1}{\eta}(d - d_v)$$

式中，η 是表征黏性系统松弛时间的参数；d 是损伤变量，在无黏性模型中评估得到。黏性材料的受损响应表达式为

$$\sigma = C_d \varepsilon$$

其中，损伤弹性矩阵 C_d 是通过每一种失效模式的损伤变量黏度计算得到的。使用具有小的 η 值（与特征时间增量相比为小）的黏性调整策略，通常有助于改善软化区域中的模型收敛速度，且不影响结果。基本思想是黏性系统的解在 $t/\eta \to \infty$ 时，松弛到无黏性状态，其中 t 代表时间。

黏性调整在 Abaqus/Explicit 中也是可以使用的。黏性调整降低了损伤增加的速度，并且导致随着变形速率的增加，断裂能的增加，可以作为一个模拟率相关材料行为的有效方法加以利用。

在 Abaqus/Standard 中，与整个模型或者一个单元集的黏性调整相关的大致能量，可以通过使用输出变量 ALLCD 来得到。

定义 η 值

用户可以对不同的失效模式指定不同的 η 值。

输入文件用法：使用下面的选项定义 η 值：

    * DAMAGE STABILIZATION

    η_{ft}、η_{fc}、η_{mt}、η_{mc}

    其中 η_{ft}、η_{fc}、η_{mt}、η_{mc} 分别是纤维拉伸、纤维压缩、基材拉伸和基材压缩失效模式中的系数。

Abaqus/CAE 用法：使用下面的输入定义纤维增强材料的 η 值：

    Property module：material editor：Mechanical→Damage

for Fiber-Reinforced Composites→Hashin Damage：
Suboptions→Damage Stabilization

在 Abaqus/Standard 中指定一个单独的 η 值

另外，在 Abaqus/Standard 中，用户可以将 η 值指定成截面控制定义的一部分。在此情况下，将对所有的失效模式应用相同的 η 值。更多内容见"截面控制"中的"在 Abaqus/Standard 中，可以与胶黏单元、连接单元、韧性金属的损伤演化模型以及纤维增强复合材料一起使用的单元，一起使用黏性调整"（《Abaqus 分析用户手册——单元卷》的 1.1.4 节）。

材料阻尼

如果将刚性比例阻尼指定成与纤维增强材料的损伤演化规律联合，则 Abaqus 将使用损伤弹性刚度计算阻尼应力。

单元

纤维增强材料的损伤演化规律必须与使用平面应力公式的单元一起使用，包括平面应力、壳、连续壳和膜单元。

输出

除了 Abaqus 中可以使用的标准输出标识符（"Abaqus/Standard 标准输出变量标识符"《Abaqus 分析用户手册——介绍、空间建模、执行与输出卷》的 4.2.1 节）外，以下变量与纤维增强复合材料损伤模型的损伤演化紧密相关：

STATUS：单元的状态（如果单元是有效的，则单元的状态是 1.0；如果单元是无效的，则单元的状态是 0.0）。只有在所有损伤模式都发生了损伤时，才设置此变量的值为 0.0。

DAMAGEFT：纤维拉伸损伤变量。

DAMAGEFC：纤维压缩损伤变量。

DAMAGEMT：基材拉伸损伤变量。

DAMAGEMC：基材压缩损伤变量。

DAMAGESHR：剪切损伤变量。

EDMDDEN：由于损伤产生的单元中单位体积的能量耗散。

ELDMD：单元中由于损伤产生的总能量耗散。

DMENER：由于损伤产生的单位体积的能量耗散。

ALLDMD：由于损伤产生的整个（或部分）模型中的能量耗散。

ECDDEN：与黏性调整相关的单元中的单位体积的能量。

ELCD：与黏性调整相关的单元中的总能量。

CENER：与黏性调整相关的单位体积的能量。

ALLCD：与黏性调整相关的整个模型或者一个单元集的能量的近似大小。

4.4 低周疲劳分析中韧性材料的损伤和失效

- "低周疲劳分析中韧性材料的损伤和失效：概览"，4.4.1 节
- "低周疲劳分析中韧性材料的损伤初始化"，4.4.2 节
- "低周疲劳分析中韧性材料的损伤演化"，4.4.3 节

4.4.1 低周疲劳分析中韧性材料的损伤和失效：概览

产品：Abaqus/Standard

参考

- "渐进性损伤和失效：概览"，4.1 节
- "低周疲劳分析中韧性材料的损伤初始化"，4.4.2 节
- "低周疲劳分析中韧性材料的损伤演化"，4.4.3 节
- "使用直接循环方法的低周疲劳分析"，《Abaqus 分析用户手册——分析卷》的 1.2.7 节
- *DAMAGE INITIATION
- *DAMAGE EVOLUTION

概览

Abaqus/Standard 提供由于应力回复，以及使用直接循环方法的低周疲劳分析中非弹性应变能的累积，而产生的韧性金属的渐进性损伤和失效的通用仿真能力。在最常见的情况下，要求进行以下指定：

- 任何单元（包括基于连续方法的黏性单元）中未受损韧性材料的响应以基于连续方法的本构模型（"材料库：概览"，1.1.1 节）的形式来定义。
- 一个损伤初始化准则（"低周疲劳分析中韧性材料的损伤初始化"，4.4.2 节）。
- 一个损伤演化响应（"低周疲劳分析中韧性材料的损伤演化"，4.4.3 节）。

Abaqus 中渐进性损伤和失效的通用架构在"渐进性损伤和失效：概览"（4.1 节）中进行了总结。本节介绍一种韧性材料在使用直接循环方法的低周疲劳分析中的损伤初始化准则和损伤演化规律。

低周疲劳中韧性材料损伤的一般概念

精确和有效地预测非弹性结构的疲劳寿命，例如承受亚临界循环载荷的电子芯片封装中的焊料连接，是一个具有挑战性的问题。循环的热或者力载荷经常导致应力回复和非弹性应变的累积，这可以接着导致裂纹的初始化和繁衍。Abaqus/Standard 中的低周疲劳分析能力使用直接循环方法（"使用直接循环方法的低周疲劳分析"，《Abaqus 分析用户手册——分析卷》的 1.2.7 节），以连续损伤方法为基础模拟渐进性损伤和失效。损伤初始化（"低周疲劳分析中韧性材料的损伤初始化"，4.4.2 节）和演化（"低周疲劳分析中韧性材料的损伤演化"，4.4.3 节）是通过 Darveaux（2002）和 Lau（2002）提出的每循环非弹性滞后应变能的稳定累积来表征的。

损伤演化规律描述了一旦满足了相应的初始化准则，每循环材料刚性的退化速度。对于

韧性材料中的损伤，Abaqus/Standard 假定刚性的退化可以使用标量损伤变量 D 来模拟。在分析中的任意给定循环上，材料中的应力张量是通过标量损伤方程给定的，即

$$\sigma = (1-D)\overline{\sigma}$$

式中，$\overline{\sigma}$ 是在当前增量中计算得到的，存在于未受损材料中的有效（或者未受损的）应力张量。当 $D=1$ 时，材料丧失其承载能力。

单元

韧性材料的失效模拟功能可以与 Abaqus/Standard 中包含力学行为（具有位移自由度的单元）的任何单元（包括基于连续方法的黏性单元）一起使用。

4.4.2 低周疲劳分析中韧性材料的损伤初始化

产品：Abaqus/Standard

参考

- "渐进性损伤和失效：概览"，4.1 节
- ∗ DAMAGE INITIATION

概览

基于非弹性滞后能量的韧性材料的材料损伤初始化；
- 旨在预测低周疲劳分析中韧性材料的损伤初始化。
- 可以与"低周疲劳分析中韧性材料的损伤演化"（4.4.3 节中的韧性材料的损伤演化规律）联合使用。
- 仅可以在使用直接循环方法的低周疲劳分析中使用（"使用直接循环方法的低周疲劳分析"，《Abaqus 分析用户手册——分析卷》的 1.2.7 节）。

韧性材料的损伤初始化准则

损伤初始化准则是唯象模型，它预测由于应力回复和低周疲劳分析中非弹性应变累积产生的损伤的开始。它是通过结构在循环中稳定响应后，材料点上每循环的非弹性滞后能量 Δw 来表征的。损伤初始化时的循环数通过下式给出

$$N_0 = c_1 \Delta w^{c_2}$$

式中，c_1 和 c_2 是材料常数。c_1 的值取决于所使用的单位系统；当转换到一个不同的单位系统时，要求小心地改变 c_1。

初始化准则可以与任何韧性材料联合使用。

输入文件用法：＊DAMAGE INITIATION，CRITERION＝HYSTERESIS ENERGY

单元

韧性材料的损伤初始化准则可以与 Abaqus/Standard 中任何包含力学行为的单元（具有位移自由度的单元）一起使用，包括基于连续方法的黏性单元（"定义使用连续方法的胶黏单元的本构响应"中的"有限厚度胶黏层的模拟"，《Abaqus 分析用户手册——单元卷》的6.5.5 节）。

输出

除了 Abaqus 中可用的标准输出标识符（"Abaqus/Standard 输出变量标识符"，《Abaqus 分析用户手册——介绍、空间建模、执行与输出卷》的 4.2.1 节）外，当指定了损伤初始化准则时，以下变量具有特殊的意义：

CYCLEINI：材料点处初始了损伤时的循环数。

4.4.3　低周疲劳分析中韧性材料的损伤演化

产品：Abaqus/Standard

参考

- "渐进性损伤和失效：概览"，4.1 节
- ＊DAMAGE EVOLUTION

概览

韧性材料的损伤演化能力以非弹性滞后能量为基础：
- 假设损伤是通过材料刚度的渐进性退化来表征的，导致材料失效。
- 在低周疲劳分析中，必须与韧性材料的损伤初始化准则相结合（"低周疲劳分析中韧性材料的损伤初始化"4.4.2）。
- 在损伤初始化后，使用每个稳定循环的非弹性滞后能量来驱动损伤演化。
- 必须与线弹性材料模型（"线弹性行为"，2.2.1 节）、多孔弹性材料模型（"多孔材料的弹性行为"，2.3 节）或者次弹性材料模型（"次弹性"，2.4 节）联合使用。

基于非弹性滞后能量的损伤演化

一旦损伤初始化准则（"低周疲劳分析中韧性材料的损伤初始化"，4.4.2 节）在一个

材料点上得到满足，损伤状态便以稳定循环的非弹性滞后能量为基础进行计算和更新。材料点上每个循环的损伤速率按下式给出

$$\frac{\mathrm{d}D}{\mathrm{d}N} = \frac{c_3 \Delta w^{c_4}}{L}$$

式中，c_3 和 c_4 是材料常数；L 是与积分点相关联的特征长度。c_3 的值是取决于用户工作中的单位系统；当转换到不同的单位系统时，要注意 c_3 的改变。

对于韧性材料中的损伤，Abaqus/Standard 假设可以采用标量损伤变量 D 来模拟弹性刚度的退化。在任意给定的分析过程中的载荷循环上，材料中的应力张量通过标量损伤方程给定

$$\sigma = (1-D)\overline{\sigma}$$

式中，$\overline{\sigma}$ 是在当前增量下计算得到的未受损材料中存在的有效（或者未受损）应力张量。当 $D = 1$ 时，材料已经完全丧失了承载能力。如果所有积分位置的所有截面点都已经丧失了承载能力，则可以从网格中删除此单元。

输入文件用法：* DAMAGE EVOLUTION, TYPE = HYSTERESIS ENERGY

网格相关性和特征长度

损伤演化模型的建立要求定义与积分点关联的特征长度。特征长度取决于单元形状和公式：对于一阶单元，它是贯穿一个单元的线的典型长度；对于二阶单元，它是相同典型长度的一半。对于梁和杆，它是沿着单元轴的特征长度。对于膜和壳，它是参考面中的特征长度。对于轴对称单元，它只是 r-z 平面中的特征长度。对于胶黏单元，它等于本构厚度。之所以要使用此特征开裂长度的定义，是因为事先并不知道开裂发生的方向。这样，具有大长宽比的单元将基于它们的开裂方向而具有相当不同的行为；因为此影响，保留了一些网格敏感性，并且建议尽可能靠近正方形的单元。然而，因为损伤演化规律是基于能量的，所以结果的网格相关性可以得到缓解。

最大退化值和单元删除

用户可以对 Abaqus/Standard 如何处理具有严重损伤的单元进行控制。

定义损伤变量的上限

默认情况下，材料点上所有损伤变量的上限是 $D_{\max} = 1.0$。用户可以如"截面控制"中的"具有损伤演化材料的单元删除和最大退化值控制"（《Abaqus 分析用户手册——单元卷》的 1.1.4 节）中讨论的那样，降低此上限。

输入文件用法：* SECTION CONTROLS, MAX DEGRADATION = $D_{\max}$

控制受损单元的单元删除

默认情况下，在 Abaqus/Standard 中，一旦单元中全部积分点上所有截面点上的 D 达到 $D_{\max}$，就去除（删除）单元。如果一个单元被删除，则此单元的输出变量 STATUS 设置为零，并且对后续的变形不提供阻抗。然而，此单元在 Abaqus/Standard 模型中依然存在，并且在后处理中可见。在 Abaqus/CAE 的 Visualization 模块中，可以基于其状态来抑制单元的

显示（见"选择状态场输出变量"，《Abaqus/CAE 用户手册》的 2.4.6 节，此手册的在线HTML 版本中）。

另外，即使在所有损伤变量都达到 D_{max} 之后，用户也可以指定此单元应当在模型中保留。在此情况中，一旦所有损伤变量达到最大值，刚度就保持不变。

输入文件用法：使用下面的选项从网格中删除失效的单元（默认的）：

*SECTION CONTROLS，ELEMENT DELETION=YES

使用下面的选项在网格计算中保留失效的单元：

*SECTION CONTROLS，ELEMENT DELETION=NO

Abaqus/Standard 中与单元删除有关的困难

从模型中删除单元时，它们的节点依然保留在模型中，即使它们不与任何有效的单元相关联。求解时，这些节点可能承受无物理意义的变形。此外，在一个不附属于有效单元的节点上施加一个点载荷，将产生收敛困难，因为没有刚度来抵抗载荷。用户负责防止发生此种情况。

单元

在 Abaqus/Standard 中，对于一个低周疲劳分析，可以为任何可以与损伤初始化准则一起使用的单元定义韧性材料的损伤演化（"低周疲劳分析中韧性材料的损伤初始化"，4.4.2 节）。

输出

除了 Abaqus/Standard 中可以使用的标准输出标识符（"Abaqus/Standard 输出变量标识符"《Abaqus 分析用户手册——介绍、空间建模、执行与输出卷》的 4.2.1 节）外，当指定了损伤演化时，以下变量具有特殊的意义：

STATUS：单元的状态（如果单元是有效的，则单元的状态是 1.0；如果单元是无效的，则单元的状态是 0.0）。

SDEG：整体标量刚度退化 D。

第 5 章　水动力属性

5.1 水动力行为：概览

Abaqus/Explicit 中的材料库包含几种描述材料水动力行为的状态方程模型。状态方程是定义作为密度和内聚能函数的压力的本构方程（"状态方程"，5.2 节）。Abaqus/Explicit 中支持下面的状态方程：

- Mie-Grüneisen 状态方程：Mie-Grüneisen 状态方程（"状态方程"中的"Mie-Grüneisen 状态方程"，5.2 节）用于模拟高压下的材料。其在能量上是线性的，并且假定冲击速度和粒子速度之间是线性关系。

- 表格化的状态方程：表格化的状态方程（"状态方程"中的"表格化的状态方程"，5.2 节）用于模拟表现出具有明显压力-密度关系的材料的水动力响应，例如那些由相变产生的材料。它在能量上是线性的。

- P-α 状态方程：P-α 状态方程（"状态方程"中的"P-α 状态方程"，5.2 节）用于模拟韧性孔隙材料的压实。本构模型捕捉低应力下不可逆的压实行为，并预测高压下完全压实的实体材料的正确热力学行为。P-α 状态方程可与 Mie-Grüneisen 状态方程或者表格化的状态方程之一联合使用，来描述固体相。

- JWL 高爆爆炸物的状态方程：Jones-Wilkens-Lee（或者 JWL）状态方程（"状态方程"中的"JWL 高爆爆炸物的状态方程"，5.2）模拟了在爆炸中，由于化学能的释放而产生的压力。此模型以被称为程序燃烧的形式来实现，这意味着反应和爆炸的初始并非由材料中的冲击来决定。代之以，以始时间是由几何构形决定的，几何构形使用爆炸波速度和材料点到爆炸点的距离。

- 理想气体状态方程：理想气体状态方程（"状态方程"中的"理想气体状态方程"，5.2 节）是对真实气体行为的理想化，并且可以近似模拟任何适当条件（例如低压和高温）下的气体。

偏量行为

由状态方程模拟的材料没有偏量强度，或者可以具有各向同性的弹性或者黏性（牛顿和非牛顿流体）偏量行为（"状态方程"中的"偏量行为"，5.2 节）之一。弹性偏量行为模型可以单独使用或者与 Mises、Johnson-Cook 或者扩展的 Drucker-Prager 塑性模型联合使用，来模拟具有弹塑性偏量行为的水动力材料。

热应变

任何状态方程模型均不可以引入热膨胀。

5.2　状态方程

产品：Abaqus/Explicit　　Abaqus/CAE

参考

- "水动力行为：概览"，5.1 节
- "材料库：概览"，1.1.1 节
- *EOS
- *EOS COMPACTION
- *ELASTIC
- *VISCOSITY
- *DETONATION POINT
- *GAS SPECIFIC HEAT
- *REACTION RATE
- *TENSILE FAILURE
- "定义其他材料模型"中的"定义状态方程"，《Abaqus/CAE 用户手册》（在线 HTML 版本）的 12.9.4 节

概览

状态方程：
- 提供一个水动力材料模型，在此模型中，材料的体积强度是通过状态方程确定的。
- 将压力（压缩为正）确定成密度 ρ 和比能（单位质量的内能）E_m 的函数：$p = f(\rho, E_m)$。
- 作为 Mie-Grüneisen 状态方程是可以使用的（这样提供了线性的 U_s-U_p Hugoniot 形式）。
- 作为能量中线性的表格化状态方程是可以使用的。
- 作为韧性孔隙材料的压实 P-α 状态方程是可以使用的，并且必须与 Mie-Grüneisen 状态方程或者固体相的表格化状态方程之一联合使用。
- 作为 JWL 高爆爆炸物状态方程是可用的。
- 作为点火和蔓延的状态方程是可用的。
- 作为理想气体的状态方程是可用的。
- 作为用户定义的状态方程形式（VUEOS）是可用的。
- 假定为一个绝热的条件，除非使用了一个动态的完全耦合的温度-位移分析。
- 可以用来模拟只有体积强度的材料（假定材料没有抗剪强度）或者也具有各向同性的弹性或者黏性偏量行为的材料。
- 可以与 Mises（"经典的金属塑性"，3.2.1 节）或者 Johnson-Cook（"Johnson-Cook 塑性模型"，3.2.7 节）塑性模型一起使用。
- 可以与扩展的 Drucker-Prager（"扩展的 Drucker-Prager 模型"，3.3.1 节）塑性模型（不具有塑性膨胀）一起使用。
- 可以与拉伸失效模型（"动态失效模型"，3.2.8 节）一起使用，来模拟动态剥落或者

压力截止。

能量守恒方程和 Hugoniot 曲线

能量守恒方程认为：单位质量内能（比能）E_m 等于应力所做的功与热生成率之和。在没有热传导的情况下，能量公式可以写成

$$\rho \frac{\partial E_m}{\partial t} = (p - p_{bv}) \frac{1}{\rho} \frac{\partial \rho}{\partial t} + S : \dot{e} + \rho \dot{Q}$$

式中，p 是压应力，压缩定义成正的；p_{bv} 是由于体积黏性产生的压应力；S 是偏量应力张量；$\dot{e}$ 是应变率的偏量部分；$\dot{Q}$ 是单位质量的热生成率。

状态方程假定压力是当前密度 ρ 和单位质量内能 E_m 的函数。

$$p = f(\rho, E_m)$$

上式定义了材料中可能存在的所有平衡状态。可以从上面的等式中去掉内能，得到一个 p 与 V 的关系式（其中 V 是当前的体积）；或者等价的，对于状态方程模型描述的材料是唯一的 p 与 $1/\rho$ 的关系。将此唯一的关系曲线称为 Hugoniot 曲线，并且是冲击后可达到的 p-V 状态轨迹（图 5-1）。Hugoniot 压力 p_H 仅是密度的函数，并且通常可以通过拟合试验数据进行定义。

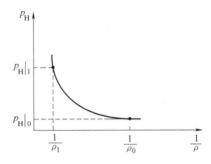

图 5-1　Hugoniot 曲线示意图

当状态方程可以写成下面的形式时，认为其在能量中是线性的。

$$p = f + g E_m$$

其中，$f(\rho)$ 和 $g(\rho)$ 仅是密度的函数，并且取决于具体的状态方程模型。

Mie-Grüneisen 状态方程

Mie-Grüneisen 状态方程在能量中是线性的，常见的形式是

$$p - p_H = \Gamma \rho (E_m - E_H)$$

式中，p_H 和 E_H 是 Hugoniot 压力和 Hugoniot 比能，它们仅是密度的函数；Γ 是 Grüneisen 比，定义成

$$\Gamma = \Gamma_0 \frac{\rho_0}{\rho}$$

其中，Γ_0 是材料常数；ρ_0 是参考密度。

Hugoniot 比能 E_H 通过下式与 Hugoniot 压力进行关联

$$E_H = \frac{p_H \eta}{2\rho_0}$$

式中，$\eta = 1 - \rho_0/\rho$ 是名义体积压缩应变。从上式中去除 Γ 和 E_H 得到

$$p = p_H \left(1 - \frac{\Gamma_0 \eta}{2}\right) + \Gamma_0 \rho_0 E_m$$

状态方程和能量守恒方程体现了压力和内能的耦合方程。Abaqus/Explicit 在每一个材料点上同时求解这些方程。

线性U_s-U_pHugoniot 形式

对 Hugoniot 数据的一个通常的拟合通过下式给出

$$p_H = \frac{\rho_0 c_0^2 \eta}{(1-s\eta)^2}$$

式中，c_0 和 s 定义了线性冲击速度 U_s 和粒子速度 U_p 之间的线性关系，即

$$U_s = c_0 + sU_p$$

使用上面的假设，则线性 U_s-U_pHugoniot 形式写为

$$p = \frac{\rho_0 c_0^2 \eta}{(1-s\eta)^2}\left(1-\frac{\Gamma_0 \eta}{2}\right) + \Gamma_0 \rho_0 E_m$$

式中，$\rho_0 c_0^2$ 在小的名义应变时等效于弹性模量。

通过此形式的状态方程的分母给出有限的压缩

$$\eta_{lim} = \frac{1}{s}$$

或者

$$\rho_{lim} = \frac{s\rho_0}{s-1}$$

在此限制下，有一个拉伸最小值，可用于计算材料负声速。

输入文件用法：同时使用下面的选项：

    * DENSITY （指定参考密度 ρ_0）

    * EOS，TYPE＝USUP （指定变量 c_0、s 和 Γ_0）

Abaqus/CAE 用法：Property module：material editor：

    General→Density （指定参考密度 ρ_0）

    Mechanical→Eos：Type：Us-Up （指定变量 c_0、s 和 Γ_0）

初始状态

材料的初始状态是通过比能 E_m 和压应力 p 的初始值来确定的。Abaqus/Explicit 将自动计算满足状态方程 $p = f(\rho, E_m)$ 的初始密度 ρ。用户可以定义初始比能和初始应力状态（见 "Abaqus/Standard 和 Abaqus/Explicit 中的初始条件"，《Abaqus 分析用户手册——指定条件、约束与相互作用卷》的 1.2.1 节）。状态方程中使用的初始压应力是根据指定的应力状态推断出来的。如果没有指定初始条件，则 Abaqus/Explicit 将假定材料在其参考状态时 $E_m = 0$，$p = 0$，$\rho = \rho_0$。

输入文件用法：按需要使用下面任意一个选项或者同时使用两个选项：

    * INITIAL CONDITIONS，TYPE＝SPECIFIC ENERGY

    * INITIAL CONDITIONS，TYPE＝STRESS

Abaqus/CAE 用法：Load module：Create Predefined Field：Step：Initial：为 Category 选择

Mechanical 并为 Types for Selected Step 选择 Stress

Abaqus/CAE 中不支持初始比能。

表格化的状态方程

表格化的状态方程提供材料水动力响应的灵活性，此材料表现出强烈的压力-密度关系转换，例如那些由相变产生的材料。表格化的状态方程在能量中是线性的，并且假定具有下面的形式

$$p = f_1(\varepsilon_{vol}) + \rho_0 f_2(\varepsilon_{vol}) E_m$$

式中，$f_1(\varepsilon_{vol})$ 和 $f_2(\varepsilon_{vol})$ 只是对数体积应变 ε_{vol} 的函数，$\varepsilon_{vol} = \ln(\rho_0/\rho)$ ；ρ_0 是参考密度。

用户可以直接以表格的形式来指定方程 $f_1(\varepsilon_{vol})$ 和 $f_2(\varepsilon_{vol})$。表格输入必须以体积应变递减的形式给出（即从拉伸极限到压缩极限状态）。Abaqus/Explicit 将在数据点之间使用分段的线性关系。在体积应变指定值范围以外，方程根据数据计算出的最后斜率来外插。

输入文件用法：同时使用下面的选项：

    * DENSITY（指定参考密度 ρ_0）

    * EOS，TYPE = TABULAR（将 f_1 和 f_2 指定成 ε_{vol} 的函数）

Abaqus/CAE 用法：Property module：material editor：

    General→Density（指定参考密度 ρ_0）

    Mechanical→Eos：Type：Tabular（将 f_1 和 f_2 指定成 ε_{vol} 的函数）

初始状态

材料的初始状态是由比能 E_m 和压应力 p 的初始值确定的。Abaqus/Explicit 自动计算满足状态方程的初始密度 ρ。用户可以定义初始比能和初始应力状态（见 "Abaqus /Standard 和 Abaqus/Explicit 中的初始条件"，《Abaqus 分析用户手册——指定条件、约束与相互作用卷》的 1.2.1 节）。状态方程中使用的初始压应力是根据指定的应力状态推断出来的。如果没有指定初始状态，则 Abaqus/Explicit 将假定材料在其参考状态时 $E_m = 0$，$p = 0$，$\rho = \rho_0(\varepsilon_{vol} = 0)$。

输入文件用法：按照需要使用下面任意一个选项或者同时使用两个选项：

    * INITIAL CONDITIONS，TYPE = SPECIFIC ENERGY

    * INITIAL CONDITIONS，TYPE = STRESS

Abaqus/CAE 用法：Load module：Create Predefined Field：Step：Initial：为 Category 选择

    Mechanical 并为 Types for Selected Step 选择 Stress

    Abaqus/CAE 中不支持初始比能。

用户定义的状态方程

用户定义的状态方程为通过用户子程序 VUEOS 来模拟材料的体积响应提供一个通用的能力（见 "VUEOS"《Abaqus 用户子程序参考手册》的 1.2.11 节）。状态方程将压力定义成当前密度 ρ 和比能 E_m 的函数：$p = f(\rho, E_m)$。Abaqus/Explicit 使用迭代的方法同时求解能量方程和

状态方程。用户子程序 VUEOS 必须提供压应力 p，以及压力关于内能和密度的偏量 $\partial p/\partial E_\mathrm{m}$ 和 $\partial p/\partial \rho$。后者对于材料的有效体积模量是需要的，对于稳定时间增量计算也是必要的。

另外，用户也可以在用户子程序中指定需要的属性值的数量，以及解相关的变量的数量（见 "用户子程序：概览"，《Abaqus 分析用户手册——分析卷》的 13.1.1 节）。

输入文件用法：使用下面的选项：

   * EOS，TYPE = USER，PROPERTIES = n

Abaqus/CAE 用法：Abaqus/CAE 中不支持用户定义的状态方程。

初始状态

用户需要确认初始比能、初始压应力和初始密度满足状态方程。如果不指定初始条件，则 Abaqus/Explicit 假定材料处于其参考状态：$E_\mathrm{m} = 0$，$p = 0$，$\rho = \rho_0$。

输入文件用法：使用以下一个或者两个选项定义初始比能和/或初始压应力：

   * INITIAL CONDITIONS，TYPE = SPECIFIC ENERGY

   * INITIAL CONDITIONS，TYPE = STRESS

  使用以下选项定义初始密度：

   * DENSITY

Abaqus/CAE 用法：Load module：Create Predefined Field：Step：Initial：为 Category 选择 Mechanical 并为 Types for Selected Step 选择 Stress

     Abaqus/CAE 中不支持初始比能。

P-α 状态方程

P-α 状态方程是为模拟韧性孔隙材料的压实而设计的。其在 Abaqus/Explicit 中的实现是以 Hermann（1968）以及 Carroll 和 Holt（1972）提出的模型为基础的。本构模型提供一个在低应力状态下不可逆的压实行为的详细描述，并且预测完全压实的固体材料的正确的热力学行为。在 Abaqus/Explicit 中，假定固体相是由 Mie-Grüneisen 状态方程或者表格化的状态方程之一来控制的。分别指定后面讨论的原始状态的孔隙材料有关属性以及固体相材料属性。

将材料的多孔性 n 定义成孔隙体积 V_p 与总体积（$V = V_\mathrm{s} + V_\mathrm{p}$）的比值，其中 V_s 是固体体积。多孔性保持在 $0 \leqslant n < 1$ 的范围内，$n = 0$ 意味着完全压实。引入一个标量 α，有时候称为 "涨"，定义为固体材料的密度 ρ_s 与孔隙材料密度 ρ 的比值，二者在相同的温度和压力下计算得到，即

$$\alpha = \frac{\rho_\mathrm{s}}{\rho} \geqslant 1$$

对于完全压实的材料，$\alpha = 1$；否则，$\alpha > 1$。假设孔隙材料的密度相比于固体相的密度而言可以忽略，则 α 可以采用多孔性 n 的形式表达成

$$\alpha = \frac{\rho_\mathrm{s}}{\rho} = \frac{V}{V_\mathrm{s}} = \frac{V}{V - V_\mathrm{p}} = \frac{1}{1 - V_\mathrm{p}/V} = \frac{1}{1 - n}$$

为孔隙材料的压力假定的状态方程是 α、当前密度 ρ 和比能 E_m 的函数，其表达式为

$$p = p(\alpha, \rho, E_m)$$

假设孔不承载压力，当对孔隙材料压力 p 施加时，从平衡的角度考虑，它在固相中引起了平均的压实压力，即 $p_s = \alpha p$。假定孔隙材料和固体基材的比能是相同的（即忽略孔的表面能），则孔隙材料的状态方程可以表达成

$$p(\alpha, \rho, E_m) = \frac{1}{\alpha} p_s(\alpha\rho, E_m) = \frac{1}{\alpha} p_s(\rho_s, E_m)$$

式中，$p_s(\rho_s, E_m)$ 是固体材料的状态方程。对于完全压实的材料（即 $\alpha = 1$），$P-\alpha$ 状态方程简化成固体相状态方程，这样，可在高压下正确地预测热力学行为。

$P-\alpha$ 状态方程必须补充，以将 α 的行为描述成热力学状态函数的方程。此方程式为

$$\alpha = A(p, \alpha_{min})$$

式中，α_{min} 是状态变量，它对应于 α 在材料的塑性压实（不可逆）过程中达到的最小值。此状态变量对于一种材料等于其原始状态的弹性极限 α_e。Abaqus/Explicit 所使用函数 $A(p, \alpha_{min})$ 的具体形式如图 5-2 所示，描述如下。

函数 $A(p, \alpha_{min})$ 捕捉韧性孔隙材料中所期望的一般行为。未加载的原始状态对应于 $\alpha_0 = 1/(1-n_0)$，其中 n_0 是材料的参考多孔性。假定孔隙材料的初始压缩性是弹性的。调用下降的多孔性则对应于 α 的下降。随着压力增加到超过弹性极限 p_e，材料中的孔开始被压碎，导致不可逆的压实和永久性的（塑性的）体积改变。从一个部分的压实状态卸载，遵从新的基于最大压实

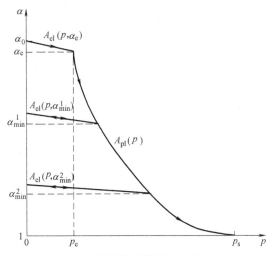

图 5-2 韧性孔隙材料压实的 $P-\alpha$ 弹塑性曲线

的弹性曲线，此最大压实是材料先前变形历史中所达到的最大压实（或者可选的 α_{min}）。随着 α_{min} 的降低，弹性曲线斜率的绝对值也减小，将在后面对其进行量化。当压力达到压实压力 p_S 时，材料变成完全压实状态；在完全压实的点上，$\alpha = \alpha_{min} = 1$，此值将永久留存。因此，函数 $A(p, \alpha_{min})$ 具有多个分支——塑性分支 $A_{pl}(p)$ 和多个弹性分支 $A_{el}(p, \alpha_{min})$，对应于部分压实状态下的弹性卸载。根据下面的准则来选择合适的 A 分支：

$$\alpha = A(p, \alpha_{min}) = \begin{cases} A_{pl}(p) & A_{pl}(p) \leqslant \alpha_{min} \\ A_{el}(p, \alpha_{min}) & A_{pl}(p) > \alpha_{min} \end{cases}$$

可以根据表达式反向求解 p

$$p = P(\alpha, \alpha_{min}) = \begin{cases} P_{pl}(\alpha) & \alpha \leqslant \alpha_{min} \\ P_{el}(\alpha, \alpha_{min}) & \alpha > \alpha_{min} \end{cases}$$

塑性曲线的方程采用下面的形式

$$A_{pl}(p) = 1 + (\alpha_e - 1)\left(\frac{p_s - p}{p_s - p_e}\right)^2$$

或者

$$P_{pl}(\alpha) = p_s + (p_s - p_e)\left(\frac{\alpha-1}{\alpha_e-1}\right)^{\frac{1}{2}}$$

由 Hermann（1968）最初提出的弹性曲线通过不同的方程给出。

$$\frac{d\overline{A}_{el}}{dp}(\alpha) = \frac{\alpha^2}{K_0}\left(1-\frac{1}{h^2(\alpha)}\right)$$

$$h(\alpha) = 1 + \frac{(c_e-c_s)(\alpha-1)}{c_s(\alpha_0-1)}$$

式中，$K_0 = \rho_{s0}c_s^2$ 是固体材料在小名义应变下的体积模量；ρ_{s0} 是固体材料的参考密度；c_s 和 c_e 分别是固体和原始（多孔的）材料中的声速。

如果固体相是采用 Mie-Grüneisen 状态方程模拟的，则直接通过参考声速 c_0 给出 c_s。如果固体相是采用表格化的状态方程模拟的，则 c_s 是根据初始体积模量和固体材料的参考密度计算得到的，$c_s = \sqrt{K_0/\rho_{s0}}$。在此情况中，要求参考密度是常数，而不能是温度或者场变量的函数。

遵循 Wardlaw 等人（1996），上面 Abaqus/Explicit 中的弹性曲线方程得到简化并由线性关系替换为

$$A_{el}(p,\alpha_{min}) = \alpha_{min} + [p - P_{pl}(\alpha_{min})]\left.\frac{d\overline{A}_{el}}{dp}\right|_{\alpha=\alpha_{min}}$$

和

$$P_{el}(\alpha,\alpha_{min}) = P_{pl}(\alpha_{min}) + \frac{(\alpha-\alpha_{min})}{\left.\dfrac{d\overline{A}_{el}}{dp}\right|_{\alpha=\alpha_{min}}}$$

输入文件用法：使用下面的选项指定固体相的参考密度 ρ_{s0}：

   * DENSITY

   使用下面的两个选项之一为固体相指定附加的材料属性：

   * EOS, TYPE = USUP（如果固体相是采用 Mie-Grüneisen 状态方程模拟的）

   * EOS, TYPE = TABULAR（如果固体相是采用表格化的状态方程模拟的）

   使用下面的选项指定孔隙材料的属性（参考声速 c_e、参考多孔性 n_0、弹性极限 p_e 和压实压力 p_S）：

   * EOS COMPACTION

Abaqus/CAE 用法：Property module：material editor：

   General→Density（指定参考密度 ρ_0）

   使用下面的一个选项为固体相指定附加的材料属性：

   Mechanical→Eos：Type：Us-Up（如果固体相是采用 Mie-Grüneisen 状态方程模拟的）

   Mechanical→Eos：Type：Tabular（如果固体相是采用表格化的状态

方程模拟的）

使用下面的选项指定多孔材料的属性：

Mechanical→Eos：Suboptions→Eos Compaction（指定参考声速 c_e、未加载过的材料的多孔性 n_0、初始化塑性行为的压力 p_e，以及压碎所有孔的压力 p_s）

初始状态

孔隙材料的初始状态是由多孔性的初始值 $n=(\alpha-1)/\alpha$，比能 E_m，以及压力 p 指定的。Abaqus/Explicit 自动计算满足状态方程 $p=f(\alpha, \rho, E_m)$ 的初始密度 ρ。用户可以定义初始多孔性、初始比能和初始应力状态（见 "Abaqus/Standard 和 Abaqus/Explicit 中的初始状态"，《Abaqus 分析用户手册——指定条件、约束与相互作用卷》的 1.2.1 节）。如果没有给定初始状态，则 Abaqus/Explicit 假定材料处于其原始状态：$E_m=0, p=0, \alpha=\alpha_0(n=n_0), \rho=\rho_{s0}/\alpha_0$。

如果初始 p-α 状态位于所允许状态的范围之外（图 5-2），则 Abaqus/Explicit 将发出一个错误信息。当只为 p（或者 α）指定了初始条件时，Abaqus/Explicit 假定 p-α 位于主曲线（单调加载）上，据此计算 α（或者 p）。

输入文件用法：根据需要使用下面一些选项或者全部选项：

*INITIAL CONDITIONS，TYPE=SPECIFIC ENERGY

*INITIAL CONDITIONS，TYPE=STRESS

*INITIAL CONDITIONS，TYPE=POROSITY

Abaqus/CAE 用法：Load module：Create Predefined Field：Step：Initial：为 Category 选择 Mechanical 并为 Types for Selected Step 选择 Stress

Abaqus/CAE 中不支持初始比能和初始多孔性。

JWL 高爆爆炸物状态方程

Jones-Wilkins-Lee（或者 JWL）状态方程模拟爆炸中由于释放化学能而产生的压力。此模型以被称为程序化燃烧的方式实施，意味着爆炸地点的反应和爆炸的开始不是由材料中的冲击决定的。代之于，通过使用爆炸波速度的形状构型和材料点与爆炸点间的距离来确定开始时间。

JWL 状态方程可以采用比能 E_m 的形式写成

$$p = A\left(1 - \frac{\omega\rho}{R_1\rho_0}\right)\exp\left(-R_1\frac{\rho_0}{\rho}\right) + B\left(1 - \frac{\omega\rho}{R_2\rho_0}\right)\exp\left(-R_2\frac{\rho_0}{\rho}\right) + \omega\rho E_m$$

式中，A、B、R_1、R_2 和 ω 是用户定义的材料常数；ρ_0 是用户定义的爆炸物的密度；ρ 是爆炸产物的密度。

输入文件用法：同时使用下面的选项：

*DENSITY（指定爆炸物的密度 ρ_0）

*EOS，TYPE=JWL（指定材料常数 A、B、R_1、R_2 和 ω）

Abaqus/CAE 用法：Property module：material editor：

General→Density（指定爆炸物的密度 ρ_0）

Mechanical→Eos：Type：JWL（指定材料常数 A、B、R_1、R_2 和 ω）

爆炸波的到达时间

Abaqus/Explicit 将一个材料点（t_d^mp）上的爆炸波到达时间计算成从材料点到相邻最近爆炸点的距离除以爆炸波速度的最小值，即

$$t_\mathrm{d}^\mathrm{mp} = \min\left[t_\mathrm{d}^N + \frac{\sqrt{(x^\mathrm{mp} - x_\mathrm{d}^N)(x^\mathrm{mp} - x_\mathrm{d}^N)}}{C_\mathrm{d}} \right]$$

式中，x^mp 是材料点的位置；x_d^N 是第 N 个爆炸点的位置；t_d^N 是第 N 个爆炸点的引爆延迟时间；C_d 是爆炸材料的爆炸波速度。上面公式的最小值是 N 个爆炸点上的，这些爆炸点施加在材料点上。

燃烧分数

在一些单元上传播燃烧波，将燃烧分数 F_b 计算成

$$F_\mathrm{b} = \min\left[1, \frac{(t - t_\mathrm{d}^\mathrm{mp})C_\mathrm{d}}{B_s l_\mathrm{e}} \right]$$

式中，B_s 是常数，它控制燃烧波的宽度（值设置成 2.5）；l_e 是单元的特征长度。如果时间小于 t_d^mp，则爆炸物中的压力为零；否则，压力为 F_b 与由上面的 JWL 方程得到的压力的乘积。

定义爆炸点

用户可以为爆炸材料定义任意数量的爆炸点。点的坐标必须与爆炸延迟时间一起定义。每一个材料点对第一个爆炸点进行响应。一个材料点处的爆炸波到达时间等于爆炸波到达材料点所花费的时间（以爆炸波速度 C_d 传播）加上爆炸点的爆炸延迟时间。如果有多个爆炸点，则到达时间取决于所有爆炸点的最短到达时间。在一个具有弯曲表面的体中，应当注意爆炸到达时间是有意义的。爆炸到达时间取决于从材料点到爆炸点之间的直线距离。在一个弯曲的体中，这条直线可以穿过体的外部。

输入文件用法：同时使用下面的选项来定义爆炸点：

*EOS, TYPE=JWL

*DETONATION POINT

Abaqus/CAE 用法：Property module：material editor：Mechanical→Eos：Type：JWL：Suboptions→Detonation Point

初始状态

爆炸材料通常在爆炸前具有一些名义体积刚度。当采用 JWL 状态方程模拟单元时，纳入此刚度有助于在到达的爆炸波发生爆炸前，使得单元产生应力。用户可以定义爆炸前的体积模量 K_pd。应力可以在爆炸前根据体积应变和 K_pd 计算得到，此时的压力将通过上面概要的过程来确定。假定 JWL 方程中所使用的初始相对密度（ρ/ρ_0）是统一的。可以为未反应的爆炸物定义初始比能 E_{m_0} 等于用户定义的爆炸能量 E_0。

如果指定一个非零的 K_pd 值，则用户也可以定义一种爆炸材料的初始应力状态。

输入文件用法：使用下面的选项定义初始应力：

    * INITIAL CONDITIONS，TYPE＝STRESS

    另外，用户也可以直接定义初始比能：

    * INITIAL CONDITIONS，TYPE＝SPECIFIC ENERGY

Abaqus/CAE 用法：Load module：Create Predefined Field：Step：Initial；为 Category 选择
Mechanical 并为 Types for Selected Step 选择 Stress

Abaqus/CAE 中不支持初始比能。

点火和成长状态方程

点火和成长状态方程模拟冲击起爆和固体高爆物的爆炸波传播。将非均匀爆炸模拟成两相（未反应的固体爆炸物和已经反应的气体产物）的均质混合。为每一个阶段规定了不同的 JWL 状态方程：

$$p_{\mathrm{s}} = \widetilde{F}_{1\mathrm{s}}(\rho_{\mathrm{s}}) - \widetilde{F}_{1\mathrm{s}}(\rho_0) + \widetilde{F}_{2\mathrm{s}}(\rho_{\mathrm{s}}) E_{\mathrm{ms}}$$

$$p_{\mathrm{g}} = \widetilde{F}_{1\mathrm{g}}(\rho_{\mathrm{g}}) + \widetilde{F}_{2\mathrm{g}}(\rho_{\mathrm{g}})(E_{\mathrm{mg}} + E_{\mathrm{d}})$$

其中

$$\widetilde{F}_{1\mathrm{i}}(\rho_{\mathrm{i}}) = A_{\mathrm{i}}\left(1 - \frac{\omega_{\mathrm{i}}\rho_{\mathrm{i}}}{R_{1\mathrm{i}}\rho_0}\right)\exp\left(-R_{1\mathrm{i}}\frac{\rho_0}{\rho_{\mathrm{i}}}\right) + B_{\mathrm{i}}\left(1 - \frac{\omega_{\mathrm{i}}\rho_{\mathrm{i}}}{R_{2\mathrm{i}}\rho_0}\right)\exp\left(-R_{2\mathrm{i}}\frac{\rho_0}{\rho_{\mathrm{i}}}\right)$$

$$\widetilde{F}_{2\mathrm{i}}(\rho_{\mathrm{i}}) = \omega_{\mathrm{i}}\rho_{\mathrm{i}},(\mathrm{i} = \mathrm{s},\mathrm{g})$$

式中，下标 s 代表未反应的固体爆炸物，g 代表反应后的气体产物；A_{i}、B_{i}、$R_{1\mathrm{i}}$、$R_{2\mathrm{i}}$ 和 ω_{i} 是 JWL 方程中使用的用户定义的材料常数；E_{d} 是爆炸能量；ρ_0 是用户定义的爆炸物参考密度；ρ_{i} 是未反应的固体爆炸物或者反应后气体产物的密度。

输入文件用法：同时使用下面的选项：

    * DENSITY（指定爆炸物的参考密度 ρ_0）

    * EOS，TYPE＝TYPE＝IGNITION AND GROWTH，DETONATION ENER-
GY＝E_{d}（指定未反应的固体爆炸物和反应后的气体产物的材料常数 A、
B、R_1、R_2 和 ω）

Abaqus/CAE 用法：Property module：material editor：

    General→Density（指定爆炸物的参考密度 ρ_0）

    Mechanical→Eos：Type：Ignition and growth：Detonation energy：E_{d}；
Solid Phase 表页和 Gas Phase 表页

    （指定未反应的固体爆炸物和反应后的气体产物的材料常数 A、B、
R_1、R_2 和 ω）

质量分数

未反应的固体爆炸物和反应后的气体产物的混合物是通过质量分数来定义的

$$F_{\mathrm{i}} = \frac{m_{\mathrm{i}}}{m_{\mathrm{s}} + m_{\mathrm{g}}}$$

式中，m_s 是未反应的固体爆炸物的质量；m_g 是反应后的气体产物的质量。假定此两相处于热力学平衡中，即

$$p_s = p_g \quad 和 \quad T_s = T_g$$

也假定体积是可加的。

$$V = V_s + V_g \quad 或者 \quad \frac{1}{\rho} = (1-F)\frac{1}{\rho_s} + F\frac{1}{\rho_g}$$

类似的，假定内能是可加的。

$$(m_s + m_g) E_m = m_s E_{ms} + m_g E_{mg}$$

其中

$$E_m = E_{m_0} + \int_{\theta_0 - \theta^Z}^{\theta - \theta^Z} c_V T \mathrm{d}T$$

这样，混合物的比定容热容通过下式给出

$$c_V = (1-F) c_{Vs} + F c_{Vg}$$

输入文件用法：使用下面的选项定义未反应的固体爆炸物的比定容热容：

* EOS, TYPE = IGNITION AND GROWTH

* SPECIFIC HEAT, DEPENDENCIES = n

使用下面的选项定义反应后的气体产物的比定容热容：

* EOS, TYPE = IGNITION AND GROWTH

* GAS SPECIFIC HEAT, DEPENDENCIES = n

Abaqus/CAE 用法：使用下面的选项定义未反应固体爆炸物的比定容热容：

Property module：material editor：

Mechanical→Eos：Type：Ignition and GrowthThermal→Specific Heat

使用下面的选项定义反应后的气体产物的比定容热容：

Property module：material editor：

Mechanical→Eos：Type：Ignition and growth：

Gas Specific 表页：Specific Heat

可以切换选中 Use temperature-dependent data 来将比定容热容定义成温度的函数和/或选择 Number of field variables 来将比定容热容定义成场变量的函数。

反应速度

未反应的固体爆炸物到反应后的气体产物之间的转化通过反应速率来控制。在点火和成长模型中的反应速度方程遵循压力驱动的规律，包含三项

$$\frac{\mathrm{d}F}{\mathrm{d}t} = \dot{F}_{ig} + \dot{F}_{G_1} + \dot{F}_{G_2}$$

这三项定义如下

$$\dot{F}_{ig} = I (1-F)^b \left(\frac{\rho_s}{\rho_0} - 1 - a \right)^x$$

$$\dot{F}_{G_1} = G_1 (1-F)^c F^d p^y$$

$$\dot{F}_{G_2} = G_2 (1-F)^e F^g p^z$$

式中，I、G_1、G_2、a、b、c、d、e、g、x、y 和 z 是反应速率常数。

第一项 $\dot{F}_{ig}$ 描述相对快速地点燃一些材料产生的热点燃烧，但是将被点燃的材料限制为总固体 F_{ig}^{max} 的一小部分。第二项 $\dot{F}_{G_1}$ 体现从热点位置到材料内部的反应成长，并且描述向内和向外的药柱燃烧现象；将此项限制成总固体 F_{ig}^{max} 的一部分。第三项 $\dot{F}_{G_2}$ 用来描述在一些高能材料中观察到的快速过渡到引爆。

$$\dot{F}_{ig} = 0 \quad (当 F \geq F_{ig}^{max} 时)$$

$$\dot{F}_{G_1} = 0 \quad (当 F \geq F_{G_1}^{max} 时)$$

$$\dot{F}_{G_2} = 0 \quad (当 F \leq F_{G_2}^{min} 时)$$

输入文件用法：同时使用下面的选项定义反应速率：

　　　　*EOS, TYPE=IGNITION AND GROWTH

　　　　*REACTION RATE

Abaqus/CAE 用法：Property module：material editor：

　　　　　　　Mechanical→Eos：Type：Ignition and growth：

　　　　　　　Reaction Rate 表页

初始状态

假定未反应的固体爆炸物的初始质量分数为 1，点火和成长方程中所使用的初始相对密度 (ρ/ρ_0) 是均匀的，则可以为未反应的固体爆炸物定义初始比能。

输入文件用法：使用下面的选项定义初始比能：

　　　　*INITIAL CONDITIONS, TYPE=SPECIFIC ENERGY

Abaqus/CAE 用法：Abaqus/CAE 中不支持初始比能。

理想气体状态方程

理想气体状态方程的表达式为

$$p + p_A = \rho R(\theta - \theta^Z)$$

式中，p_A 是环境压力；R 是气体常数；θ 是当前温度；θ^Z 是所用温标的绝对零度。该方程是对真实气体的理想化，并且可以在合适的条件下（例如低压和高温）近似模拟任何气体。

理想气体的一个重要特征是它的比能仅取决于其温度。这样，比能可以数值化地积分为

$$E_m = E_{m_0} + \int_{\theta_0 - \theta^Z}^{\theta - \theta^Z} c_V T dT$$

式中，E_{m_0} 是初始温度 θ_0 下的初始比能；c_V 是比定容热容，它仅取决于理想气体的温度。

使用理想气体状态方程的模拟通常是在绝热条件下；在材料积分点上，根据由 pdv 功造成的绝热能量的增加，直接计算温度的升高，其中 v 是比体积（单位质量的体积，$v=1/\rho$）。这样，除非进行完全耦合的温度-位移分析，在 Abaqus/Explicit 中总是假定条件为绝热。

当进行完全耦合的温度-位移分析时，压应力和比能基于演化温度场而更新。由于状态

变化产生的能量增加将在热方程中考虑，并且将经受热传导。

对于 Abaqus/Explicit 中的理想气体模型，由用户定义气体常数 R 和环境压力 p_A。对于理想气体，R 可以根据通用气体常数中的 $\widetilde{R}$ 和分子量 MW 来确定，即

$$R = \frac{\widetilde{R}}{MW}$$

通常，对于任意气体的 R 值，可以通过绘制作为状态（例如压力或者温度）的函数的 $pv/(\theta - \theta^Z)$ 图来估计。当此值不变时，任何区域中的理想气体近似为足够精确的。用户必须指定比定容热容 c_V。对于一种理想气体，c_V 与比定压热容 c_p 的关系为

$$R = c_p - c_V$$

输入文件用法：同时使用下面的选项：

　　　　 * EOS，TYPE = IDEAL GAS

　　　　 * SPECIFIC HEAT，DEPENDENCIES = n

Abaqus/CAE 用法：Property module：material editor：

　　　　　　　　Mechanical→Eos：Type：Ideal Gas

　　　　　　　　Thermal→Specific Heat

初始状态

定义气体的初始状态有不同的方法。用户可以指定初始密度 ρ 和初始压力 p_0 或初始温度 θ_0 中的一个。未指定场（温度或者压力）的初始值是根据状态方程确定的。另外，用户可以既指定初始压力，又指定初始温度。在此情况下，用户指定的初始密度由通过初始压力和温度形式的状态方程推导出来的值所取代。

默认情况下，Abaqus/Explicit 自动通过数值积分方程，根据初始温度计算初始比能 E_{m_0}

$$E_{m_0} = \int_0^{\theta_0 - \theta^Z} c_V T \mathrm{d}T$$

可选的，用户可以通过直接定义理想气体的初始比能来覆盖此默认行为。

输入文件用法：按需要使用下面的一些选项或者全部选项：

　　　　 * DENSITY，DEPENDENCIES = n

　　　　 * INITIAL CONDITIONS，TYPE = STRESS

　　　　 * INITIAL CONDITIONS，TYPE = TEMPERATURE

　　　　使用下面的选项直接指定初始比能：

　　　　 * INITIAL CONDITIONS，TYPE = SPECIFIC ENERGY

Abaqus/CAE 用法：Property module：material editor：General→Density

　　　　　　　　Load module：Create Predefined Field：Step：Initial：为 Category 选择 Other 并为 Types for Selected Step 选择 Temperature

　　　　　　　　Load module：Create Predefined Field：Step：Initial：为 Category 选择 Mechanical 并为 Types for Selected Step 选择 Stress

　　　　　　　　Abaqus/CAE 中不支持初始比能。

绝对零度的值

使用非热力学温标时，用户必须指定绝对零度的值。

输入文件用法： *PHYSICAL CONSTANTS, ABSOLUTE ZERO = θ^Z

Abaqus/CAE 用法：Any module：Model→Edit Attributes→模型名称：
Absolute zero temperature

特别情况

在使用比热容（c_V 和 c_p 都是常数）的绝热分析中，比能在温度上是线性的，即

$$E_m = c_V(\theta - \theta^Z)$$

因此，压力可以采用常见的方式进行修订

$$p + p_A = (\gamma - 1)\rho E_m$$

式中，$\gamma = c_p / c_V$，并且可以定义成

$$\gamma = \frac{n+2}{n}$$

其中，对于单原子，$n = 3$；对于双原子，$n = 5$；对于多原子，$n = 6$。

与静水力流体模型的比较

理想气体状态方程可以用来模拟波传播效应，以及一个气体区域的空间变化状态的动力学。气体的惯性是不重要的，并且在整个区域中假定气体的状态是均匀的情况下，静水力流体模型将更加简单（"基于面的流体腔：概览"，《Abaqus 分析用户手册——分析卷》的6.5.1 节），因而计算更加高效。

偏量行为

状态方程仅定义材料的静水力行为。它可以单独使用，在此情况下，材料仅具有体积强度（假定材料不具有抗剪强度）。另外，Abaqus/Explicit 允许用户定义偏量行为，假定偏量行为和体积响应是非耦合的。对于偏量响应，有两个模型可以使用：一个线性各向同性的弹性模型和一个黏性模型。材料的体积响应通过模型的状态方程来控制，其偏量响应则通过线性各向同性弹性模型或者黏性流体模型来控制。

弹性剪切行为

对于弹性剪切行为，偏量应力与偏量应变的关系为

$$S = 2\mu e^{el}$$

式中，S 是偏量应力；e^{el} 是偏量弹性应变。更多内容见"线弹性行为"（2.2.1 节）中的"在 Abaqus/Explicit 中定义状态方程的各向同性剪切弹性"。

输入文件用法：同时使用下面的选项定义弹性剪切行为：

* EOS

* ELASTIC, TYPE = SHEAR

Abaqus/CAE 用法：Property module：material editor：Mechanical → Elasticity → Elastic；
Type：Shear；Shear Modulus

黏性剪切行为

对于黏性剪切行为，偏量应力与偏量应变率的关系为

$$S = 2\eta \dot{e} = \eta \dot{\gamma}$$

式中，S 是偏量应力；$\dot{e}$ 是应变率的偏量部分；η 是黏度；$\dot{\gamma} = 2\dot{e}$ 是工程切应变率。

Abaqus/Explicit 提供一个广泛的黏性模型来描述牛顿和非牛顿流体。具体内容见"黏性" 6.1.4 节。

输入文件用法：同时使用下面的选项定义黏性剪切行为：

* EOS

* VISCOSITY

Abaqus/CAE 用法：Property module：material editor：Mechanical→Viscosity

使用 Mises 或者 Johnson-Cook 塑性模型

状态方程可以与 Mises（"经典的金属塑性"，3.2.1 节）或者 Johnson-Cook（"Johnson-Cook 塑性模型"，3.2.7 节）模型一起使用来模拟弹塑性行为。在此情况下，用户必须定义剪切行为的弹性部分。材料的体积响应通过状态方程模型来控制，而偏量响应是通过线弹性剪切和塑性模型来控制的。

输入文件用法：使用下面的选项：

* EOS

* ELASTIC, TYPE = SHEAR

* PLASTIC

Abaqus/CAE 用法：Property module：material editor：

Mechanical→Elasticity→Elastic；Type：Shear

Mechanical→Plasticity→Plastic

初始条件

用户可以为等效塑性应变 $\bar{\varepsilon}^{pl}$ 指定初始条件（"Abaqus/Standard 和 Abaqus/Explicit 中的初始条件"，《Abaqus 分析用户手册——指定条件、约束与相互作用卷》的 1.2.1 节）。

输入文件用法：* INITIAL CONDITIONS, TYPE = HARDENING

Abaqus/CAE 用法：Load module：Create Predefined Field：Step：Initial，为 Category 选择
Mechanical 并为 Types for Selected Step 选择 Hardening

使用扩展的 Drucker-Prager 塑性模型

状态方程模型可以与扩展的 Drucker-Prager（"扩展的 Drucker-Prager 模型"，3.3.1 节）

塑性模型联合使用来模拟压力相关的塑性行为。此方法适合模拟高速冲击条件下的陶瓷和其他脆性材料。在此情况下，用户必须定义剪切行为的弹性部分。材料的偏量响应是通过线弹性剪切和压力相关的塑性模型来控制的，而体积响应则通过状态方程来控制。在具体情况中，不考虑塑性膨胀（如果指定了不为零的膨胀角，Abaqus/Explicit 将忽略此值并发出一个警告信息）。

"陶瓷靶子的高速冲击"（《Abaqus 实例问题手册》的 2.1.18 节）介绍了状态方程模型与扩展的 Drucker-Prager 塑性模型一起使用的情形。

输入文件用法：使用下面的选项：

    * EOS

    * ELASTIC，TYPE=SHEAR

    * DRUCKER PRAGER

    * DRUCKER PRAGER HARDENING

Abaqus/CAE 用法：Property module：material editor：

    Mechanical→Elasticity→Elastic；Type：Shear

    Mechanical → Plasticity → Drucker Prager：Suboptions → Drucker Prager Hardening

初始条件

用户可以为等效塑性应变 $\overline{\varepsilon}^{pl}$ 指定初始条件（"Abaqus/Standard 和 Abaqus/Explicit 中的初始条件"，《Abaqus 分析用户手册——指定条件、约束与相互作用卷》的 1.2.1 节）。

输入文件用法：* INITIAL CONDITIONS，TYPE=HARDENING

Abaqus/CAE 用法：Load module：Create Predefined Field：Step：Initial，为 Category 选择 Mechanical 并为 Types for Selected Step 选择 Hardening

与拉伸失效模型一起使用

状态方程模型（除了理想气体状态方程）也可以与拉伸失效模型（"动态失效模型"，3.2.8 节）一起使用，来模拟动态剥落或者压力截止。拉伸失效模型使用静水压应力作为失效的度量并提供很多失效选项。用户必须提供静水截止应力。

用户可以指定当满足拉伸失效准则的时候，偏量应力应当失效。在没有定义材料偏量行为的情况下，此指定没有意义并将被忽略。

Abaqus/Explicit 中的拉伸失效模型是为高应变率动态问题设计的，这类问题中惯性的影响是重要的。因此，它仅用于此类情况。不正确地使用拉伸失效模型可能导致不正确的仿真。

输入文件用法：使用下面的选项：

    * EOS

    * TENSILE FAILURE

Abaqus/CAE 用法：Abaqus/CAE 中不支持拉伸失效模型。

绝热假设

对于使用状态方程模拟的材料，总是假定一个绝热条件，除非使用了动态耦合的温度-位移过程。假定绝热条件，而不管是否指定了绝热的动态应力分析步。在材料积分点上，根据机械功产生的绝热的热能增加，直接计算得到温度的升高

$$\rho c_V(\theta)\frac{\partial\theta}{\partial t}=(p-p_{bV})\frac{1}{\rho}\frac{\partial\rho}{\partial t}+S:\dot{e}$$

式中，c_V 是比定容热容。将温度指定成预定义的场对此模型的行为没有影响。

当执行一个完全耦合的温度-位移分析时，指定的能量是基于演化温度场来更新的，采用下面的关系式

$$\rho\frac{\partial E_m}{\partial t}=\rho c_V(\theta)\frac{\partial\theta}{\partial t}$$

模拟流体

U_s-U_p 状态方程可以模拟通过 Navier-Stokes 运动方程控制的不可压缩的黏性和非黏性的层流。体积响应是通过状态方程来控制的，而体积模量作为不可压缩约束的一个罚参数。

为了模拟遵从牛顿流体的 Navier-Poisson 规律的黏性层流，需要使用牛顿黏度偏量模型，并且将黏度定义成流体的真线性黏度。要模拟非牛顿黏性流体，则使用 Abaqus/Explicit 中可以使用的非线性黏性模型之一。合适的速度和应力初始条件对于得到此类问题的精确解是必不可少的。

在 Abaqus/Explicit 中模拟水那样的不可压缩的非黏性流体时，定义一个小的剪切阻抗，对于抑制可能发生网格纠缠的剪切模型来说是有帮助的。这里，剪切刚度或者剪切黏度作为罚参数。剪切模量或者黏度应当小，因为流体是非黏性的；高剪切模量或者黏度将导致过度的刚性响应。为避免产生过度的刚性响应，由材料偏量响应产生的内力增加应比由体积响应产生的内力增加低几个数量级。这可以通过选择一个比体积模量低几个数量级的弹性剪切模量来实现。如果使用了黏性模型，则所指定的剪切黏度应当与剪切模量具有相同的数量级，如上面计算的那样，通过稳定的时间增量进行缩放。期望的稳定时间增量可以从模型的数据检查分析得到。此方法会得到近似剪切阻抗，而不会在材料中引入过高的黏度。

如果定义了剪切模量，则基于材料的剪切阻抗计算沙漏控制力。这样，在具有过低或者零抗剪强度的像无黏性流体那样的材料中，基于默认参数计算得到的沙漏力不足以防止出现伪沙漏模型。因此，建议使用一个足够大的沙漏缩放因子来增加此类模型的阻抗。

单元

状态方程可以用于 Abaqus/Explicit 中的任意固体（连续）单元，除了平面应力单元。对于表现出高约束的三维应用，推荐采用默认的运动公式，使用缩减积分的固体单元，（见"截面控制"，《Abaqus 分析用户手册——单元卷》的 1.1.4 节）。

输出

除了 Abaqus 中可以使用的标准输出标识符（"Abaqus/Explicit 输出变量标识符"，《Abaqus 分析用户手册——介绍、空间建模、执行与输出卷》的 4.2.2 节）外，下面的选项对状态方程模型具有特殊的意义：

PALPH：P-α 孔隙材料的膨胀 α。当前的多孔性等于 1 减去 α 的倒数，即 $n = 1 - \alpha^{-1}$。

PALPHMIN：P-α 孔隙材料塑性压实中可达到膨胀的最小值 α_{min}。

PEEQ：等效塑性应变，$\overline{\varepsilon}^{pl} = \overline{\varepsilon}^{pl}\big|_0 + \int_0^t \sqrt{\dfrac{2}{3}\dot{\varepsilon}^{pl} : \dot{\varepsilon}^{pl}}\,\mathrm{d}t$，其中 $\overline{\varepsilon}^{pl}\big|_0$ 是初始等效塑性应变（0 或者用户指定的；见"初始条件"）。只有当状态方程模型与 Mises、Johnson-Cook 或者扩展的 Drucker-Prager 塑性模型一起使用时，才是相关的。

第6章 其他材料属性

6.1　力学属性

- "材料阻尼"，6.1.1节
- "热膨胀"，6.1.2节
- "场膨胀"，6.1.3节
- "黏性"，6.1.4节

6.1.1 材料阻尼

产品：Abaqus/Standard   Abaqus/Explicit   Abaqus/CAE

参考

- "动态分析过程：概览"，《Abaqus 分析用户手册——分析卷》的 1.3.1 节
- "材料库：概览"，1.1.1 节
- *DAMPING
- *MODAL DAMPING
- "定义其他力学模型"中的"定义阻尼"，《Abaqus/CAE 用户手册》（在线 HTML 版本）的 12.9.4 节

概览

材料阻尼可以：

- 为直接积分（非线性的、隐式的或者显式的）、基于子空间的直接积分、直接求解稳态，以及基于子空间的稳态动力学分析定义。
- 为 Abaqus/Standard 中基于模态（线性的）的动力学分析定义。

Rayleigh 阻尼

在直接积分的动力学分析中，用户需要特别频繁地定义能量耗散机理——阻尼器、非弹性材料行为等作为基本模型的一部分。在此情况下，通常不需要引入额外的阻尼，因为它与其他耗散影响相比通常是不重要的。然而，某些模型不具有此种耗散源（一个例子是具有颤动接触的线性系统，例如地震事件中的管线）。在这种情况下，通常期望引入某种一般阻尼。Abaqus 为此提供了"Rayleigh"阻尼，对较低阻尼（质量相关的）和较高阻尼的（刚度相关的）频率范围行为提供一个便利的抽象。

Rayleigh 阻尼也可以用于直接求解稳态动力学分析，以及基于子空间的稳态动力学分析来得到定量准确的结果，特别是接近自然频率的结果。

定义材料的 Rayleigh 阻尼时，用户需要指定两个 Rayleigh 阻尼因素：质量比例阻尼 α_R 和刚度比例阻尼 β_R。通常，阻尼是指定成材料定义一部分的材料属性。对于包含转动惯量的情况，点质量单元和子结构对材料定义没有参考意义，可以将阻尼定义成与属性参考相结合。质量比例阻尼也可应用到非结构特征（见"非结构质量定义"，《Abaqus 分析用户手册——介绍、空间建模、执行与输出卷》的 2.7.1 节）。

对于给定的模态 i，临界阻尼的分数 ξ_i 可以采用阻尼因子 α_R 和 β_R 的形式表达成

$$\xi_i = \frac{\alpha_R}{2\omega_i} + \frac{\beta_R \omega_i}{2}$$

式中，ω_i 是此模态的自然频率。此等式表明，一般来说，质量比例的 Rayleigh 阻尼 α_R 对较低的频率进行阻尼；而刚度比例的 Rayleigh 阻尼 β_R 对较高的频率进行阻尼。

质量比例的阻尼

α_R 因子引入由模型的绝对速度产生的阻尼力，并且这样仿真了模型运动通过黏性"以太"（弥漫的，仍然是流体，所以模型中任意点的任何运动均产生阻尼）的思想。此阻尼因子定义质量比例的阻尼，在这个意义上，它给出了一个与单元质量矩阵成比例的阻尼贡献。在 Abaqus/Standard 中，如果单元中包含多种的材料，根据此术语，使用 α_R 的体积平均值乘以单元的质量矩阵来定义阻尼贡献。在 Abaqus/Explicit 中，如果单元中包含多于一种的材料，则根据此术语，使用 α_R 的质量平均值乘以单元的集中质量矩阵来定义阻尼贡献。α_R 的单位为 1/时间。

输入文件用法：＊DAMPING，ALPHA＝α_R

Abaqus/CAE 用法：Property module：material editor：Mechanical→Damping：Alpha：α_R

在 Abaqus/Explicit 中定义可变质量比例阻尼

在 Abaqus/Explicit 中，用户可以将 α_R 定义成温度和/或场变量的表格函数。这样，质量比例阻尼可以在 Abaqus/Explicit 分析过程中发生变化。

输入文件用法：＊DAMPING，ALPHA＝TABULAR

刚度比例的阻尼

因子 β_R 引入与应变率成比例的阻尼，可以理解成材料自身相关联的阻尼。β_R 定义与弹性材料刚度成比例的阻尼。因为模型可以具有非常一般的非线性响应，必须广义化"刚度比例的阻尼"的概念，由于对于切线刚度矩阵，有可能出现负的特征值（意味着出现负的阻尼）。为了克服此问题，将 β_R 解释成在 Abaqus 中定义的黏性材料阻尼，创造出一个额外的"阻尼应力"σ_d，它与总应变率成比例，即

$$\sigma_d = \beta_R \mathbf{D}^{el} \dot{\varepsilon}$$

式中，$\dot{\varepsilon}$ 是应变率。对于超弹性（"橡胶型材料的超弹性行为"，2.5.1 节）和超泡沫（"弹性体泡沫中的超弹性行为"，2.5.2 节）材料，将 $\mathbf{D}^{el}$ 定义成无应变状态的弹性刚度。对于 Abaqus/Standard 中所有其他线性弹性材料和 Abaqus/Explicit 中所有其他材料，$\mathbf{D}^{el}$ 是材料的当前弹性刚度。$\mathbf{D}^{el}$ 将基于分析中的当前温度来计算。

当形成了动力学平衡方程的时候，此阻尼应力与积分点上由本构响应产生的应力相加，但是它并没有包含在应力输出中。作为结果，对于任意非线性情况可以引入阻尼，并且对于线性情况提供标准的 Rayleith 阻尼。对于线性情况，刚度比例阻尼恰好与定义阻尼矩阵等于材料刚度矩阵的 β_R 倍（弹性的）是一样的。计算刚度比例阻尼时，并不包含其他对刚度矩阵的贡献（例如沙漏、横向剪切和钻硬度）。β_R 具有时间的单位。

输入文件用法：＊DAMPING，BETA＝β_R

Abaqus/CAE 用法：Property module：material editor：Mechanical→Damping：Beta：β_R

在 Abaqus/Explicit 中定义可变的刚度比例阻尼

在 Abaqus/Explicit 中，可以将 β_R 定义成温度和/或场变量的表格函数。这样，刚度比例阻尼可以在 Abaqus/Explicit 分析过程中发生变化。

输入文件用法：* DAMPING，BETA = TABULAR

结构阻尼

结构阻尼假定阻尼力与由结构受应力产生的力成比例，并且其方向与速度相反。这样，此形式的阻尼仅当位移和速度刚好成 90°相位差的时候才能使用。结构阻尼最适用于频域动力学过程（见下面的"模态叠加过程中的阻尼"）。阻尼力的表达式则是

$$F_D^N = isI^N$$

式中，F_D^N 是阻尼力；$i = \sqrt{-1}$；s 是用户定义的结构阻尼因子；I^N 是由于结构受应力而产生的力。由结构阻尼产生的阻尼力适合描述摩擦影响（有别于黏性效应）。这样，为涉及表现出摩擦行为，或者在整个模型上存在局部摩擦影响的模型推荐结构阻尼，例如多连杆结构中的干摩擦连接。

结构阻尼可以作为像连接器阻尼，或者弹簧单元上的复杂刚度那样的机械阻尼来添加到模型中。

结构阻尼可以用在允许非对角阻尼的稳态动力学过程中。

输入文件用法：使用下面的选项定义结构阻尼：

* DAMPING，STRUCTURAL = s

Abaqus/CAE 用法：Property module：material editor：Mechanical→Damping：Structural：s

直接积分的动态分析中的人造阻尼

在 Abaqus/Standard 中，用于隐式直接时间积分的算子，在 Rayleigh 阻尼之外引入了一些人造阻尼。这些阻尼与 Hilber-Hughes-Taylor 相关，并且混合算子通常受 Hilber-Hughes-Taylor 参数 α 的控制，它与控制 Rayleigh 阻尼的质量比例部分的参数 α_R 是不同的。Hilber-Hughes-Taylor 的参数 β 和 γ 以及混合算子也影响数字化的阻尼。对于向后的 Euler 算子，参数 α、β 和 γ 是不可用的。更多有关此阻尼的其他形式，见"使用直接积分的隐式动力学分析"，《Abaqus 分析用户手册——分析卷》的 1.3.2 节。

显式动力学分析中的人工阻尼

Rayleigh 阻尼的作用是展现实际材料中的物理阻尼。在 Abaqus/Explicit 中，默认引入一个体积黏性形式的小的数字阻尼，来控制高频振荡。更多有关此阻尼的其他形式，见"显式动力学分析"，《Abaqus 分析用户手册——分析卷》的 1.3.3 节。

Abaqus/Explicit 中稳定时间增量上的阻尼影响

随着最高模态（ξ_{max}）临界阻尼分数的增加，Abaqus/Explicit 的稳定时间增量根据下面的方程降低

$$\Delta t \leq \frac{2}{\omega_{max}}\left(\sqrt{1+\xi_{max}^2}-\xi_{max}\right)$$

其中（将最高模态的频率 ω_{max} 替换成前面给出的 ξ_i）

$$\xi_{max} = \frac{\alpha_R}{2\omega_{max}}+\frac{\beta_R\omega_{max}}{2}$$

这些方程表明一个趋势，即刚度比例阻尼比质量比例阻尼在稳定时间增量上具有更大的影响。

现以一根使用连续单元的承弯悬臂梁为例，说明阻尼在稳定时间增量上具有的影响。最低频率是 $\omega_{min}=1\text{rad/s}$，而对于具体选择的网格，最高频率是 $\omega_{max}=1000\text{rad/s}$，此问题中的最低模态对应弯曲中的悬臂梁，并且最高频率与单个单元的扩展有关。

没有阻尼时，稳定时间增量是

$$\Delta t = \frac{2}{\omega_{max}}=2\times10^{-3}\text{s}$$

如果使用刚度比例阻尼在最低模态中创建 1% 的临界阻尼，则阻尼因子为

$$\beta_R = \frac{2\times0.01}{1}\text{s}=2\times10^{-2}\text{s}$$

此对应于最高模态下的临界阻尼因子

$$\xi_{max} = \frac{\omega_{max}\beta_R}{2}=10$$

这样，降低因子是

$$\left(\sqrt{1+10^2}-10\right)\approx0.05$$

则具有阻尼的稳定时间增量是

$$\Delta t \approx \left(2\times10^{-3}\right)\times0.05\approx1\times10^{-4}$$

即在最低模态中引入 1% 的临界阻尼，可使稳定时间增量降低 20 倍。

如果使用质量比例阻尼抑制掉最低模态下 1% 的临界阻尼，则阻尼因子通过下式给出

$$\alpha_R = 2\omega_{min}\xi=2\times1\times10^{-2}\text{s}^{-1}=2\times10^{-2}\text{s}^{-1}$$

其对应于最高模态下的一个临界阻尼

$$\xi_{max} = \frac{\alpha_R}{2\omega_{max}}=\frac{2\times10^{-2}}{2\times1000}=10^{-5}$$

具有阻尼的稳定时间增量的降低因子为

$$\left(\sqrt{1+10^{-10}}-10^{-5}\right)\approx0.99999$$

其降低几乎可以忽略不计。

此例表明，通常优选使用质量比例阻尼来抑制低频率响应，不是使用刚度比例阻尼。然

而，质量比例阻尼可以显著地影响刚体运动。所以通常不希望采用大的 α_R。为了避免稳态时间增量的极大降低，刚性比例阻尼因子 β_R 应当小于或者与没有阻尼的初始稳定时间增量的数量级相同。使用 $\beta_R = 2/\omega_{max}$，稳定时间增量可降低约 52%。

模态叠加过程中的阻尼

可以将阻尼指定成模态叠加过程的步定义的一部分。"动力学分析过程"中的"一个线性动力学分析中的阻尼"，《Abaqus 分析用户手册——分析卷》的 1.3.1 节中，描述了可以使用的阻尼类型，这些阻尼类型取决于过程的类型和执行分析所用的构架，并且对以下类型的阻尼提供了详细的信息：

- 黏性模态阻尼（Rayleigh 阻尼和临界阻尼的分数）。
- 结构模态阻尼。
- 复合模态阻尼。

与其他材料模型一起使用

β_R 因子可以用于所有使用线弹性材料定义的单元（"线弹性行为"，2.2.1 节）和使用一般截面的 Abaqus/Standard 梁和壳单元。在后者的情况中，如果提供了一个非线性梁截面定义，则将 β_R 乘以力-应变（或者力矩-曲率）关系在零应变或者曲率处的斜率。此外，β_R 因子可用于所有使用超弹性材料定义（"橡胶型材料的超弹性行为"，2.5.1 节）、超泡沫材料定义（"弹性体泡沫中的超弹性行为"，2.5.2 节）或者一般壳截面（"使用一个一般的壳截面来定义截面行为"，《Abaqus 分析用户手册——单元卷》的 3.6.6 节）的 Abaqus/Explicit 单元。

在没有拉伸弹性材料的情况中，在拉伸中没有使用 β_R 因子；而对于无压缩的弹性材料，在压缩中没有使用 β_R 因子（见"无压缩或者无拉伸"，2.2.2 节）。换言之，这些改进的弹性模型仅当具有刚度时才表现出阻尼。

单元

α_R 因子可以应用于所有具有质量的单元，包括点质量单元（每个整体方向上的离散 DASHPOTA 单元，即使没有一个固定的节点，也可以引入此类型的阻尼）。对于点质量和转动惯性单元，将质量比例或者复合模态阻尼定义成点质量或者转动惯性定义的一部分（"点质量"，《Abaqus 分析用户手册——单元卷》的 4.1.1 节，以及"转动惯量"，《Abaqus 分析用户手册——单元卷》的 4.2.1 节）。

弹性单元不能使用 β_R 因子，代之以弹性单元与离散的阻尼器单元并行使用。

β_R 也不能应用于 Abaqus/Standard 中梁和壳的横向剪切项。

在 Abaqus/Standard 复合模态中，阻尼不能与子结构同时使用或者在子结构中使用。可以为子结构引入 Rayleigh 阻尼。当在子结构中使用 Rayleigh 阻尼时，取 α_R 和 β_R 的平均值，

来为子结构定义 α_R 和 β_R 的单个值。这些是加权平均的，对 α_R 使用质量作为权重因子，对 β_R 使用体积作为权重因子。在另外一个阻尼定义中，可以直接提供阻尼值来替代这些平均后的阻尼值，见"使用子结构"，《Abaqus 分析用户手册——分析卷》的 5.1.1 节。

6.1.2　热膨胀

产品：Abaqus/Standard　Abaqus/Explicit　Abaqus/CFD　Abaqus/CAE

参考

- "材料库：概览"，1.1.1 节
- "UEXPAN"，《Abaqus 用户子程序参考手册》的 1.1.29 节
- * EXPANSION
- "定义其他力学模型"，《Abaqus/CAE 用户手册》的 12.9.4 节
- "定义一种流体填充的多孔材料"，《Abaqus/CAE 用户手册》的 12.12.3 节

概览

热膨胀效应：
- 可以通过指定热膨胀系数来定义，这样在 Abaqus 中可以计算热应变，在 Abaqus/CFD 中可以计算浮力。
  - 可以是各向同性的、正交异性的或者完全各向异性的。
  - 是定义成距一个参考温度的总膨胀。
  - 可以指定成温度和/或场变量的函数。
  - 在 Abaqus/Standard 中，可以使用固体连续单元的分布来定义。
  - 在 Abaqus/Standard 中，可以在用户子程序 UEXPAN 中直接指定（如果热应变是场变量和状态变量的复杂函数）。

定义热膨胀系数

热膨胀是包含在材料定义中的材料属性（见"材料数据定义"，1.1.2 节），除了当它与垫片的膨胀有关的情况，因为并不把垫片材料的属性定义成材料定义的一部分。在这种情况下，膨胀必须与垫片行为定义结合使用（见"使用垫片行为模型直接定义垫片行为"，《Abaqus 分析用户手册——单元卷》的 6.6.6 节）。

在 Abaqus/Standard 分析中，可以通过使用分布（"分布定义"，《Abaqus 分析用户手册——介绍、空间建模、执行与输出卷》的 2.8.1 节）来为均质固体连续单元定义一个空间上变化的热膨胀。此分布必须包括热膨胀的默认值。如果使用了一个分布，则热膨胀不能定义与温度和/或场变量的相关性。

在 Abaqus/CFD 分析中，可以为固体材料中的热应变计算定义热膨胀系数 α，并为流体材料中的浮力计算定义体积热膨胀系数 β。关于这些系数的详细内容，见下面的"热应变的计算"和"Abaqus/CFD 中的浮力计算。"

输入文件用法：使用下面的选项为绝大部分材料定义热膨胀：

* MATERIAL
* EXPANSION

使用下面的选项为垫片定义热膨胀，垫片的本构响应直接定义成垫片行为：

* GASKET BEHAVIOR
* EXPANSION

Abaqus/CAE 用法：使用下面的选项与其他材料行为结合来包含热膨胀效应，包括垫片行为：

Property module：material editor：Mechanical→Expansion

热应变的计算

Abaqus 要求根据参考温度 θ^0，利用热膨胀系数 α 定义总热膨胀，如图 6-1 所示。它们根据以下公式生成热应变

$$\varepsilon^{\mathrm{th}} = \alpha(\theta, f_\beta)(\theta - \theta^0) - \alpha(\theta^{\mathrm{I}}, f_\beta^{\mathrm{I}})(\theta^{\mathrm{I}} - \theta^0)$$

式中　$\alpha(\theta, f_\beta)$ ——热膨胀系数；

θ——当前温度；

θ^{I}——初始温度；

f_β——预定义场变量的当前值；

f_β^{I}——场变量的初始值；

θ^0——热膨胀系数的参考温度。

上面方程的第二项体现了由于初始温度 θ^{I} 与参考温度 θ^0 之间的差别而产生的应变。在参考温度不等于初始温度的情况下，此项对于强制没有初始热应变的假设是必要的。

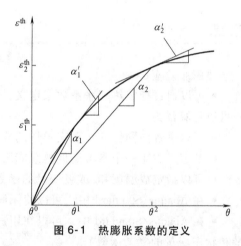

图 6-1　热膨胀系数的定义

定义参考温度

如果热膨胀系数 α 不是温度或者场变量的函数，则不需要参考温度的 θ^0 值；如果 α 是温度或者场变量的函数，则用户可以定义 θ^0。

输入文件用法：* EXPANSION，ZERO = θ^0

Abaqus/CAE 用法：Property module：material editor：Mechanical→Expansion：Reference temperature：θ^0

Abaqus/CFD 中浮力的计算

在 Abaqus/CFD 中，利用 Boussinesq 近似计算驱动自然对流的浮力

$$(\rho - \rho^{\mathrm{I}})\,g \approx -\rho^{\mathrm{I}}\beta(\theta - \theta^0)\,g$$

式中　ρ——密度；

ρ^1——初始密度；

g——由重力引起的加速度；

θ——温度；

θ^0——参考温度；

β——体积热膨胀系数。

将体积热膨胀系数 β 定义成

$$\beta(\theta) = \frac{-1}{\rho}\left(\frac{\delta\rho}{\delta\theta}\right)_p$$

并且 β 与热膨胀系数 α 通过下面的表达式建立联系

$$\beta = 3\alpha$$

从微分形式到总形式的热膨胀系数转换

总热膨胀系数通常可在材料属性表中查到。然而，有时给出的热膨胀系数是微分形式的，即

$$d\varepsilon^{th} = \alpha'(\theta)\,d\theta$$

即提供了应变-温度曲线的正切（图 6-1）。为了转换成 Abaqus 要求的总热膨胀形式，必须以一个合适的参考温度 θ^0 对此关系进行积分

$$\varepsilon^{th} = \int_{\theta^0}^{\theta}\alpha'd\theta \Rightarrow \alpha(\theta) = \frac{1}{\theta-\theta^0}\int_{\theta^0}^{\theta}\alpha'd\theta$$

例如，假设 α' 是一系列常数值：α_1' 在 θ^0 和 θ^1 之间；α_2' 在 θ^1 和 θ^2 之间；α_3' 在 θ^2 和 θ^3 之间等，则

$$\varepsilon_1^{th} = \alpha_1'(\theta^1-\theta^0)$$
$$\varepsilon_2^{th} = \varepsilon_1^{th} + \alpha_2'(\theta^2-\theta^1)$$
$$\varepsilon_3^{th} = \varepsilon_2^{th} + \alpha_3'(\theta^3-\theta^2)$$

则得到 Abaqus 要求的相应的总膨胀系数为

$$\alpha_1 = \varepsilon_1^{th}/(\theta^1-\theta^0)$$
$$\alpha_2 = \varepsilon_2^{th}/(\theta^2-\theta^0)$$
$$\alpha_3 = \varepsilon_3^{th}/(\theta^3-\theta^0)$$

在用户子程序 UEXPAN 中定义热应变增量

用户可以在 Abaqus/Standard 的用户子程序 UEXPAN 中，将热应变增量指定成温度和/或预定义场变量的函数。如果热应变增量取决于状态变量，则必须使用用户子程序 UEX-PAN。

输入文件用法：*EXPANSION，USER

Abaqus/CAE 用法：Property module：material editor：Mechanical→Expansion：

Use user subroutine UEXPAN

定义初始温度和场变量值

如果热膨胀系数 α 是温度或者场变量的函数，则如"Abaqus/Standard 和 Abaqus/Explicit 中的初始条件"，《Abaqus 分析用户手册——指定条件、约束与相互作用卷》的 1.2.1 节中所描述的那样给出初始温度和初始场变量的值 θ^I 和 f_β^I。

单元删除和再激活

在 Abaqus/Standard 中，如果一个单元被删除后得到再次激活（"单元与接触对删除和再激活"，《Abaqus 分析用户手册——分析卷》的 6.2.1 节），则热应变方程中的 θ^I 和 f_β^I 代表再次激活时的温度和场变量值。

直接定义相关的热膨胀

可以在 Abaqus 中定义各向同性或者正交异性的热膨胀。此外，可以在 Abaqus/Standard 中定义完全各向异性的热膨胀。

正交异性和各向异性的热膨胀仅可与使用局部方向（见"方向"，《Abaqus 分析用户手册——介绍、空间建模、执行与输出卷》的 2.2.5 节）定义了材料方向的材料一起使用。

在 Abaqus/Explicit 中，仅允许正交异性热膨胀与各向异性弹性（包括正交异性弹性）和各向异性屈服（见"各向异性屈服/蠕变"，3.2.6 节）一起使用。

在 Abaqus/CFD 中，对于绝热的应力分析，以及超弹性和超泡沫材料模型，仅允许各向同性的热膨胀。

各向同性的膨胀

如果直接定义热膨胀系数，则在每一个温度下只需要一个 α 值。如果使用了用户子程序 UEXPAN，则必须只定义一个各向同性的热应变增量（$\Delta\varepsilon = \Delta\varepsilon_{11} = \Delta\varepsilon_{22} = \Delta\varepsilon_{33}$）。

输入文件用法：使用下面的选项直接定义热膨胀系数：

    *EXPANSION，TYPE=ISO

    使用下面的选项通过用户子程序 UEXPAN 定义热膨胀：

    *EXPANSION，TYPE=ISO，USER

Abaqus/CAE 用法：使用下面的输入直接定义热膨胀系数：

    Property module：material editor：Mechanical→Expansion：Type：Isotropic

    使用下面的输入通过用户子程序 UEXPAN 定义热膨胀：

    Property module：material editor：Mechanical→Expansion：Type：Isotropic，Use user subroutine UEXPAN

正交异性的膨胀

如果直接定义了热膨胀系数，则主材料方向上的 3 个膨胀系数（α_{11}、α_{22} 和 α_{33}）应当给成温度的函数。如果使用了用户子程序 UEXPAN，则必须定义热应变增量在主材料方向上的 3 个分量（$\Delta\varepsilon_{11}$、$\Delta\varepsilon_{22}$ 和 $\Delta\varepsilon_{33}$）。

输入文件用法：使用下面的选项直接定义热膨胀系数：

* EXPANSION，TYPE = ORTHO

使用下面的选项通过用户子程序 UEXPAN 定义热膨胀系数：

* EXPANSION，TYPE = ORTHO，USER

Abaqus/CAE 用法：使用下面的输入直接定义热膨胀系数：

Property module：material editor：Mechanical→Expansion：Type：Orthotropic

使用下面的输入通过用户子程序 UEXPAN 定义热膨胀：

Property module：material editor：Mechanical→Expansion：Type：Orthotropic，Use user subroutine UEXPAN

各向异性的膨胀

如果直接定义了热膨胀系数，则 α 的所有 6 个分量（α_{11}、α_{22}、α_{33}、α_{12}、α_{13}、α_{23}）必须给定为温度的函数。如果使用了用户子程序 UEXPAN，则必须定义所有热应变增量的 6 个分量（$\Delta\varepsilon_{11}$、$\Delta\varepsilon_{22}$、$\Delta\varepsilon_{33}$、$\Delta\varepsilon_{12}$、$\Delta\varepsilon_{13}$、$\Delta\varepsilon_{23}$）。

在 Abaqus/Standard 分析中，如果使用分布来定义热膨胀，则分布的每一个单元中所给的膨胀系数通过有关的分布表（"分布定义"，《Abaqus 分析用户手册——介绍、空间建模、执行与输出卷》的 2.8.1 节）来确定，且必须与指定膨胀行为的各向异性程度相一致。例如，如果指定了正交异性行为，则分布中的每一个单元必须定义 3 个膨胀系数。

输入文件用法：使用下面的选项直接定义热膨胀系数：

* EXPANSION，TYPE = ANISO

使用下面的选项通过用户子程序 UEXPAN 定义热膨胀系数：

* EXPANSION，TYPE = ANISO，USER

Abaqus/CAE 用法：使用下面的输入直接定义热膨胀系数：

Property module：material editor：Mechanical→Expansion：Type：Anisotropic

使用下面的输入通过用户子程序 UEXPAN 定义热膨胀系数：

Property module：material editor：Mechanical→Expansion：Type：Anisotropic，Use user subroutine UEXPAN

热应力

当一个结构不能自由膨胀时，温度的变化将产生应力。以一根长为 L 的两节点杆为例，其两端均被完全约束住，截面积、弹性模量 E 和热膨胀系数 α 都是常数。此一维问题中的应力可以由胡克定律计算得到，即 $\sigma_x = E(\varepsilon_x - \varepsilon_x^{\text{th}})$，其中 ε_x 是总应变；$\varepsilon_x^{\text{th}} = \alpha\Delta\theta$ 是热应变，其中 $\Delta\theta$ 是温度变化。因为单元是完全约束的，所以 $\varepsilon_x = 0$。如果温度在两个节点上是一样的，则可得到应力 $\sigma_x = -E\alpha\Delta\theta$。

约束住的热膨胀可以产生显著的应力。对于典型的金属结构，大约150℃（300℉）的温度变化可以造成屈服。这样，对于涉及热载荷的问题，应特别谨慎地定义边界条件，以避免热膨胀的过度约束。

能量平衡考虑

Abaqus在总能量平衡方程中不考虑热膨胀效应，这可能导致模型总能量的表观不平衡。例如，在上面的两节点杆两端都受约束的例子中，受约束的热膨胀将引入应变能，从而造成模型总能量的等效增加。

与其他材料模型一起使用

在Abaqus中，热膨胀可以与任何其他（力学的）材料（见"组合材料行为"，1.1.3节）行为组合使用。

与其他材料模型一起使用热膨胀

对于绝大多数材料，通过一个单独的系数或者正交异性或各向异性系数的设置，或者在Abaqus/Standard中，通过在用户子程序UEXPAN中定义增量热应变来定义热膨胀。对于Abaqus/Standard中的多孔介质，例如土壤或者岩石，可以为固体颗粒和渗透流体定义热膨胀（使用耦合的孔隙流体扩散/应力过程时，见"耦合的孔隙流体扩散和应力分析"，《Abaqus分析用户手册——分析卷》的1.8.1节）。在这种情况下，应当重复热膨胀定义来定义不同的热膨胀影响。

与垫片行为一起使用热膨胀

热膨胀可以与任何垫片行为定义一起使用。热膨胀将影响垫片在膜方向和/或垫片厚度方向上的膨胀。

单元

在Abaqus中，热膨胀可以与任何应力/位移或者流体单元一起使用。

6.1.3 场膨胀

产品：Abaqus/Standard

参考

- "材料库：概览"，1.1.1节
- "UEXPAN"，《Abaqus用户子程序参考手册》的1.1.30节

• ＊EXPANSION

概览

场膨胀效应：

• 可以通过指定场膨胀系数来定义，这样，Abaqus/Standard 可以计算由预定义场变量的变化来驱动的场膨胀应变。

• 可以是各向同性的、正交异性的或者完全各向异性的。

• 是定义成距离预定义场变量的参考值而得到的总膨胀。

• 可以指定成温度和/或预定义场变量的函数。

• 可以在用户子程序 UEXPAN 中直接指定（如果场膨胀应变是场变量和状态变量的复杂函数）。

• 可以为多个预定义场变量进行定义。

定义场膨胀系数

场膨胀是包含在材料定义中的材料属性（见"材料数据定义"，1.1.2节），除了当它与垫片膨胀有关时，因为垫片的材料属性并非定义成材料定义的一部分。在这种情况下，场膨胀必须与垫片行为定义相结合（见"使用垫片行为模型来直接定义垫片行为"，《Abaqus分析用户手册——单元卷》的 6.6.6 节）。

输入文件用法：使用下面的选项，来为大多数材料定义与编号为 n 的预定义场变量相关联的场膨胀：

＊MATERIAL

＊EXPANSION，FIELD = n

＊EXPANSION 选项可以采用不同的预定义场变量编号 n，来重复定义与多个场相关联的场膨胀。

使用下面的选项，为垫片定义与编号为 n 的预定义场变量相关的场膨胀，垫片的本构响应直接定义成垫片的行为：

＊GASKET BEHAVIOR

＊EXPANSION，FIELD = n

＊EXPANSION 选项可以采用不同的预定义场变量编号 n，来重复定义与多个场相关联的场膨胀。

场膨胀应变的计算

Abaqus/Standard 要求场膨胀系数 α_f，由一个预定义场变量 n 的参考值 f_n^0 来定义总的场膨胀，如图 6-2 所示。

每一个指定场的场膨胀根据以下公式生成场膨胀应变

$$\varepsilon^f = \alpha_f(\theta, f_\beta)(f_n - f_n^0) - \alpha_f(\theta^I, f_\beta^I)(f_n^I - f_n^0)$$

式中　$\alpha_f(\theta, f_\beta)$——场膨胀系数；

　　　　f_n——预定义场变量 n 的当前值；

　　　　f_n^I——预定义场变量 n 的初始值；

　　　　f_β——预定义场变量的当前值；

　　　　f_β^I——预定义场变量的初始值；

　　　　f_n^0——预定义场变量 n 对于场膨胀

　　　　　　　系数的参考值。

上面公式的第二项体现了由于预定义场变量
的初始值 f_n^I 与对应参考值 f_n^0 之间的差异所产生的
应变。在预定义场变量 n 的参考值不等于对应初
始值的情况中，此项对于强制没有初始场膨胀应
变的假定是必要的。

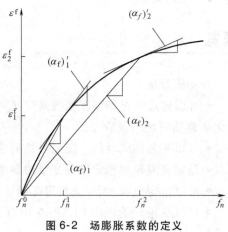

图 6-2　场膨胀系数的定义

定义预定义场变量的参考值

如果场膨胀系数 α_f 不是温度或者场变量的函数，则不需要预定义场变量的参考值 f_n^0。
如果 α_f 是温度或者场变量的函数，则可以定义 f_n^0。

输入文件用法：＊EXPANSION，FIELD＝n，ZERO＝f_n^0

场膨胀系数从微分形式转变成总形式

可以如上节描述的那样直接提供总场膨胀系数。然而，用户可以有不同形式的场膨胀数
据，如

$$d\varepsilon^f = \alpha_f'(f_n)\,df_n$$

即提供了应变-场变量曲线的切线（图 6-2）。为了转变成 Abaqus 要求的总场膨胀的形式，
必须以一个合适的场变量参考值 f_n^0 对此关系进行积分

$$\varepsilon^f = \int_{f_n^0}^{f_n} \alpha'_f df_n \Rightarrow \alpha_f(f_n) = \frac{1}{f_n - f_n^0} \int_{f_n^0}^{f_n} \alpha'_f df_n$$

例如，假设 α_f' 是一系列常数值：$(\alpha_f')_1$ 在 f_n^0 与 f_n^1 之间；$(\alpha_f')_2$ 在 f_n^1 与 f_n^2 之间；$(\alpha_f')_3$ 在 f_n^2
与 f_n^3 之间等，则

$$\varepsilon_1^f = (\alpha'_f)_1(f_n^1 - f_n^0)$$

$$\varepsilon_2^f = \varepsilon_1^f + (\alpha_f')_2(f_n^2 - f_n^1)$$

$$\varepsilon_3^f = \varepsilon_2^f + (\alpha_f')_3(f_n^3 - f_n^2)$$

则 Abaqus 要求的对应总膨胀系数为

$$(\alpha_f)_1 = \varepsilon_1^f / (f_n^1 - f_n^0)$$

$$(\alpha_f)_2 = \varepsilon_2^f / (f_n^2 - f_n^0)$$

$$(\alpha_f)_3 = \varepsilon_3^f / (f_n^3 - f_n^0)$$

在用户子程序 UEXPAN 中定义场膨胀应变的增量

可以在用户子程序 UEXPAN 中，将场膨胀应变的增量指定成温度和/或预定义场变量的

函数。如果场膨胀应变增量取决于状态变量，则必须使用用户子程序 UEXPAN。

在单个材料定义中，仅能够使用一次用户子程序 UEXPAN。在具体情况中，不能在使用用户子程序 UEXPAN 的相同材料定义中，既定义热，又定义场膨胀或者多场膨胀。

输入文件用法：∗EXPANSION，FIELD＝n，USER

定义初始温度和场变量值

如果场膨胀系数 α_f 是温度和/或预定义场变量的函数，则如 "Abaqus/Standard 和 Abaqus/Explicit 中的初始条件"，《Abaqus 分析用户手册——指定条件、约束与相互作用卷》的 1.2.1 节中描述的那样给出初始温度和初始预定义场变量的值 θ^I 和 f_β^I。

单元删除和再激活

如果一个单元已经被删除并被再次激活（"单元与接触对的删除和再激活"，《Abaqus 分析用户手册——分析卷》的 6.2.1 节），则场膨胀应变方程中的 θ^I 和 f_β^I 代表它们在再次激活时刻的温度和预定义场变量的值。

方向相关的场膨胀定义

用户可以定义各向同性、正交异性，或者完全各向异性的场膨胀。

正交异性和各向异性场膨胀仅能与材料方向（见 "方向"，《Abaqus 分析用户手册——介绍、空间建模、执行与输出卷》的 2.2.5 节）是用局部方向定义的材料一起使用。

超弹性和超泡沫材料模型仅允许各向同性的场膨胀。

各向同性的膨胀

如果直接定义了场膨胀系数，则在每一个温度和/或预定义场变量的情况下只需要一个 α_f 值。如果使用了用户子程序 UEXPAN，则必须只定义一个各向同性的场膨胀应变增量（$\Delta\varepsilon^f = \Delta\varepsilon_{11}^f = \Delta\varepsilon_{22}^f = \Delta\varepsilon_{33}^f$）。

输入文件用法：使用下面的选项直接定义场膨胀系数：
∗EXPANSION，FIELD＝n，TYPE＝ISO
使用下面的选项通过用户子程序 UEXPAN 定义场膨胀：
∗EXPANSION，FIELD＝n，TYPE＝ISO，USER

正交异性的膨胀

如果直接定义了热膨胀系数，则主材料方向上的 3 个膨胀系数（α_{f11}、α_{f22} 和 α_{f33}）应当给成温度的函数。如果使用了用户子程序 UEXPAN，则必须定义主材料方向上的 3 个热应变增量的分量（$\Delta\varepsilon_{11}^f$、$\Delta\varepsilon_{22}^f$ 和 $\Delta\varepsilon_{33}^f$）。

输入文件用法：使用下面的选项直接定义热膨胀系数：
∗EXPANSION，FIELD＝n，TYPE＝ORTHO

使用下面的选项通过用户子程序 UEXPAN 定义热膨胀系数：

* EXPANSION，FIELD $= n$，TYPE $=$ ORTHO，USER

各向异性的膨胀

如果直接定义了热膨胀系数，则必须以温度和/或预定义场变量的函数给出 α_f 的 6 个分量（α_{f11}、α_{f22}、α_{f33}、α_{f12}、α_{f13}、α_{f23}）。如果使用了用户子程序 UEXPAN，则必须定义热应变增量的 6 个分量（$\Delta\varepsilon_{11}^f$、$\Delta\varepsilon_{22}^f$、$\Delta\varepsilon_{33}^f$、$\Delta\varepsilon_{12}^f$、$\Delta\varepsilon_{13}^f$、$\Delta\varepsilon_{23}^f$）。

输入文件用法：使用下面的选项直接定义热膨胀系数：

* EXPANSION，FIELD $= n$，TYPE $=$ ANISO

使用下面的选项通过用户子程序 UEXPAN 定义热膨胀系数：

* EXPANSION，FIELD $= n$，TYPE $=$ ANISO，USER

场膨胀应力

当一个结构不能自由地膨胀时，如果场膨胀与预定义的场变量相关联，则预定义场变量的变化将产生应力。以一根长为 L 的两节点杆为例，其两端均被完全约束住，截面积、弹性模量 E 和场膨胀系数 α_f 都是常数。此一维问题中的应力可以根据胡克定律计算得到，即 $\sigma_x = E(\varepsilon_x - \varepsilon_x^f)$，其中 ε_x 是总应变；$\varepsilon_x^f = \alpha_f \Delta f_n$ 是场膨胀应变，其中 Δf_n 是编号为 n 的预定义场变量的值的变化。因为单元是完全约束的，所以 $\varepsilon_x = 0$。如果场变量的值在两个节点上是一样的，则可得到应力 $\sigma_x = -E\alpha_f \Delta f_n$。

取决于场膨胀系数的值和相应预定义场变量值的变化，受约束的场膨胀可以产生显著的应力并引入应变能，这将导致模型总能量的等效增加。这样，特别谨慎地定义包含此属性的边界条件通常是重要的，以避免场膨胀的过度约束。

与其他材料模型一起使用

场膨胀可以与 Abaqus/Standard 中的任何（力学的）材料（见"组合材料行为"，1.1.3 节）行为组合。

与其他材料模型一起使用场膨胀

对于绝大部分材料，通过一个单独的系数，或者正交异性设置或各向异性系数的系数组，或者在用户子程序 UEXPAN 中定义场膨胀应变的增量，来定义场膨胀。

与垫片行为一起使用场膨胀

场膨胀可以与任何垫片行为定义一起使用。场膨胀将在垫片膜方向上和/或垫片厚度方向上影响垫片的膨胀。

单元

在 Abaqus/Standard 中，场膨胀可以与任何应力/位移单元一起使用，除了使用一般截面行为的梁和壳单元。

6.1.4 黏性

产品：Abaqus/Explicit　Abaqus/CFD　Abaqus/CAE

参考

- "状态方程"中的"黏性剪切行为"，5.2 节
- ∗ VISCOSITY
- ∗ EOS
- ∗ TRS
- "定义其他力学模型"中的"定义黏性"，《Abaqus/CAE 用户手册》（在线 HTML 版本）的 12.9.4 节

概览

材料剪切黏度使用一种流体的内部属性，产生对流动的阻抗。可以在 Abaqus/Explicit 和 Abaqus/CFD 中对其进行指定。

Abaqus/Explicit 中的材料剪切黏度：
- 可以是温度和切应变率的函数。
- 必须与一个状态方程结合使用（"状态方程"，5.2 节）。

Abaqus/CFD 中的材料剪切黏度：
- 对于牛顿模型，仅可以是温度的函数。
- 可以是切应变率的函数。
- 不支持场相关的变化。

黏性剪切行为

通过以下偏量应力与应变率之间的关系来描述黏性流体的流动阻抗

$$S = 2\eta \dot{e} = \eta \dot{\gamma}$$

式中，S 是偏量应力；$\dot{e}$ 是应变率的偏量部分；η 是黏性；$\dot{\gamma} = 2\dot{e}$ 是工程切应变率。

牛顿流体是通过仅与温度相关联的 $\eta(\theta)$ 来表征的。在更加一般的非牛顿流体的情况下，黏度是温度和切应变率的函数

$$\eta = \eta(\dot{\gamma}, \theta)$$

式中，$\dot{\gamma} = \sqrt{\dfrac{1}{2}\dot{\gamma} : \dot{\gamma}}$ 是等效切应变率。等效切应力为 $\tau = \sqrt{\dfrac{1}{2}S : S}$，则

$$\tau = \eta \dot{\gamma}$$

非牛顿流体可以分为剪切变稀（或假塑性的）和剪切增稠（或胀流）两种类型。其中，剪切变稀是指随着切应变率增加，黏度降低；剪切增稠是指随着应变率增加，黏度增加。

除了牛顿黏性流体模型外，Abaqus/CFD 和 Abaqus/Explicit 支持几种非线性黏度的模型来描述非牛顿流体：幂律、Carreau-Yasuda、Cross、Herschel-Bukley、Powell-Eyring 和 Ellis-Meter。黏度的其他函数形式也可采用表格方式来指定。此外，在 Abaqus/Explicit 中，还可以使用用户子程序 VUVISCOSITY。

牛顿模型

可以使用牛顿模型来模拟由牛顿流体 $\tau = \dot{\eta}\dot{\gamma}$ 的 Navier-Poisson 规律控制的黏性层流。牛顿流体通过仅与温度相关的 $\eta(\theta)$ 来表征。定义牛顿黏性偏量行为时，用户需要将黏度指定成温度的表格函数。

输入文件用法：* VISCOSITY，DEFINITION = NEWTONIAN（默认的）

Abaqus/CAE 用法：Property module：material editor：Mechanical→Viscosity

幂律模型

幂律规律被广泛地用来描述非牛顿流体的黏度，表达式为

$$\eta = k\,\dot{\gamma}^{n-1}$$
$$\eta_{\min} \leqslant \eta \leqslant \eta_{\max}$$

式中，k 是流动一致性指数；n 是流动行为指数。当 $n < 1$ 时，流动是剪切变稀的（或假塑性的）：随着切应变率增加，黏度下降。当 $n > 1$ 时，流动是剪切增稠的（或胀流）；当 $n = 1$ 时，为牛顿流体。可选的，用户可为由幂律计算得到的黏度的值设置一个下限 $\eta_{\min}$ 和/或上限 $\eta_{\max}$。

输入文件用法：* VISCOSITY，DEFINITION = POWER LAW

Abaqus/CAE 用法：Abaqus/CAE 中不支持幂律模型。

Carreau-Yasuda 模型

Carreau-Yasuda 模型描述了聚合物的剪切变稀行为。对于高和低的切应变率，此模型通常能够提供比幂律模型更好的拟合。黏度的表达式为

$$\eta = \eta_{\infty} + (\eta_0 - \eta_{\infty}) \left[1 + (\lambda\,\dot{\gamma})^{a}\right]^{\frac{n-1}{a}}$$

式中，η_0 是低切应变率牛顿黏度；η_{∞} 是无限剪切黏度（高应变率时）；λ 是流体的自然时间常数（$1/\lambda$ 是临界切应变率，在此切应变率下，流体从牛顿行为变化到幂律行为）；n 是幂律范围中的流动行为指数；a 是材料参数，当 $a = 2$ 时，恢复到原始的 Carreau 模型。

输入文件用法：* VISCOSITY，DEFINITION = CARREAU-YASUDA

Abaqus/CAE 用法：Abaqus/CAE 中不支持 Carreau-Yasuda 模型。

Cross 模型

Cross 模型通常在有必要描述黏性的低切应变率行为时使用。黏度的表达式为

$$\eta = \eta_{\infty} + \frac{(\eta_0 - \eta_{\infty})}{1 + (\lambda\,\dot{\gamma})^{1-n}}$$

式中，η_0 是牛顿黏度；η_{∞} 是无限剪切黏度（对于 Cross 模型，通常假定为零）；λ 是流体的自然时间常数（$1/\lambda$ 是临界切应变率，在此切应变率下，流体从牛顿行为变化到幂律行

为）；n 是幂律范围中的流动行为指数。

  输入文件用法：＊VISCOSITY，DEFINITION＝CROSS

  Abaqus/CAE 用法：Abaqus/CAE 中不支持 Cross 模型。

Herschel-Bulkey 模型

  Herschel-Bulkey 模型可以描述黏塑性流体的行为，例如 Bingham 塑性，表现出屈服响应。黏度的表达式为

$$\eta = \begin{cases} \eta_0 & \tau < \tau_0 \\ \dfrac{1}{\dot{\gamma}}\{\tau_0 + k[\dot{\gamma}^n - (\tau_0/\eta_0)^n]\} & \tau \geq \tau_0 \end{cases}$$

式中，τ_0 是"屈服"应力；η_0 是罚黏度，用来模拟在非常低的应变率（$\dot{\gamma} \leq \tau_0/\eta_0$）下的"刚性"行为，此时的应力低于屈服应力，即 $\tau \leq \tau_0$，随着应变率的升高，一旦达到了屈服阈值 $\tau > \tau_0$，黏度便转换到幂律模型；k 和 n 分别是流动阻抗和幂律机制中的流动行为指数。Bingham 塑性对应于 $n = 1$ 的情况。

  输入文件用法：＊VISCOSITY，DEFINITION＝HERSCHEL-BULKEY

  Abaqus/CAE 用法：Abaqus/CAE 中不支持 Herschel-Bulkey 模型。

Powell-Eyring 模型

  此模型是由率过程理论推导得到的，主要与分子流相关，在一些情况下，也可以用来描述聚合物溶解的黏性行为和一个广泛的切应变率范围下的黏弹性悬浮物。黏度的表达式为

$$\eta = \eta_\infty + (\eta_0 - \eta_\infty)\frac{\sinh^{-1}(\lambda\dot{\gamma})}{\lambda\dot{\gamma}}$$

式中，η_0 是牛顿黏度；η_∞ 是无限剪切黏度；λ 是测量系统的特征时间。

  输入文件用法：＊VISCOSITY，DEFINITION＝POWELL-EYRING

  Abaqus/CAE 用法：Abaqus/CAE 中不支持 Powell-Eyring 模型。

Ellis-Meter 模型

  Ellis-Meter 模型以有效切应力 $\tau = \sqrt{\dfrac{1}{2}S:S}$ 的形式表达黏度，即

$$\eta = \eta_\infty + \frac{(\eta_0 - \eta_\infty)}{1 + (\tau/\tau_{1/2})^{(1-n)/n}}$$

式中，$\tau_{1/2}$ 是有效切应力，在此应力下，黏度是牛顿黏度 η_0 与无限剪切黏度 η_∞ 的中间值；n 是幂律范围中的流动指数。

  输入文件用法：＊VISCOSITY，DEFINITION＝ELLIS-METER

  Abaqus/CAE 用法：Abaqus/CAE 中不支持 Ellis-Meter 模型。

表格式模型

  在 Abaqus/Explicit 中，黏度可以直接指定成切应变率和温度的表格函数。在 Abaqus/

CFD 中，则只支持切应变率的相关性。

输入文件用法：＊VISCOSITY，DEFINITION＝TABULAR

Abaqus/CAE 用法：Abaqus/CAE 中不支持直接将黏度指定成表格函数。

用户定义的模型 （仅用于 Abaqus/Explicit）

在 Abaqus/Explicit 中，可以在用户子程序 VUVISCOSITY 中指定用户定义的黏度（见 "VUVISCOSITY"，《Abaqus 用户子程序参考手册》的 1.2.20 节）。

输入文件用法：＊VISCOSITY，DEFINITION＝USER

Abaqus/CAE 用法：Abaqus/CAE 中不支持用户定义的黏度。

黏度的温度相关性 （仅用于 Abaqus/Explicit）

许多工业上感兴趣的聚合物材料的黏度温度相关性，遵循的时间-温度转换关系的形式为

$$\eta(\dot{\gamma}, \theta) = a_{\mathrm{T}}(\theta) \eta(a_{\mathrm{T}}(\theta) \dot{\gamma}, \theta_0)$$

式中，$a_{\mathrm{T}}(\theta)$ 是转变函数；θ_0 是参考温度，在此温度下，黏度与切应变率的关系是已知的。此温度相关的概念通常称为热流变学的简化（TRS）温度相关性。在低切应变率的牛顿限制中，当 $\dot{\gamma} \to 0$ 时，有

$$\eta_0(\theta) = \lim_{\dot{\gamma} \to 0} \eta(\dot{\gamma}\theta) = a_{\mathrm{T}}(\theta) \eta_0(\theta_0)$$

这样，将转变函数定义成感兴趣温度下的牛顿黏度与所选参考状态的牛顿黏度的比值：$a_{\mathrm{T}}(\theta) = \eta_0(\theta) / \eta_0(\theta_0)$。

Abaqus 中可以使用的不同形式的转变函数，见 "时域黏弹性"（2.7.1 节）中的 "热流变的简单温度效应"。

输入文件用法：使用下面的选项定义热流变学的简化（TRS）温度相关性的黏度：

＊VISCOSITY

＊TRS

Abaqus/CAE 用法：Abaqus/CAE 中不支持定义热流变的简化温度相关性的黏度。

与其他材料模型一起使用

Abaqus/Explicit 中的材料剪切黏度必须与状态方程联合使用，来定义材料的体积力学行为（见 "状态方程"，5.2 节）。

单元

材料剪切黏度可以与 Abaqsu/Explicit 中的任何固体（连续）单元一起使用，除了平面应力单元，并且可以与 Abaqus/CFD 中的任何流体（连续）单元一起使用。

6.2 热传导属性

- "热传导属性：概览"，6.2.1节
- "传导"，6.2.2节
- "比热容"，6.2.3节
- "潜热"，6.2.4节

6.2.1 热传导属性：概览

下面的属性描述了材料的热行为，并且可以用于热传导和热应力分析（见"热传导分析过程：概览"，《Abaqus 分析用户手册——分析卷》的 1.5.1 节）。

- 热传导：若热通过传导流动，则必须定义热传导性（"传导"，6.2.2 节）。
- 比热容：在瞬态热传导分析以及绝热应力分析中，必须定义材料的比热容（"比热容"，6.2.3 节）。
- 潜热：当材料发生相变时，内能的变化将是巨大的。释放的能量或吸收的能量可以通过指定材料经历的每一次相变的潜热来定义（"潜热"，6.2.4 节）。

6.2.2 传导

产品：Abaqus/Standard　　Abaqus/Explicit　　Abaqus/CFD　　Abaqus/CAE

参考

- "材料库：概览"，1.1.1 节
- "热传导属性：概览"，6.2.1 节
- ＊CONDUCTIVITY
- "指定热传导"，《Abaqus/CAE 用户手册》（在线 HTML 版本）的 12.10.1 节

概览

材料的热传导：

- 必须为"非耦合的热传导分析"，《Abaqus 分析用户手册——分析卷》的 1.5.2 节；"完全耦合的热-应力分析"，《Abaqus 分析用户手册——分析卷》的 1.5.3 节；"耦合的热-电分析"，《Abaqus 分析用户手册——分析卷》的 1.7.3 节定义。
- 当能量方程有效时，必须为 Abaqus/CFD 分析定义（"不可压缩流体的动力学分析"中的"能量方程"，《Abaqus 分析用户手册——分析卷》的 1.6.2 节）。
- 可以是线性的或者非线性的（通过将其定义为温度的函数）。
- 可以是各向同性的、正交异性的或者完全各向异性的。
- 可以指定为温度和/或场变量的函数。

热传导的方向相关性

可以定义各向同性的、正交异性的或者完全各向异性的热传导。对于包括能量方程的不

可压缩的流体动力学分析，只能定义各向异性的热传导。对于正交异性或者各向异性的热传导，必须使用局部方向（"方向"，《Abaqus 分析用户手册——介绍、空间建模、执行与输出卷》的 2.2.5 节）来指定用来定义传导的材料方向。

各向同性传导

对于各向同性传导，在每一个温度和场变量值上只需要一个传导值。各向同性传导是默认的。

输入文件用法：＊CONDUCTIVITY，TYPE＝ISO

Abaqus/CAE 用法：Property module：material editor：Thermal→Conductivity：Type：Isotropic

正交异性传导

对于正交异性传导，在每一个温度和场变量值上，需要 3 个传导值（k_{11}、k_{22}、k_{33}）。

输入文件用法：＊CONDUCTIVITY，TYPE＝ORTHO

Abaqus/CAE 用法：Property module：material editor：Thermal→Conductivity：Type：Orthotropic

各向异性传导

对于完全各向异性的热传导，在每一个温度和场变量值上，需要 6 个传导值（k_{11}、k_{22}、k_{33}、k_{12}、k_{13}、k_{23}）。

输入文件用法：＊CONDUCTIVITY，TYPE＝ANISO

Abaqus/CAE 用法：Property module：material editor：Thermal→Conductivity：Type：Anisotropic

单元

在 Abaqus 中，热传导在所有的传热、耦合的温度-位移、耦合的热-电结构和耦合的热-电单元中是有效的。在 Abaqus 中，各向同性热传导在使用能量方程的不可压缩流体动力学分析的流体（连续的）单元中是有效的。

6.2.3　比热容

产品：Abaqus/Standard　Abaqus/Explicit　Abaqus/CFD　Abaqus/CAE

参考

- "材料库：概览"，1.1.1 节
- "热传导属性：概览"，6.2.1 节

- ∗ SPECIFIC HEAT
- "定义比热容",《Abaqus/CAE 用户手册》(在线 HTML 版本)的 12.10.6 节

概览

材料的比热容:

- 对于瞬态"非耦合的热传导分析",《Abaqus 分析用户手册——分析卷》的 1.5.2 节;瞬态"完全耦合的热-应力分析",《Abaqus 分析用户手册——分析卷》的 1.5.3 节;瞬态"耦合的热-电分析",《Abaqus 分析用户手册——分析卷》的 1.7.3 节;"绝热分析",《Abaqus 分析用户手册——分析卷》的 1.5.4 节是要求的。
- 当能量方程有效时,必须为 Abaqus/CFD 分析定义("不可压缩流体的动力学分析"中的"能量方程",《Abaqus 分析用户手册——分析卷》的 1.6.2 节)。
- 必须与密度的定义结合(见"通用属性:密度",1.2 节)。
- 可以是线性的或者非线性的(通过将它定义成温度的函数)。
- 可以指定为温度和/或场变量的函数。

定义比热容

将物质的比热容定义成使单位质量物体的温度升高 1℃ 所需要的热量。数学上,此物理量可表示为

$$c = \frac{\delta Q}{\delta \theta} = \theta \left(\frac{\mathrm{d}s}{\mathrm{d}\theta} \right)$$

式中,δQ 是加在单位质量上的微热;s 是单位质量的熵。因为热传导取决于整个过程(路径函数)中遇到的条件,有必要指定此过程中的条件来明确地表征比热容。这样,等容供热的过程将比定容热容定义为

$$c_V = \left(\frac{\delta Q}{\delta \theta} \right) \bigg|_V = \theta \left(\frac{\mathrm{d}s}{\mathrm{d}\theta} \right) \bigg|_V = \left(\frac{\partial u}{\partial \theta} \right) \bigg|_V$$

式中,u 是单位质量的内能。

等压供热的过程将比定压热容定义为

$$c_p = \left(\frac{\delta Q}{\delta \theta} \right) \bigg|_p = \theta \left(\frac{\mathrm{d}s}{\mathrm{d}\theta} \right) \bigg|_p = \left(\frac{\partial u}{\partial \theta} \right) \bigg|_p$$

式中,$h = u + pv$ 是单位质量的焓。通常,比热容是温度的函数。对于固体和流体,c_V 和 c_p 是等价的;这样,就没有必要对它们进行区分。可能的话,内能的大变化或者相变中的焓应当采用"潜热",6.2.4 节来模拟,而非用比热容来模拟。

定义比定容热容

单位质量的比热容给定成温度和场变量的函数。默认情况下,假定比热容是等容条件下的。

输入文件用法： ＊SPECIFIC HEAT

　　　　　　　　Abaqus/CFD 中可以使用以下选项：

　　　　　　　　＊SPECIFIC HEAT, TYPE＝CONSTANT VOLUME

Abaqus/CAE 用法：Property module：material editor：Thermal → Specific Heat；Type：
Constant Volume

定义比定压热容

在 Abaqus/CFD 中，当能量方程用于热流问题时，要求指定比定压热容。

输入文件用法：＊SPECIFIC HEAT, TYPE＝CONSTANT PRESSURE

Abaqus/CAE 用法：Property module：material editor：Thermal → Specific Heat；Type：
Constant Pressure

单元

可以为 Abaqus 中的所有传热、耦合的热-电结构、耦合的温度-位移、耦合的热-电和流体单元定义比热容效应。也可以为用于绝热应力分析中的应力/位移单元定义比热容。

必须为所有的瞬态热分析定义比热容，即使模型中仅有的单元是用户定义的单元（"用户定义的单元"，《Abaqus 分析用户手册——单元卷》的 6.15.1 节），在此情况下，必须指定一个虚拟比热容。

6.2.4 潜热

产品：Abaqus/Standard　　Abaqus/Explicit　　Abaqus/CAE

参考

- "材料库：概览"，1.1.1 节
- "热传导属性：概览"，6.2.1 节
- ＊LATENT HEAT
- "指定潜热数据"，《Abaqus/CAE 用户手册》（在线 HTML 版本）的 12.10.5 节

概览

材料的潜热：

- 在材料的相变中模拟内能的巨大变化。
- 仅在 Abaqus 中的瞬态传热、耦合的热-应力、耦合的热-电-结构和耦合的热-电分析中才有效（见"传热分析过程：概览"，《Abaqus 分析用户手册——分析卷》的 1.5.1 节）。

- 必须与密度的定义相结合（见"通用属性：密度"，1.2节）。
- 总是使分析非线性。

定义潜热

潜热效应可以是巨大的，并且必须包含在涉及相变的大量热传导问题中。当给出潜热的时候，默认情况下是附加于比热容效应的（详细内容见"非耦合的传热分析"，《Abaqus 理论手册》的 2.11.1 节）。

假定潜热在从低（固相）温到高（液相）温的温度范围中释放。为了模拟一种纯粹的具有单独相变温度的材料，这些边界可以非常接近。

可以按需要定义尽可能多的潜热来模拟材料中的很多相变。在 Abaqus 中，潜热可以与任何其他材料行为联合使用，但除非有必要，否则它不应当包含在材料的定义中，它总是使得分析非线性。

直接指定数据

如果在已知的温度范围中发生了相变，则可以直接给定固相和液相温度。潜热应当按照单元质量给出。

输入文件用法：＊LATENT HEAT

Abaqus/CAE 用法：Property module：material editor：Thermal→Latent Heat

用户子程序

某些情况下，在 Abaqus/Standard 中，有必要包含相变的动态理论来精确地模拟此效应；例如，聚合物注射成型过程中的结晶预测。在此情况中，可以使用解相关的状态变量（"用户子程序：概览"，《Abaqus 分析用户手册——分析卷》的 13.1.1 节），并且使用用户子程序 HETVAL 详细地模拟此过程。

输入文件用法：使用下面的选项：

＊HEAT GENERATION

＊DEPVAR

Abaqus/CAE 用法：Property module：material editor：

Thermal→Heat Generation

General→Depvar

单元

潜热效应可以用于 Abaqus 中所有的扩散传热、耦合的热-位移、耦合的热-电-结构和耦合的热-电单元，但是不能和对流换热单元一起使用。强烈潜热效应最好采用一阶或者改进的二阶单元来模拟，它们使用积分方法为这样的情况提供精确的结果。

涉及潜热的热传导例子，见"一个正方形固体的冻结：二维 Stefan 问题"，《Abaqus 基准手册》的 1.6.2 节。

6.3 声学属性

产品：Abaqus/Standard　Abaqus/Explicit　Abaqus/CAE

参考

- "声学、冲击和耦合的声结构分析"，《Abaqus 分析用户手册——分析卷》的 1.10.1 节
- "声学和冲击载荷"，《Abaqus 分析用户手册——指定条件、约束与相互作用卷》的 1.4.6 节
- "材料库：概览"，1.1.1 节
- "Abaqus/Standard 和 Abaqus/Explicit 中的初始条件"，《Abaqus 分析用户手册——指定条件、约束与相互作用卷》的 1.2.1 节
- ∗ ACOUSTIC MEDIUM
- ∗ DENSITY
- ∗ INITIAL CONDITIONS
- "定义一种声学介质"，《Abaqus/CAE 用户手册》（在线 HTML 版本）的 12.12.1 节

概览

声学介质：
- 用来模拟声音传播问题。
- 可以用于纯粹的声学分析或者耦合的声-结构分析中，例如流体中冲击波的计算，或者振动问题中的噪声水平。
- 是一种弹性介质（通常是流体），在此介质中应力是纯静水压（无切应力），并且应力与体积应变成比例。
- 指定成材料定义的一部分。
- 必须与密度的定义相结合（见"通用属性：密度"，1.2 节）。
- 在 Abaqus/Explicit 中，当绝对压力降低到一个极限值时，可以包含流体气穴。
- 可以定义成温度和/或场变量的函数。
- 可以包含耗散效应。
- 可以模拟小应力变化（小振幅激励）。
- 可以模拟在介质稳定潜流中的波。
- 仅在动态分析过程中有效（"动态分析过程：概览"，《Abaqus 分析用户手册——分析卷》的 1.3.1 节）。

定义一种声学介质

可压缩非黏性流体流经一种阻抗基体材料的运动平衡方程为

$$\frac{\partial p}{\partial x} + \gamma \, \dot{u}^{\mathrm{f}} + \rho_{\mathrm{f}} \, \ddot{u}^{\mathrm{f}} = 0$$

式中，p 是流体中的动态压力（超过任何初始静压力的压力）；x 是流体粒子的空间位置；$\dot{u}^f$ 是流体粒子的速度；$\ddot{u}^f$ 是流体粒子的加速度；ρ_f 是流体的密度；γ 是流体流过基体材料的"体积阻力"。

假定流体的本构行为是非黏性且可压缩的，则声学介质中的体积模量将介质中的动态压力与体积应变通过下式进行关联

$$p = -K_f \varepsilon_V$$

式中，$\varepsilon_V = \varepsilon_{11} + \varepsilon_{22} + \varepsilon_{33}$ 是体积应变。必须定义声学介质的体积模量 K_f 和密度 ρ_f。

可以将体积模量 K_f 定义成温度和场变量的函数，但是，在使用子空间投影法的隐式动力学分析中（"使用直接积分的隐式动力学分析"，《Abaqus 分析用户手册——分析卷》的 1.3.2 节），或直接求解的稳态动力学分析（"直接求解的稳态动力学分析"，《Abaqus 分析用户手册——分析卷》的 1.3.4 节）中，K_f 的值是不变的。对于这些过程，体积模量使用步开始时的值。

输入文件用法：同时使用以下两个选项定义声学介质：
$$* \text{ACOUSTIC MEDIUM, BULK MODULUS}$$
$$* \text{DENSITY}$$

Abaqus/CAE 用法：Property module：material editor：

Other→Acoustic Medium：Bulk Modulus

General→Density

体积阻力

由于各种原因，声学介质中可能发生能量的耗散（和声波的衰减）。此耗散效应是在频域中通过传播常数的虚部来唯象表征的。在 Abaqus 中，模拟此效应的最简单方法是使用"体积阻力系数"γ。

在频域过程中，γ 可以是与频率相关的。γ 可以是温度和/或场变量的函数，当声学介质用于稳态动力学分析时，γ 还可以作为频率函数——$\gamma(f)$ 输入，其中 f 是单位时间的循环频率（单位为 Hz）。如果声学介质用于一个直接积分的动态过程（包括 Abaqus/Explicit），则假定体积阻力系数是独立于频率的，并且使用为当前温度和/或当前场变量输入的第一个值。

在所有过程中，除了直接稳态动力学，假定 γ/ρ_f 的梯度是小的。

输入文件用法：$* \text{ACOUSTIC MEDIUM, VOLUMETRIC DRAG}$

Abaqus/CAE 用法：Property module：material editor：Other → Acoustic Medium：

Volumetric Drag：Include volumetric drag

多孔声学材料模型

通常使用多孔材料来抑制声波；随着声学流体与固体基体相互接触，此衰减效应源自很多影响。对于许多种类的材料，与声学流体相比，固体基体可以近似成完全刚的或者完全软的。在这种情况下，仅解析声波的力学模型是足够的。在 Abaqus/Standard 中，多孔材料的声学行为可以采用很多方法进行模拟。

Craggs 模型

Abaqus 中普遍适用的是 Craggs（1978）讨论的模型。此模型应用产生流体的动态平衡方程，表达式为

$$\nabla^2 \widetilde{p} + (ka)^2 K_s \Omega \widetilde{p} - ika \frac{R\Omega}{\rho_f c_f} = 0$$

式中，R 是阻抗的实值；Ω 是孔隙度的实值；K_s 是无量纲的"结构因子"；$ka = \dfrac{\omega}{c_f}$ 是无量纲的波数量。此方程还可以写成

$$\nabla^2 \widetilde{p} + \frac{\omega^2}{\rho_f c_f^2} \left(\rho_f K_s \Omega + \frac{R\Omega}{i\omega} \right) = 0$$

因此，在 Abaqus 中可以通过设定材料密度等于 $\rho_f K_s \Omega$ 来直接应用此模型，体积阻力等于 $R\Omega$，体积模量等于 $\rho_f c_f^2$。在 Abaqus 中，所有的声学过程都支持 Craggs 模型。

Delany-Bazley 和 Delany-Bazley-Miki 模型

Abaqus/Standard 支持由 Delany 和 Bazley（1970）提出的经验模型，它将材料的属性确定成频率和用户定义的流动阻抗 R、密度 ρ_f 和体积模量 K_f 的函数；也可以使用由 Miki（1990）提出的这种模型的一个变型。只有稳态动力学过程才支持这些模型。

以上两个模型都根据下面的公式来计算频率相关的材料特性阻抗 $\widetilde{Z}$ 和波数或者传播常数 $\widetilde{k}$

$$\widetilde{k} \equiv \frac{\omega}{c_0} (1 + C_1 x^{C_2} - iC_3 x^{C_4})$$

$$\widetilde{Z} \equiv \rho_f c_0 (1 + C_5 x^{C_6} - iC_7 x^{C_8})$$

其中

$$c_0 \equiv \sqrt{\frac{K_f}{\rho_f}}$$

$$x \equiv \frac{\rho_f \omega}{2\pi R}$$

式中常数的值见表 6-1。

表 6-1 常数的值

	C_1	C_2	C_3	C_4	C_5	C_6	C_7	C_8
Delany-Bazley	0.0978	−0.7	0.189	−0.595	0.0571	−0.754	0.087	−0.732
Miki	0.1227	−0.618	0.1792	−0.618	0.0786	−0.632	0.1205	−0.632

为了在 Abaqus 内使用，将材料的特性阻抗和波数内部转换成复密度和复体积模量。这些公式中虚部的符号符合时间谐动力学的 Abaqus 符号约定。

输入文件用法：使用下面的选项来使用 Delany-Bazley 模型：

  *DENSITY

∗ACOUSTIC MEDIUM，BULK MODULUS

∗ACOUSTIC MEDIUM，POROUS MODEL＝DELANY BAZLEY

使用下面的选项来使用 Mike 模型：

∗DENSITY

∗ACOUSTIC MEDIUM，BULK MODULUS

∗ACOUSTIC MEDIUM，POROUS MODEL＝MIKI

Abaqus/CAE 用法：Abaqus/CAE 中不支持多孔声学材料模型。

通用频率相关的模型

对于稳态动力学过程，Abaqus/Standard 支持通用的频率相关的复体积模量和复密度。使用这些参数，在分析中可以适应来自多种模型的数据，例如，Allard 等（1998）、Atten-borough（1982）、Song 和 Bolton（1999），以及 Wilson（1993）。这些模型用于不同的应用中，例如海洋声学、太空、汽车和建筑声学工程。

这些参数的符号必须与 Abaqus 中使用的符号一致，并且与能量守恒方程中的符号一致。Abaqus 正式使用 Fourier 变换对，相当于假设 $e^{i\omega t}$ 的时间相关性。因此，密度和体积模量的实部对于所有的频率值都是正的，体积模量的虚部必须是正的，并且密度的虚部必须是负的。

一种线性各向同性的声学材料可以使用两个频率相关的参数来完全描述：体积模量 $\widetilde{K}_f$ 和密度 $\widetilde{\rho}_f$。然而，通常遇到的材料是采用其他参数对的形式来定义的，例如特性阻抗 $\widetilde{Z}$、波数或者传播常数 $\widetilde{k}$ 和声速 $\widetilde{c}$。使用参数对$(\widetilde{Z}，\widetilde{k})$ 或$(\widetilde{Z}，\widetilde{c})$ 定义的数据可以按以下公式转换成复密度和复体积模量的形式

$$\widetilde{Z} \equiv \sqrt{\widetilde{\rho}_f \widetilde{K}_f}$$

$$\widetilde{k} \equiv \omega \sqrt{\frac{\widetilde{\rho}_f}{\widetilde{K}_f}}$$

$$\widetilde{c} \equiv \sqrt{\frac{\widetilde{\rho}_f}{\widetilde{K}_f}}$$

与 Abaqus 的符号约定相一致，$\widetilde{k}$ 和 $\widetilde{c}$ 的实部必须是正的；$\widetilde{k}$ 的虚部必须是负的，$\widetilde{c}$ 的虚部必须是正的。常见材料中，这些常数的虚部与实部的比值，通常都远小于1。

输入文件用法：使用下面的选项来使用通用的频率相关的模型：

∗ACOUSTIC MEDIUM，COMPLEX BULK MODULUS

∗ACOUSTIC MEDIUM，COMPLEX DENSITY

如果需要，可以使用任何一种复数的材料选项与实数的频率相关材料选项相结合：

∗ACOUSTIC MEDIUM，COMPLEX BULK MODULUS

∗DENSITY

或者可选的，

* ACOUSTIC MEDIUM，BULK MODULUS

* ACOUSTIC MEDIUM，COMPLEX DENSITY

Abaqus/CAE 用法：Abaqus/CAE 中不支持通用频率相关的声学材料模型。

从复数的材料阻抗和波数转换

因为

$$\widetilde{\rho}_{\mathrm{f}} = \frac{1}{\omega} \widetilde{k} \, \widetilde{Z}$$

和

$$\widetilde{K}_{\mathrm{f}} = \omega \, \frac{\widetilde{Z}}{\widetilde{k}}$$

则 $\widetilde{\rho}_{\mathrm{f}}$ 的实部和虚部分别是

$$\Re(\widetilde{\rho}_{\mathrm{f}}) = \frac{1}{\omega} (\, \Re(\widetilde{k}) \, \Re(\widetilde{Z}) - \Im(\widetilde{k}) \, \Im(\widetilde{Z}) \,)$$

$$\Im(\widetilde{\rho}_{\mathrm{f}}) = \frac{1}{\omega} (\, \Im(\widetilde{k}) \, \Re(\widetilde{Z}) + \Re(\widetilde{k}) \, \Im(\widetilde{Z}) \,)$$

$\widetilde{K}_{\mathrm{f}}$ 的实部和虚部分别是

$$\Re(\widetilde{K}_{\mathrm{f}}) = \frac{\omega}{|\widetilde{k}|^{2}} (\, \Re(\widetilde{k}) \, \Re(\widetilde{Z}) + \Im(\widetilde{k}) \, \Im(\widetilde{Z}) \,)$$

$$\Im(\widetilde{K}_{\mathrm{f}}) = \frac{\omega}{|\widetilde{k}|^{2}} (\, \Re(\widetilde{k}) \, \Im(\widetilde{Z}) - \Im(\widetilde{k}) \, \Re(\widetilde{Z}) \,)$$

从复数的阻抗和声速转换

因为

$$\widetilde{\rho}_{\mathrm{f}} = \frac{\widetilde{Z}}{\widetilde{c}}$$

和

$$\widetilde{K}_{\mathrm{f}} = \widetilde{Z} \, \widetilde{c}$$

则 $\widetilde{\rho}_{\mathrm{f}}$ 的实部和虚部分别是

$$\Re(\widetilde{\rho}_{\mathrm{f}}) = \frac{1}{|\widetilde{c}|^{2}} (\, \Re(\widetilde{c}) \, \Re(\widetilde{Z}) + \Im(\widetilde{c}) \, \Im(\widetilde{Z}) \,)$$

$$\Im(\widetilde{\rho}_{\mathrm{f}}) = \frac{1}{|\widetilde{c}|^{2}} (\, \Re(\widetilde{c}) \, \Im(\widetilde{Z}) - \Im(\widetilde{c}) \, \Re(\widetilde{Z}) \,)$$

$\widetilde{K}_{\mathrm{f}}$ 的实部和虚部分别是

$$\Re(\widetilde{K}_{\mathrm{f}}) = (\Re(\widetilde{c})\,\Re(\widetilde{Z}) - \Im(\widetilde{c})\,\Im(\widetilde{Z}))$$

$$\Im(\widetilde{K}_{\mathrm{f}}) = (\Im(\widetilde{c})\,\Re(\widetilde{Z}) + \Re(\widetilde{c})\,\Im(\widetilde{Z}))$$

流体气穴

通常，流体不能承受任何明显的拉应力，并且当绝对压力接近或者小于零时，易出现大的体积膨胀。Abaqus/Explicit 通过声学介质的气穴压力极限来允许模拟此现象。当流体的绝对压力（动态压力和初始静态压力的和）降低到此极限时，流体经历自由体积膨胀（即气穴），而没有进一步的压力下降。如果没有定义此极限，则假设流体不会经历气穴，即使在拉伸、负绝对压力条件下也是如此。

声学介质的本构行为能承受气穴，可以表达为

$$p = \max\{p_{\mathrm{V}}, p_{\mathrm{c}} - p_0\}$$

式中，p_{V} 是伪压力，它是体积应变的一个度量，定义成

$$p_{\mathrm{V}} = -K_{\mathrm{f}}\varepsilon_{\mathrm{V}}$$

式中，p_{c} 是流体气穴极限压力；p_0 是初始声学静态压力。承受气穴的非线性声学介质使用总波公式。此公式类似于分散波公式，除了定义成体积模量和压缩体积应变的乘积的伪压力外，它扮演材料状态变量的角色，替代声学动态压力，并且声学动态压力容易从此承受气穴条件的伪压力中得到。

输入文件用法：＊ACOUSTIC MEDIUM, CAVITATION LIMIT

Abaqus/CAE 用法：Abaqus/CAE 中不支持流体气穴。

定义波公式

Abaqus/Explicit 中存在气穴的情况下，流体力学行为是非线性的。这样，对于一个具有入射波载荷和流体中可能产生气穴的声学问题，仅为散射波动态声压力提供解的散射波公式可能是不合适的。对于此情况，应当选用求解总动态声压力的总波公式。详细内容见"声学和冲击载荷"，《Abaqus 分析用户手册——指定条件、约束与相互作用卷》的 1.4.6 节。

输入文件用法：＊ACOUSTIC WAVE FORMULATION, TYPE＝TOTAL WAVE

Abaqus/CAE 用法：Any module：Model→Edit Attributes→模型名称。切换选中 Specify acoustic wave formulation：Total wave

定义初始声静态压力

当绝对压力达到气穴极限值的时候，产生气穴。Abaqus/Explicit 允许流体介质中存在初始线性变化的静水压力（见"Abaqus/Standard 和 Abaqus/Explicit 中的初始条件"中的"定义初始声静压力"，《Abaqus 分析用户手册——指定条件、约束与相互作用卷》的 1.2.1 节）。用户可以在两个位置和一个声学介质节点的节点集上指定压力值。Abaqus/Explicit 从这些数据内插，来初始化所指定节点集中所有节点上的初始静态压力。如果只在一个位置上

指定压力，则假定流体中的静水压是均匀的。声静态压力仅用于确定声学介质节点的气穴状态，并且不对声网格或者结构网格的共同湿接触面上施加任何静载荷。

输入文件用法：* INITIAL CONDITIONS，TYPE＝ACOUSTIC STATIC PRESSURE

Abaqus/CAE 用法：Abaqus/CAE 中不支持初始声学压力。

定义一个稳定的流动场

在存在介质稳定平均流的前提下，可以使用声学有限元来仿真时间谐波传播和进行自然频率分析。例如，空气可以具有一个足够大的速度运动，在流动方向或者与流动相反的方向上影响波的传播速度。在 Abaqus/Standard 中，可以通过在线性摄动分析步定义中指定一个声流速度来模拟这些影响，而不需要改变声学材料的属性。详细内容见"声学、冲击和耦合的声学结构分析"，《Abaqus 分析用户手册——分析卷》的 1.10.1 节。

单元

声学材料定义仅可与 Abaqus 中的声学单元一起使用（见"为分析种类选择合适的单元"，《Abaqus 分析用户手册——单元卷》的 1.1.3 节）。

在 Abaqus/Standard 中，二阶声学单元比一阶声学单元更加精确。在声学介质中，单位波长 λ 使用至少 6 个节点来得到精确的结果。

输出

在 Abaqus 中，对于声学介质，节点输出变量 POR（压力大小）是可以使用的（在 Abaqus/CAE 中，称此输出变量为 PAC）。当在 Abaqus/Explicit 中使用了具有入射波载荷的散射波公式时，输出变量 POR 只体现模型的散射压力响应，而不包括入射波载荷本身。当使用了总波公式时，输出变量 POR 代表总动态声学压力，包括来自入射波和散射波的贡献，以及流体气穴的动态影响。对于任何一种公式，输出变量 POR 不包括声学静压，声学静压仅用来评估声学介质中的气穴状态。

此外，在 Abaqus/Standard 中，节点输出变量 PPOR（压力相）对于声学介质是可以使用的。在 Abaqus/Explicit 中，节点输出变量 PABS（绝对压力，等于 POR 和声学静压的和）对于声学介质是可以使用的。

6.4 质量扩散属性

- "扩散"，6.4.1节
- "溶解性"，6.4.2节

6.4.1 扩散

产品：Abaqus/Standard　Abaqus/CAE

参考

- "质量扩散分析"，《Abaqus 分析用户手册——分析卷》的 1.9.1 节
- "材料库：概览"，1.1.1 节
- *DIFFUSIVITY
- *KAPPA
- "定义质量扩散"，《Abaqus/CAE 用户手册》（在线 HTML 版本）的 12.11.3 节

概览

扩散：

- 定义扩散或者一种材料通过另外一种材料的行为，例如氢气通过金属的扩散。
- 必须总是为质量扩散分析定义。
- 必须与"溶解性"（6.4.2 节）相结合。
- 可以定义成浓度、温度和/或预定义场变量的函数。
- 可以与"Soret 效应"因素相结合来引入由温度梯度产生的质量扩散。
- 可以与压应力因素相结合来引入由等效压力（静水压）梯度产生的质量扩散。
- 当与浓度相关时，可以产生非线性质量扩散（对于 Soret 效应因素和压应力因素也是如此）。

定义扩散

扩散是扩散物质的浓度流 **J** 与假定驱动质量扩散过程的化学势梯度之间的关系。可以使用一般的质量扩散行为或者 Fick 扩散规律来定义扩散，如下面讨论的那样。

一般化学势

扩散行为具有下面的一般化学势

$$J = -sD\left[\frac{\partial\phi}{\partial x} + \kappa_s\frac{\partial}{\partial x}\ln(\theta-\theta^Z) + \kappa_p\frac{\partial p}{\partial x}\right]$$

式中　$D(c, \theta, f_i)$ ——扩散性；

$s(\theta, f_i)$ ——溶解性（见"溶解性"，6.4.2 节）；

$\kappa_s(c, \theta, f_i)$ ——Soret 效应因子，提供由温度梯度产生的扩散性（见下文）；

$\kappa_p(c, \theta, f_i)$ ——压应力因子，提供由等效压应力梯度产生的扩散性（见下文）；

$\phi^{\text{def}} = c/s$——归一化的浓度；

c——扩散材料的浓度；

θ——温度；

θ^Z——在绝对零度的温度（见下文）；

$p^{\text{def}} = -\text{trace}(\sigma)/3$——等效压应力；

f_i——任何预定义的场变量。

输入文件用法：* DIFFUSIVITY，LAW = GENERAL（默认的）

Abaqus/CAE 用法：Property module：material editor：Other→Mass Diffusion→Diffusivity：

Law：General

Fick 规律

可以使用 Fick 规律的扩展形式来代替一般化学势

$$J = -D \cdot \left(\frac{\partial c}{\partial x} + s\kappa_{\text{p}} \frac{\partial p}{\partial x} \right)$$

输入文件用法：* DIFFUSIVITY，LAW = FICK

Abaqus/CAE 用法：Property module：material editor：Other→Mass Diffusion→Diffusivity：

Law：Fick

扩散的方向相关性

可以定义各向同性、正交异性或者完全各向异性的扩散性。对于非各向同性的扩散性，必须指定一个材料方向的局部方向（见"方向"，《Abaqus 分析用户手册——介绍、空间建模、执行与输出卷》的 2.2.5 节）。

各向同性扩散

对于各向同性扩散性，在每一个浓度、温度和场变量值下，只需要一个扩散值。

输入文件用法：* DIFFUSIVITY，TYPE = ISO

Abaqus/CAE 用法：Property module：material editor：Other→Mass Diffusion→Diffusivity：

Type：Isotropic

正交异性扩散

对于正交异性扩散，在每一个浓度、温度和场变量值下需要扩散性的 3 个值为 D_{11}、D_{22}、D_{33}。

输入文件用法：* DIFFUSIVITY，TYPE = ORTHO

Abaqus/CAE 用法：Property module：material editor：Other→Mass Diffusion→Diffusivity：

Type：Orthotropic

各向异性扩散

对于各向异性扩散，在每一个浓度、温度和场变量值下需要扩散的 6 个值为 D_{11}、D_{22}、D_{33}、D_{12}、D_{13}、D_{23}。

输入文件用法：＊DIFFUSIVITY，TYPE＝ANISO

Abaqus/CAE 用法：Property module：material editor：Other→Mass Diffusion→Diffusivity：
Type：Anisotropic

温度驱动的质量扩散

Soret 效应因子 κ_s 控制温度驱动的质量扩散。它可以定义成浓度、温度和/或上面表达的本构方程中的场变量的函数。不能指定 Soret 效应因子与 Fick 规律结合，因为它在此情况下是自动计算得到的（见"质量扩散分析"，《Abaqus 分析用户手册——分析卷》的 1.9 节）。

输入文件用法：同时使用下面的选项指定一般的温度驱动的质量扩散：

＊DIFFUSIVITY，LAW＝GENERAL

＊KAPPA，TYPE＝TEMP

使用下面的选项指定通过 Fick 规律控制的温度驱动的扩散：

＊DIFFUSIVITY，LAW＝FICK

Abaqsu/CAE 用法：使用下面的选项指定一般的温度驱动的质量扩散：

Property module：material editor：Other→Mass Diffusion→Diffusivity：
Law：General：Suboptions→Soret Effect

使用下面的选项指定通过 Fick 规律控制的温度驱动的扩散：

Property module：material editor：Other→Mass Diffusion→Diffusivity：
Law：Fick

压应力驱动的质量扩散

压应力因子 κ_p 控制通过等效压应力的梯度驱动的质量扩散。它可以在本构方程的背景中定义成浓度、温度和/或场变量的函数。

输入文件用法：同时使用下面的选项：

＊DIFFUSIVITY，LAW＝GENERAL

＊KAPPA，TYPE＝PRESS

Abaqus/CAE 用法：Property module：material editor：Other→Mass Diffusion→Diffusivity：
Law：General：Suboptions→Pressure Effect

通过温度和压应力驱动的质量扩散

指定 κ_s 和 κ_p 来产生温度和等效压应力的梯度，从而驱动质量扩散。

输入文件用法：使用以下选项指定通过温度和压应力的梯度驱动的一般扩散：

＊DIFFUSIVITY，LAW＝GENERAL

＊KAPPA，TYPE＝TEMP

＊KAPPA，TYPE＝PRESS

同时使用以下选项指定由 Fick 规律的扩展形式驱动的一般扩散：

  * DIFFUSIVITY，LAW = FICK

  * KAPPA，TYPE = PRESS

Abaqus/CAE 用法：使用下面的选项指定通过温度和压应力的梯度驱动的一般扩散：

  Property module：material editor：Other→Mass Diffusion→Diffusivity：Law：General：Suboptions → Soret Effect and Suboptions → Pressure Effect

  使用下面的选项指定由 Fick 规律的扩展形式驱动的扩散：

  Property module：material editor：Other→Mass Diffusion→Diffusivity：Law：Fick：Suboptions→Pressure Effect

指定绝对零度的值

用户可以将绝对零度的值指定成一个物理常数。

输入文件用法：* PHYSICAL CONSTANTS，ABSOLUTE ZERO = θ^Z

Abaqus/CAE 用法：Any module：Model→Edit Attributes→模型名称：Absolute zero temperature

单元

质量扩散规律仅能与传热/质量扩散单元库中包含的二维的、三维的和轴对称的实体单元一起使用。

6.4.2　溶解性

产品：Abaqus/Standard　Abaqus/CAE

参考

- "质量扩散分析"，《Abaqus 分析用户手册——分析卷》的 1.9.1 节
- "材料库：概览"，1.1.1 节
- * SOLUBILITY
- "定义质量扩散"中的"定义溶解性"，《Abaqus/CAE 用户手册》（在线 HTML 版本）的 12.11.3 节

概览

溶解性：

- 仅用于质量扩散分析。
- 也被称为 Sievert 参数（Sievert 规律中）。
- 必须总是与扩散定义相结合（见"扩散"，6.4.1 节）。
- 可以定义成温度和/或预定义场变量的函数。

定义溶解性

使用溶解性 s 定义质量扩散过程中扩散相的"归一化浓度"ϕ。

$$\phi = c/s$$

式中，c 是浓度。通常将归一化浓度称为扩散材料的"有效性"，并且归一化浓度的梯度，以及温度和压应力的梯度驱动扩散过程（见"扩散"，6.4.1 节）。

输入文件用法：＊SOLUBILITY

Abaqus/CAE 用法：Property module：material editor：Other→Mass Diffusion→Solubility

单元

质量扩散规律仅能与传热/质量扩散单元库中包含的二维的、三维的和轴对称的实体单元一起使用。

6.5 电磁属性

- "导电性",6.5.1节
- "压电行为",6.5.2节
- "磁导率",6.5.3节

6.5.1 导电性

产品：Abaqus/Standard Abaqus/CAE

参考

- "材料库：概览"，1.1.1 节
- ∗ ELECTRICAL CONDUCTIVITY
- "定义导电性"，《Abaqus/CAE 用户手册》（在线 HTML 版本）的 12.11.2 节

概览

一种材料的电导性：
- 必须为 "耦合的热-电分析"，《Abaqus 分析用户手册——分析卷》的 1.7.3 节定义。
- 必须为 "完全耦合的热-电-结构分析"，《Abaqus 分析用户手册——分析卷》的 1.7.4 节定义。
- 必须为 "时谐涡流分析"，《Abaqus 分析用户手册——分析卷》的 1.7.5 节定义导体的电磁响应。
- 可以是线性的或者非线性的（通过将它定义成温度的函数）。
- 可以是各向同性的、正交异性的或者完全各向异性的。
- 可以指定成温度和/或场变量的函数。
- 可以为 "时谐涡流分析"，《Abaqus 分析用户手册——分析卷》的 1.7.5 节指定成频率的函数。

导电性的方向相关性

可以定义各向同性、正交异性或者完全各向异性的导电性。对于非各向同性的导电性，必须指定材料方向的局部方向（"方向"，《Abaqus 分析用户手册——介绍、空间建模、执行与输出卷》的 2.2.5 节）。

各向同性的导电性

对于各向同性的导电性，在每一个温度和场变量值下只需要定义一个电导率。各向同性导电性是默认的。

输入文件用法：∗ ELECTRICAL CONDUCTIVITY，TYPE＝ISOTROPIC

Abaqus/CAE 用法：Property module：material editor：Electrical/Magnetic→Electrical Conductivity：Type：Isotropic

正交异性导电性

对于正交异性导电性，在每一个温度和场变量值下，需要定义导电性的 3 个值（σ^E_{11}、σ^E_{22}、σ^E_{33}）。

输入文件用法：＊ELECTRICAL CONDUCTIVITY，TYPE＝ORTHOTROPIC

Abaqus/CAE 用法：Property module：material editor：Electrical/Magnetic→Electrical Conductivity：Type：Orthotropic

各向异性导电性

对于完全各向异性的导电性，在每一个温度和场变量值下，需要定义 6 个值（σ^E_{11}、σ^E_{22}、σ^E_{33}、σ^E_{12}、σ^E_{13}、σ^E_{23}）。

输入文件用法：＊ELECTRICAL CONDUCTIVITY，TYPE＝ANISOTROPIC

Abaqus/CAE 用法：Property module：material editor：Electrical/Magnetic→Electrical Conductivity：Type：Anisotropic

频率相关的导电性

在涡流分析中，可以将导电性定义成频率的函数。

输入文件用法：＊ELECTRICAL CONDUCTIVITY，FREQUENCY

Abaqus/CAE 用法：Abaqus/CAE 中不支持与频率相关的导电性。

单元

导电性仅在耦合的热-电单元、耦合的热-电-结构单元和电磁单元中有效（见"为一个分析类型选择合适的单元"，《Abaqus 分析用户手册——单元卷》的 1.1.3 节）。

6.5.2　压电行为

产品：Abaqus/Standard　Abaqus/CAE

参考

- "压电分析"，《Abaqus 分析用户手册——分析卷》的 1.7.2 节
- "材料库：概览"，1.1.1 节
- ＊DIELECTRIC
- ＊PIEZOELECTRIC
- "定义电属性"，《Abaqus/CAE 用户手册》（在线 HTML 版本）的 12.11.2 节

- "定义压电属性",《Abaqus/CAE 用户手册》(在线 HTML 版本) 的 12.11.3 节

概览

压电材料:
- 由电场造成材料应变,由应力造成电动势梯度。
- 提供力场和电场之间的线性关系。
- 在压电单元中使用,单元中同时具有位移和电势节点变量。

定义压电材料

压电材料通过应变来响应电势梯度,而应力造成材料中的电势梯度。电势梯度与应变之间的耦合是材料的压电属性。材料也将具有介电属性,所以当材料具有电势梯度时,其中存在电荷。压电材料行为相关内容见"压电分析",《Abaqus 理论手册》的 1.10.1 节。

材料的力学属性必须通过线弹性来模拟("线弹性行为",2.2.1 节)。力学行为可以通过下式定义

$$\sigma_{ij} = D_{ijkl}^{\mathrm{E}} \varepsilon_{kl} - e_{mij}^{\varphi} E_{\mathrm{m}}$$

以压电应力系数矩阵 e_{mij}^{φ} 的形式表达为

$$\sigma_{ij} = D_{ijkl}^{\mathrm{E}} (\varepsilon_{kl} - d_{mkl}^{\varphi} E_{\mathrm{m}})$$

以压电应变系数矩阵 d_{mkl}^{φ} 的形式表达为

$$q_i = e_{ijk}^{\varphi} \varepsilon_{jk} + D_{ij}^{\varphi(\varepsilon)} E_j$$

式中 σ_{ij}——机械应力张量;

ε_{ij}——应变张量;

q_i——电"位移"向量;

D_{ijkl}^{E}——材料在零电势梯度(短路条件)下定义的弹性刚性矩阵;

e_{mij}^{φ}——材料的压电应力系数矩阵,定义在完全约束住的材料中,由电势梯度 E_{m} 产生的应力 σ_{ij}(也可以解释成在零电势梯度下,由施加的应变 ε_{ij} 产生的电势位移 q_{m});

d_{mkl}^{φ}——材料的压电应变系数矩阵,定义在无约束的材料中,由电势梯度 E_{m} 产生的应变 ε_{kl}(在此节后面将给出另外一个解释);

φ——电势;

$D_{ij}^{\varphi(\varepsilon)}$——材料的电属性,定义完全约束住的材料的电位移 q_i 与电势梯度 E_j 之间的关系;

E_i——电势梯度向量 $-\partial\varphi/\partial x_i$。

这样,材料的电行为和电-力学耦合行为可通过其电属性 $D_{ij}^{\varphi(\varepsilon)}$,以及压电应力系数矩阵 e_{mij}^{φ},或者压电应变系数矩阵 d_{mkl}^{φ} 来定义。将这些属性定义成材料定义的一部分("材料数据定义",1.1.2 节)。

本构方程的其他形式

本节介绍压电本构方程的其他形式。本构方程的这些形式包含对于 Abaqus/Standard 不能直接作为输入来使用的材料属性。然而，它们可以通过简单的关系与 Abaqus/Standard 输入相关联，见"压电分析"，《Abaqus 理论手册》的 1.10.1 节。本节的目的是在 Abaqus/Standard 术语与压电领域中广泛使用的输入之间建立联系。力学行为也可以由下式定义

$$\sigma_{ij} = D_{ijkl}^{q} (\varepsilon_{kl} - g_{mkl}^{\varphi} q_{m})$$

以上是压电系数矩阵 g_{mkl}^{φ} 和在零电位移（开路条件）下定义力学属性的刚度矩阵 D_{ijkl}^{q} 的形式。同样的，也可以通过下式定义电行为

$$q_i = d_{ijk}^{\varphi} \sigma_{jk} + D_{ij}^{\varphi(\sigma)} E_j$$

以上是未约束材料的电矩阵 $D_{ij}^{\varphi(\sigma)}$ 形式。或者通过下式定义

$$q_i = D_{im}^{\varphi(\sigma)} g_{mjk}^{\varphi} \sigma_{jk} + D_{ij}^{\varphi(\sigma)} E_j$$

式中　D_{ijkl}^{q}——在零电位移下定义的材料弹性刚度矩阵；

d_{ijk}^{φ}——前面使用的材料压电应变系数矩阵，基于方程，可以另外解释为零电势梯度下由应力 σ_{jk} 产生的电位移 q_i；

g_{mkl}^{φ}——材料的压电系数矩阵，在未约束住的材料中，用于定义通过电位移 q_m 产生的应变 ε_{kl}，或者在零电位移下，定义通过应力 σ_{kl} 产生的电势 E_m；

$D_{ij}^{\varphi(\sigma)}$——材料的电介质属性，用来定义未约束材料的电位移 q_i 与电势梯度 E_j 之间的关系。

这些是压电论文中常见的有用关系。在"压电分析"，《Abaqus 理论手册》的 1.10.1 节中，属性 g_{mkl}^{φ}、$D_{ij}^{\varphi(\sigma)}$ 和 D_{ijkl}^{q} 是以属性 d_{mkl}^{φ}、$D_{ij}^{\varphi(\varepsilon)}$ 和 D_{ijkl}^{E} 的形式表达的，作为 Abaqus/Standard 的输入使用。

指定介电材料的属性

介电基体可以是各向同性的、正交异性的或者完全各向异性的。对于非各向同性绝缘材料，必须指定材料方向的局部方向（"方向"，《Abaqus 分析用户手册——介绍、空间建模、执行与输出卷》的 2.2.5 节）。介电基体的词条（在 Abaqus 中称为"介电常数"）请参阅学术中广为人知的材料介电常数。

各向同性介电属性

介电矩阵 $D_{ij}^{\varphi(\varepsilon)}$ 可以是完全各向同性的，这样

$$D_{ij}^{\varphi(\varepsilon)} = D^{\varphi(\varepsilon)} \delta_{ij}$$

用户为介电常数指定单个值 $D^{\varphi(\varepsilon)}$，且必须为受约束的材料指定 $D^{\varphi(\varepsilon)}$。各向同性的行为是默认的。

输入文件用法：＊DIELECTRIC，TYPE＝ISO

Abaqus/CAE 用法：Property module：material editor：Electrical/Magnetic→Dielectric（Electrical Permittivity）：Type：Isotropic

正交异性绝缘属性

对于正交异性行为，用户必须指定介电矩阵中的 3 个值（$D_{11}^{\varphi(\varepsilon)}$、$D_{22}^{\varphi(\varepsilon)}$ 和 $D_{33}^{\varphi(\varepsilon)}$）。

输入文件用法：＊DIELECTRIC，TYPE＝ORTHO

Abaqus/CAE 用法：Property module：material editor：Electrical/Magnetic→Dielectric（Electrical Permittivity）：Type：Orthotropic

各向异性绝缘属性

对于完全异性行为，用户必须指定介电矩阵中的 6 个值（$D_{11}^{\varphi(\varepsilon)}$、$D_{22}^{\varphi(\varepsilon)}$、$D_{33}^{\varphi(\varepsilon)}$、$D_{12}^{\varphi(\varepsilon)}$、$D_{13}^{\varphi(\varepsilon)}$ 和 $D_{23}^{\varphi(\varepsilon)}$）。

输入文件用法：＊DIELECTRIC，TYPE＝ANISO

Abaqus/CAE 用法：Property module：material editor：Electrical/Magnetic→Dielectric（Electrical Permittivity）：Type：Anisotropic

指定压电材料属性

可以通过给出应力系数 e_{mij}^{φ} 来定义压电材料属性（默认的），或者通过给出应变系数 d_{mkl}^{φ} 来定义压电材料属性。在任何一种情况下，必须以下面的顺序给出 18 个分量（将 e 替换成 d 可得到应变系数）：

$$e_{1\ 11}^{\varphi}, \quad e_{1\ 22}^{\varphi}, \quad e_{1\ 33}^{\varphi}, \quad e_{1\ 12}^{\varphi}, \quad e_{1\ 13}^{\varphi}, \quad e_{1\ 23}^{\varphi},$$

$$e_{2\ 11}^{\varphi}, \quad e_{2\ 22}^{\varphi}, \quad e_{2\ 33}^{\varphi}, \quad e_{2\ 12}^{\varphi}, \quad e_{2\ 13}^{\varphi}, \quad e_{2\ 23}^{\varphi},$$

$$e_{3\ 11}^{\varphi}, \quad e_{3\ 22}^{\varphi}, \quad e_{3\ 33}^{\varphi}, \quad e_{3\ 12}^{\varphi}, \quad e_{3\ 13}^{\varphi}, \quad e_{3\ 23}^{\varphi}.$$

这些系数中的第一个索引是指电位移分量（有时称为电通量），而后面的指数对称成机械应力或者应变分量。

这样，先给出 1 方向上产生电位移的压电分量，然后是 2 方向上产生电位移的压电分量，接着是 3 方向上产生电位移的压电分量（一些参考资料中以不同的顺序列出这些耦合项）。

输入文件用法：使用下面的选项给出应力系数：

＊PIEZOELECTRIC，TYPE＝S

使用下面的选项给出应变系数：

＊PIEZOELECTRIC，TYPE＝E

Abaqus/CAE 用法：Property module：material editor：Electrical/Magnetic→Piezoelectric：Type：Stress 或者 Strain

双索引符号转换成三索引符号

工业中提供的压电数据通常使用双索引符号。在 Abaqus/Standard 中，通过注释 Abaqus 中遵循的（二阶）张量和矢量符号之间的对应约定，可以将双索引符号容易地转换成要求的三索引符号：张量的 11、22、33、12、13 和 23 分量分别对应于向量的 1、2、3、4、5 和 6 分量。

能量平衡考虑

Abaqus 不考虑总能量平衡等式中的压电效应，而此压电效应将导致一些情况中模型总能量表观得不平衡。例如，如果一根压电杆在一个端点上固定，并且在两个端点上承受电势差，则其将由于压电效应而变形。如果以此变形后的构型保持杆固定，并且去除电势差，则由于约束将产生应变能。这会导致在模型总能量中产生一个等效的能量增加。

单元

压电耦合只在压电单元（那些具有位移自由度和电势自由度的单元）中有效。见"为分析种类选择合适的单元"，《Abaqus 分析用户手册——单元卷》的 1.1.3 节。

6.5.3 磁导率

产品：Abaqus/Standard　　　Abaqus/CAE

参考

- "材料库：概览"，1.1.1 节
- ＊MAGNETIC PERMEABILITY
- ＊NONLINEAR BH
- ＊PERMANENT MAGNETIZATION
- "定义磁导率"，《Abaqus/CAE 用户手册》（在线 HTML 版本）的 12.11.4 节

概览

材料的磁导率：
- 必须为"时间谐波涡流分析"，《Abaqus 分析用户手册——分析卷》的 1.7.5 节，以及"静磁分析"，《Abaqus 分析用户手册——分析卷》的 1.7.6 节定义。
- 能为线性磁行为直接指定，或者通过一个或多个 B-H 曲线为非线性磁行为指定。
- 可以是各向同性、正交异性或者（在线性行为的情况下）完全各向异性的。
- 可以指定成温度和/或场变量的函数。
- 可以指定成时谐涡流过程中频率的函数。
- 可以与永磁结合。

线性磁行为

线性磁行为是通过对磁导率的直接指定来定义的。

磁导率的方向相关性

可以定义各向同性、正交异性或者完全各向异性的磁导率。对于非各向同性的磁导率，必须为材料方向定义局部方向（"方向"，《Abaqus 分析用户手册——介绍、空间建模、执行与输出卷》的 2.2.5 节）。

各向同性的磁导率

对于各向同性磁导率，在每一个温度和场变量值下，只需要一个磁导率的值。各向同性磁导率是默认的。

输入文件用法：∗MAGNETIC PERMEABILITY，TYPE＝ISOTROPIC

Abaqus/CAE 用法：Property module：material editor：Electrical/Magnetic→Magnetic Permeability：Type：Isotropic

正交异性的磁导率

对于正交异性的磁导率，在每一个温度和场变量值下，需要 3 个磁导率的值（μ_{11}、μ_{22}、μ_{33}）。

输入文件用法：∗MAGNETIC PERMEABILITY，TYPE＝ORTHOTROPIC

Abaqus/CAE 用法：Property module：material editor：Electrical/Magnetic→Magnetic Permeability：Type：Orthotropic

各向异性的磁导率

对于完全各向异性的磁导率，在每一个温度和场变量值下，需要 6 个磁导率的值（μ_{11}、μ_{22}、μ_{33}、μ_{12}、μ_{13}、μ_{23}）。

输入文件用法：∗MAGNETIC PERMEABILITY，TYPE＝ANISOTROPIC

Abaqus/CAE 用法：Property module：material editor：Electrical/Magnetic→Magnetic Permeability：Type：Anisotropic

频率相关的磁导率

磁导率可以在时谐涡流分析中定义成频率的函数。

输入文件用法：∗MAGNETIC PERMEABILITY，FREQUENCY

Abaqus/CAE 用法：Property module：material editor：Electrical/Magnetic→Magnetic Permeability：切换选中 Use frequency-dependent data

非线性的磁行为

非线性的磁行为是通过取决于磁场强度的磁导率来表征的。Abaqus 中的非线性磁材料模型适用于没有任何磁滞效应的理想软磁材料（图6-3），磁滞效应通过 $B\text{-}H$ 空间中一个单调的增加响应来表征，其中 B 和 H 分别称为磁通量密度矢量的强度和磁场向量强度。非线性磁行为是通过直接指定一条或者多条 $B\text{-}H$ 曲线来定义的，$B\text{-}H$ 曲线在一个或者多个方向上，将 B 提供成 H 的函数。另外，B 也可以是温度和/或预定义场变量的函数。非线性磁行为可以是各向同性、正交异性或者横切各向同性的（一般的正交异性行为的特殊情况）。如果磁行为不是各向异性的，则需要多于一条的 $B\text{-}H$ 曲线来定义此非线性行为。

非线性磁行为的方向相关性

可以定义各向同性、正交异性或者横切各向同性的非线性磁行为。对于非各向同性的非线性磁行为，必须为材料方向指定一个局部方向（"方向"，《Abaqus分析用户手册——介绍、空间建模、执行与输出卷》的2.2.5节）。

各向同性的非线性磁行为

对于各向同性的非线性磁响应，在每一个温度和场变量值处仅需要一条 $B\text{-}H$ 曲线。各向同性的磁导率是默认的。Abaqus假定非线性磁行为通过下式来控制

$$B = B(|H|)\left(\frac{H}{|H|}\right)$$

输入文件用法：通过一条 $B\text{-}H$ 曲线定义 $B(|H|)$：

        * MAGNETIC PERMEABILITY，NONLINEAR，TYPE = ISOTROPIC

        * NONLINEAR BH，DIR = 方向

        假定满足非线性磁行为的 $B\text{-}H$ 曲线（即整体方向1、2或者3上的非线性行为）在所有方向上是一样的。

Abaqus/CAE用法：Property module：material editor：Electrical/Magnetic→Magnetic Permeability：切换选中 Specify using nonlinear B-H curve：Type：Isotropic

正交异性的非线性磁行为

对于正交异性的非线性磁响应，在每一个温度和场变量值下需要3条 B-H 曲线（在局部方向1、2和3上分别定义行为的一条曲线）。Abaqus假定局部材料方向上的非线性磁行为通过下式进行控制

$$B = \operatorname{diag}(B_1(|H|), B_2(|H|), B_3(|H|))\left(\frac{H}{|H|}\right)$$

其中 $\operatorname{diag}(\ )$ 指一个对角矩阵。

横切各向同性非线性磁行为是正交异性行为的特殊情况，在此情况中，任意两个方向上的行为是相同的，并且与第三个方向上的行为不同。

输入文件用法：分别通过3条独立的 B-H 曲线来定义 $B_1(|H|)$、$B_2(|H|)$ 和 $B_3(|H|)$，方向1、2和3上各定义一条 B-H 曲线：

        * MAGNETIC PERMEABILITY，NONLINEAR，TYPE = ORTHOTROPIC

        * NONLINEAR BH，DIR = 1

...

      * NONLINEAR BH，DIR = 2

...

      * NONLINEAR BH，DIR = 3

...

Abaqus/CAE 用法：Property module：material editor：Electrical/Magnetic→Magnetic Permeability：切换选中 Specify using nonlinear B-H curve；Type：Orthotropic

永磁性

可以通过将铁磁材料置于磁场中对其进行磁化，磁通常是通过对被磁化材料围绕线圈并施加电流来创建磁场的。这些材料可以分为软磁和硬磁材料（图6-3）。软磁材料在去除施加的电流后将失去磁性（见"非线性磁行为"）。硬磁材料在去除施加的电流后永久地保留磁性。永磁中剩下的磁性称为剩磁，在图6-4中由 B_r 表示。此磁性可以通过在反方向上施加电流来去除；完全去除磁性的反磁场强度称为校顽磁性，在图6-4中用 H_c 表示。

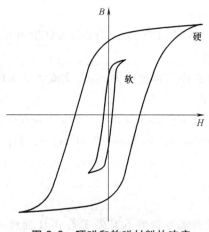

图6-3　硬磁和软磁材料的响应

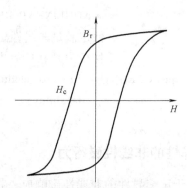

图6-4　剩磁和校顽磁性

当磁铁在剩磁点附近运动时，Abaqus 中的永磁适用于硬磁材料。此行为捕捉剩磁点附近的磁性或者退磁响应，如图6-4中磁滞回路加黑升高线显示的那样。基本的磁导率可以是线性的或者非线性的。在任何一种情况中，通过它的校顽磁性来定义永磁性，则

$$H = \mu^{-1}B - H_c$$

对于线性各向同性、正交异性或者各向异性的磁行为和非线性各向同性的 B-$\hat{H}$ 响应，有

$$H = \hat{H}(\,|\,\boldsymbol{B}\,|\,)\left(\frac{\boldsymbol{B}}{|\,\boldsymbol{B}\,|}\right) - \boldsymbol{H}_c$$

输入文件用法：使用基本的线性磁导率指定磁性：

      * MAGNETIC PERMEABILITY

＊PERMANENT MAGNETIZATION

整体坐标系中的磁性方向

校顽磁性的大小

使用基本的非线性磁导率指定永磁性（磁滞曲线左上部的非线性响应）：

＊MAGNETIC PERMEABILITY，NONLINEAR

＊NONLINEAR BH

通过将响应向右平移 H_c 来输入 $B\text{-}\hat{H}$

＊PERMANENT MAGNETIZATION

整体坐标系中磁性的方向

校顽磁性的大小

Abaqus/CAE 用法：Abaqus/CAE 中不支持永磁性。

单元

磁性材料行为仅在电磁单元中有效（见"为一个分析类型选择合适的单元"，《Abaqus 分析用户手册——单元卷》的 1.1.3 节）。

6.6 孔隙流体流动属性

- "孔隙流体流动属性：概览"，6.6.1 节

- "渗透性"，6.6.2 节

- "多孔体模量"，6.6.3 节

- "吸附性"，6.6.4 节

- "凝胶溶胀"，6.6.5 节

- "吸湿溶胀"，6.6.6 节

6.6.1 孔隙流体流动属性：概览

Abaqus/Standard 允许为流体填充的多孔材料指定特有的属性。在耦合的孔隙流体扩散/应力分析中考虑此类型的多孔介质（"耦合的孔隙流体扩散和应力分析"，《Abaqus 分析用户手册——分析卷》的 1.8.1 节）。下面的属性是可以使用的：

• 渗透性：渗透性定义了流体通过一种多孔介质时流动速率和该流体压力水头的梯度之间的关系（见"渗透性"，6.6.2 节）。

• 多孔体模量：定义了固体颗粒和多孔介质中流体的体模量，这样在一个分析中考虑了它们的可压碎性（见"多孔体模量"，6.6.3 节）。

• 吸附性：吸附性定义了在部分饱和的流动条件下，多孔材料的吸收/外吸渗行为（见"吸附性"，6.6.4 节）。

• 凝胶溶胀：凝胶溶胀模型用来仿真凝胶颗粒的成长，成长源于膨胀和捕获部分饱和的多孔介质中的湿气（见"凝胶溶胀"，6.6.5 节）。

• 吸湿溶胀：吸湿溶胀定义了多孔介质的固体框架，它是部分饱和流动条件下的饱和驱动体积膨胀（见"吸湿溶胀"，6.6.6 节）。

热膨胀

对于像土壤或者岩石那样的多孔介质，可以定义固体颗粒和渗透液的热膨胀。更多内容见"耦合的孔隙流体扩散和应力分析"中的"热膨胀"，《Abaqus 分析用户手册——分析卷》的 1.8.1 节。

6.6.2 渗透性

产品：Abaqus/Standard   Abaqus/CFD   Abaqus/CAE

参考

• "孔隙流体流动属性：概览"，6.6.1 节
• "材料库：概览"，1.1.1 节
• *PERMEABILITY
• "定义一种流体填充的多孔材料"中的"定义渗透性"，《Abaqus/CAE 用户手册》（在线 HTML 版本中）的 12.12.3 节

概览

渗透性是特定润湿液流过一种多孔介质时，单位面积上的体积流率与有效流体压力梯度

之间的关系。可以在 Abaqus/Standard 和 Abaqus/CFD 中对其进行指定。

Abaqus/Standard 中的渗透性：

• 对于有效应力/润湿液体的扩散分析，必须为润湿液指定渗透性（见"耦合的孔隙流体扩散和应力分析"，《Abaqus 分析用户手册——分析卷》的 1.8.1 节）。

• 通常，通过 Forchheimer 规律进行定义，此规律视渗透率的变化为流体流速的函数。

• 可以是各向同性、正交异性或者完全各向异性的，并且可以作为孔隙率、饱和度、温度和场变量的函数给出。

Abaqus/CFD 中的渗透性：

• 必须为多孔介质流动指定渗透性（见"不可压缩流体的动力学分析"，《Abaqus 分析用户手册——分析卷》的 1.6.2 节）。

• 可以是各向同性的，仅指定成多孔性的函数，并且可以通过 Carman-Kozeny 渗透性-孔隙性关系进行指定。

Abaqus/Standard 中的渗透性

渗透性是为孔隙流体流动定义的。

Forchheimer 规律

根据 Forchheimer 规律，高流速具有降低有效渗透性的作用，这样可以"呛住"孔流体流动。随着流体流速的降低，Forchheimer 规律逼近 Darcy 规律。因此在 Abaqus/Standard 中，可以通过忽略 Forchheimer 规律的速度相关性项来直接使用 Darcy 规律。

Forchheimer 规律写成

$$f\left(1+\beta\sqrt{v_w \cdot v_w}\right) = -\frac{k_s}{\gamma_w}k \cdot \left(\frac{\partial u_w}{\partial x} - \rho_w g\right)$$

式中　$f = snv_w$——多孔介质中单位面积润湿液的体积流速（润湿液的有效速度）；

$s = \dfrac{dV_w}{dV_v}$——流体饱和度（对于完全饱和的介质，$s=1$；对于完全干燥的介质，$s=0$）；

$n = \dfrac{dV_v}{dV}$——多孔介质的多孔性；

$e = \dfrac{dV_v}{dV_g + dV_t}$——孔隙比；

　　dV_w——介质中的润湿液体积；

　　dV_v——介质中的孔隙体积；

　　dV_g——介质中固体材料的颗粒体积；

　　dV_t——介质中被截留润湿液的体积；

　　dV——介质的总体积；

　　v_w——流体速度；

　　$\beta(e)$——"速度系数"，取决于材料的孔隙比；

　　$k_s(s)$——润湿液体渗透性对饱和度的依赖性，在 $s=1.0$ 时，$k_s=1.0$；

$\rho_w = \gamma_w/g$——流体的密度；

γ_w——润湿液的比重；

g——重力加速度的大小；

$k(e, \theta, f_\beta)$——完全饱和介质的渗透性，可以是孔隙率（e，通常见于土壤压实问题中）、温度（θ）和/或场变量（f_β）的函数；

u_w——润湿液孔压力；

x——位置；

g——重力加速度。

渗透性定义

渗透性可以由不同的作者以不同的方式来定义。因此，应当确认具体的输入数据与 Abaqus/Standard 中使用的定义是一致的。

Abaqus/Standard 中的渗透性定义为

$$\overline{k} = \frac{k_s}{\left(1 + \beta\sqrt{v_w \cdot v_w}\right)} k$$

这样，Forchheimer 规律可以写成

$$f = -\frac{\overline{k}}{\gamma_w}\left(\frac{\partial u_w}{\partial x} - \rho_w g\right)$$

完全饱和的渗透率 k 通常是在低流速条件下测试得到的。k 可以定义成孔隙率 e（通常在土壤压实问题中）和/或温度 θ 的函数。使用关系 $e = n/(1-n)$，孔隙率可以由多孔性 n 推导得到。至多需要 6 个变量来定义完全饱和的渗透性，这取决于是否模拟各向同性、正交异性或者完全各向异性的渗透性（见下文）。

渗透性的其他定义

某些作者将 Abaqus/Standard 中使用的渗透率 $\overline{k}$（单位为LT^{-1}）称为多孔介质的"水力传导性"，并将渗透性定义成

$$\hat{K} = \frac{\nu}{g}\frac{k_s}{1 + \beta\sqrt{v_w \cdot v_w}} k = \frac{\nu}{g}\overline{k}$$

式中，ν 是润湿液的运动黏度（流体的动力黏度与其质量密度的比值）；g 是重力加速度的大小；$\hat{K}$ 具有维度 L^2（或者 Darcy）。如果可以使用此形式的渗透性，则必须将其转换为 Abaqus/Standard 中适用的 k 值。

指定渗透性

Abaqus/Standard 中的渗透性可以是各向同性、正交异性或者完全各向异性的。对于非各向同性的渗透性，必须使用局部走向（见"方向"，《Abaqus 分析用户手册——介绍、空间建模、执行与输出卷》的 2.2.5 节）来指定材料方向。

各向同性渗透性

对于 Abaqus/Standard 中各向同性的渗透性，在每一个孔隙率的值上定义一个完全饱和

的渗透性值。

输入文件用法：＊PERMEABILITY，TYPE＝ISOTROPIC

Abaqus/CAE 用法：Property module：material editor：Other→Pore Fluid→Permeability：
Type：Isotropic

正交异性的渗透性

对于 Abaqus/Standard 中正交异性的渗透性，在每一个孔隙率的值上定义 3 个完全饱和的渗透性值（k_{11}、k_{22} 和 k_{33}）

输入文件用法：＊PERMEABILITY，TYPE＝ORTHOTROPIC

Abaqus/CAE 用法：Property module：material editor：Other→Pore Fluid→Permeability：
Type：Orthotropic

各向异性的渗透性

对于完全各向异性的渗透性，在每一个孔隙率的值上定义 6 个完全饱和渗透性的值（k_{11}、k_{22}、k_{33}、k_{12}、k_{13} 和 k_{23}）。

输入文件用法：＊PERMEABILITY，TYPE＝ANISOTROPIC

Abaqus/CAE 用法：Property module：material editor：Other→Pore Fluid→Permeability：
Type：Anisotropic

速度系数

Abaqus/Standard 假定默认情况下 $\beta = 0.0$，这意味着使用了 Darcy 规律。如果需要使用 Forchheimer 规律（$\beta > 0.0$），则必须以表格的形式定义 $\beta(e)$。

输入文件用法：＊PERMEABILITY，TYPE＝VELOCITY
因为也必须定义 $k(e,\theta)$，所以对于同一种材料，必须重复使用 ＊PER-
MEABILITY 选项。

Abaqus/CAE 用法：Property module：material editor：Other→Pore Fluid→Permeability：
Suboptions→Velocity Dependence

饱和度相关性

在 Abaqus/Standard 中，可以通过指定 k_s 来定义渗透性 $\overline{k}$ 与饱和度 s 的相关性。Abaqus/Standard 默认假定对于 $s < 1.0$，$k_s = s^3$；对于 $s \geq 1.0$，$k_s = 1.0$。对于 $s \geq 1.0$，$k_s(s)$ 的表格定义必须指定 $k_s = 1.0$。

输入文件用法：＊PERMEABILITY，TYPE＝SATURATION
因为也必须定义 $k(e,\theta)$，所以对于同一种材料，必须重复使用 ＊PER-
MEABILITY 选项。

Abaqus/CAE 用法：Property module：material editor：Other→Pore Fluid→Permeability：
Suboptions→Saturation Dependence

润湿液的比重

在 Abaqus/Standard 中，即使分析不考虑润湿液的重量（即如果计算得出存在过剩的孔隙流体压力），也必须正确地指定流体的比重 γ_w。

输入文件用法： * PERMEABILITY，TYPE = 类型，SPECIFIC = γ_w

对于一种给定的介质，SPECIFIC 参数必须与完全饱和的 * PERMEA-BILITY 选项结合定义。

Abaqus/CAE 用法：Property module：material editor：Other → Pore Fluid → Permeability：Specific weight of wetting liquid：γ_w

Abaqus/CFD 中的渗透性

对于流体饱和的孔隙介质中的流动，动量方程的最简单形式为

$$\nabla p = -\frac{\mu}{K}v - \frac{\rho c_F}{K^{\frac{1}{2}}}|v|v$$

右侧的第一项是 Darcy 阻力；第二项是惯性阻力（也称为形式阻力或者 Forchheimer 阻力）。

式中　p——压力的内在平均（仅在流体相上平均）；

　　v——外在的或者表面的速度矢量；

　　ρ——流体的密度；

　　μ——流体的黏度；

　　K——多孔介质的渗透性（单位为 L^2）；

　　c_F——无量纲的惯性阻力系数或者形式阻力系数，它通常是多孔性 ε 的函数。

在 Abaqus/CFD 中利用 Ergun 关系，通过下式给出 c_F

$$c_F = \frac{C}{\sqrt{\varepsilon^3}}$$

式中，常数 C 默认为 $\frac{1.75}{\sqrt{150}} = 0.142887$。

将渗透性 K 指定成多孔性函数的一个广泛使用的模型是 Carman-Kozeny 关系，通过下式给出

$$K = \frac{r_f^2}{4k_{kc}}\frac{\varepsilon^3}{(1-\varepsilon)^2}$$

式中，k_{kc} 是 Carman-Kozeny 常数（与几何形状相关的参数）；r_f 是孔隙粒子/纤维的平均半径。

指定渗透性

Abaqus/CFD 中的渗透性可以是各向同性的（仅与多孔性有相关性）或者使用 Carman-Kozeny 关系来指定。

各向同性的渗透性

对于各向同性的渗透性，在多孔性的每一个值上定义一个完全饱和的渗透性的值。

输入文件用法：* PERMEABILITY，TYPE = ISOTROPIC

Abaqus/CAE 用法：Property module：material editor：Other → Pore Fluid → Permeability：Type：Isotropic （CFD）

Carman-Kozeny 模型

对于 Carman-Kozeny 关系，可以通过指定 Carman-Kozeny 常数 k_{kc} 和孔隙粒子/纤维半径的平均值 r_f 来定义渗透性 K。

输入文件用法：* PERMEABILITY，TYPE＝CARMAN KOZENY

Abaqus/CAE 用法：Property module：material editor：Other → Pore Fluid → Permeability：Type：Carman-Kozeny

惯性阻力系数

惯性阻力系数 c_F 表达式中的常数 C 的值，可以设置成任意用户指定的值。默认情况下，C 的值是 0.142887。

输入文件用法：* PERMEABILITY，TYPE＝类型，INERTIAL DRAG COEFFICIENT＝C

Abaqus/CAE 用法：Property module：material editor：Other → Pore Fluid → Permeability：Inertial drag coefficient：C

单元

在 Abaqus/Standard 中，渗透性仅用于允许存在孔隙压力的单元中（见"为一个分析类型选择合适的单元"，《Abaqus 分析用户手册——单元卷》的 1.1.3 节）。渗透性可以与 Abaqus/CFD 中的任何流体单元一起使用。

6.6.3 多孔体模量

产品：Abaqus/Standard　Abaqus/CAE

参考

- "孔隙流体流动属性：概览"，6.6.1 节
- "材料库：概览"，1.1.1 节
- * POROUS BULK MODULI
- "定义流体填充的多孔材料"中的"定义多孔体模量"，《Abaqus/CAE 用户手册》（在线 HTML 版本）的 12.12.3 节

概览

多孔体模量：

- 在多孔介质分析中，无论何时，只要考虑了固体颗粒的可压缩性或者渗透流体的可压缩性，就必须定义多孔体模量。
- 模拟凝胶溶胀时必须定义多孔体模量。（"凝胶溶胀"，6.6.5节）。

定义多孔体体模量

用户需将固体颗粒的体模量和流体的体模量指定成温度的函数。如果省略了任何一个模量或者设置为零，则默认材料的相是完全不可压缩的。

输入文件用法：*POROUS BULK MODULI

Abaqus/CAE用法：Property module：material editor：Other → Pore Fluid → Porous Bulk Moduli

单元

只能为允许多孔压力的单元定义多孔体体模量（见"为分析种类选择合适的单元"，《Abaqus分析用户手册——单元卷》的1.1.3节）。

6.6.4 吸附性

产品：Abaqus/Standard Abaqus/CAE

参考

- "孔隙流体流动属性：概览"，6.6.1节
- "材料库：概览"，1.1.1节
- *SORPTION
- "定义流体填充的多孔介质"中的"定义吸附"，《Abaqus/CAE用户手册》（在线HTML版本）的12.12.3节

概览

吸附性：
- 定义多孔材料在部分饱和流动条件下的吸收/外吸渗行为。
- 用于耦合的润湿液体流动和多孔介质应力分析（"耦合的孔隙流体扩散和应力分析"，《Abaqus分析用户手册——分析卷》的1.8.1节）。

吸附性

当总的孔压力 u_w 变成负值时，多孔介质变成部分饱和（见"多孔介质的有效应力原

理"，《Abaqus 理论手册》的 2.8.1 节）。
u_w 的负值代表介质中的毛细管作用。对
于 $u_w < 0$，已知饱和在一定限度内，取决
于毛细管压力的值 $-u_w$（见"多孔介质中
润湿液相的连续性状态"，《Abaqus 理论
手册》的 2.8.4 节）。这些极限的典型形
式如图 6-5 所示。将这些极限写成 $s^a \leqslant
s \leqslant s^e$，其中，$s^a(u_w)$ 是将要发生吸收的
极限（因此 $\dot{s} > 0$）；$s^e(u_w)$ 是将要发生外
吸渗的极限（因此 $\dot{s} < 0$）。吸收与外吸渗
的转变和相反的过程沿"扫描"曲线发
生（在下文中进行了讨论）。这些曲线可
通过单条直线来近似，如图 6-5 所示。

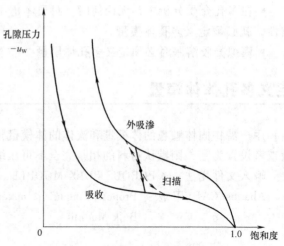

图 6-5　典型的吸收和外吸渗行为

当在流动通过多孔介质的分析中包括了部分饱和的时候，应当对吸收行为、外吸渗行为
和扫描行为（吸收和外吸渗之间）分别进行定义。这些行为在下文中进行了定义。如果完
全没有定义吸附，则 Abaqus/Standard 假设所有 u_w 值为完全的饱和流动（$s = 1.0$）。

强烈的非对称部分饱和流动耦合方程来自吸附的定义。如果需要进行部分饱和的分析
（即如果定义了吸附），则 Abaqus/Standard 自动使用其非对称矩阵存储和求解策略。

定义吸收和外吸渗

通过将孔隙流体压力 u_w（负"毛细管张力"）指定成饱和度的函数来定义吸收和外吸渗
行为。在大部分物理情况中，不能驱动润湿液流体到零饱和度；因为要达到零饱和度，数据
将不得不随 $s \to 0.0$ 而定义成 $u_w \to -\infty$。吸附和外吸渗数据可以采用表格形式或者分析形式
来定义。

表格形式

默认情况下，通过将 u_w 指定成 s 的表格函数来定义吸收和外吸渗行为，其中 $0^+ \leqslant
s \leqslant 1.0$。

输入文件用法：使用下面的选项：

　　　　*SORPTION，TYPE = ABSORPTION，LAW = TABULAR

　　　　*SORPTION，TYPE = EXSORPTION，LAW = TABULAR

如果 *SORPTION 选项仅使用了一次，则认为所定义的行为是吸收和外
吸渗行为。

Abaqus/CAE 用法：Property module：material editor：Other→Pore Fluid→Sorption Absorp-
tion：Law：Tabular

Exsorption：切换选中 Include exsorption：Law：Tabular

分析形式

吸收和外吸渗行为可以通过下面的分析形式来定义：

$$u_{\mathrm{w}} = \frac{1}{B} \ln\left[\frac{(s-s_0)}{(1-s_0)+A(1-s)} \right] \qquad s_1 \leqslant s < 1$$

$$u_{\mathrm{w}} = u_{\mathrm{w}}\big|_{s_1} - \frac{\mathrm{d}u_{\mathrm{w}}}{\mathrm{d}s}\bigg|_{s_1}(s_1-s) \qquad s_0 \leqslant s < s_1$$

式中，A、B 是正的材料常数；s_0、s_1 用来定义感兴趣的饱和值下限（图 6-6）。

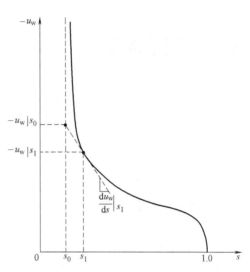

图 6-6　吸收和外吸渗行为的对数形式

输入文件用法：使用下面的选项：

    * SORPTION，TYPE = AB-SORPTION，LAW = LOG

    * SORPTION，TYPE = EXSORPTION，LAW = LOG

如果 * SORPTION 选项只使用了一次，则认为所定义的行为是吸收和外吸渗行为。

Abaqus/CAE 用法：Property module：material editor：Other→Pore Fluid→Sorption Absorption：Law：Log

      Exsorption：切换选中 Include exsorption：Law：Log

定义介于吸收和外吸渗之间的行为

吸收和外吸渗之间的行为是通过用户指定的斜率 $(\mathrm{d}u_{\mathrm{w}}/\mathrm{d}s)\big|_s$ 不变的扫描线来定义的。此斜率必须比吸收或者外吸渗的任何片段的斜率都大。

如果不是使用扫描线来定义吸收和外吸渗行为，则扫描线的斜率取为吸收和外吸渗行为定义中给出的 $\mathrm{d}u_{\mathrm{w}}/\mathrm{d}s$ 最大值的 1.05 倍。

输入文件用法：* SORPTION，TYPE = SCANNING

    对于同一种材料，必须反复使用 * SORPTION 选项。

Abaqus/CAE 用法：Property module：material editor：Other→Pore Fluid→Sorption：Exsorption：切换选中 Include exsorption and Include scanning：Slope $(\mathrm{d}u_{\mathrm{w}}/\mathrm{d}s)\big|_s$

单元

吸渗仅能用于允许孔隙压力的单元中（见"为一个分析类型选择合适的单元"，《Abaqus 分析用户手册——单元卷》的 1.1.3 节）。

6.6.5 凝胶溶胀

产品：Abaqus/Standard Abaqus/CAE

参考

- "孔隙流体流动属性：概览"，6.6.1 节
- "材料库：概览"，1.1.1 节
- * GEL
- "定义流体流动的多孔材料"中的"定义一个凝胶溶胀"，《Abaqus/CAE 用户手册》
（在线 HTML 版本）的 12.11.4 节

概览

凝胶溶胀模型：
- 允许模拟在部分饱和的多孔介质中膨胀并容纳润湿液的凝胶颗粒的生长。
- 适合在吸湿问题中使用，通常与聚合物材料相关，例如在尿布的分析中。
- 可以用于耦合的孔隙流体流动和多孔介质应力分析（见"耦合的多孔流动扩散和应力
分析"，《Abaqus 分析用户手册——分析卷》的 1.8.1 节）。

凝胶溶胀模型

简单的凝胶溶胀模型是一个半径为 r_a 的球形凝胶颗粒集的理想化模型。溶胀演化（在
"多孔介质中的本构行为"，《Abaqus 理论手册》的 2.8.3 中进行了详细的讨论）假定通过
下式给出

$$\dot{r}_a = \frac{r_a^f - r_a}{\tau_1} \left\langle s - 1 + \left[\frac{(r_a^f)^3 - (r_a)^3}{(r_a^f)^3 - (r_a^{dry})^3} \right] \right\rangle_* \left(1 - \left\langle \frac{r_a - r_a^t}{r_a^s - r_a^t} \right\rangle^2 \right)$$

如果数学结果不是正的，则将角括号 ⟨ ⟩ 中的项的任何组值设定为零。

式中 r_a^f——完全膨胀半径；

       τ_1——凝胶颗粒的松弛时间；

       s——周围介质的饱和度；

       r_a^{dry}——凝胶颗粒完全干燥时的半径；

$r_a^t = \left(\dfrac{n^0 J}{4\sqrt{2}\, k_a} \right)^{\frac{1}{3}}$ ——凝胶颗粒在其必须接触前可以达到的最大半径；

$r_a^s = \left(\dfrac{3}{4\pi} \dfrac{n^0 J}{k_a} \right)^{\frac{1}{3}}$ ——体积完全被凝胶占据时的有效凝胶半径；

n^0——材料的初始多孔性；

J——材料中的体积变化；

k_a——单位体积中凝胶颗粒的数量。

凝胶成长定义中的第二项包含以下假设：仅当凝胶周围介质的饱和度 s 超过有效的凝胶饱和度时，凝胶才溶胀。当暴露于自由流体凝胶颗粒的表面，被打包密度和凝胶颗粒半径的组合所限制的时候，成长方程中的第三项降低了溶胀速率。

溶胀凝胶模型通过指定变量 r_a^{dry}、r_a^f、k_a 和 τ_1 来定义。

输入文件用法：＊GEL

Abaqus/CAE 用法：Property module：material editor：Other→Pore Fluid→Gel

单元

溶胀凝胶模型仅能用于允许孔隙压力的单元中（见"为一个分析类型选择合适的单元"，《Abaqus 分析用户手册——单元卷》的 1.1.3 节）。

6.6.6　吸湿溶胀

产品：Abaqus/Standard　Abaqus/CAE

参考

- "孔隙流体流动属性：概览"，6.6.1 节
- "材料库：概览"，1.1.1 节
- ＊MOISTURE SWELLING
- "定义流体填充的多孔材料"中的"定义吸湿溶胀"，《Abaqus/CAE 用户使用手册》（在线 HTML 版本）的 12.12.3 节

概览

吸湿溶胀：
- 定义在部分饱和流动条件下，多孔介质固体框架的饱和驱动体积溶胀。
- 可以用于耦合的润湿液流动和孔隙介质应力分析中（见"耦合的孔隙流体扩散和应力分析"，《Abaqus 分析用户手册——分析卷》的 1.8.1 节）。
- 可以是各向同性或者各向异性的。

吸湿溶胀模型

吸湿溶胀模型假定孔隙介质固体骨架的体积溶胀，是部分饱和流动条件下润湿液饱和度

的函数。当孔隙流体压力 u_w 为负时，孔隙介质是部分饱和的（见"孔隙介质的有效应力原理"，《Abaqus 理论手册》的 2.8.1 节）。

假定溶胀行为是可逆的。溶胀应变的对数度量是参考初始饱和度计算的，则

$$\varepsilon_{ij}^{ms} = r_{ij}\frac{1}{3}[\varepsilon^{ms}(s) - \varepsilon^{ms}(s^I)] \quad （对 i 不求和）$$

式中，$\varepsilon_{ij}^{ms}(s)$ 和 $\varepsilon^{ms}(s)$ 是当前和初始饱和度时的体积溶胀应变。图 6-7 所示为一条典型的体积吸湿溶胀-饱和度曲线。比值 r_{11}、r_{22} 和 r_{33} 允许各向异性膨胀，如下面讨论的那样。

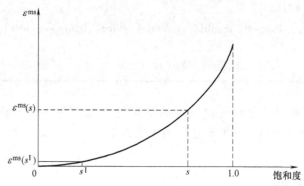

图 6-7　典型的体积吸湿溶胀-饱和度曲线

定义体积溶胀应变

将体积溶胀应变 ε^{ms} 定义成润湿流体饱和度 s 的表格函数。必须为 $0.0 \leqslant s \leqslant 1.0$ 的范围定义溶胀应变。

输入文件用法：＊MOISTURE SWELLING

Abaqus/CAE 用法：Property module：material editor：Other→Pore Fluid→Moisture Swelling

定义初始饱和值

用户可以将初始饱和度值定义成初始条件。如果没有给出初始饱和度值，则默认为完全饱和（饱和度为 1.0）。对于部分饱和，初始饱和度和孔隙流体压力必须一致，也就是说，孔隙流体压力必须位于初始饱和度值的吸收和外吸渗之间（见"渗透性"，6.6.2 节）。如果不是这种情况，Abaqus/Standard 将按照需要调整饱和度值来满足此要求。

输入文件用法：＊INITIAL CONDITIONS，TYPE＝SATURATION

Abaqus/CAE 用法：Load module：Create Predefined Field：Step：Initial：为 Category 选择 Other 并为 Types for Selected Step 选择 Saturation

定义各向异性溶胀

通过定义比值 r_{11}、r_{22} 和 r_{33}，可以在吸湿溶胀行为中包含各向异性，这样，三个比中的

两个或者更多将不同。如果没有指定比 r_{ij}，则 Abaqus/Standard 假定溶胀是各向同性的，并且 $r_{11} = r_{22} = r_{33} = 1.0$。吸湿溶胀应变方向取决于用户指定的局部方向（见"方向"，《Abaqus 分析用户手册——介绍、空间建模、执行与输出卷》的 2.2.5 节）。

输入文件用法：使用下面的两个选项：

      * MOISTURE SWELLING

      * RATIOS

      * RATIOS 选项应当紧接着 * MOISTURE SWELLING 选项。

Abaqus/CAE 用法：Property module：material editor：Other → Pore Fluid → Moisture Swelling：Suboptions→Ratios

单元

吸湿溶胀模型仅能用于允许孔隙压力的单元中（见"为分析类型选择合适的单元"，《Abaqus 分析用户手册——单元卷》的 1.1.3 节）。

6.7 用户材料

- "用户定义的力学材料行为", 6.7.1 节
- "用户定义的热材料行为", 6.7.2 节

6.7.1 用户定义的力学材料行为

产品：Abaqus/Standard　Abaqus/Explicit　Abaqus/CAE

参考

- "UMAT"，《Abaqus 用户子程序参考手册》的 1.1.40 节
- "VUMAT"，《Abaqus 用户子程序参考手册》的 1.2.17 节
- ＊USER MATERIAL
- ＊DEPVAR
- "指定解相关的状态变量"，《Abaqus/CAE 用户手册》（在线 HTML 版本）的 12.8.2 节
- "为用户材料定义常数"，《Abaqus/CAE 用户手册》（在线 HTML 版本）的 12.8.4 节

概览

Abaqus 中用户定义的力学材料行为：

- 通过一个接口来提供，据此，任何力学本构模型均可以加入库中。
- 要求本构模型（或者模型库）在用户子程序 UMAT（Abaqus/Standard）或者 VUMAT（Abaqus/Explicit）中编程实现。
- 要求相当的努力及专业知识：此特征是非常通用并强大的，但是其使用并非只进行日常练习即可掌握。

应力分量和应变增量

子程序接口已经采用柯西应力分量（"真"应力）实施。对于土壤问题，"应力"应当解释为有效应力。应变增量通过位移增量梯度的对称部分来定义（等效于速度梯度对称部分的时间积分）。

用户子程序 UMAT 中应力和应变分量的方向，取决于局部方向的使用（"方向"，《Abaqus 分析用户手册——介绍、空间建模、执行与输出卷》的 2.2.5 节）。

在用户子程序 VUMAT 中，所有的应变度量是相对于中间增量构型来计算的。所有张量在共旋坐标系中定义，此坐标系随材料点一起旋转。为了以应力的形式对此进行说明，以图 6-8 所示棍为例，从其原始构型 AB 拉伸并旋转到新位置 $A'B'$。此变形可以通过两个阶段得

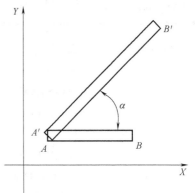

图 6-8　拉伸和旋转棍

到：棍先拉伸，如图 6-9 所示；然后对其实施一个刚体旋转来进行旋转，如图 6-10 所示。被拉伸后棍的应力是 σ_{11}，并且此应力在刚体旋转中不会发生变化。作为刚体旋转的结果，$X'Y'$ 坐标系是共旋坐系。因此，可直接计算出应力张量和状态变量，并且在用户子程序 VUMAT 中使用应变张量来更新，因为所有这些量都在共旋系统中；这些量不需要旋转，不像在用户子程序 UMAT 中有时要求的那样必须旋转。

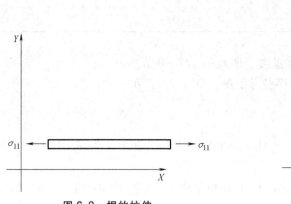

图 6-9　棍的拉伸

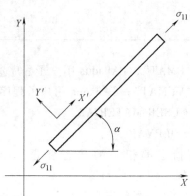

图 6-10　棍的刚体旋转

通过率形式的本构规律预测的弹性响应基于所采用的实际应力率。例如，在 VUMAT 中使用了 Green－Naghdi 应力率。然而，用于内置材料模型的应力率可以是不同的。例如，Abaqus/Explicit 中与固体（连续）单元一起使用的大部分材料模型采用 Jaumann 应力率。仅当材料点的旋转伴随有限剪切的情况下，公式中的此差别才会在结果中产生明显的不同。对于 Abaqus 中使用的实际应力率的讨论，见"应力率"，《Abaqus 理论手册》的 1.5.3 节。

材料常数

用户子程序 UMAT 或者 VUMAT 中所需的任何材料常数，必须指定成用户定义材料行为的一部分。将忽略相同材料定义中包含的任何其他机械材料行为（除了热膨胀，在 Abaqus/Explicit 中还不包括密度）；用户定义的材料行为要求所有机械材料行为的计算在子程序 UMAT 或者 VUMAT 中编程实现。当使用用户定义的材料行为时，Abaqus/Explicit 中要求包含密度（"通用属性：密度"，1.2 节）。

输入文件用法：在 Abaqus/Standard 中，使用下面的选项指定用户定义的材料行为：

    * USER MATERIAL, TYPE＝MECHANICAL,
CONSTANTS＝约束的数量

在 Abaqus/Explicit 中，同时使用以下两个选项指定用户定义的材料行为：

    * USER MATERIAL, CONSTANTS＝约束的数量
    * DENSITY

在任何情况下，用户必须指定输入材料常数的数量。

Abaqus/CAE 用法：在 Abaqus/Standard 中，使用下面的选项指定用户定义的材料行为：

Property module：material editor：General → User Material：User material type：Mechanical

在 Abaqus/Explicit 中，同时使用以下两个选项指定用户定义的材料行为：

Property module：material editor：

General→User Material：User material type：Mechanical

General→Density

Abaqus/Standard 中的非对称方程解

如果用户材料的雅可比矩阵$\partial\Delta\sigma/\partial\Delta\varepsilon$不是对称的，则应调用 Abaqus/Standard 中的非对称方程求解功能（见"定义一个分析"，《Abaqus 分析用户手册——分析卷》的 1.1.2 节）。

输入文件用法：＊USER MATERIAL，TYPE＝MECHANICAL，

CONSTANTS＝约束的数量，UNSYMM

Abaqus/CAE 用法：Property module：material editor：General → User Material：User material type：Mechanical，切换选中 Use unsymmetric material stiffness matrix

材料状态

许多机械本构模型要求解相关的状态变量存储（率本构形式中的塑性应变、"背应力"饱和值等，或者积分形式的理论历史数据）。在相关材料定义中，用户必须为这些变量分配存储空间（见"用户子程序：概览"中的"分配空间"，《Abaqus 分析用户手册——分析卷》的 13.1 节）。与一种用户定义的材料相关联的状态变量的数目没有限制。

每一个增量开始时的材料状态与用户子程序一起提供，如下面描述的那样。它们必须为新应力和新内部状态变量返回值。与 UMAT 和 VUMAT 相关的状态值可以采用输出标识符 SDV 和 SDVn 输出到输出数据文件（.odb）和结果文件（.fil）中（见"Abaqus/Standard 输出变量标识符"，《Abaqus 分析用户手册——介绍、空间建模、执行与输出卷》的 4.2.1 节，以及"Abaqus/Explicit 输出变量标识符"，《Abaqus 分析用户手册——介绍、空间建模、执行与输出卷》的 4.2.2 节）。

Abaqus/Standard 中的材料状态

在每个材料点的每个增量的每个迭代上调用用户子程序 UMAT。它提供增量开始时的状态（应力、解相关的状态变量、温度和任何预定义的场变量），并且提供温度的增量、预定义状态变量的增量、应变的增量和时间的增量。

除了将应力和解相关的状态变量更新为增量结束时的值，子程序 UMAT 也必须为力学本构模型提供材料雅可比矩阵$\partial\Delta\sigma/\partial\Delta\varepsilon$。如果本构模型是率的形式，并且在子程序中得到数值积分，则此矩阵也将取决于所用的积分策略。对于任何不寻常的本构模型，这些将是具有挑战性的任务。例如，定义雅可比矩阵的精度通常决定了求解收敛速度，并且因此对计算

效率有很大影响。

Abaqus/Explicit 中的材料状态

在材料块的每个增量上调用用户子程序 VUMAT。调用用户子程序后，程序提供增量开始时的状态（应力、解相关的状态变量）。它也提供增量开始和结束时的拉伸和旋转。VUMAT 用户材料接口在每一次调用中传递一组材料点到子程序，这允许材料子程序的矢量化。

在增量的开始和结尾，向用户子程序 VUMAT 提供温度。温度仅作为信息传递进去，并且不能进行编辑，即使是在一个完全耦合的热-应力分析中。然而，在 Abaqus/Explicit 的完全耦合的热-应力分析中，如果定义了非弹性的热分数与比热容和导热性相结合，将自动计算由非弹性能量耗散引起的热流。如果在一个显式动力学过程中使用 VUMAT 用户子程序来定义绝热材料行为（塑性功到热的转化），则必须同时为材料指定非弹性热分数和比热容，并且必须存储温度，将它们作为用户定义的状态变量来积分。最通常的情况，温度是通过指定初始条件来提供的（"Abaqus/Standard 和 Abaqus/Explicit 中的初始条件"，《Abaqus 分析用户手册——指定条件、约束与相互作用卷》的 1.2.1 节），并且在整个分析中保持不变。

使用状态变量从 Abaqus/Explicit 网格中删除单元

在 Abaqus/Explicit 分析过程中，可以利用用户子程序 VUMAT 删除网格中的单元。被删除的单元没有承载能力，其对模型的刚度没有贡献。用户指定控制单元删除标识的状态变量编号。例如，指定状态变量编号为 4，表明在 VUMAT 中，第四个状态变量是删除标识。删除状态变量在 VUMAT 中应当设置成 1 或者 0。1 表明材料点是有效的，0 则表明 Abaqus/Explicit 应当从模型中通过设置应力为 0 的方法来删除材料点。在分析中，传递到用户子程序 VUMAT 中的材料点的块结构保持不变；被删除的材料点没有真正从块中删除掉。Abaqus/Explicit 将为所有已经删除的材料点传递 0 应力和应变增量。一旦标识一个材料点已经删除，则它将不能再激活。一个单元只有在单元中的所有材料点均被删除后才能从网格中删除掉。通过要求变量 STATUS 的输出，可以确定单元的状态。如果单元是有效的，则此变量等于 1；如果单元被删除，则此变量等于 0。

输入文件用法：* DEPVAR，DELETE＝变量编号

Abaqus/CAE 用法：Property module：material editor：General→Depvar：Variable number controlling element deletion：变量编号

沙漏控制刚度和横向剪切刚度

通常，Abaqus/Standard 中退化积分单元的默认沙漏控制刚度以及壳、管和梁单元的横向剪切刚度，是基于与材料有关的弹性来定义的（"截面控制"，《Abaqus 分析用户手册——单元卷》的 1.1.4 节；"壳截面行为"，《Abaqus 分析用户手册——单元卷》的 3.6.4 节；"选择一个梁单元"，《Abaqus 分析用户手册——单元卷》的 3.3.3 节）。这些刚度取决于材料初始剪切模量的典型值，例如，它们可以作为包含在材料定义中的弹性材料行为的一部分给出（"线弹性行为"，2.2.1 节）。然而，在使用用户子程序 UMAT 或者 VUMAT 定义

的材料的输入预处理阶段，不能得到剪切模量。这样，当使用 UMAT 来定义具有沙漏模式的单元所具有的材料行为时，用户必须提供沙漏刚度系数（见"截面控制"中的"抑制沙漏模式的方法"，《Abaqus 分析用户手册——单元卷》的 1.1.4 节）；并且当使用 UMAT 或者 VUMAT 来定义具有横向剪切柔性的梁和壳所具有的材料行为时，用户必须指定横向剪切刚度（见"选择一个梁单元"，《Abaqus 分析用户手册——单元卷》的 3.3.3 节，或者"壳截面行为"，《Abaqus 分析用户手册——单元卷》的 6.6.4 节）。

与其他子程序一起使用 UMAT

Abaqus/Standard 中，可以得到与子程序 UMAT 一起使用的不同的实用子程序。这些实用子程序在"在 Abaqus/Standard 分析中得到应力不变量，主应力/应变量与方向和旋转张量"，《Abaqus 用户子程序参考手册》的 2.1.11 节中进行了讨论。

用户子程序 UMATHT 可以与 UMAT 结合使用来定义材料的本构热行为。材料定义中的与解相关的变量在 UMAT 和 UMATHT 中都可以得到。此外，可以使用用户子程序 FRIC、GAPCON 和 GAPELECRT 得到定义面之间的力学、热和电界面。

与其他材料模型一起使用 UMAT

当通过用户子程序 UMAT 或者 VUMAT 定义力学行为时，在材料的定义中可以使用许多材料行为。这些行为包括密度、热膨胀、渗透性和热传导属性。另外，热膨胀可以成为 UMAT 或者 VUMAT 中实现的本构模型中的集成部分。

UMAT 中可以得到的温度总是单元积分点上的内插温度场。本质上，如果在 UMAT 中实施了热膨胀行为，则温度是以积分点温度的形式定义的。与 Abaqus/Standard 中的位移场相比，当温度场在单元中积分不同时，在 UMAT 中实施热膨胀行为，将导致与内置热膨胀行为出现不同。对于耦合的温度-位移单元，通常会出现此类情形。例如，对于一阶耦合的温度-位移单元，内置的热膨胀行为在整个单元上使用一个常数温度场（见"完全耦合的热应力分析"，《Abaqus 分析用户手册——分析卷》的 1.5.3 节），而 UMAT 中的行为将以线性温度场的方式进行定义。

对于一个通过用户子程序 UMAT 或者 VUMAT 定义的材料，可单独包含质量比例阻尼（见"材料阻尼"，6.1.1 节），但是刚度比例阻尼必须通过雅可比（仅 Abaqus/Standard）和应力定义在用户子程序中进行定义。如果在直接稳态动态的过程中使用了用户材料，则不能指定刚度比例阻尼。

单元

用户子程序 UMAT 和 VUMAT 可以与 Abaqus 中所有包括力学行为的单元一起使用（具有位移自由度的单元）。

6.7.2 用户定义的热材料行为

产品：Abaqus/Standard Abaqus/CAE

参考

- "UMATHT"，《Abaqus 用户子程序参考手册》的 1.1.42 节
- ＊USER MATERIAL
- ＊DEPVAR
- "定义用户材料的常数"，《Abaqus/CAE 用户手册》（在线 HTML 版本）的 12.8.4 节

概览

Abaqus/Standard 中用户定义的热材料行为：
- 通过一个接口的方式提供，据此，任何热本构模型均可以加入库中。
- 要求在用户子程序 UMATHT 中编程来实现本构模型。

材料常数

在用户子程序 UMATHT 中，必须将任何需要的材料常数指定成用户定义的热材料行为定义的一部分。将忽略相同材料定义包括的任何其他热材料行为：用户定义的热材料行为要求将所有热行为计算在用户子程序 UMATHT 中编程实现。

输入文件用法：＊USER MATERIAL, TYPE＝THERMAL,

CONSTANTS＝常数的数量

用户必须指定所输入常数的个数。

Abaqus/CAE 用法：Property module：material editor：General → User Material：User material type：Thermal

非对称方程求解器

当热传导在用户子程序 UMATHT 中作为一个温度的函数来定义时，热传导平衡方程将变得非对称，用户可以选择调用非对称方程求解能力；否则，收敛性将很差。

输入文件用法：＊USER MATERIAL, TYPE＝THERMAL,

CONSTANTS＝常数的数量, UNSYMM

Abaqus/CAE 用法：Property module：material editor：General → User Material：User material type：Thermal, 切换选中 Use unsymmetric material stiffness matrix

材料状态

许多导热模型要求进行解相关的状态变量储存。这些状态变量可能包括微结构或者当材料经历相变时的相内容信息。用户必须为这些变量在相关的材料定义中分配存储空间（见"用户子程序：概览"中的"分配空间"，《Abaqus 分析用户手册——分析卷》的 13.1.1 节）。与用户定义的材料相关的状态变量的数量没有限制。

在每个增量的每一个迭代材料点上调用用户子程序 UMATHT。在增量的开始提供材料的热状态（解相关的状态变量、温度和任何预定义的场变量）以及温度的增量、预定义场变量和时间。

要求的计算

子程序 UMATHT 必须具备以下功能：定义单位质量的内能随温度和温度梯度的变化；定义热流向量随温度及温度梯度的变化；将解相关的状态更新为增量结束时的变量值。用户子程序 UMATHT 中的热流分量和空间梯度的分量，在基于局部方向使用的方向上（见"方向"，《Abaqus 分析用户手册——介绍、空间建模、执行与输出卷》的 2.2.5 节）。

与其他用户子模型一起使用 UMATHT

用户子程序 UMAT 可以与 UMATHT 结合使用来定义材料的本构力学行为。材料定义中的解相关变量在 UMATHT 和 UMAT 中都可以使用。此外，可以使用用户子程序 FRIC、GAP-CON 和 GAPELECRT 来定义面之间的力学、热和电界面。

与其他材料模型一起使用 UMATHT

密度、力学属性和电属性可以包含在材料的定义中，而材料的本构热行为是通过用户子程序 UMATHT 来定义的。

单元

用户子程序 UMATHT 可以与 Abaqus/Standard 中包含热行为的所有单元一起使用（具有热自由度的单元，如纯导热、耦合的热应力和耦合的热电单元）。